Springer-Lehrbuch

Springer
*Berlin*
*Heidelberg*
*New York*
*Barcelona*
*Hongkong*
*London*
*Mailand*
*Paris*
*Tokio*

Harald Wiese

# Entscheidungs- und Spieltheorie

Mit 95 Abbildungen

Springer

Prof. Dr. Harald Wiese
Universität Leipzig
Wirtschaftswissenschaftliche Fakultät
Postfach 920
04009 Leipzig
wiese@wifa.uni-leipzig.de

ISBN 3-540-42747-3 Springer-Verlag Berlin Heidelberg New York

Die Deutsche Bibliothek – CIP-Einheitsaufnahme
Wiese, Harald: Entscheidungs- und Spieltheorie / Harald Wiese. – Berlin; Heidelberg; New York; Barcelona; Hongkong; London; Mailand; Paris; Tokio: Springer, 2002
(Springer-Lehrbuch)
ISBN 3-540-42747-3



Springer-Verlag Berlin Heidelberg New York
ein Unternehmen der BertelsmannSpringer Science+Business Media GmbH

http://www.springer.de


Printed in Italy



Umschlaggestaltung: design & production GmbH, Heidelberg
SPIN 10733841 42/2202-5 4 3 2 1 0 – Gedruckt auf säurefreiem Papier

Meinem Vater zum 85. Geburtstag

# Vorwort

Dieses Buch widmet sich der Entscheidungs- und Spieltheorie. Die Entscheidungstheorie untersucht Entscheidungssituationen, in denen ein Einzelner eine Aktion zu wählen hat in Anbetracht einer häufig unsicheren Umwelt. Spieltheorie hat es dagegen mit interaktiven Entscheidungssituationen zu tun, in denen also das Ergebnis für ein Individuum auch vom Verhalten anderer abhängt.

Die Situationen der Spieltheorie sind allerdings im Allgemeinen gar nicht spielerisch: Es geht dabei um den Wettbewerb zwischen Oligopolisten, um atomare Abschreckung, um Prinzipal-Agenten-Beziehungen in Unternehmen, um nur einige wenige, aber wichtige Anwendungen zu nennen. Spieltheorie ist das wichtigste Instrument der Wirtschaftswissenschaft geworden und findet mittlerweile viele Anwendungen in anderen Sozialwissenschaften. Obwohl auch in dem vorliegenden Buch Anwendungen eine wichtige Rolle spielen, handelt es sich doch um ein theoretisches Lehrbuch, das gründlich in die oft nicht einfache Materie einführen möchte.

Vor sechzig Jahren schrieb von Hayek (1937, S. 35) in dem vielbeachteten Aufsatz mit dem schönen Titel *Economics and Knowledge*: „I have long felt that the concept of equilibrium itself and the methods which we employ in pure analysis, have a clear meaning only when confined to the analysis of the action of a single person, and that we are really passing into a different sphere and silently introducing a new element of altogether different character when we apply it to the explanation of the interactions of a number of different individuals“. Die Analyse der Interaktionen mehrerer Individuen, von der von Hayek spricht, nennt man heute die Spieltheorie. Hayek vermutet, dass Entscheidungstheorie (action of a single person) etwas gänzlich anderes sei als Spieltheorie (interactions of a number of different individuals).

Und natürlich hat von Hayek Recht: Spieltheoretische Analysen sind komplizierter als entscheidungstheoretische; die nicht immer einfachen Gleichgewichtskonzepte der Spieltheorie benötigt man nicht für die Entscheidungstheorie.

Dennoch kann man in der Entscheidungstheorie viele Themen behandeln, die üblicherweise häufig erst im Rahmen der Spieltheorie eingeführt werden. In diesem Buch soll daher die interaktive Entscheidungstheorie soweit als möglich auf der Basis der Entscheidungstheorie behandelt werden. Dieses Vorgehen wird, so hofft der Autor, die nicht einfache Spieltheorie leichter verdaulich machen.

Neben dieser didaktischen Grundentscheidung basiert das Buch auf einer zweiten: die erklärten Konzepte sollen gründlich, man könnte auch sagen pingelig, dargestellt werden. Natürlich soll der Leser auch Intuition für die verwandten Verfahren und Konzepte entwickeln. Aber diese Intuition soll gut gründen auf einem formalen Verständnis der Spieltheorie. Unterhaltsame und informale Behandlungen der Spieltheorie sollte der Leser daher anderswo suchen.

Dieses Buch hat von der Mitarbeit vieler profitiert. Wesentliche Teile von Kapitel C zur Axiomatik bei Entscheidungen unter Unsicherheit wurden von Dr. Dirk Bültel geschrieben. Dank habe ich Herrn Professor Dr. Stephan Dempe, Frau Jana Teichertová und Herrn Dr. André Casajus für die Durchsicht großer Teile des Manuskripts und für viele nützliche Hinweise zu sagen. Auch Herrn Professor Dr. Arnis Vilks danke ich, insbesondere für $\tilde{A}$ auf S. 217. Studenten der Spieltheorievorlesung des Wintersemesters 1996/1997 an der Universität Leipzig mussten als Versuchskaninchen herhalten und die Unebenheiten der sich neu entwickelnden Vorlesung ertragen. Studierende dieses und späterer Semester haben mit nützlichen Hinweisen zum Buch beigetragen: Jens Albrecht, Lucas Farnach, Niels Krap, Sandra Martius, Danny Rockfroh und Matthias Rothe. Auch Frau Kathleen Neidhardt hat sich durch sorgfältiges Korrekturlesen um das Buch verdient gemacht.

Besondere Erwähnung verdienen Tomas Slacik und Achim Hauck. Sie haben als studentische Hilfskräfte tatkräftig und engagiert zur Verbesserung des Buches beigetragen. Zudem hat Herr Hauck den Index erstellt. Den letzten Schliff hat das Manuskript in äußerlicher Hinsicht durch Herrn Dr. André Casajus erhalten; er hat auch die Abbildungen neu gestaltet. All diesen Personen gebührt mein herzlicher Dank.

Leipzig, September 2001 *Harald Wiese*

# Inhaltsverzeichnis

## Teil II. Spiele in strategischer Form

# A. Einführung

## A.1 Entscheidungs- und Spieltheorie

Gegenstand dieses Buches sind die Entscheidungstheorie und die Spieltheorie. Beide Theorien haben es mit Entscheidungen zu tun, im ersteren Fall mit den Entscheidungen einzelner Agenten, im zweiten Fall mit einem Geflecht von Entscheidungen mehrerer Agenten.

Die Entscheidungstheorie behandelt die Entscheidungen von einzelnen Agenten, die sich einer eventuell unsicheren Umwelt gegenübersehen. Das Haushalts-Optimum oder das Cournot-Monopol in der Mikroökonomie sind Beispiele für Entscheidungssituationen ohne Unsicherheit. Der wichtigere Teil der Entscheidungstheorie ist den Entscheidungen bei Unsicherheit gewidmet. Es handelt sich dabei um solche Entscheidungssituationen, in denen der Entscheidende die Konsequenzen seiner Handlungen nicht völlig unter Kontrolle hat. Der Entscheidende verfügt zwar über eine vollständige Beschreibung der möglichen „Umweltzustände", jedoch ist ihm im Zeitpunkt der Entscheidungsfindung nicht bekannt, welcher Umweltzustand eintreten wird.

Entscheidungen bei Unsicherheit unterteilt man in Entscheidungen bei Risiko und Entscheidungen bei Ungewissheit (siehe Abbildung A.1). Bei Risiko glaubt der Entscheidende, die Situation noch so genau zu kennen, dass er den möglichen Umweltzuständen Wahrscheinlichkeiten beimessen kann, z.B. die Wahrscheinlichkeit $\frac{1}{6}$ für das Ereignis „Der Wurf eines fairen Würfels ergibt drei Augen". Bei Risiko könnte der Entscheider beispielsweise den Erwartungswert maximieren oder den erwarteten Nutzen.

Bei Ungewissheit sieht sich der Agent nicht in der Lage, Wahrscheinlichkeiten anzugeben. Er wird dann eventuell auf die so genannten naiven Entscheidungsmodelle, wie das Hurwicz-Kriterium und

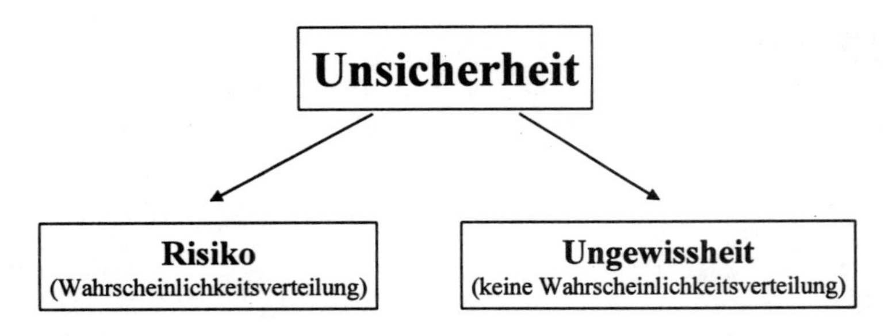


**Abbildung A.1.** Unsicherheit ist nicht gleich Unsicherheit

das Kriterium des minimalen Bedauerns, rekurrieren. Unter gewissen Annahmen kann es Ungewissheitssituationen (bei denen keine Wahrscheinlichkeiten existieren) nicht geben: der Entscheidende verhält sich so, als ob er in einer Risikosituation stünde.

Spieltheorie wird angewendet, wenn man es mit mehreren Entscheidern (auch Spieler genannt) zu tun hat, beispielsweise in der Oligopoltheorie, bei Prinzipal-Agenten-Beziehungen oder bei der Analyse von Auktionen. In spieltheoretischen Situationen gibt es Ungewissheit über die Aktionen oder Strategien der anderen Spieler. Diese kann bisweilen dann reduziert werden, wenn man die Auszahlungen der anderen Spieler kennt und von ihrer Rationalität ausgeht.

Die Entscheidungs- und die Spieltheorie haben zwei Aufgaben. Zum einen geht es um die „angemessene" Beschreibung und Modellierung von Entscheidungssituationen bzw. von Spielen. Zum anderen möchte man aus der häufig sehr großen Menge möglicher Aktionen der Entscheider bzw. Spieler eine oder mehrere hervorheben, nämlich solche, für deren tatsächliches Eintreten theoretische Begründungen gefunden werden können. Diese ausgezeichneten Entscheidungen oder Spielverläufe nennt man die „Lösungen" der Entscheidungssituation bzw. des Spiels. Wir konzentrieren uns, bei jeweils gegebener oder wenig problematisierter Modellbeschreibung, auf die Diskussion der Lösungen. Damit wollen wir keinesfalls andeuten, die erstgenannte Aufgabe sei weniger wichtig oder leichter zu bewerkstelligen.

Entscheidungs- und Spieltheorie gibt es in jeweils zwei Darstellungsformen, der strategischen Form und der extensiven Form. Bei der strategischen Form sind die Strategien der Entscheider bzw. der Spieler gegeben. In Abhängigkeit von der Strategie bzw. den Strategien ergeben sich die Auszahlungen der Entscheider bzw. Spieler. Die extensive Form bietet eine Darstellung der sequentiellen Natur der Entscheidungssituation bzw. des Spiels. Sie erfolgt typischerweise graphisch mithilfe eines Entscheidungs- bzw. Spielbaums. Aus einem solchen Baum bzw. aus der extensiven Form kann man die strategische Form gewinnen und dann die Analyse wie bei dieser durchführen; allerdings erlaubt die extensive Form darüber hinaus Differenzierungen, die in der strategischen Form verschüttet sind.

Die so angedeutete Spieltheorie, ob nun in strategischer Form oder in extensiver Form dargeboten, nennt man auch die nichtkooperative Spieltheorie. Neben ihr gibt es die kooperative Spieltheorie. Sie beschmutzt sich ihre Hände nicht mit den Details der Strategien, der Zugfolge oder des Wissens der Spieler. Sie stellt Axiome auf, die regeln, was der einzelne zu erwarten hat, z.B. aufgrund der Koalitionen, die er formen kann, und der Ergebnisse, die die Koalitionen bewirken können. Der Kern, die Nash-Verhandlungslösung und der Shapley-Wert sind die wichtigsten Instrumente der kooperativen Spieltheorie, die der Leser in EICHBERGER (1993, Kap. 9 und 10) erläutert findet. Diese sind nicht Gegenstand dieses Buches. Ein (nichttriviales) Analogon zur kooperativen Spieltheorie gibt es in der Entscheidungstheorie nicht.

## A.2 Didaktische Leitvorstellung und Aufbau des Buches

Die didaktische Grundentscheidung, mit der dieses Lehrbuch verfasst worden ist, besteht darin, die interaktive Entscheidungstheorie soweit als möglich auf der Basis der Entscheidungstheorie zu behandeln. Dies bedeutet Zweierlei: Einerseits kann man eine Vielzahl von Konzepten, die üblicherweise erst im Rahmen der Spieltheorie behandelt werden, bereits in der (einfacheren) Entscheidungstheorie einführen. Dies dürfte die Verständlichkeit erhöhen. Andererseits lassen sich einige Spiele mit Konzepten behandeln und (teilweise) „lösen“, die auch in der Entscheidungstheorie angewandt werden (können). Durch diese Vorgehensweise ergeben sich natürlich Wiederholungen; das in der Entscheidungstheorie Gelernte muss für die Spieltheorie geringfügig adaptiert nochmals dargeboten werden. Auch dieser Wiederholungseffekt ist didaktisch gewollt.

Die Unterscheidung zwischen strategischer und extensiver Form wurde im vorangegangenen Abschnitt erläutert. Sie gliedert in erster Linie das Lehrbuch, während in zweiter Linie die Unterscheidung zwischen Entscheidungs- und Spieltheorie wirkt. Diese beiden Gliederungselemente werden auch im Titelbild thematisiert. Hieraus ergeben sich, in Anschluss an dieses Einführungskapitel, vier Teile. Wie aus Abbildung A.2 ersichtlich ist, wird zunächst die Entscheidungstheorie in strategischer Form behandelt. Hier geht es primär darum, die Entscheidungstheorie bei gegebenen Wahrscheinlichkeiten für die Umweltzustände (von Neumann und Morgenstern) und ohne gegebene Wahrscheinlichkeiten (Savage) darzustellen. Allerdings werden in diesem Teil Themen auch deshalb behandelt, um die anschließende Spieltheorie in strategischer Form vorzubereiten. Dies betrifft zum Beispiel die Begriffe „beste Antwort", „Rationalisierbarkeit" und „gemischte Strategien". Dem mit der Literatur vertrauten Leser wird auffallen, dass wir in der Entscheidungstheorie auch dort den Begriff Strategie verwenden, wo üblicherweise von Aktion oder Handlung die Rede ist. Diese Terminologie wird durch den Aufbau des Buches nahegelegt; der Übergang zur Spieltheorie im zweiten Teil des Buches gestaltet sich so sprachlich einfacher.

Teil II des Buches widmet sich der Spieltheorie in strategischer Form. Zunächst werden die Spiele, soweit dies möglich ist, aufgrund von Dominanzargumenten (auch iteriert) oder Nichtrationalisierbarkeits-Argumenten (auch iteriert) gelöst. Erst anschließend wird das Nash-Gleichgewicht eingeführt.

Die Teile III und IV befassen sich mit der extensiven Form der Entscheidungs- und der Spieltheorie. Auch hier hat der entscheidungstheoretische Teil u.a. die Aufgabe, den spieltheoretischen Teil vorzubereiten. Verläufe, Bäume, Teilbäume, Strategien, unvollständige Information und perfekte Erinnerung - diese Konzepte können zu einem großen Teil bereits in der einfacheren entscheidungstheoretischen Situation erklärt und begriffen werden.

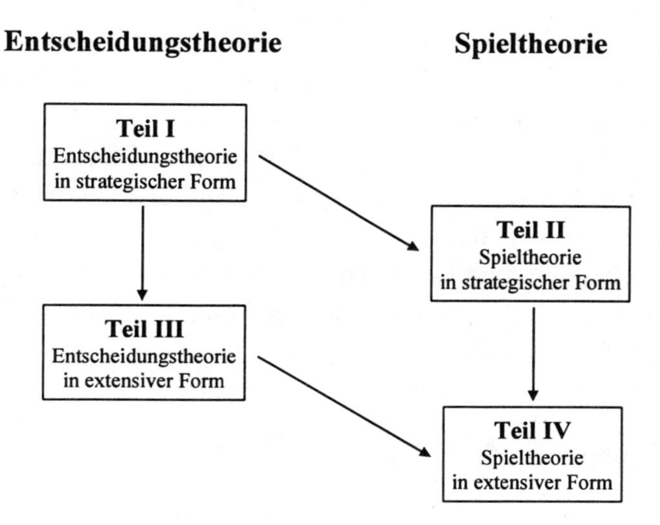


**Abbildung A.2.** Die vier Teile des Buches

Natürlich können Leser, die mit der Entscheidungs- bzw. der Spieltheorie vertraut sind, auch mit Teil II, III oder sogar IV beginnen. Zusätzliche Hilfestellung liefert Abbildung A.2, die die Verknüpfung der vier Teile untereinander mithilfe von Pfeilen aufzeigt. Beispielsweise bedeutet der Pfeil von Teil II nach Teil IV, dass Teil II Voraussetzung für Teil IV ist. Die Teile II und III haben Teil I als Voraussetzung. Teil III kann also in direktem Anschluss an Teil I bearbeitet werden, sodass eine nur entscheidungstheoretische Vorlesung die Teile I und III zum Inhalt haben könnte.

Neben der konsequenten Aufarbeitung der Entscheidungstheorie im Sinne des für die Spieltheorie Benötigten sticht dieses Lehrbuch durch eine gewisse formale Strenge hervor. Schwierige Sachverhalte werden fast nie durch verbale Wolken vernebelt, sondern ausführlich behandelt. Dies mag den Leser bisweilen ermüden. Es ist jedoch die Hoffnung des Autors, dass gerade durch den Formalismus ein tieferes Verständnis auch bei solchen Studenten ermöglicht wird, die es nicht gewohnt sind, mit mathematischen Objekten zu jonglieren. Um dennoch die Anschaulichkeit nicht zu kurz kommen zu lassen, enthalten fast alle

Einführungen zu den Kapiteln ein Beispiel, anhand dessen das Wichtigste des jeweiligen Kapitels deutlich wird.

Es wäre ein unvernünftiges Ziel, ein Lehrbuch schreiben zu wollen, das besser als alle unten genannten Lehrbücher ist. Jedoch erweist sich für verschiedene Zwecke und Zielgruppen mal das eine, mal das andere Lehrbuch als das geeignetere. In diesem Sinne hofft der Autor, dass auch dieses Lehrbuch zu denjenigen gezählt werden kann, die von (einer Gruppe von) Dozenten und Studenten (zeitweilig) gerade aufgrund der hier betonten didaktischen Besonderheiten als lehr- und hilfreich empfunden wird.

## A.3 Literaturempfehlungen

Es gibt eine Reihe von ansprechenden Lehrbüchern zur Spieltheorie. Ohne Anspruch auf Vollständigkeit erheben zu wollen, seien das liebevoll aufgemachte Lehrbuch von BINMORE (1992), das wohl theoretisch anspruchsvollste Werk von FUDENBERG/TIROLE (1991) und das auch didaktisch sehr gute und mit vielen ökonomischen Beispielen glänzende Buch von GIBBONS (1992) angeführt. Das Lehrbuch von GINTIS (2000) ist aufgabenorientiert und enthält eine große Vielzahl ökonomischer und außerökonomischer Spiele. ALIPRANTIS/CHAKRABARTI (2000) haben ein Buch verfasst, das wie das hier vorliegende die Entscheidungstheorie vorbereitend zur Spieltheorie behandelt. Alle diese sind englischsprachig. Unter den deutschsprachigen Lehrbüchern sticht dasjenige von HOLLER/ILLING (2000) hervor.

# Teil I

# Entscheidungen in strategischer Form

Die Entscheidungstheorie befasst sich primär mit unsicheren Situationen, in denen der Entscheidende also die Konsequenzen seiner Handlungen nicht völlig unter Kontrolle hat. Dieser erste Teil des Lehrbuchs hat Entscheidungstheorie in strategischer Form zum Inhalt, die auf dem Grundmodell der Entscheidungstheorie beruht. Dieses lässt sich von der Vorstellung leiten, dass Strategien (die Handlungen der Entscheider) und Umweltzustände (zur Modellierung der Unsicherheit) zu Auszahlungen für den Entscheider führen. Das Grundmodell ist Gegenstand von Kapitel B.

Entscheidungen bei Unsicherheit unterteilt man in Entscheidungen bei Risiko und Entscheidungen bei Ungewissheit. Bei Risiko sind dem Entscheider die Wahrscheinlichkeiten für die Umweltzustände gegeben, bei Ungewissheit (zunächst einmal) nicht. Um Entscheidungen bei Risiko abzubilden, wird das Grundmodell der Entscheidungstheorie um eine Wahrscheinlichkeitsverteilung auf der Menge der Umweltzustände erweitert, auch dies geschieht in Kapitel B.

Die Entscheidungstheorie in strategischer Form bereitet die Spieltheorie in strategischer Form in dreierlei Weise vor. Erstens werden nutzentheoretische Grundlagen gelegt, die auch für die Spieltheorie vonnöten sind. Die Grundlegung erfolgt für Risiko (Kapitel C) mithilfe des Modells von von Neumann und Morgenstern und für anfängliche Ungewissheit (Kapitel D) anhand des Modells von Savage. Ergebnis beider Modelle ist die normative Forderung, die Agenten mögen den erwarteten Nutzen maximieren. Im Sinne dieser Modelle werden wir Rationalverhalten der Entscheider und Spieler definieren.

Zweitens werden die für die spieltheoretische Analyse zentralen Begriffe „Beste Antwort“, „Dominanz“ und „Rationalisierbarkeit“ in Kapitel E erläutert. Schließlich und drittens behandelt Kapitel F gemischte Strategien.

# B. Grundmodell und naive Entscheidungsregeln

## B.1 Einführendes und ein Beispiel

Angenommen, ein Unternehmer erwäge alternativ die Produktion von Regenschirmen oder die Produktion von Sonnenschirmen. Sein Gewinn hängt von der Witterung ab. Regenschirmproduktion ergibt bei schlechter Witterung einen Gewinn von 100, während der Gewinn bei guter Witterung nur 81 beträgt. Hat sich der Unternehmer für die Produktion von Sonnenschirmen entschieden, hofft er dagegen auf gutes Wetter und einen Gewinn von 121. Ist die Witterung jedoch schlecht, kann der Sonnenschirmproduzent einen Gewinn von lediglich 64 erzielen. Die folgende Ergebnismatrix fasst die Situation zusammen:

| | | **Umweltzustand** | |
|---|---|---|---|
| | | schlechte Witterung | gute Witterung |
| **Strategie** | Regenschirm-produktion | 100 | 81 |
| | Sonnenschirm-produktion | 64 | 121 |

**Abbildung B.1.** Ergebnismatrix

Den höchsten Gewinn erhält der Unternehmer, wenn er Sonnenschirme produziert und die Witterung gut ist. Allerdings birgt die Sonnenschirmproduktion die Gefahr, dass lediglich ein Gewinn von 64 erzielt wird. Die Regenschirmproduktion wäre dann von Vorteil gewesen.

Unser Beispiel, auf das wir noch oft zurückschauen werden, führt uns in die wichtigsten Begriffe des so genannten Grundmodells der Entscheidungstheorie ein: Strategien, Umweltzustände, Auszahlungen und Auszahlungsfunktionen.

- Der Unternehmer verfügt über zwei Strategien, Regenschirmproduktion und Sonnenschirmproduktion.
- Zwei unterschiedliche Umweltzustände können eintreten, gute oder schlechte Witterung.
- Die Auszahlungen betragen 64, 81, 100 oder 121.
- Die Auszahlungsfunktion verbindet Strategien und Umweltzustände auf der einen Seite mit den Auszahlungen auf der anderen Seite. Beispielsweise erhält der Unternehmer den Gewinn 121, wenn er Sonnenschirme produziert und die Witterung gut ist.

In etwas allgemeinerer Form beschreiben wir dieses Grundmodell der Entscheidungstheorie in Abschnitt B.2, der auf diese Einführung folgt. Um Entscheidungen bei Risiko abzubilden, wird das Grundmodell der Entscheidungstheorie um eine Wahrscheinlichkeitsverteilung auf der Menge der Umweltzustände erweitert. In unserem Beispiel könnte der Unternehmer eine schlechte Witterung mit einer Wahrscheinlichkeit von einem Viertel erwarten. Wahrscheinlichkeitsverteilungen und das Entscheidungsproblem bei Risiko erläutern wir in Abschnitt B.3.

Bevor wir in den folgenden Kapiteln die Entscheidungstheorie als Erwartungsnutzentheorie axiomatisch behandeln, gehen wir im Abschnitt B.4 dieses Kapitels auf Entscheidungsmodelle ein, deren axiomatische Begründungen, wenn es sie denn gibt, weniger überzeugend sind. Unabhängig davon finden sie allerdings in der Praxis durchaus Anwendung. Gemeint sind Entscheidungskriterien bei Ungewissheit, wie das Kriterium des minimalen Bedauerns oder das Hurwicz-Kriterium. Für letzteres gibt es eine, allerdings weniger bekannte Axiomatisierung: Arrow/Hurwicz (1972) begründen in axiomatischer Weise eine Entscheidungsregel, die lediglich vom schlechtesten und vom besten Ergebnis abhängt, das mit einer Strategie verbunden ist. Wir werden diese Axiomatisierung nicht näher erläutern.

## B.2 Entscheidungsprobleme in strategischer Form

Zunächst einmal wird unterstellt, dass dem Entscheidenden zur Erreichung seiner Ziele gewisse Handlungsalternativen, die wir Strategien nennen, offenstehen. Der Entscheider wählt also eine Strategie $s$ aus der Menge seiner Strategien $S$ aus. Dabei hängt die „Auszahlung“, „das, was jemand bekommt“, nicht nur von der gewählten Strategie $s$, sondern auch von einem Umweltzustand $z$ ab, den das Individuum nicht kontrollieren kann. Sei $Z$ die Menge aller Umweltzustände und $\Pi$ die Menge der Auszahlungen. $\Pi$ kann beispielsweise die Menge der reellen Zahlen sein, die dann für monetäre Beträge stehen. Denkbar sind auch andere Auszahlungen, z.B. eine Menge von Güterbündeln mit Gütern unterschiedlichster Art.

Die Auszahlungsfunktion $\pi$ gibt an, welche Auszahlung das Individuum bei der Wahl der Strategie $s \in S$ und beim Eintreten des Umweltzustandes $z \in Z$ erzielt. $\pi(s,z)$ hat für alle $s$ aus $S$ und $z$ aus $Z$ ein Element aus $\Pi$ zu sein. Die Auszahlungsfunkion kann bei endlich vielen Strategien und Umweltzuständen in besonders anschaulicher Form als Auszahlungsmatrix dargestellt werden. Dabei wird jeder Strategie eine Zeile und jedem Umweltzustand eine Spalte zugeordnet. Im Kreuzungspunkt einer Zeile mit einer Spalte steht der jeweilige Auszahlungswert.

**Definition B.2.1 (Entscheidungsproblem).** *Ein Entscheidungsproblem in strategischer Form ist ein Tupel*

$$\Delta = (S, Z, \Pi, \pi),$$

*wobei $S$ die Menge der Strategien, $Z$ die Menge der Umweltzustände, $\Pi$ die Menge der Auszahlungen und $\pi$ eine Auszahlungsfunktion*

$$S \times Z \to \Pi$$

*meinen.*

Häufig sind die Auszahlungen aus der Menge der reellen Zahlen. Dann lässt man $\Pi$ auch beiseite und spricht das Entscheidungsproblem mit dem Tripel

| | | Umwelt | | |
|---|---|---|---|---|
| | | $z_1$ | $z_2$ | $z_3$ |
| Agent | $s_1$ | $\pi(s_1, z_1)$ | $\pi(s_1, z_2)$ | $\pi(s_1, z_3)$ |
| | $s_2$ | $\pi(s_2, z_1)$ | $\pi(s_2, z_2)$ | $\pi(s_2, z_3)$ |
| | $s_3$ | $\pi(s_3, z_1)$ | $\pi(s_3, z_2)$ | $\pi(s_3, z_3)$ |
| | $s_4$ | $\pi(s_4, z_1)$ | $\pi(s_4, z_2)$ | $\pi(s_4, z_3)$ |

**Abbildung B.2.** Eine Auszahlungsmatrix für Entscheidungen bei Ungewissheit

$$(S, Z, \pi)$$

an.

Bei drei Umweltzuständen, d.h. bei $Z = \{z_1, z_2, z_3\}$, und bei vier Wahlmöglichkeiten, d.h. bei $S = \{s_1, s_2, s_3, s_4\}$, kann man das Entscheidungsproblem wie in Abbildung B.2 darstellen. Aus der Beschreibung einer Entscheidungssituation ist bisweilen jedoch nicht unmittelbar ersichtlich, welche Umweltzustände man zu wählen hat. Dazu betrachten wir Newcombs Problem.

*Beispiel B.2.1.* In Newcombs Problem geht es um eine Entscheidungssituation, bei der neben einem Agenten (z.B. Sie) ein „Höheres Wesen" eine Rolle spielt. Das Höhere Wesen zeigt Ihnen zwei Kisten. In Kiste 1 sind DM 1.000 und in Kiste 2 sind vielleicht DM 1.000.000. Sie haben die Wahl, entweder nur Kiste 2 zu öffnen und den Inhalt zu entnehmen oder aber beide Kisten zu leeren. Der Inhalt von Kiste 2 hängt davon ab, welche Wahl von Ihnen das Höhere Wesen vorausgesagt hat.

Hält das Höhere Wesen Sie für bescheiden, wird es voraussagen, dass Sie lediglich Kiste 2 öffnen werden. Als Belohnung liegen dann DM 1.000.000 in dieser Kiste. Falls jedoch die Voraussage des Höheren Wesens lautet, dass Sie beide Kisten öffnen werden, ist Kiste 2 leer.

Man muss sich klarmachen: Das Höhere Wesen ist nicht perfekt. Es kann gute Voraussagen machen, weil es zum Beispiel die Bücher oder Vorlesungen kennt, die Sie gelesen bzw. gehört haben. Die Voraussagen können jedoch falsch sein. Das Höhere Wesen macht seine Voraussage, bevor Sie mit dem Problem konfrontiert werden. Stellen Sie sich vor,

| | Voraussage: nur Kiste 2 wird geöffnet | Voraussage: beide Kisten werden geöffnet |
|---|---|---|
| Agent öffnet nur Kiste 2 | DM 1.000.000 | DM 0 |
| Agent öffnet beide Kisten | DM 1.001.000 | DM 1.000 |

**Abbildung B.3.** Eine Auszahlungsmatrix für Newcombs Problem

| | Voraussage ist richtig | Voraussage ist falsch |
|---|---|---|
| Agent öffnet nur Kiste 2 | DM 1.000.000 | DM 0 |
| Agent öffnet beide Kisten | DM 1.000 | DM 1.001.000 |

**Abbildung B.4.** Eine zweite Auszahlungsmatrix für Newcombs Problem

die Voraussage wurde gestern getroffen und damit der Inhalt der Kiste 2 bestimmt. Das Höhere Wesen täuscht Sie nicht, indem es nachträglich den Inhalt der Kiste ändert. □

**Übung B.2.1.** Wie sollte man sich in der Situation von Newcombs Problem entscheiden? Welche Wahl würden Sie treffen?

Die Entscheidung hängt primär davon ab, wie die Auszahlungsmatrix aufgeschrieben wird. Entweder hält man die zwei Zustände für relevant, die nach der getroffenen Voraussage fragen. Oder man richtet sich nach der Korrektheit der Voraussage. Im ersten Fall erhält man Matrix B.3, im zweiten die Matrix B.4.

Welche der beiden Beschreibungen der Umweltzustände ist die richtige? Mir scheint, die erste. Die dann zu treffende Entscheidung ist leicht. Vollkommen klar sollte Ihnen dies in Abschnitt E.3.1 werden.

**Übung B.2.2.** Beim Cournot-Monopol legt der Monopolist die gewinnmaximale Menge $x$ fest. Der ökonomischen Interpretation angemessen sind nur nichtnegative Ausbringungsmengen zugelassen. Für die explizite Berechnung verwenden wir die folgenden Modellannahmen:

- Die Angebotsseite ist durch konstante Durchschnittskosten $c$ bestimmt.
- Die inverse Nachfragefunktion lautet: $p(x) = a - bx$, wobei $a$ und $b$ positive reelle Zahlen sind und $a > c$ vorausgesetzt wird.

Können Sie die Entscheidungssituation des Monopolisten in das Entscheidungsproblem dieses Abschnittes einordnen? Wie lautet die Auszahlungsfunktion für den Monopolisten? Welche Ausbringungsmenge sollte er wählen?

**Übung B.2.3.** Drücken Sie formal aus, dass ein Entscheidungsproblem keine Unsicherheit aufweist.

## B.3 Entscheidungsprobleme in strategischer Form bei Risiko

Bisweilen hat man es mit Entscheidungen zu tun, bei denen Wahrscheinlichkeiten für die Umweltzustände aus $Z$ gegeben sind. Dies sind dann Entscheidungen bei Risiko. Die Wahrscheinlichkeiten beschreibt man durch eine Wahrscheinlichkeitsverteilung $w$ auf $Z$. Wir betrachten (fast nur) endlich diskrete Wahrscheinlichkeitsverteilungen. Das sind solche Verteilungen, die nur endlich vielen Umweltzuständen eine strikt positive Wahrscheinlichkeit zuordnen. Wir werden im Laufe dieses Lehrbuchs häufig mit Wahrscheinlichkeitsverteilungen auf unterschiedlichsten Mengen zu tun haben. In allgemeiner Weise definieren wir:

**Definition B.3.1 (endlich diskrete Wahrscheinlichkeitsverteilungen).** *Sei $Z$ eine Menge. Endlich diskrete Wahrscheinlichkeitsverteilungen $w$ auf $Z$ lassen sich formal durch eine Wahrscheinlichkeitsfunktion $w : Z \to [0,1]$ mit $w(z) > 0$ für nur endlich viele $z \in Z$ und $\sum_{z \in Z} w(z) = 1$ beschreiben. Dabei ist $w(z)$ die Wahrscheinlichkeit, mit der sich das Element $z \in Z$ realisiert. Die Menge aller endlich diskreten Wahrscheinlichkeitsverteilungen auf $Z$ bezeichnen wir $W(Z)$. Zudem legen wir fest:*

- *$w \in W(Z)$ heißt entartet, falls es ein $z \in Z$ mit $w(z) = 1$ gibt.*
- *$w \in W(Z)$ heißt vollständig gemischt, wenn $w(z) > 0$ für alle $z \in Z$ gilt. Die Menge der vollständig gemischten Wahrscheinlichkeitsverteilungen auf $Z$ bezeichnen wir mit $W(Z)^+$.*

*Anmerkung B.3.1.* Eine Wahrscheinlichkeitsverteilung ist also entartet, falls die gesamte Wahrscheinlichkeitsmasse auf einem Element ruht. Man kann entartete Wahrscheinlichkeitsverteilungen $w$ aus $W(Z)$ mit Elementen aus $Z$ identifizieren, nämlich mit demjenigen Element, dessen Wahrscheinlichkeit unter $w$ gleich Eins ist. Daher kann man $Z$ als Teilmenge von $W(Z)$ auffassen. □

Für $Z = \{z_1, z_2, ..., z_n\}$ kann man ein Element aus $W(Z)$ durch einen Vektor mit $n$ Eintragungen,

$$w = (w(z_1), w(z_2), ..., w(z_n)),$$

ausdrücken. Für $Z = \{z_1, z_2, z_3\}$ meint $\left(\frac{1}{2}, \frac{1}{3}, \frac{1}{6}\right)$ also die Wahrscheinlichkeitsverteilung, nach der Umweltzustand $z_1$ mit der Wahrscheinlichkeit $\frac{1}{2}$, Umweltzustand $z_2$ mit der Wahrscheinlichkeit $\frac{1}{3}$ und Umweltzustand $z_3$ mit der Wahrscheinlichkeit $\frac{1}{6}$ realisiert wird.

**Übung B.3.1.** Schreiben Sie für $Z = \{z_1, z_2, ..., z_n\}$ die Wahrscheinlichkeitsverteilungen auf, die mit $z_1$, $z_2$ und $z_n$ identifiziert werden.

**Definition B.3.2 (Entscheidungsproblem).** *Ein Entscheidungsproblem in strategischer Form bei Risiko ist ein Tupel*

$$\Delta = (S, Z, w, \Pi, \pi),$$

*wobei $S$, $Z, \Pi$ und $\pi$ wie bisher zu verstehen sind (siehe Definition B.2.1) und $w$ eine Wahrscheinlichkeitsverteilung auf $Z$ darstellt.*

## B.4 Entscheidungsregeln bei Ungewissheit

Kennt der Entscheider die Wahrscheinlichkeiten der verschiedenen Umweltzustände nicht und möchte sich nicht der Mühe unterziehen, subjektive Wahrscheinlichkeiten zu bilden, kann er dennoch anhand einiger Daumenregeln eine Entscheidung treffen. Wir wollen diese Entscheidungsregeln anhand des zu Beginn dieses Kapitels eingeführten Beispiels illustrieren.

Es gibt eine Reihe von Entscheidungsregeln, die eine Entscheidung (Regen- oder Sonnenschirme) in unserem Beispiel hervorbringen. Hier sollen die folgenden Entscheidungsregeln vorgestellt werden:

- Maximin-Regel,
- Maximax-Regel,
- Hurwicz-Regel,
- Regel des minimalen Bedauerns und
- Laplace-Regel.

Bei der Maximin-Regel nimmt der Entscheidende eine sehr pessimistische Position ein. Er geht davon aus, dass er bei jeder Handlungsalternative die denkbar schlechteste Auszahlung, also das Zeilenminimum erhält. Es wird eine derjenige Alternativen mit dem höchsten Zeilenminimum gewählt. Formal gehen wir also in folgenden Schritten vor:

1. Zunächst wird für jede Strategie $s$ aus $S$ das Zeilenminimum
$$\min_{z \in Z} \pi(s, z)$$
bestimmt. Der Leser beachte, dass wir hierunter die minimale Auszahlung und nicht etwa einen Umweltzustand verstehen, der zur minimalen Auszahlung führt.
2. Sodann vergleichen wir die Minima und wählen das Maximum unter ihnen aus. Dies bezeichnet man mit
$$\max_{s \in S} \min_{z \in Z} \pi(s, z).$$
3. Eventuell gibt es mehrere Strategien, die zum gleichen maximalen Zeilenminimum führen. Die Menge dieser Strategien bezeichnen wir mit
$$\operatorname*{argmax}_{s \in S} \min_{z \in Z} \pi(s, z).$$

**Übung B.4.1.** Welche Produktion wird bei Anwendung der Maximin-Regel gewählt?

Das Gegenstück zu der Maximin-Regel ist die Maximax-Regel. Ihr liegt die Annahme zugrunde, dass stets der günstigste Umweltzustand eintreten wird, das heißt, bei jeder Alternative wird das Zeilenmaximum erwartet. Es wird dann diejenige Alternative mit dem höchsten Zeilenmaximum gewählt. Die Menge der Strategien, die nach der Maximax-Regel auszusuchen sind, lassen sich formal als

$$\underset{s \in S}{\operatorname{argmax}} \max_{z \in Z} \pi(s, z)$$

ausdrücken.

**Übung B.4.2.** Welche Produktion nimmt der Unternehmer auf, wenn er nach der Maximax-Regel verfährt?

Die Maximin-Regel und die Maximax-Regel bilden extreme Formen von Pessimismus respektive Optimismus ab. Einen Kompromiss versucht die Hurwicz-Regel herzustellen. Dabei wird die höchste Auszahlung einer Zeile mit dem Faktor $\gamma$ (wobei $0 \leq \gamma \leq 1$) und die niedrigste Auszahlung mit dem Faktor $1 - \gamma$ multipliziert und beide Produkte addiert. Es wird diejenige Alternative gewählt, die den so ermittelten gewogenen Durchschnitt aus dem Zeilenminimum und dem Zeilenmaximum maximiert. Den Faktor $\gamma$ bezeichnet man als Optimismusparameter.

**Übung B.4.3.** Für $\gamma = 1$ geht die Hurwicz-Regel in die ........-Regel und für $\gamma = 0$ in die ........-Regel über.

**Übung B.4.4.** Nochmals Sonnen- oder Regenschirme, diesmal bei Anwendung der Hurwicz-Regel mit dem Optimismusparameter $\frac{3}{4}$.

**Übung B.4.5.** Können Sie die Hurwicz-Regel formal beschreiben, d.h. die Menge derjenigen Strategien angeben, die nach der Hurwicz-Regel auszuwählen sind?

Bei der Regel des minimalen Bedauerns ist man bestrebt, den Nachteil, der aus einer Fehleinschätzung des wahren Umweltzustandes resultiert, möglichst klein zu halten. Dazu wird die Auszahlungsmatrix zunächst in die Bedauernsmatrix überführt, indem jedes Element einer Spalte durch seine absolut genommene Differenz zum Spaltenmaximum ersetzt wird. Ausgehend von der Bedauernsmatrix wird diejenige Alternative ausgewählt, die das Zeilenmaximum minimiert.

**Übung B.4.6.** Begründen Sie, warum die Elemente der Bedauernsmatrix den Nachteil, der aus einer Fehleinschätzung des wahren Umweltzustandes resultiert, messen!

**Übung B.4.7.** Produziert der Unternehmer Sonnen- oder Regenschirme, wenn er die Regel des minimalen Bedauerns befolgt?

Bei der Laplace-Regel wird die Ungewissheitssituation so behandelt, als wäre sie eine Situation bei Risiko. Dabei geht der Entscheidende von der Annahme aus, dass alle Umweltzustände mit der gleichen Wahrscheinlichkeit eintreten. Er wählt diejenige Alternative, die zur größten erwarteten Auszahlung führt.

**Übung B.4.8.** Zur Produktion welchen Gutes führt die Laplace-Regel?

## B.5 Lösungen

**Übung B.2.1.** Sind Sie sicher? Die Hälfte der Menschheit würde die andere Wahl treffen. Siehe hierzu auch Nozick (1969) und Brams (1983).

**Übung B.2.2.** Der Monopolist befindet sich in einer Entscheidungssituation ohne Unsicherheit. Dieser Situation entspricht eine Auszahlungsmatrix mit nur einer Spalte (oder mit mehreren Spalten gleicher Auszahlung bei gegebener Strategie) oder einer Auszahlungsfunktion, die nur von der Strategie des Monopolisten, nicht jedoch vom Umweltzustand abhängt. Im Gegensatz zu den bisher betrachteten Beispielen enthält die Strategiemenge unendlich viele Strategien, die durch die reellen Zahlen wiedergegeben werden.

Die Auszahlungsfunktion für den Monopolisten lautet

$$\pi(x) = (a - bx - c)\,x.$$

Durch Nullsetzen der ersten Ableitung erhält man ein Extremum bei

$$x^M = \frac{a-c}{2b}.$$

Da die zweite Ableitung negativ ist (bitte, nachrechnen), ist durch $x^M$ die gewinnmaximale Menge gegeben.

**Übung B.2.3.** Für alle $z$, $z' \in Z$ und für alle $s \in S$ gilt

$$\pi(s,z) = \pi\left(s,z'\right).$$

Dies gilt insbesondere, falls $Z$ nur einen Umweltzustand enthält, falls also $Z = \{z\}$ gilt.

**Übung B.3.1.** Die Wahrscheinlichkeitsverteilung

$$(1,0,...,0) \text{ entspricht } z_1$$

und $(0,1,0,...,0)$ entspricht $z_2$ und $(0,...,0,1)$ entspricht $z_n$.

**Übung B.4.1.** Die niedrigste Auszahlung beträgt 81 bei Regenschirmproduktion und 64 bei Sonnenschirmproduktion. Das Maximum der Minima beträgt 81. Also müssten nach dem Maximin-Kriterium Regenschirme produziert werden.

**Übung B.4.2.** Die höchste Auszahlung beträgt bei Regenschirmproduktion 100 und bei Sonnenschirmproduktion 121. Das Maximum der Maxima beträgt 121. Also müsste nach dem Maximax-Kriterium die Sonnenschirmproduktion aufgenommen werden.

**Übung B.4.3.** Für $\gamma = 1$ geht die Hurwicz-Regel in die Maximax-Regel und für $\gamma = 0$ in die Maximin-Regel über.

**Übung B.4.4.** Bei einem Optimismusparameter von $\frac{3}{4}$ beträgt der gewogene Durchschnitt aus Zeilenminimum und Zeilenmaximum $\frac{3}{4} \cdot 100 + \frac{1}{4} \cdot 81 = 95,25$ bei Regenschirmproduktion und $\frac{3}{4} \cdot 121 + \frac{1}{4} \cdot 64 = 106,75$ bei Sonnenschirmproduktion. Der Entscheidende produziert Sonnenschirme.

**Übung B.4.5.** Für jede Strategie $s \in S$ gewichtet man das Zeilenmaximum $\max_{z \in Z} \pi(s, z)$ mit $\gamma$ und das Zeilenminimum $\min_{z \in Z} \pi(s, z)$ mit $1 - \gamma$. Man sucht diejenige Strategie, die die gewichtete Summe maximiert. Eine jede solche Strategie ist in

$$\underset{s \in S}{\operatorname{argmax}} \left( \gamma \max_{z \in Z} \pi(s, z) + (1 - \gamma) \min_{z \in Z} \pi(s, z) \right)$$

enthalten.

**Übung B.4.6.** Bei korrekter Vorhersage des wahren Umweltzustandes wählt der Entscheidende diejenige Alternative, die in der jeweiligen Spalte zur höchsten Auszahlung führt. Weicht er von dieser Alternative ab, so erhält er weniger; im Ausmaß der Differenz zur höchsten Auszahlung der „wahren" Spalte bedauert er, nicht die beste Alternative gewählt zu haben. Daher messen die Elemente der Bedauernsmatrix den Nachteil, der aus einer Fehleinschätzung des wahren Umweltzustandes resultiert.

**Übung B.4.7.** Die Bedauernsmatrix lautet:

| | | **Umweltzustand** | |
|---|---|---|---|
| | | schlechte Witterung | gute Witterung |
| **Strategie** | Regenschirm-produktion | 0 | 40 |
| | Sonnenschirm-produktion | 36 | 0 |

Das Zeilenmaximum beträgt 40 bei Regenschirmproduktion und 36 bei Sonnenschirmproduktion. Also könnte das Bedauern bei Regenschirmproduktion größer sein; der Unternehmer entscheidet sich für die Produktion der Sonnenschirme.

**Übung B.4.8.** Treten die Umweltzustände jeweils mit der Wahrscheinlichkeit $\frac{1}{2}$ ein, so beträgt der erwartete Gewinn $\frac{1}{2} \cdot 100 + \frac{1}{2} \cdot 81 = 90{,}5$ bei Regenschirmproduktion und $\frac{1}{2} \cdot 64 + \frac{1}{2} \cdot 121 = 92{,}5$ bei Sonnenschirmproduktion. Der erwartete Gewinn ist bei Sonnenschirmproduktion höher als bei Regenschirmproduktion, daher werden Sonnenschirme produziert.

# C. Entscheidungen unter Risiko

## C.1 Einführendes und ein Beispiel

Wie soll sich der Entscheidende in Risikosituationen verhalten? Eine nahe liegende Entscheidungsregel für Risikosituationen ist die so genannte Bayes-Regel. Sie lässt sich bis ins 17. Jahrhundert zurückverfolgen, wo sie bei der Bewertung von damals gängigen Glücksspielen und Lotterien angewendet wurde. Die Bayes-Regel besagt: Wähle unter den möglichen Wahrscheinlichkeitsverteilungen auf der Menge von Auszahlungen (auch Lotterien genannt) diejenige mit dem höchsten Erwartungswert. Dabei ist der Erwartungswert einer solchen Lotterie definiert als der Durchschnitt der möglichen Auszahlungen, gewichtet mit ihren jeweiligen Wahrscheinlichkeiten. Die Objekte dieses Maximierungskalküls, die Lotterien, werden wir in Abschnitt C.2 genauer unter die Lupe nehmen.

Bevor die Bayes-Regel jedoch angewandt werden kann, haben wir aus einer Wahrscheinlichkeitsverteilung auf der Menge der Umweltzustände eine Wahrscheinlichkeitsverteilung auf der Menge der Auszahlungen (Lotterie) zu generieren. Das ist nicht schwer und ist am besten anhand unseres Schirmproduzenten zu erläutern. Nehmen wir an, dass die Wahrscheinlichkeit einer guten Witterung $\frac{3}{4}$ ist. Dann führt die Regenschirmproduktion zur Lotterie

$$w_{\text{Regenschirmproduktion}} = [100, 81; \frac{1}{4}, \frac{3}{4}];$$

mit der Wahrscheinlichkeit $\frac{1}{4}$ beträgt der Gewinn 100 und mit der Wahrscheinlichkeit $\frac{3}{4}$ beträgt er 81. Die Lotterie bei Sonnenschirmproduktion ergibt sich als $w_{\text{Sonnenschirmproduktion}} = [64, 121; \frac{1}{4}, \frac{3}{4}]$.

Der Erwartungswert der Regenschirmlotterie beträgt

$$\frac{1}{4} \cdot 100 + \frac{3}{4} \cdot 81 = 85,75$$

und ist damit geringer als der Erwartungswert der Sonnenschirmlotterie,

$$\frac{1}{4} \cdot 64 + \frac{3}{4} \cdot 121 = 106,75.$$

Folgt der Unternehmer der Bayes-Regel, sollte er also Sonnenschirme produzieren.

In Abschnitt C.3 betrachten wir dann die Bayes-Regel gründlicher. Obwohl sie eine recht plausible Entscheidungsregel ist, weist sie doch einen Nachteil auf: Sie berücksichtigt unterschiedliche Risikopräferenzen nicht. Dies führte dazu, dass man die Erwartungswertregel modifizierte: nicht die erwarteten Auszahlungen sollen maximiert werden, sondern der so genannte erwartete Nutzen. Dabei werden die Auszahlungen durch eine Nutzenfunktion transformiert und anschließend der Erwartungswert dieser Nutzenwerte gebildet. Man kann zeigen, dass durch die geeignete Wahl der Nutzenfunktion Risikoscheu und auch Risikofreude ausdrückbar sind. Die Entscheidungsregel „Maximiere den erwarteten Nutzen" nennt man (nach Daniel Bernoulli, 1738) auch Bernoulli-Prinzip.

Nehmen wir beispielsweise die durch $u(\pi) = \sqrt{\pi}$ gegebene Nutzenfunktion. Sie transformiert die monetäre Auszahlung $\pi$ in den Nutzenwert $u(\pi)$ (siehe Abbildung C.1). Aufgrund der abnehmenden Steigung dieser Nutzenfunktion fällt ein Auszahlungszuwachs ausgehend von einer geringen Auszahlung stärker ins Gewicht als derselbe Auszahlungszuwachs ausgehend von einer bereits hohen Auszahlung. Wir werden zeigen, dass eine solche Nutzenfunktion Risikoaversion des Entscheiders widerspiegelt.

Die Vorgehensweise, wie man den erwarteten Nutzen berechnet, können wir uns wiederum anhand unseres Beispiels klarmachen. Wir gehen von der Wahrscheinlichkeit einer guten Witterung von $\frac{3}{4}$ und von der Wurzel-Nutzenfunktion aus. Der erwartete Nutzen beträgt

$$\frac{1}{4} \cdot \sqrt{100} + \frac{3}{4} \cdot \sqrt{81} = 9,25$$

bei Regenschirmproduktion und $\frac{1}{4} \cdot \sqrt{64} + \frac{3}{4} \cdot \sqrt{121} = 10,25$ bei Sonnenschirmproduktion. Damit kehrt sich die obige Entscheidung des

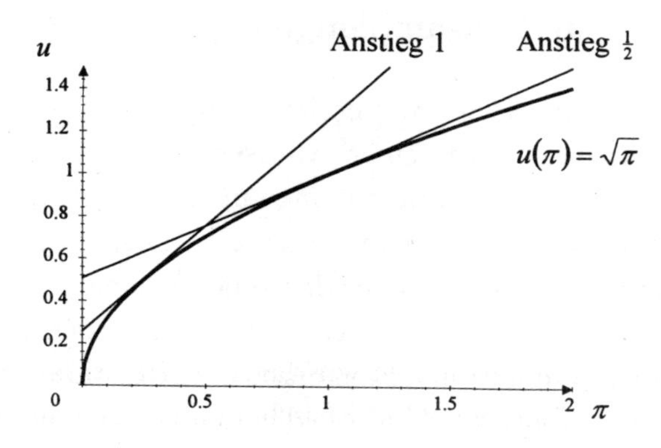


**Abbildung C.1.** Die Wurzelfunktion ist konkav

Unternehmers um: er produziert nun, als risikoscheuer Agent, Sonnenschirme.

Die Frage, warum die Maximierung des Erwartungsnutzens ein aus normativer Sicht vernünftiges Entscheidungskriterium darstellen sollte, wurde lange Zeit nicht beantwortet. Erst John von Neumann und Oskar Morgenstern haben eine Begründung für die Rationalität des Bernoulli-Prinzips geliefert, indem sie zeigten, dass es aus einer Reihe von plausiblen Axiomen über die Präferenzen des Entscheidenden gefolgert werden kann.

Ein Entscheidender, der diese Axiome akzeptiert, verhält sich logisch zwingend so, als ob er den erwarteten Nutzen maximiert. Umgekehrt wird ein Individuum, das eines oder mehrere der Axiome zurückweist, auch die Maximierung des Erwartungsnutzens als Entscheidungsprinzip zurückweisen müssen. Wegen seiner axiomatischen Fundierung ist das Bernoulli-Prinzip schon oft als *das* rationale Entscheidungsprinzip für Unsicherheitssituationen bezeichnet worden. Wir erläutern das Modell von von Neumann und Morgenstern in Abschnitt C.4.

Im nächsten Kapitel werden wir dann ein weiteres wichtiges Modell der axiomatischen Entscheidungstheorie kennen lernen, das Modell von Savage. Es ist ein Modell bei (anfänglicher) Ungewissheit. Aber auch dieses Modell führt schließlich zum Bernoulli-Prinzip!

## C.2 Einfache und zusammengesetzte Lotterien

In diesem Abschnitt wollen wir herleiten, wie man auf der Basis einer Auszahlungsfunktion $\pi$ von einer Wahrscheinlichkeitsverteilung auf $Z$ zu einer Wahrscheinlichkeitsverteilung auf $\Pi$ gelangt. Die Wahrscheinlichkeitsverteilungen auf $\Pi$ nennt man auch Lotterien, die wir in diesem Abschnitt etwas eingehender darstellen wollen.

Nehmen wir also an, der Entscheidende könne den möglichen Umweltzuständen und damit den Elementen der Auszahlungsmatrix Wahrscheinlichkeiten zuordnen. Wir befinden uns also in einer Risiko-, nicht in einer Ungewissheitssituation. Mit jeder Handlungsalternative können wir dann eine Wahrscheinlichkeitsverteilung der Auszahlungen verbinden, und das Entscheidungsproblem besteht in der Auswahl unter solchen Verteilungen.

Betrachten wir das soeben Gesagte formal. Gegeben sei ein Entscheidungsproblem in strategischer Form bei Risiko, d.h. ein Tupel

$$\Delta = \left(S, Z, w', \Pi, \pi\right).$$

Eine Strategie $s$ aus $S$ ergibt die Auszahlung $\pi(s,z)$, falls der Zustand $z$ eintritt, was mit der Wahrscheinlichkeit $w'(z)$ passiert. Eine Auszahlung $\overline{\pi}$ aus $\Pi$ ergibt sich bei der Strategie $s$ mit der Wahrscheinlichkeit

$$\sum_{z \in Z \text{ mit } \pi(s,z)=\overline{\pi}} w'(z);$$

man addiert also die Wahrscheinlichkeiten all derjenigen Umweltzustände, die bei der Strategie $s$ zur Auszahlung $\overline{\pi}$ führen. Auf diese Weise generiert man aus jeder Strategie eine Wahrscheinlichkeitsverteilung auf $\Pi$. Und es sind diese Wahrscheinlichkeitsverteilungen, die wir im Folgenden darstellen und untersuchen wollen.

Die Menge dieser Wahrscheinlichkeitsverteilungen bezeichnen wir mit $W(\Pi)$. Wir setzen voraus, dass $W(\Pi)$ nur aus endlich diskreten Wahrscheinlichkeitsverteilungen besteht, so dass also für $w \in W(\Pi)$ die echte Ungleichung $w(\pi) > 0$ für nur endlich viele $\pi \in \Pi$ richtig ist. Dabei ist $w(\pi)$ die Wahrscheinlichkeit, mit der sich die Auszahlung $\pi \in \Pi$ realisiert. Der Leser beachte, dass wir bisher $\pi$ als Auszahlungsfunktion verwendet haben und nun $\pi$ als Element von $\Pi$ auffassen. Dies

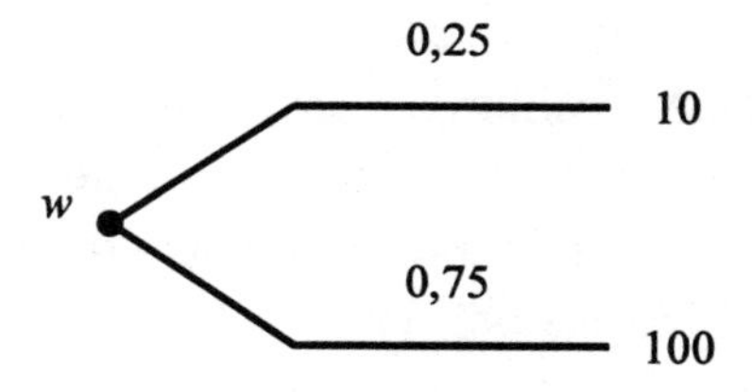


**Abbildung C.2.** Darstellung einer diskreten Wahrscheinlichkeit

ist insofern gerechtfertigt, als für $s \in S$ und $z \in Z$ der Funktionswert $\pi(s, z)$ aus $\Pi$ ist. Der Leser hat allerdings diese beiden Verwendungen scharf zu trennen.

Auf Grundlage der Definition B.3.1 auf S. 16 legen wir fest:

**Definition C.2.1 (Lotterien).** *Sei $\Pi$ eine Menge von Auszahlungen. Die Menge der endlich diskreten Wahrscheinlichkeitsverteilungen auf $\Pi$ bezeichnen wir mit $W(\Pi)$. Ihre Elemente heißen auch Lotterien. Anstelle einer Lotterie $w : \Pi \to [0,1]$ schreiben wir in der Regel*

$$w = [\pi_1, ..., \pi_n; w_1, ..., w_n],$$

*wobei sich die Auszahlung $\pi_i$ mit der Wahrscheinlichkeit $w_i = w(\pi_i)$ realisiert.*

Der Leser vergleiche diese Darstellung einer Wahrscheinlichkeitsverteilung aus $W(\Pi)$ mit der Darstellung einer Wahrscheinlichkeitsverteilung aus $W(Z)$. Dort haben wir die in endlicher Anzahl vorgegebenen Umweltzustände nicht explizit aufgeführt.

In der Abbildung C.2 ist eine Verteilung $w$ wiedergegeben, bei der sich ein Gewinn von 10 mit der Wahrscheinlichkeit $0,25$ und ein Gewinn von 100 mit der Gegenwahrscheinlichkeit $0,75$ realisiert. (Hier und in den folgenden Beispielen besteht der Auszahlungsraum $\Pi$ aus monetären Auszahlungen.)

Nochmal: Man kann sich vorstellen, dass die in dieser Abbildung wiedergegebene Verteilung $w \in W(\Pi)$ aus einer Strategie hervorgegangen ist, die bei solchen Umweltzuständen die Auszahlung 10 bewirkt, die in der Summe mit der Wahrscheinlichkeit $\frac{1}{4}$ auftreten.

Wahrscheinlichkeitsverteilungen können selbst wieder Wahrscheinlichkeitsverteilungen als Auszahlungen enthalten. In diesem Fall heißen sie zusammengesetzte Verteilungen, um sie von den einfachen Verteilungen zu unterscheiden. Beispielsweise bezeichnet $[v_1, v_2; w_1, w_2]$ eine zusammengesetzte Verteilung, bei der der Entscheidende die Verteilung $v_1$ mit der Wahrscheinlichkeit $w_1$ und die Verteilung $v_2$ mit der Gegenwahrscheinlichkeit $w_2$ erhält. Dabei sind zusammengesetzte Verteilungen punktweise erklärt: Für $v_1, v_2 \in W(\Pi)$ und $\alpha \in [0,1]$ bezeichnet $\alpha \cdot v_1 + (1-\alpha) \cdot v_2$ diejenige Verteilung, die eine Auszahlung $\pi \in \Pi$ mit der Wahrscheinlichkeit $\alpha \cdot v_1(\pi) + (1-\alpha) \cdot v_2(\pi)$ belegt.

**Übung C.2.1.** Gegeben seien die Verteilungen $v = \left[0, 10; \frac{1}{2}, \frac{1}{2}\right]$ und $r = \left[5, 10; \frac{1}{4}, \frac{3}{4}\right]$. Stellen Sie die zusammengesetzte Verteilung $w = \left[v, r; \frac{1}{2}, \frac{1}{2}\right]$ als einfache Verteilung dar!

## C.3 Maximierung des Erwartungswertes: Die Bayes-Regel

Die Bayes'sche Entscheidungsregel verlangt die Maximierung des Erwartungswertes. Er errechnet sich für eine Verteilung $w = [\pi_1, ..., \pi_n; w_1, ..., w_n]$ formal aus

$$w_1\pi_1 + ... + w_n\pi_n.$$

In (hoffentlich) suggestiver Schreibweise drücken wir diesen Erwartungswert auch durch

$$\pi(w)$$

aus. Der Leser beachte, dass hier und an vielen anderen Stellen des Lehrbuchs eine Wahrscheinlichkeitsverteilung als Argument der Auszahlungsfunktion (oder der Nutzenfunktion) immer auf Erwartungswertbildung deutet.

**Übung C.3.1.** Berechnen Sie den Erwartungswert für die Lotterien

- $[\overline{\pi}; 1]$ und
- $[30, 70; \frac{1}{4}, \frac{3}{4}]$.

**Übung C.3.2.** Produziert der Unternehmer Sonnen- oder Regenschirme, wenn er in der Situation der Matrix auf S. 11 die Bayes-Regel befolgt und die Wahrscheinlichkeit einer guten Witterung $\frac{3}{4}$ beträgt?

**Übung C.3.3.** Wenn Sie die Wahl zwischen den zwei Lotterien (Beträge in Euro)

$$\left[50.000, 100.000; \frac{1}{2}, \frac{1}{2}\right] \text{ und } [75.000; 1]$$

hätten, wie würden Sie sich entscheiden?

Die Bayes-Regel verlangt, unter den möglichen Wahrscheinlichkeitsverteilungen aus $W(\Pi)$ diejenige mit dem höchsten Erwartungswert zu nehmen. Nun leiten sich die Wahrscheinlichkeitsverteilungen auf $\Pi$ ja häufig aus einem Entscheidungsproblem bei Risiko $\Delta = (S, Z, w, \Pi, \pi)$, d.h. aus einer Wahrscheinlichkeitsverteilung aus $W(Z)$, her. Dann kann man die Bayes-Regel auch so ausdrücken: Wähle diejenige Strategie $s$ aus $S$, die in Anbetracht der Wahrscheinlichkeitsverteilung $w \in W(Z)$ den Erwartungswert

$$\sum_{z \in Z} w(z) \pi(s, z)$$

maximiert. Für diesen werden wir in Zukunft auch kürzer $\pi(s, w)$ schreiben.

Für die Bayes-Regel spricht ihre relativ einfache Handhabbarkeit. Allerdings weist sie den großen Nachteil auf, dass sie das Risiko, das durch die Möglichkeit des Abweichens vom Erwartungswert entsteht, nicht berücksichtigt. Damit ist sie mit typischen Verhaltensmustern (z.B. Diversifizierung) nicht zu vereinen. Eine Möglichkeit, die Bereitschaft, dieses Risiko zu tragen, explizit zu modellieren, bietet das Bernoulli-Prinzip, das wir im nächsten Abschnitt gründlich behandeln.

## C.4 Maximierung des erwarteten Nutzens: das Bernoulli-Prinzip

### C.4.1 Das St. Petersburger Paradoxon

Am so genannten St. Petersburger Paradoxon kann man sich in besonders deutlicher Weise klarmachen, dass die alleinige Orientierung am Erwartungswert (Bayes-Regel) zu Entscheidungen führen kann, die kontraintuitiv sind und den tatsächlichen Verhaltensweisen widersprechen. Dem St. Petersburger Paradoxon liegt die folgende Spielsituation zugrunde: Peter wirft eine faire Münze solange, bis Kopf zum ersten Mal erscheint. Waren hierfür $n$ Würfe erforderlich, zahlt er an Paul einen Betrag der Höhe $2^n$. Gehen die einzelnen Würfe ohne gegenseitige Beeinflussung vonstatten, ist die Wahrscheinlichkeit, mit der Kopf nach dem $n$-ten Wurf zum ersten Mal erscheint, gleich $(1/2)^n$. Die St. Petersburger Lotterie ist eine Wahrscheinlichkeitsverteilung auf, beispielsweise, $\mathbb{N}$. Sie ist allerdings nicht endlich diskret. Und auf $\{2, 4, 8, ...\}$ ist sie vollständig gemischt.

**Übung C.4.1.** Schreiben Sie die St. Petersburger Lotterie auf. Addieren sich die Wahrscheinlichkeiten zu Eins?

Man erhält für den erwarteten Gewinn von Paul:

$$\sum_{n=1}^{\infty} 2^n \cdot \left(\frac{1}{2}\right)^n = 1 + 1 + \ldots = \infty.$$

Bei Zugrundelegung des Bayes-Kriteriums müsste Paul jeden Preis akzeptieren, den Peter für die Durchführung dieses Spiels verlangt. Dem widerspricht jedoch die (auf direkte Befragung oder Introspektion gestützte) Einsicht, dass nur sehr wenige Menschen einen Betrag von 10 oder 20 zu bieten bereit sind. Daher das St. Petersburger Paradoxon.

Als Erklärung des St. Petersburger Paradoxons schlug Daniel Bernoulli 1738 vor, dass die Individuen nicht den Erwartungswert, sondern vielmehr den erwarteten Nutzen maximieren: Dabei werden Verteilungen nach dem erwarteten Nutzen beurteilt, der bei gegebener Nutzenfunktion $u(\pi)$ für eine Verteilung $[\pi_1, ..., \pi_n; w_1, ..., w_n]$ definiert ist als

$$w_1 u(\pi_1) + ... + w_n u(\pi_n).$$

Das Bernoulli-Prinzip besagt: Wähle diejenige Wahrscheinlichkeitsverteilung mit dem höchsten erwarteten Nutzen. Verwendet man mit Bernoulli als Nutzenfunktion den natürlichen Logarithmus, so errechnet sich der erwartete Nutzen für das St. Petersburger Spiel aus

$$\sum_{n=1}^{\infty} \ln(2^n) \cdot \left(\frac{1}{2}\right)^n = \ln 2 \sum_{n=1}^{\infty} n \cdot \left(\frac{1}{2}\right)^n.$$

Man kann zeigen (das müssen Sie nicht probieren), dass diese unendliche Summe konvergiert (gegen $2 \ln 2$). Dann ist auch die Zahlungsbereitschaft für die Teilnahme an diesem Spiel endlich, und das St. Petersburger Paradoxon löst sich auf.

**Übung C.4.2.** Berechnen Sie den erwarteten Nutzen für das St. Petersburger Spiel, wenn die Nutzenfunktion durch die Wurzelfunktion gegeben ist! Hinweis: Der erwartete Nutzen kann in diesem Fall als unendliche geometrische Reihe dargestellt werden.

Die „Lösung" des St. Petersburger Paradoxons ist jedoch nicht ganz vollkommen. Man kann nämlich für die Nutzenfunktion des Logarithmus und allgemein für jede nicht beschränkte Nutzenfunktion die Auszahlungen so ändern, dass der erwartete Nutzen unendlich ist. Wir zeigen dies für den natürlichen Logarithmus. Nehmen wir an, die Auszahlungen betrügen nicht, wie beim St. Petersburger Paradox,

$$2, 4, 8, ..., 2^n, ...,$$

sondern

$$4, 16, 256, ..., 2^{(2^n)}, ... .$$

Der erwartete Nutzen auf der Basis des natürlichen Logarithmus beträgt dann

$$\sum_{n=1}^{\infty} \ln\left(2^{(2^n)}\right) \cdot \left(\frac{1}{2}\right)^n = \ln 2 \sum_{n=1}^{\infty} 2^n \cdot \left(\frac{1}{2}\right)^n = \ln 2\,(1 + 1 + 1 + ...).$$

Und nun stellt sich wiederum die Frage, ob der Betrag, den jemand für die St. Petersburger Lotterie bei den neuen, höheren Auszahlungen zu geben bereit wäre, nicht doch beschränkt ist.

### C.4.2 Das Grundmodell bei von Neumann und Morgenstern

Die Theorie von von Neumann und Morgenstern liefert eine axiomatische Begründung des Bernoulli-Prinzips. Auf einen wichtigen Unterschied haben wir hinzuweisen: Die Nutzenfunktion bei Bernoulli ist vorgegeben, während sie bei von Neumann und Morgenstern eine abgeleitete Größe ist. Der von Bernoulli verwendete Nutzen ist Maß der

Befriedigung, welche der Entscheidende bei unterschiedlichen Werten des Einkommens empfindet. Insbesondere können Nutzendifferenzen in einem psychologischen Sinn interpretiert werden. Letzteres gilt nicht für die von Neumann-Morgenstern'sche Nutzenfunktion, die Ausdruck der Präferenzen für Wahrscheinlichkeitsverteilungen ist und in Bezug auf die risikolose Auszahlung rein ordinalen Charakter hat. Schließlich ist festzuhalten, dass Bernoulli Glücksspiele mit monetären Auszahlungen betrachtet, wohingegen der von Neumann-Morgenstern'sche Ansatz auf beliebige Zufallsvorgänge angewendet werden kann.

Objekte der Wahl sind im Modell von von Neumann und Morgenstern Lotterien, die wir in Abschnitt C.2 behandelt haben. Anstelle von $W(\Pi)$ schreiben wir in diesem Abschnitt kürzer nur $W$. Die Präferenzen des Entscheidenden werden in der Relation $\prec$ auf $W$ zusammengefasst. So schreiben wir $w \prec v$, wenn der Entscheidende die Verteilung $v \in W$ der Verteilung $w \in W$ strikt vorzieht. Aus der Relation $\prec$ leitet sich die Relation $\precsim$ der schwachen Präferenz und die Indifferenzrelation $\sim$ in der folgenden Weise ab: Für alle $w, v \in W$ gilt $w \precsim v$ genau dann, wenn $v \nprec w$. Gilt dagegen weder $w \prec v$ noch $v \prec w$, so sagt man, dass zwischen $w$ und $v$ Indifferenz besteht, in Symbolen $w \sim v$.

**Übung C.4.3.** Gehen Sie davon aus, dass die Präferenzen des Entscheidenden in der Relation $\precsim$ zusammengefasst sind. Wie leitet man aus dieser schwachen Präferenz die strenge Präferenz $\prec$ und die Indifferenz $\sim$ ab?

### C.4.3 Das Axiomensystem bei von Neumann und Morgenstern

In dieser Situation betrachten von Neumann und Morgenstern die folgenden Axiome.

**Axiom A1 (Ordnungsaxiom)**
Die schwache Präferenzrelation $\precsim$ ist vollständig und transitiv. □

Dabei heißt die Relation $\precsim$ vollständig, wenn für alle $w, v \in W$ gilt: $w \precsim v$ oder $v \precsim w$ (oder beides). Sie heißt transitiv, wenn für alle $w, v, r \in W$ aus $w \precsim v$ und $v \precsim r$ die Gültigkeit von $w \precsim r$ folgt.

**Übung C.4.4.** Zeigen Sie, dass mit der schwachen Präferenzrelation $\precsim$ auch die Indifferenzrelation $\sim$ transitiv ist.

Vollständigkeit besagt, dass sich je zwei Wahrscheinlichkeitsverteilungen in der einen oder in der anderen Richtung mit der schwachen Präferenzrelation in Beziehung setzen lassen. Aus normativer Sicht scheint dies eine vernünftige Annahme zu sein. Aus deskriptiver Sicht ist anzumerken, dass Wahrscheinlichkeitsverteilungen sehr komplizierte Objekte sein können. Daher wird ein Entscheidender in vielen Fällen Schwierigkeiten bei der Feststellung einer Präferenz haben.

Auch mit der Forderung nach transitiven schwachen Präferenzen werden hohe - in der Realität zu hohe - Anforderungen an das Urteilsvermögen des Entscheidenden gestellt. Insbesondere darf es bei der Wahrnehmung von Wertunterschieden keine Schwellenwerte geben.

Gäbe es Schwellenwerte bei der Wahrnehmung von Wertunterschieden, so könnte aus $w \sim v$ und $v \sim r$ durchaus $w \nsim r$ folgen, und zwar dann, wenn die Indifferenz zwischen $w$ und $v$ einerseits und $v$ und $r$ andererseits auf nicht wahrgenommene Unterschiede zurückzuführen ist, die beim Vergleich von $w$ und $r$ eine signifikante Größe ergeben.

Die normative Begründung für Transitivität wird häufig mithilfe des so genannten Geldpumpenarguments geführt. Intransitive schwache Präferenzen schaffen nämlich Möglichkeiten zur finanziellen Ausbeutung des Entscheidenden. Hat ein Entscheidender intransitive schwache Präferenzen, so gibt es Verteilungen $w, v, r \in W$ mit $w \precsim v$, $v \precsim r$ und $r \prec w$. Verfügt der Entscheidende im Ausgangspunkt über $w$, wird er bereit sein, einen Betrag $m_1 \geq 0$ zu zahlen, um $w$ gegen $v$ einzutauschen. Hat er $v$, wird er einen Betrag $m_2 \geq 0$ für die Verteilung $r$ bieten. Schließlich wird er einen Betrag $m_3 > 0$ zahlen, um die Verteilung $w$ zu erhalten. Dieser Prozess beginnt und endet mit der Verteilung $w$. Der Entscheidende ist jedoch ärmer geworden, da sein Vermögen um $m_1 + m_2 + m_3 > 0$ abgenommen hat. Dies ist das so genannte Geldpumpenargument gegen intransitive Präferenzen, das wir in Teil III dieses Lehrbuchs (siehe Abschnitt N.5) noch gründlicher betrachten werden.

**Axiom A2 (Stetigkeitsaxiom)**
Für alle $w, v, r \in W$ mit $w \prec v \prec r$ gibt es $\alpha, \beta \in (0,1)$ mit $\alpha \cdot r + (1 - \alpha) \cdot w \prec v$ und $v \prec \beta \cdot r + (1 - \beta) \cdot w$. □

Mit der verkürzenden Schreibweise $w_\varepsilon = \varepsilon \cdot r + (1 - \varepsilon) \cdot w$ für $\varepsilon \in [0,1]$ gilt unter den Voraussetzungen des Stetigkeitsaxioms $w_0 \prec v \prec w_1$.

Für $\varepsilon \approx 0$ wird man daher die Gültigkeit von $w_\varepsilon \prec v$ und für $\varepsilon \approx 1$ die von $v \prec w_\varepsilon$ erwarten, ganz gemäß der Vorstellung, dass hinreichend kleine Änderungen eine strenge Präferenzbeziehung nicht ins Gegenteil verkehren können. Insofern ist das Stetigkeitsaxiom plausibel.

Schwierigkeiten können sich beim Vergleich von Verteilungen mit katastrophalen Auszahlungen ergeben. Angenommen, $w, v$ und $r$ sind Verteilungen derart, dass $r$ mit Sicherheit zu einer Auszahlung von 1.000, $v$ mit Sicherheit zu einer Auszahlung von 10 und $w$ mit Sicherheit zum Tod führt. Die meisten Menschen werden darin übereinstimmen, dass $w \prec v \prec r$ gilt. Jedoch werden viele Entscheidungsträger darauf bestehen, dass sie für kein $\beta \in (0,1)$ die Verteilung $\beta \cdot r + (1-\beta) \cdot w$ der Verteilung $v$ vorziehen, da der höhere Geldbetrag von 1.000 nicht den möglichen Verlust des Lebens rechtfertigt.

**Übung C.4.5.** Finden Sie diesen Einwand gegen das Stetigkeitsaxiom plausibel?

**Axiom A3 (Unabhängigkeitsaxiom)**
Für alle $w, v, r \in W$ und $\alpha \in (0,1)$ folgt aus $w \prec v$ die Gültigkeit von $\alpha \cdot w + (1-\alpha) \cdot r \prec \alpha \cdot v + (1-\alpha) \cdot r$. □

Das Unabhängigkeitsaxiom wird gewöhnlich mit dem Hinweis auf mehrstufige Zufallsexperimente verteidigt. Dazu ist es hilfreich zu wissen, dass die Verteilung $\alpha \cdot w + (1-\alpha) \cdot r$ als die Verteilung eines zweistufigen Zufallsexperimentes gedeutet werden kann. Danach wird in der ersten Stufe zunächst die Verteilung $w$ mit der Wahrscheinlichkeit $\alpha$ oder die Verteilung $r$ mit der Gegenwahrscheinlichkeit $1-\alpha$ gezogen. Erst in der zweiten Stufe realisiert sich die endgültige Auszahlung, wobei die in der ersten Stufe ermittelte Verteilung maßgeblich ist. Entsprechendes gilt für die Verteilung $\alpha \cdot v + (1-\alpha) \cdot r$. Im Lichte dieser Interpretation besagt das Unabhängigkeitsaxiom, dass es bei dem Vergleich zusammengesetzter Verteilungen auf solche „Elementarverteilungen" $r$ nicht ankommt, die in der ersten Stufe jeweils mit der gleichen Wahrscheinlichkeit gezogen werden. Damit liegt dem Unabhängigkeitsaxiom die Vorstellung zugrunde, dass für den Vergleich komplexer Objekte deren Unterschiede, nicht jedoch deren Gemeinsamkeiten maßgeblich sind.

Finden Sie das Unabhängigkeitsaxiom plausibel? Dann betrachten Sie folgende Lotterien:

- $w_1 = \left[12 \cdot 10^6, 0; \frac{10}{100}, \frac{90}{100}\right]$
- $w_2 = \left[1 \cdot 10^6, 0; \frac{11}{100}, \frac{89}{100}\right]$
- $w_3 = \left[1 \cdot 10^6; 1\right]$
- $w_4 = \left[12 \cdot 10^6, 1 \cdot 10^6, 0; \frac{10}{100}, \frac{89}{100}, \frac{1}{100}\right]$

**Übung C.4.6.** Welche Wahl würden Sie treffen, wenn Sie sich zwischen den Lotterien $w_1$ und $w_2$ einerseits und zwischen $w_3$ und $w_4$ andererseits entscheiden müssten?

Die Wahl von $w_1$ gegenüber $w_2$ und zugleich von $w_3$ gegenüber $w_4$ verstößt gegen das Unabhängigkeitsaxiom. Wir zeigen dies mithilfe eines Widerspruchsbeweises. Wir nehmen die Gültigkeit des Unabhängigkeitsaxioms an. Dann folgt für $\alpha = \frac{1}{2}$ aus $w_1 \succ w_2$ zunächst

$$\frac{1}{2}w_1 + \frac{1}{2}w_3 \succ \frac{1}{2}w_2 + \frac{1}{2}w_3$$

und aus $w_3 \succ w_4$

$$\frac{1}{2}w_2 + \frac{1}{2}w_3 \succ \frac{1}{2}w_2 + \frac{1}{2}w_4.$$

Das Ordnungsaxiom führt zu

$$\frac{1}{2}w_1 + \frac{1}{2}w_3 \succ \frac{1}{2}w_2 + \frac{1}{2}w_4.$$

Man kann sich nun überlegen, dass $\frac{1}{2}w_1 + \frac{1}{2}w_3$ gleich $\frac{1}{2}w_2 + \frac{1}{2}w_4$ ist, nämlich gleich $\left[12 \cdot 10^6, 1 \cdot 10^6, 0; \frac{5}{100}, \frac{50}{100}, \frac{45}{100}\right]$. Damit hat man den gewünschten Widerspruch.

Einerseits ziehen viele Entscheider tatsächlich $w_1$ gegenüber $w_2$ und $w_3$ gegenüber $w_4$ vor. Andererseits scheint das Unabhängigkeitsaxiom plausibel. Diesen Zwiespalt nennt man nach dem Konstrukteur solcher Beispiele Allais-Paradoxon. Welche Konsequenz zieht man aus dem Allais-Paradoxon? Entweder hält man am Unabhängigkeitsaxiom fest. Dann muss das Individuum, das bei der geschilderten Situation $w_1$ und $w_3$ den Lotterien $w_2$ bzw. $w_4$ vorzieht, eine dieser Entscheidungen korrigieren. Oder aber man ist der Auffassung, dass mit dem Allais-Paradoxon gezeigt ist, dass auch rationale Individuen gegen das Unabhängigkeitsaxiom verstoßen, diesem also nicht eine unbedingte normative Geltung zukommen solle.

### C.4.4 Der Darstellungssatz von von Neumann und Morgenstern

Als wichtigstes Ergebnis der von Neumann-Morgenstern'schen Theorie ist ein Darstellungssatz festzuhalten:

**Theorem C.4.1 (Darstellungssatz von von Neumann und Morgenstern).** *Eine Präferenzrelation $\prec$ erfüllt die Axiome **A1**, **A2** und **A3** genau dann, wenn eine Nutzenfunktion $u : \Pi \to \mathbb{R}$ mit*

$$w \prec v \Leftrightarrow \sum_{\pi \in \Pi} u(\pi) \cdot w(\pi) < \sum_{\pi \in \Pi} u(\pi) \cdot v(\pi) \qquad (w, v \in W) \quad \text{(C.1)}$$

*existiert. $u$ ist bis auf positive affine Transformationen eindeutig bestimmt.*

In Worten besagt diese Bedingung, dass zwischen zwei Verteilungen genau dann eine strenge Präferenz besteht, wenn die präferierte Verteilung einen höheren erwarteten Nutzen aufweist. Insbesondere wird also ein Entscheidender, der das Ordnungsaxiom, das Stetigkeitsaxiom und das Unabhängigkeitsaxiom befolgt, stets nach Maximierung des erwarteten Nutzens streben.

Die Bestimmung bis auf positive affine Transformationen bedeutet: Genügt $u$ der Bedingung C.1, so gilt dies für jede weitere Funktion $\widehat{u}$ genau dann, wenn es Zahlen $a > 0$ und $b$ mit $\widehat{u}(\pi) = a \cdot u(\pi) + b$ für alle $\pi \in \Pi$ gibt.

Einen Beweis dieses Theorems findet der Leser im Lehrbuch von Kreps (1988).

**Übung C.4.7.** Der erwartete Nutzen aufgrund einer Nutzenfunktion $u$ sei für die Verteilung $w$ kleiner als für die Verteilung $v$. Zeigen Sie, dass dann auch der erwartete Nutzen aufgrund der Nutzenfunktion $\widehat{u} = a \cdot u + b$ mit $a > 0$ für $w$ kleiner als für $v$ ist!

Wir schreiben für $\sum_{\pi \in \Pi} u(\pi) \cdot w(\pi)$ auch kurz $u(w)$, so dass die Axiome genau dann erfüllt sind, wenn eine Nutzenfunktion $u : \Pi \to \mathbb{R}$ so existiert, dass für alle $w, v \in W$

$$w \prec v \Leftrightarrow u(w) < u(v)$$

erfüllt ist.

Eine Schlussfolgerung aus dem Stetigkeitsaxiom kann zur Konstruktion der Nutzenfunktion $u$ verwandt werden. Diese Schlussfolgerung lautet: Für alle $w, v, r \in W$ mit $w \prec v \prec r$ gibt es $\alpha \in (0,1)$ mit $\alpha \cdot r + (1 - \alpha) \cdot w \sim v$. Nun seien eine sehr schlechte Lotterie, $w_{\min}$, und eine sehr gute Lotterie, $w_{\max}$, gegeben. Für keine andere (von uns betrachtete) Lotterie $v$ gelte $v \prec w_{\min}$ oder $w_{\max} \prec v$. Dann besagt das Stetigkeitsaxiom in der hier verwandten Form, dass es zu $w_{\min}$ und $w_{\max}$ und zu jeder Lotterie $v$ ein $\alpha(v) \in (0,1)$ mit $\alpha \cdot w_{\max} + (1 - \alpha) \cdot w_{\min} \sim v$ gibt.

**Übung C.4.8.** Geben Sie $\alpha(w_{\max})$ und $\alpha(w_{\min})$ an!

In dieser Situation mit den extremen Lotterien[1] kann man die Nutzenfunktion $u$ definieren. Dazu beachtet man, dass die Auszahlung $\pi$ als (triviale) Lotterie aufzufassen ist. Man erhält dann durch

$$u(\pi) := \alpha(\pi)$$

die Nutzenfunktion des Individuums, das Indifferenz zwischen $\pi$ und $\alpha(\pi) \cdot w_{\max} + (1 - \alpha(\pi)) \cdot w_{\min}$ empfindet. Den Beweis findet der Leser in Myerson (1991, S. 12 ff.).

### C.4.5 Risikoaversion, Risikoneutralität und Risikofreude

Das Bernoulli-Prinzip beinhaltet die Forderung nach Maximierung des erwarteten Nutzens. Damit ist noch nichts über die Gestalt der zugrunde liegenden Nutzenfunktion gesagt. Im Normalfall wird man unterstellen können, dass der Entscheidende eine Zunahme der Auszahlung stets begrüßt. Dann muss die Nutzenfunktion monoton wachsend sein. Welche weitergehenden Aussagen können wir über das Aussehen der Nutzenfunktion machen?

Betrachtet sei die Verteilung $w = \left[95, 105; \frac{1}{2}, \frac{1}{2}\right]$. Ihr Erwartungswert ist $\pi(w) = 100$ und der erwartete Nutzen errechnet sich aus

[1] Man kann das Konstruktionsverfahren auch dann durchführen, wenn keine extremen Lotterien existieren. Dazu braucht man irgendwelche zwei Lotterien mit $w \prec r$. Der Trick besteht dann in der Verwendung eines Skalierungsverfahrens.

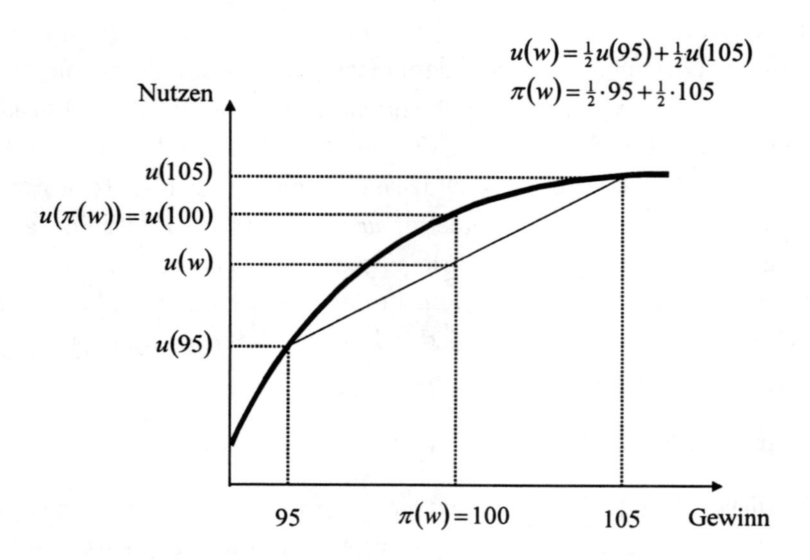


**Abbildung C.3.** Der Nutzen des Erwartungswertes ist größer als der erwartete Nutzen.

$$u(w) = \frac{1}{2}u(95) + \frac{1}{2}u(105).$$

Angenommen, die Nutzenfunktion $u$ besitze die in Abbildung C.3 angegebene Gestalt. Es gilt dann

$$u(100) > \frac{1}{2}u(95) + \frac{1}{2}u(105),$$

in Worten: Der Nutzen des Erwartungswertes ist größer als der erwartete Nutzen. In diesem Fall zieht der Entscheidende den (sicheren) Erwartungswert der jeweiligen Verteilung vor, und diese Präferenz ist streng. Gilt diese Aussage für alle erdenklichen Verteilungen, so sagen wir, der Entscheidende sei risikoavers.

Risikoaversion lässt sich dann durch eine kurze Formel so charakterisieren:

$$u(\pi(w)) > u(w) \text{ für alle } w \in W.$$

**Übung C.4.9.** Der Zufall entscheide darüber, ob ein Agent den Betrag $A + 2x$ (mit der Wahrscheinlichkeit $\frac{1}{2}$) oder aber $A - x$ (mit der Wahrscheinlichkeit $\frac{1}{2}$) erhält, wobei sowohl $A$ als auch $x$ größer als

Null sind. Die vNM-Nutzenfunktion sei der natürliche Logarithmus ln. Zeigen Sie, dass unser Agent die entsprechende Lotterie der sicheren Auszahlung $A$ vorzieht. (Betrachten Sie die Ableitung des erwarteten Nutzens nach $x$ an der Stelle $x = 0$!)

Nimmt die Steigung dagegen mit zunehmender Auszahlung zu, so gilt

$$u(100) < \frac{1}{2}u(95) + \frac{1}{2}u(105).$$

Der Nutzen des Erwartungswertes ist dann kleiner als der erwartete Nutzen, so dass der Entscheidende die Verteilung dem Erwartungswert vorzieht. (Machen Sie sich dies an einer Skizze klar!) In diesem Fall sagen wir, der Entscheidende sei risikofreudig.

**Übung C.4.10.** Die Präferenzen einer Person für Geld ($\pi$) werden durch eine vNM-Nutzenfunktion repräsentiert, die für positive Geldmengen $u(\pi) = \pi^a$ lautet. Hierbei ist $a$ ein Parameter. Was bedeutet $a < 0$, was $a = 0$? Bei welchen Parameterwerten mit $a > 0$ ist das Individuum risikoavers, bei welchen risikofreudig? (Hinweis: Beachten Sie die zweite Ableitung von $u$.)

Für eine lineare Nutzenfunktion ist der erwartete Nutzen gleich dem Nutzen des Erwartungswertes. Der Entscheidende ist dann indifferent zwischen einer Verteilung und dem Erwartungswert dieser Verteilung. In diesem Fall sagen wir, der Entscheidende sei risikoneutral. Für einen risikoneutralen Agenten lässt sich dann der erwartete Nutzen bei zwei Auszahlungen $\pi_1$ und $\pi_2$ mit zugehörigen Wahrscheinlichkeiten $w_1$ und $1 - w_1$ durch

$$w_1\pi_1 + (1 - w_1)\pi_2$$

wiedergeben.

Linearität besteht, falls Konkavität und Konvexität zugleich gegeben sind. Die angegebenen Zusammenhänge sind allgemein als Jensens Ungleichung bekannt:

**Theorem C.4.2 (Jensens Ungleichung).** *Sei $u$ eine reelle Funktion auf der Zahlengeraden und sei*

$$w = [\pi_1, ..., \pi_n; w_1, ..., w_n]$$

*eine Wahrscheinlichkeitsverteilung mit erwartetem Nutzen* $u(w) = \sum_{i=1}^n w_i u(\pi_i)$ *und Erwartungswert* $\pi(w) = \sum_{i=1}^n w_i \pi_i$. *Ist* $u$ *konkav, so gilt*

$$u(\pi(w)) \geq u(w);$$

*aus der Konvexität von* $u$ *folgt dagegen*

$$u(\pi(w)) \leq u(w).$$

*Sind die Konkavität bzw. die Konvexität streng, kann man die schwache durch eine strenge Ungleichung ersetzen.*

## C.5 Lösungen

**Übung C.2.1.** $w = [0, 5, 10; \frac{1}{4}, \frac{1}{8}, \frac{5}{8}]$. (Die Auszahlung 10 realisiert sich bei $v$ mit der Wahrscheinlichkeit $\frac{1}{2}$ und bei $r$ mit der Wahrscheinlichkeit $\frac{3}{4}$. Da die zusammengesetzte Verteilung $w$ annahmegemäß mit der gleichen Wahrscheinlichkeit $\frac{1}{2}$ zu den Verteilungen $v$ und $r$ führt, realisiert sich die Auszahlung 10 bei $w$ mit der Wahrscheinlichkeit $\frac{1}{2} \cdot \frac{1}{2} + \frac{1}{2} \cdot \frac{3}{4} = \frac{5}{8}$. Analog bestimmt man die Wahrscheinlichkeiten für die Auszahlungen 0 und 5.)

**Übung C.3.1.** Die Erwartungswerte betragen $\overline{\pi}$ bzw. 60.

**Übung C.3.2.** Der erwartete Gewinn beträgt $\frac{1}{4} \cdot 100 + \frac{3}{4} \cdot 81 = 85,75$ bei Regenschirmproduktion und $\frac{1}{4} \cdot 64 + \frac{3}{4} \cdot 121 = 106,75$ bei Sonnenschirmproduktion. Der Unternehmer entscheidet sich für die Sonnenschirme.

**Übung C.3.3.** Beide Lotterien haben den Erwartungswert 75.000 Euro. Wenn Sie „auf Nummer sicher" gehen wollen, haben Sie die zweite gewählt. Später werden wir in diesem Fall sagen, Sie seien risikoscheu.

**Übung C.4.1.** Die St. Petersburger Lotterie lässt sich so andeuten:

$$\left[2, 4, 8, 16, ...; \frac{1}{2}, \frac{1}{4}, \frac{1}{8}, \frac{1}{16}, ...\right]$$

Die Summe der Wahrscheinlichkeiten bildet eine geometrische Reihe mit dem Faktor $\frac{1}{2}$. Die allgemeine Summenformel für Faktoren kleiner als Eins lautet

$$\frac{\text{Erster Summand}}{1 - \text{Faktor}}.$$

Man erhält also

$$\frac{1}{2} + \frac{1}{4} + \frac{1}{8} + \frac{1}{16} + ... = \frac{\frac{1}{2}}{1 - \frac{1}{2}} = 1.$$

**Übung C.4.2.** Sei $u(\pi) = \sqrt{\pi}$ für alle $\pi$. Der erwartete Nutzen $E(u)$ für das St. Petersburger Spiel errechnet sich dann aus:

$$E(u) = \sum_{n=1}^{\infty} \sqrt{2^n} \cdot \left(\frac{1}{2}\right)^n = \sum_{n=1}^{\infty} \left(\frac{\sqrt{2}}{2}\right)^n = \sum_{n=1}^{\infty} \left(\frac{1}{\sqrt{2}}\right)^n.$$

Mit Hilfe der Summenformel für eine unendliche geometrische Reihe erhält man daraus wegen $0 < \frac{1}{\sqrt{2}} < 1$:

$$E(u) = \frac{1}{\sqrt{2}} \cdot \frac{1}{1 - \frac{1}{\sqrt{2}}} = \frac{1}{\sqrt{2} - 1} = \frac{\sqrt{2} + 1}{(\sqrt{2} + 1)(\sqrt{2} - 1)} = \sqrt{2} + 1.$$

**Übung C.4.3.** Die schwache Präferenzrelation $\precsim$ sei gegeben. Die strenge Präferenzrelation $\prec$ und die Indifferenzrelation $\sim$ sind dann für alle $w, v \in W$ folgendermaßen definiert:

$$\begin{array}{ll} w \prec v & \text{genau dann, wenn nicht } \; v \precsim w \\ w \sim v & \text{genau dann, wenn } \; w \precsim v \text{ und } v \precsim w. \end{array}$$

**Übung C.4.4.** Die schwache Präferenzrelation $\precsim$ sei transitiv. Seien $w, v, r \in W$ mit $w \sim v$ und $v \sim r$ gegeben. Zu zeigen ist, dass dann auch $w \sim r$ gilt. Nun ist $w \sim v$ gleichbedeutend mit $w \not\prec v$ und $v \not\prec w$, was äquivalent ist zu $v \precsim w$ und $w \precsim v$. Ebenso ist $v \sim r$ gleichbedeutend mit $v \not\prec r$ und $r \not\prec v$, was äquivalent ist mit $r \precsim v$ und $v \precsim r$. Wegen der Transitivität von $\precsim$ folgt aus $w \precsim v$ und $v \precsim r$ die Gültigkeit von $w \precsim r$, während aus $r \precsim v$ und $v \precsim w$ die Beziehung $r \precsim w$ folgt. Aber $w \precsim r$ und $r \precsim w$ ist gleichbedeutend mit $r \not\prec w$ und $w \not\prec r$, was gleichbedeutend ist mit $w \sim r$. Also ist mit der schwachen Präferenzrelation $\precsim$ auch die Indifferenzrelation $\sim$ transitiv.

**Übung C.4.5.** KREPS (1988, S. 45) merkt in diesem Zusammenhang an: „But consider: Suppose I told you that you could either have $10 right now, or, if you were willing to drive five miles (pick some location five miles away from where you are), an envelope with $1000 was waiting for you. Most people would get out their car keys at such a prospect, even though driving the five miles increases ever so slightly the chances of a fatal accident. So perhaps the axiom isn't so bad normatively as may seem at first".

**Übung C.4.6.** Viele Menschen ziehen in dieser Situation die Lotterie $w_1$ der Lotterie $w_2$ und die Lotterie $w_3$ der Lotterie $w_4$ vor. Bei der ersten Entscheidung sind die Wahrscheinlichkeitsunterschiede für einen hohen Gewinn ($\frac{10}{100}$ bzw. $\frac{11}{100}$) minimal, während ein viel höherer Gewinn lockt. Bei der zweiten Entscheidung gibt häufig die sichere Auszahlung von einer Million den Ausschlag für $w_3$ gegenüber $w_4$. Natürlich müssen Sie nicht diese Präferenzen haben. In der Tat kann man zeigen, dass diese Präferenzen in einem bestimmten Sinne unvernünftig sind.

**Übung C.4.7.** Für jede Verteilung $w \in W$ gilt unter den gegebenen Voraussetzungen

$$\sum_{\pi\in\Pi} \widehat{u}(\pi)\cdot w(\pi) = \sum_{\pi\in\Pi} (a \cdot u(\pi) + b)\cdot w(\pi) = a\cdot\left(\sum_{\pi\in\Pi} u(\pi) \cdot w(\pi)\right)+b.$$

Eine strenge Ungleichung, in diesem Fall

$$\sum_{\pi\in\Pi} u(\pi) \cdot w(\pi) < \sum_{\pi\in\Pi} u(\pi) \cdot v(\pi)$$

bleibt erhalten, wenn beide Seiten mit einer positiven Zahl multipliziert werden bzw. wenn auf beiden Seiten eine (beliebige) Zahl addiert wird. Mit diesen Bemerkungen ist die Behauptung evident.

**Übung C.4.8.** Damit $\alpha \cdot w_{\max} + (1-\alpha) \cdot w_{\min} \sim w_{\max}$ gelten kann, muss $\alpha = 1$ sein; wir erhalten also $\alpha(w_{\max}) = 1$. Entsprechend überlegt man sich $\alpha(w_{\min}) = 0$.

**Übung C.4.9.** Der erwartete Nutzen der Lotterie $[A+2x, A-x; \frac{1}{2}, \frac{1}{2}]$ beträgt

$$\frac{1}{2}\ln(A+2x)+\frac{1}{2}\ln(A-x)\,.$$

Differenziert man nach $x$, erhält man

$$\frac{1}{2}\frac{1}{A+2x}2+\frac{1}{2}\frac{1}{A-x}(-1)\,;$$

an der Stelle $x=0$ ergibt sich für diese Ableitung

$$\frac{1}{2}\frac{1}{A}2+\frac{1}{2}\frac{1}{A}(-1)=\frac{1}{2A}>0.$$

$x=0$ entspricht der sicheren Auszahlung $A$. Der erwartete Nutzen steigt durch Anhebung von $x$, sodass dem Agenten die Lotterie mit hinreichend kleinem $x>0$ lieber ist als die sichere Auszahlung $A$.

**Übung C.4.10.** Für $a=0$ gilt $u(\pi)=1$, die Nutzenfunktion ist in diesem Fall konstant. Wegen $u'(\pi)=a\pi^{a-1}$ ist die Nutzenfunktion für $a<0$ monoton fallend und für $a>0$ monoton steigend. Außerdem ist die erste Ableitung $u'(\pi)$ wegen $u''(\pi)=a\cdot(a-1)\cdot\pi^{a-2}$ für $0<a<1$ monoton fallend und für $a>1$ monoton steigend. Daher ist das betrachtete Individuum für $0<a<1$ risikoavers und für $a>1$ risikofreudig.

# D. Entscheidungen bei anfänglicher Ungewissheit

## D.1 Einführendes und ein Beispiel

Im vorangegangenen Kapitel haben wir erfahren, wie von Neumann und Morgenstern das so genannte Bernoulli-Prinzip (Maximierung des erwarteten Nutzens) begründen. Sie gehen dabei von einer Entscheidungssituation bei Risiko aus. In diesem Kapitel erläutern wir eine Begründung des Bernoulli-Prinzips für Entscheidungen bei anfänglicher Ungewissheit. Sie stammt von Savage. Auch seine Begründung ist axiomatisch.

Akzeptiert man das Axiomensystem von Savage, so kann es Ungewissheitssituationen (bei denen keine Wahrscheinlichkeiten existieren) letztlich nicht geben: der Entscheidende verhält sich so, als ob er in einer Risikosituation stünde. Savage unterstellt dazu zunächst nur eine Entscheidung bei Ungewissheit (ohne Wahrscheinlichkeiten) und leitet sowohl die Nutzenfunktion und auch subjektive Wahrscheinlichkeiten aus den Präferenzen ab.

Wie man zu einer Nutzenfunktion gelangen kann, kann sich der Leser des letzten Kapitels vorstellen. Wir wollen uns hier anhand eines Schirmbeispiels klarmachen, dass man zu Nutzenwerten und Wahrscheinlichkeiten gelangen kann, auch wenn zunächst keine Wahrscheinlichkeitsverteilung gegeben ist. Dazu gehen wir wieder von Abbildung D.1 aus, wobei die Auszahlungen nun vNM-Nutzenwerte darstellen. Aus dieser Auszahlungsmatrix können wir keine Lotterien generieren, weil Wahrscheinlichkeiten für die Umweltzustände nicht vorliegen.

Stattdessen haben wir es mit den zwei Strategien, Regenschirmproduktion und Sonnenschirmproduktion zu tun, die ebenfalls in Abbildung D.1 graphisch dargestellt sind (wir gehen bei Sonnenschirmproduktion zunächst von den nichteingeklammerten Auszahlungen aus).

| | | Umweltzustand | |
|---|---|---|---|
| | | schlechte Witterung | gute Witterung |
| **Strategie** | Regenschirm-produktion | 10 | 9 |
| | Sonnenschirm-produktion | 8 (9) | 11 (10) |

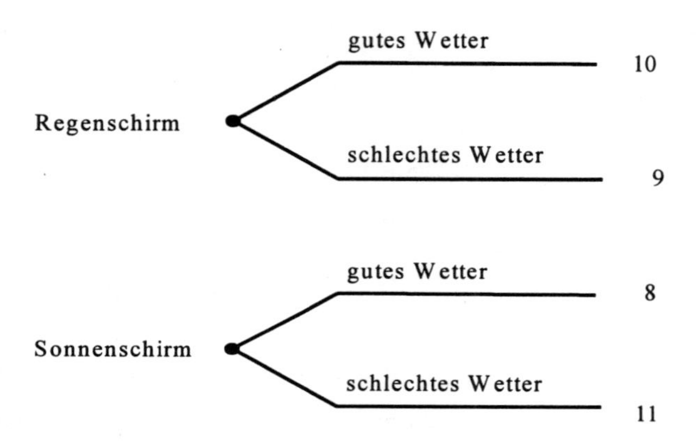


**Abbildung D.1.** Zwei Strategien

Nehmen wir an, der Schirmproduzent ziehe Sonnenschirme den Regenschirmen vor. Dann wissen wir, dass er bei Risikoneutralität (die wir jedoch nicht unterstellen können) wegen

$$w \cdot 8 + (1 - w) \cdot 11 \geq w \cdot 10 + (1 - w) \cdot 9$$

mit einer Wahrscheinlichkeit von höchstens $w = \frac{1}{2}$ schlechtes Wetter erwartet.

In der Theorie von Savage wird der Agent jedoch nicht nur mit zwei Strategien konfrontiert, sondern mit „allen möglichen". Und aus seinen (hypothetischen) Entscheidungen kann man etwas über seine Risikoeinstellung und/oder seine (impliziten) Wahrscheinlichkeitseinschätzungen lernen. Betrachten wir wiederum die obige Matrix, dieses Mal mit den eingeklammerten Auszahlungen. Wenn der Agent die Sonnenschirmproduktion vorzieht, so können wir daraus entnehmen, dass er die gute Witterung für wahrscheinlicher als die schlechte Witterung hält. Und diese Aussage hängt nun nicht von seiner Risikopräferenz ab. Damit haben wir eine qualitative Wahrscheinlichkeitsaussage (ein Umweltzustand ist wahrscheinlicher als ein anderer), die der Agent offenbart, gefunden.

Neben dem Modell von von Neumann und Morgenstern und demjenigen von Savage ist als weiteres wichtiges Axiomensystem dasjenige von Anscombe und Aumann zu nennen. Es verbindet die Ansätze von von Neumann und Morgenstern einerseits und von Savage andererseits. Diesen Zweig der axiomatischen Entscheidungstheorie werden wir jedoch nicht weiter verfolgen.

## D.2 Das Grundmodell bei Savage

Die von Savage vorgelegte Begründung des Bernoulli-Prinzips geht nicht von exogen vorgegebenen Wahrscheinlichkeiten aus, wie dies im Ansatz von von Neumann und Morgenstern geschehen ist. Vielmehr wird hier eine anfängliche Ungewissheitssituation in eine Risikosituation überführt, indem neben der Nutzenfunktion auch Wahrscheinlichkeiten - als subjektive Größen - aus den Präferenzen abgeleitet werden.

Während die Objekte für die Nutzentheorie von von Neumann und Morgenstern Wahrscheinlichkeitsverteilungen aus $W(\Pi)$ sind, konstruiert Savage Strategien als Abbildungen aus dem Raum der Umweltzustände $Z$ in den Raum der Auszahlungen $\Pi$. Wir betrachten dazu nochmals ein Entscheidungsproblem in strategischer Form (nicht bei Risiko!),

$$(S, Z, \Pi, \pi);$$

wobei, wie in Kapitel B, $S$ die Menge der Strategien, $\Pi$ die Menge der Auszahlungen, $Z$ die Menge der Umweltzustände und $\pi$ eine Auszahlungsfunktion

$$\pi : S \times Z \to \Pi$$

meinen.

Auf der Grundlage der Abbildung $\pi$ kann man für jede Strategie $s$ eine Abbildung

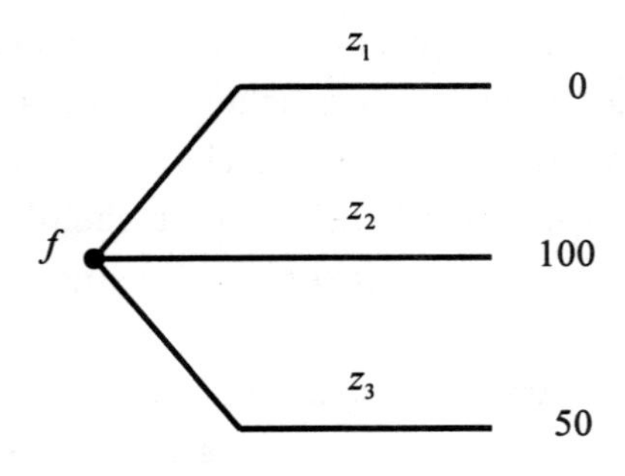


**Abbildung D.2.** Darstellung einer Strategie

$$f : Z \to \Pi$$

definieren, die jedem Umweltzustand $z$ die Auszahlung

$$f(z) := \pi(s, z) \tag{D.1}$$

zuordnet. Einer Strategie aus $S$ entspricht also eine Abbildung $Z \to \Pi$. Eine solche Abbildung werden wir auch als Strategie bezeichnen.

Für einen dreielementigen Zustandsraum $Z = \{z_1, z_2, z_3\}$ könnte eine mögliche Abbildung $f$ durch die Vorschrift

$$f(z_1) = 0, \quad f(z_2) = 100 \text{ und } f(z_3) = 50$$

definiert sein (vgl. auch Abbildung D.2). Bei der Wahl dieser Strategie erhält der Entscheidende eine Auszahlung von 0, wenn der Umweltzustand $z_1$ eingetreten ist. Ist dagegen $z_2$ der wahre Umweltzustand, so lautet die Auszahlung 100. Im Umweltzustand $z_3$ erhält er schließlich einen Betrag von 50.

Für die Theorie-Entwicklung benötigt Savage nun nicht nur diejenigen Abbildungen, die einem vorgegeben Entscheidungsproblem in strategischer Form entsprechen, sondern die Menge **aller** Abbildungen $Z \to \Pi$; sie wird Strategieraum genannt und mit $F$ bezeichnet.

Auf der Menge $F$ ist eine Präferenzrelation $\prec$ erklärt, wobei $f \prec g$ für eine strenge Präferenz von $g$ über $f$ steht. Die Relationen $\precsim$ und $\sim$ werden dann wie auf S. 34 aus der Relation $\prec$ abgeleitet. Die Idee besteht nun darin, durch Vorlage von jeweils zwei Strategien $f$ und $g$ aus $F$ den Savage-Agenten zu Präferenzaussagen zu bewegen, um daraus

Rückschlüsse auf die Nutzenfunktion einerseits und auf die subjektive Wahrscheinlichkeitsverteilung $w$ auf $Z$ andererseits zu ziehen. Die Frage lautet nun, ob diese Rückschlüsse einen Darstellungssatz wie bei von Neumann und Morgenstern erlauben. Savage leitet einen solchen mit einer eindeutig bestimmten Verteilung $w$ und einer Nutzenfunktion $u$, die bis auf positive affine Transformationen eindeutig bestimmt ist, aus sieben Axiomen für $\prec$ ab.

## D.3 Das Axiomensystem bei Savage

Von den erwähnten sieben Axiomen sollen im Folgenden die drei wichtigsten dargestellt werden. Von den übrigen vier Axiomen übernimmt eines die Funktion des von Neumann-Morgenstern'schen Stetigkeitsaxioms, während die dann noch verbleibenden drei Axiome eher technischer Natur sind.

**Axiom B1 (Ordnungsaxiom)**

Die schwache Präferenzrelation $\precsim$ ist vollständig und transitiv. □

Das Axiom B1 entspricht dem Ordnungsaxiom A1 der von Neumann-Morgensternschen Entscheidungstheorie; die dort gemachten Ausführungen gelten entsprechend.

**Axiom B2 (Sure-Thing-Prinzip)**

Für alle $f, g, f', g' \in F$ und $A \subset Z$ mit

- $f(z) = f'(z)$ und $g(z) = g'(z)$ für alle $z \in A$,
- $f(z) = g(z)$ und $f'(z) = g'(z)$ für alle $z \in Z \backslash A$

ist $f \prec g$ gleichbedeutend mit $f' \prec g'$. □

Das Axiom B2 nimmt im Axiomensystem von Savage eine zentrale Stellung ein. Seine Plausibilität macht man sich wie folgt klar: Auf der Menge $Z \backslash A$ nehmen die Strategien $f$ und $g$ einerseits und $f'$ und $g'$ andererseits die gleichen Funktionswerte an. Eine strenge Präferenz kann daher nur mit dem Verhalten dieser Funktionen auf der Menge $A$ begründet werden. Dort aber gilt nach Voraussetzung $f = f'$ und $g = g'$, was die Äquivalenz von $f \prec g$ und $f' \prec g'$ zur Folge haben muss, soll das Verhalten des Entscheidenden vernünftig sein. Die Verwandtschaft mit dem von Neumann-Morgenstern'schen Unabhängigkeitsaxiom A3 (S. 36) ist evident.

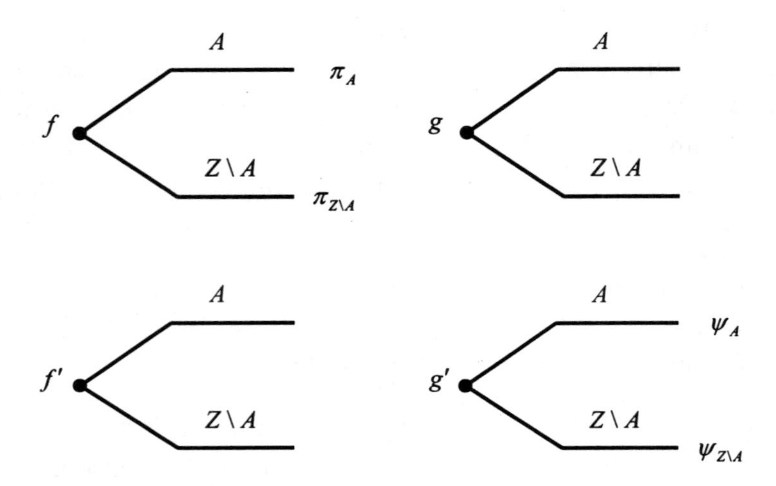


**Abbildung D.3.** Veranschaulichung von Axiom B2

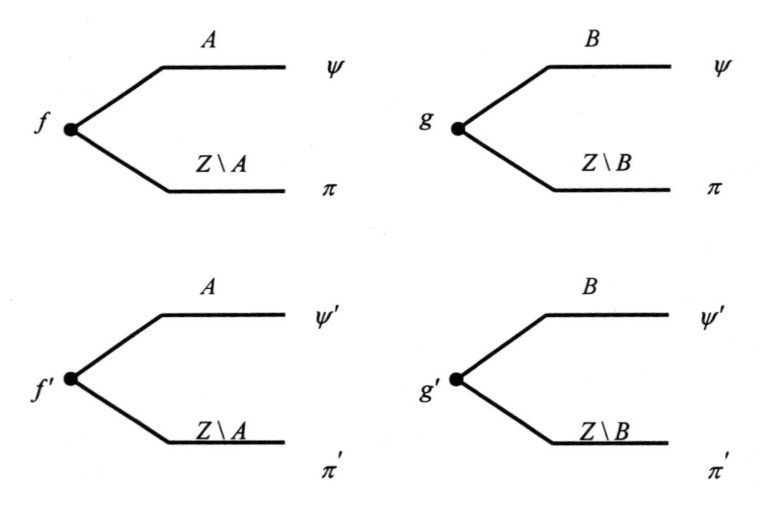


**Abbildung D.4.** Zum Axiom B3

**Übung D.3.1.** Vervollständigen Sie Abbildung D.3 im Sinne der Voraussetzungen des Axioms B2 und überlegen Sie sich nochmals anhand der sich dann ergebenden Abbildung den Inhalt von Axiom B2.

**Axiom B3 (Axiom der qualitativen Wahrscheinlichkeit)**
Für alle $f, g, f', g' \in F$, für alle $A, B \subset Z$ und für alle $\pi, \psi, \pi', \psi' \in \Pi$ mit

- $\pi < \psi$ und $\pi' < \psi'$,
- $f(z) = \pi$ für alle $z \in Z \backslash A$ und $f(z) = \psi$ für alle $z \in A$ ,
- $g(z) = \pi$ für alle $z \in Z \backslash B$ und $g(z) = \psi$ für alle $z \in B$,
- $f'(z) = \pi'$ für alle $z \in Z \backslash A$ und $f'(z) = \psi'$ für alle $z \in A$,
- $g'(z) = \pi'$ für alle $z \in Z \backslash B$ und $g'(z) = \psi'$ für alle $z \in B$

ist $f \prec g$ gleichbedeutend mit $f' \prec g'$. □

In der dem Axiom B3 zugrundeliegenden Auswahlsituation können die Strategien $f$ und $g$ nur die Auszahlungen $\pi$ und $\psi$ als Funktionswerte annehmen (vgl. Abbildung D.4). Dabei besteht wegen $\pi \prec \psi$ der einzig wesentliche Unterschied zwischen $f$ und $g$ darin, dass die höhere Auszahlung $\psi$ auf unterschiedlichen Mengen angenommen wird, nämlich bei $f$ auf der Menge $A$ und bei $g$ auf der Menge $B$. Folglich würde der Entscheidende durch $f \prec g$ offenbaren, dass er das Ereignis: „Der wahre Umweltzustand liegt in $B$" für wahrscheinlicher hält als das Ereignis: „Der wahre Umweltzustand liegt in $A$". Zum gleichen Ergebnis kommt man, falls $f' \prec g'$ richtig ist. Verhält sich der Entscheidungsträger in dem Sinne konsistent, dass er stets zu den gleichen qualitativen Wahrscheinlichkeitsaussagen über die Mengen $A$ und $B$ gelangt, so ist das nur möglich, falls $f \prec g$ und $f' \prec g'$ äquivalent sind. Das aber ist die Aussage von Axiom B3.

**Übung D.3.2.** Die Erläuterungen zum Axiom B3 zeigen, wie Wahrscheinlichkeitsurteile der Form: „Die Wahrscheinlichkeit, dass der wahre Umweltzustand in $B$ liegt, ist größer als die entsprechende Wahrscheinlichkeit für $A$" aus den Präferenzen abgeleitet werden können. Für einen vierelementigen Zustandsraum $Z = \{z_1, z_2, z_3, z_4\}$ betrachten wir die Strategien $d, e, f, g \in F$, die folgendermaßen definiert sind.

| | $z_1$ | $z_2$ | $z_3$ | $z_4$ |
|---|---|---|---|---|
| $d$ | 100 | 100 | 0 | 0 |
| $e$ | 100 | 0 | 100 | 0 |
| $f$ | 0 | 0 | 100 | 100 |
| $g$ | 0 | 100 | 0 | 100 |

1. Welche Wahrscheinlichkeitsurteile lassen sich aus der Präferenz $d \prec e$ ableiten? Welche aus $f \prec g$?

2. Zeigen Sie, dass ein Entscheidender, der zugleich die Präferenzen $d \prec e$ und $f \prec g$ bekundet, gegen das Sure-Thing-Prinzip B2 verstößt!

## D.4 Der Darstellungssatz von Savage

Auch Savage gelangt zu einem Darstellungssatz, der auf den Vergleich der erwarteten Nutzen hinausläuft. Neu gegenüber von Neumann und Morgenstern ist jedoch, dass die Wahrscheinlichkeitsverteilung nicht vorgegeben ist, sondern sich aus den Präferenzen ableiten lässt.

**Theorem D.4.1 (Darstellungssatz von Savage).** *Eine Präferenzrelation $\prec$ erfüllt die Axiome **B1, B2, B3** und einige weitere technische Axiome genau dann, wenn eine Nutzenfunktion $u$ und eine Wahrscheinlichkeitsverteilung $w$ mit*

$$f \prec g \Leftrightarrow \sum_{z \in Z} u[f(z)] \cdot w(z) < \sum_{z \in Z} u[g(z)] \cdot w(z) \qquad (f, g \in F)$$

*existiert. $u$ ist bis auf positive affine Transformationen eindeutig bestimmt.*

## D.5 Eine knappe Schreibweise für den Nutzen

In Kapitel B haben wir die Auszahlungsfunktion $\pi : S \times Z \to \Pi$ eingeführt und in Kapitel C und in diesem Kapitel die (vNM-) Nutzenfunktion, die als Argument Auszahlungen verlangt, begründet. Für $u(\pi(s, z))$ können wir auch kürzer $u(s, z)$ schreiben, wobei wir allerdings formal etwas unsauber als Definitionsbereich

$$S \times Z$$

anstelle von $\Pi$ verwenden.

Da $Z$ durch Identifizierung mit entarteten Wahrscheinlichkeitsfunktionen aus $W(Z)$ als Teilmenge von $W(Z)$ aufgefasst werden kann, sind der Definitionsbereich von $\pi$ und auch von $u$ sogar auf

$$S \times W(Z)$$

erweiterbar. Man hat dazu die Erwartungswerte bezüglich der Wahrscheinlichkeitsverteilung auf $Z$ auszurechnen und setzt zum einen (wie bereits auf S. 31)

$$\pi(s,w) := \sum_{z\in Z} w(z)\,\pi(s,z)$$

und zum anderen

$$u(s,w) := \sum_{z\in Z} w(z)\,u(s,z)\,.$$

Der Leser merkt, dass diese letzte Summe gleich $\sum_{z\in Z} u[f(z)] \cdot w(z)$ bei Savage ist, wenn wir $u(s,z) = u(\pi(s,z)) = u[f(z)]$ (siehe Gleichung D.1) beachten.

**Übung D.5.1.** Berechnen Sie $u(s,w)$ für $Z = \{z_1, z_2, ..., z_n\}$ und für $w = (0, ..., 0, 1) \in W(Z)$.

## D.6 Lösungen

**Übung D.3.1.** Abbildung D.5 illustriert die Voraussetzungen für Axiom B2. Die Strategien $f$ und $g$ erbringen bei einem Umweltzustand aus $Z\backslash A$ dieselbe Auszahlung, $\pi_{Z\backslash A}$. Wenn ein Agent die Strategie $g$ der Strategie $f$ gegenüber vorzieht, tut er dies also, weil ihm (bei einem Umweltzustand aus $A$) $\psi_A$ lieber ist als $\pi_A$. Genau in diesem Fall müsste er jedoch, so das Axiom, auch $g'$ gegenüber $f'$ vorziehen. Denn auch bei diesem Vergleich kann es nur an den Auszahlungen liegen, die der Agent bei $A$ erhält. Und diese Auszahlungen sind dieselben wie beim Vergleich zwischen $g$ und $f$.

**Übung D.3.2.** 1. Sei $A = \{z_1, z_2\}$ und $B = \{z_1, z_3\}$. Gilt $d \prec e$, so wird dem Ereignis, dass der wahre Zustand in $B$ liegt eine größere Wahrscheinlichkeit beigemessen als dem Ereignis, dass der wahre Zustand in $A$ liegt. Gilt dagegen $f \prec g$, so ist die entsprechende Wahrscheinlichkeit für $Z\backslash B = \{z_2, z_4\}$ größer als für $Z\backslash A = \{z_3, z_4\}$.

2. Sei $C = \{z_2, z_3\}$. Für alle $z \in C$ gilt $d(z) = g(z)$ und $e(z) = f(z)$. Für alle $z \in Z\backslash C = \{z_1, z_4\}$ gilt $d(z) = e(z)$ und $f(z) = g(z)$. Folglich wäre $d \prec e$ nach dem Sure-Thing-Prinzip gleichbedeutend mit $g \prec f$.

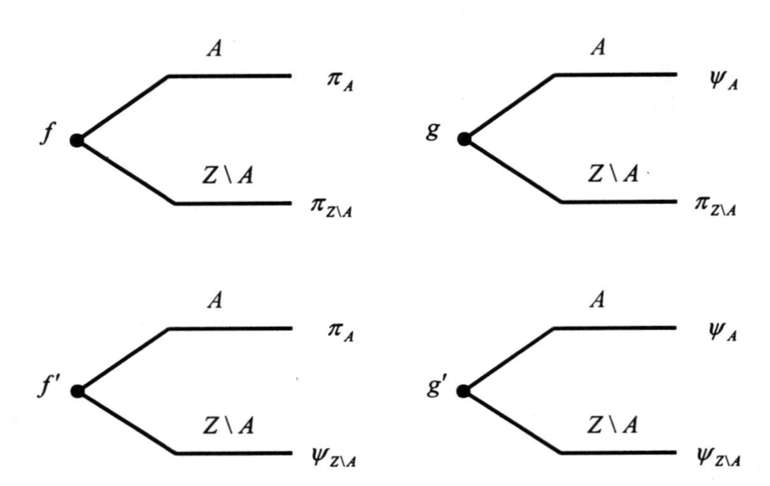


**Abbildung D.5.** Zum Axiom B2

Daher kann ein Entscheidender, der zugleich die Präferenzen $d \prec e$ und $f \precsim g$ (und spezieller $d \prec e$ und $f \prec g$) bekundet, nicht das Sure-Thing-Prinzip beachtet haben.

**Übung D.5.1.** Für die entartete Verteilung $w = (0, ..., 0, 1)$ erhält man

$$\begin{aligned} u(s, w) &= \sum_{z \in Z} w(z) u(s, z) \\ &= 0 \cdot u(s, z_1) + ... + 0 \cdot u(s, z_{n-1}) + 1 \cdot u(s, z_n) = u(s, z_n), \end{aligned}$$

zum Glück.

# E. Beste Antworten, Dominanz und Rationalisierbarkeit

## E.1 Einführendes und ein Beispiel

In diesem Kapitel geht es darum, Begriffe und Kriterien für optimales Entscheiden zu entwickeln. Diese benötigen wir sowohl in der Entscheidungs- als auch in der Spieltheorie. Dabei lassen wir uns von der Frage leiten, ob es Strategien gibt, die ein rationaler Entscheider in jedem Fall wählen sollte, ob es Strategien gibt, die sich unter bestimmten Vermutungen über die Umweltzustände als die besten erweisen, und ob es schließlich Strategien gibt, die ein rationaler Agent auf keinen Fall in Betracht ziehen sollte.

Um die Abhängigkeit der besten Strategie von den Umweltzuständen formal zu fassen, führen wir in Abschnitt E.2 das Konzept der besten Antwort ein. Beste Antworten sind optimale Entscheidungen. Wir unterscheiden dabei im Rahmen des Grundmodells der Entscheidungstheorie zwei verschiedene Fälle. Denn beste Antworten können auf Umweltzustände oder aber auf Wahrscheinlichkeitsverteilungen für Umweltzustände gegeben werden.

Wir machen uns dies anhand der folgenden Matrix klar:

| | | **Umweltzustand** $z_1$ | $z_2$ |
|---|---|---|---|
| | $s_1$ | 6 (2) | 6 (2) |
| **Agent** | $s_2$ | 2 | 8 |
| | $s_3$ | 8 | 2 |

Wir gehen zunächst von den Auszahlungen 6 für Strategie $s_1$ aus. Eine beste Antwort auf den Umweltzustand $z_1$ ist die Strategie $s_3$, denn bei dieser Strategie erhält der Entscheider die Auszahlung 8, während er bei den anderen Strategien die Auszahlungen 2 oder 6 erhält. Da es keine weiteren besten Antworten auf $z_1$ gibt, ist $s_3$ sogar **die** beste Antwort. Auf den Umweltzustand $z_2$ ist dagegen $s_2$ eine und auch die beste Antwort. Also ist $s_1$ nie eine beste Antwort, wenn man beste Antworten auf Umweltzustände betrachtet.

Geht man jedoch zur besten Antwort auf Wahrscheinlichkeitsverteilungen von Umweltzuständen über, kommt $s_1$ durchaus als beste Antwort in Betracht. Falls der Entscheider vermutet, dass die beiden Umweltzustände mit den Wahrscheinlichkeiten von jeweils $\frac{1}{2}$ realisiert werden, sollte er die Strategie $s_1$ wählen, denn es gilt

$$\frac{1}{2} \cdot 6 + \frac{1}{2} \cdot 6 = 6 > 5 = \frac{1}{2} \cdot 8 + \frac{1}{2} \cdot 2.$$

In Abschnitt E.3 führen wir Dominanz und Nichtrationalisierbarkeit ein. Der Unterschied ist folgender: Um das Dominanzargument auf eine Strategie $s_1$ anzuwenden, gibt man zunächst eine andere Strategie $s_2$ vor und vergleicht dann den Nutzen der beiden Strategien für alle Umweltzustände (bzw. für alle Wahrscheinlichkeitsverteilungen der Umweltzustände). Schneidet dabei $s_2$ nie schlechter und bisweilen besser ab als $s_1$, sagt man, dass die Strategie $s_2$ die Strategie $s_1$ dominiert oder dass $s_1$ von $s_2$ dominiert wird. In unserem Beispiel dominiert keine Strategie eine andere, wenn man die Auszahlungen 6 für die erste Strategie voraussetzt. Bei den Auszahlungen 2 für $s_1$ wird diese Strategie sowohl von der zweiten als auch von der dritten dominiert.

Um zu zeigen, dass eine Strategie rationalisierbar ist, muss man mindestens einen Umweltzustand (bzw. eine Wahrscheinlichkeitsverteilung der Umweltzustände) finden, bei dem diese Strategie eine mindestens so hohe Auszahlung bewirkt wie jede andere Strategie. Für eine nicht rationalisierbare Strategie $s$ ist ein solcher Umweltzustand (bzw. eine solche Wahrscheinlichkeitsverteilung der Umweltzustände) nicht zu finden. Betrachten wir wiederum unsere Beispielsmatrix mit den Auszahlungen 6 für die erste Strategie. Strategie $s_1$ ist nicht rationalisierbar bezüglich der Umweltzustände. Denn beim ersten Umweltzustand ist die dritte Strategie besser, beim zweiten Umweltzustand die zweite Strategie. Allerdings ist Strategie $s_1$ rationalisierbar bezüglich der Wahrscheinlichkeitsverteilungen auf der Menge der Umweltzustände. Denn in Anbetracht der gleichen Wahrscheinlichkeit für beide Umweltzustände ergibt sich für $s_1$ die erwartete Auszahlung 6, während die anderen beiden Strategien zur Auszahlung von lediglich 5 führen.

Schließlich legen wir in Abschnitt E.4 fest, was wir unter Rationalität verstehen wollen. Es gibt dafür offenbar mehrere denkbare Kandidaten.

## E.2 Beste Antworten

### E.2.1 Maximum und maximierendes Argument

Entscheidungs- und Spieltheorie haben es oft mit Optimierung zu tun. Um darüber in knapper Weise reden und schreiben zu können, benötigen wir einen Formalismus, wie wir ihn bereits in Abschnitt B.4 verwendet haben. Da den weiteren Ausführungen in diesem Lehrbuch ohne gutes Verständnis dieses Formalismus nicht gefolgt werden kann, erläutern wir ihn hier ein zweites Mal.

Betrachten wir nochmals das Cournot-Monopol (siehe Aufgabe B.2.2 auf S. 15), dessen Auszahlung für den Output $x$ durch $\pi(x)$ gegeben ist. Der Cournot-Monopolist sucht einen derjenigen Outputs, die seinen Gewinn maximieren. Wir hatten festgestellt, dass es nur **einen** derartigen Output gibt, und diesen hatten wir mit $x^M$ bezeichnet. Der sich dann ergebende Gewinn lautet $\pi\left(x^M\right)$. Wir können auch schreiben

$$\max_{x\geq 0} \pi(x) = \pi\left(x^M\right).$$

Im Allgemeinen gibt es mehrere Outputs, die den Gewinn maximieren. Die Menge dieser Outputs bezeichnen wir mit

$$\arg\max_{x\geq 0} \pi(x).$$

Nochmal ganz deutlich: $\max_{x\geq 0} \pi(x)$ ist der maximale Gewinn, also ein Geldbetrag; $\arg\max_{x\geq 0} \pi(x)$ ist die Menge derjenigen Outputs, die diesen maximalen Gewinn bewirken.

**Übung E.2.1.** In welchem Zusammenhang stehen $\arg\max_{x\geq 0} \pi(x)$ und $x^M$?

In unserem Fall gilt ja sogar

$$\{x^M\} = \arg\max_{x\geq 0} \pi(x);$$

die Menge der gewinnmaximalen Outputs besteht genau aus der Ausbringungsmenge $x^M$. In solchen Fällen schreiben wir auch etwas unsauber (abusing notation, wie es im Englischen heißt)

$$x^M = \arg\max_{x\geq 0} \pi(x).$$

Der Leser mag hier einwenden, dass es dem Unternehmer nicht um die Maximierung des Gewinns, sondern um die Maximierung des Nutzens gehen sollte. Nun, soweit wir annehmen, dass mit dem Gewinn der Nutzen steigt, gilt

$$\arg\max_{x\geq 0} \pi(x) = \arg\max_{x\geq 0} u(\pi(x)).$$

In Risikosituationen kann es jedoch anders aussehen. Sei also $w \in W(Z)$ eine Wahrscheinlichkeitsverteilung der Umweltzustände. Dann gilt im Allgemeinen nicht mehr

$$\arg\max_{s\in S} \pi(s,w) = \arg\max_{s\in S} u(s,w).$$

**Übung E.2.2.** Warum?

### E.2.2 Beste-Antwort-Korrespondenzen

Beim Cournot-Beispiel gibt es keine Unsicherheit. $x^M$ ist die beste Strategie. Bei Unsicherheit liegt es im Rahmen unseres Grundmodells der Entscheidungstheorie nahe, eine beste oder die beste Strategie in Abhängigkeit vom Umweltzustand zu ermitteln.

Man könnte dazu eine Funktion $B : Z \to S$ definieren, die jedem Umweltzustand die bei diesem Umweltzustand nutzenmaximale bzw. gewinnmaximale Strategie zuordnet. Im Allgemeinen mag es jedoch zu einem Umweltzustand mehrere Strategien geben, die optimal sind und daher den gleichen Nutzen erzielen. Auch ist es denkbar, dass keine optimale Strategie existiert.

**Übung E.2.3.** Drücken Sie das in den vorangegangenen zwei Sätzen Gesagte formal aus. (Hinweis: Allgemein schreibt man für eine Menge $M$ die Anzahl ihrer Elemente als $|M|$.)

Es geht uns also darum, einem Umweltzustand eine Teilmenge des Strategieraums $S$ zuzuordnen. Die Menge all dieser Teilmengen nennt man die Potenzmenge der Menge $S$. Insbesondere gehört die leere Menge und die Menge $S$ selbst zur Potenzmenge von $S$. Die Potenzmenge von $S$ wird durch $2^S$ symbolisiert.

**Übung E.2.4.** Sei $S$ die Menge $\{s_1, s_2, s_3\}$. Bestimmen Sie die Potenzmenge $2^S$! Wieviele Elemente enthält $2^S$?

Wir werden uns nicht oft mit dem Fall einer nichtexistierenden gewinn- bzw. nutzenmaximierenden Strategie beschäftigen. Dennoch zwei Beispiele. Nehmen Sie die folgende Entscheidungssituation: Sie haben eine reelle Zahl $x$ zu nennen und erhalten Euro $x$ ausgezahlt. Oder Sie erhalten Euro $x$ ausgezahlt, falls ein Würfelwurf eine Eins ergibt, und die Hälfte von Euro $x$, falls eine größere Zahl gewürfelt wird. Wenn Sie größere Geldsummen kleineren vorziehen, gibt es keine Zahl $x$, die für Sie optimal ist.

**Übung E.2.5.** Sie haben eine reelle Zahl $x > 0$ anzugeben und erhalten $100 - x$ Euros ausgezahlt.

Korrekterweise sollte also eine Funktion

$$B : Z \to 2^S$$

definiert werden. Diese ordnet jedem Umweltzustand eine Teilmenge von $S$ zu. Diese Teilmengen können leer sein, genau ein oder auch mehrere Elemente enthalten. Anstelle der Funktionsschreibweise $Z \to 2^S$ kann man auch die Korrespondenzschreibweise

$$Z \rightrightarrows S$$

wählen. Sie sagt genau das selbe aus: jedem Zustand aus $Z$ wird eine (eventuell leere) Teilmenge von $S$ zugeordnet.

**Definition E.2.1 (Beste-Antwort-Korrespondenz).** *Für ein Entscheidungsproblem* $(S, Z, \pi)$ *bezeichnet*

$$B^{(Z,S)} : Z \rightrightarrows S, \quad z \mapsto \underset{s \in S}{\operatorname{argmax}}\, \pi(s, z)$$

*die Beste-Antwort-Korrespondenz für* $(Z, S)$.

Im Allgemeinen ist $B^{(Z,S)}(z)$ eine Menge von Strategien aus $S$. Auf $(Z, S)$ werden wir häufig verzichten, falls der Zusammenhang dies unnötig macht. Erhält man genau eine beste Antwort $s'$, so werden wir häufig (etwas ungenau) die beste Antwort anstelle von

$$\{s'\} = B(z)$$

einfacher als

$$s' = B(z)$$

schreiben.

**Übung E.2.6.** Stellen Sie die beste Antwort-Korrespondenz für die Entscheidungssituation der Abbildung B.1 auf S. 11 dar.

Auch könnte man daran denken, die beste Antwort auf $W(Z)$ anstelle von $Z$ anzugeben.

**Definition E.2.2 (Beste-Antwort-Korrespondenz).** *Sei* $S$ *ein Strategieraum,* $Z$ *ein Zustandsraum und* $u$ *die Nutzenfunktion* $S \times Z \to \mathbb{R}$. *Dann bezeichnet*

$$B^{(W(Z),S)} : W(Z) \rightrightarrows S, \quad w \mapsto \underset{s \in S}{\operatorname{argmax}}\, u(s, w)$$

*die Beste-Antwort-Korrespondenz für* $(W(Z), S)$.

Auch hier werden wir häufig der Übersicht halber nur $B$ schreiben. Der Leser beachte, dass wir hier, im Gegensatz zur Beste-Antwort-Korrespondenz für $(Z, S)$, den Nutzen und nicht etwa die Auszahlung zu nehmen haben. Denn Risikoneutralität muss nicht vorliegen. Der erwartete Nutzen ist als

$$u(s, w) = \sum_{z \in Z} w(z)\, u(s, z)$$

definiert, wie aus Abschnitt D.5 erinnerlich.

Betrachten Sie nun beispielhaft die folgende Matrix, deren Einträge als vNM-Nutzenwerte zu verstehen sind:

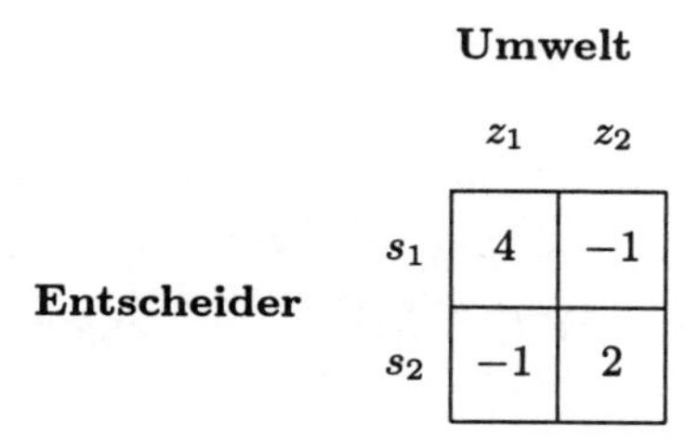


Die Beste-Antwort-Korrespondenz für $(Z, S)$ ist offenbar durch

$$B(z_1) = s_1, B(z_2) = s_2$$

gegeben. Für $(W(Z), S)$ müssen wir ein wenig rechnen. Sei $w$ die Wahrscheinlichkeit, mit der der Umweltzustand $z_1$ eintritt. Dann lässt sich $w \in [0,1]$ mit der Wahrscheinlichkeitsverteilung $(w, 1-w) \in W(\{z_1, z_2\})$ identifizieren. $s_1$ ist mindestens so vorteilhaft wie $s_2$, falls

$$w \cdot 4 + (1-w) \cdot (-1) \geq w \cdot (-1) + (1-w) \cdot 2 \quad \Leftrightarrow \quad w \geq \frac{3}{8}$$

Daher ist die Beste-Antwort-Korrespondenz für $(W(Z), S)$ durch

$$B(w) = \begin{cases} \{s_1\} & \text{falls } w > \frac{3}{8}, \\ \{s_1, s_2\} & \text{falls } w = \frac{3}{8}, \\ \{s_2\} & \text{falls } w < \frac{3}{8} \end{cases}$$

gegeben, wobei wir hier als Argument von $B$ die Wahrscheinlichkeit $w$ anstelle der Wahrscheinlichkeitsverteilung $(w, 1-w)$ geschrieben haben.

**Übung E.2.7.** Nun sind Sie an der Reihe. Bestimmen Sie für die folgende Entscheidungsmatrix die Beste-Antwort-Korrespondenzen für $(Z, S)$ und für $(W(Z), S)$.

| | | Umweltzustand | |
|---|---|---|---|
| | | $z_1$ | $z_2$ |
| Entscheider | $s_1$ | 0 | 4 |
| | $s_2$ | 1 | 0 |

Schließlich wird es sich bald als vorteilhaft erweisen, wenn wir für die Beste-Antwort-Korrespondenzen $B^{(Z,S)}$ und $B^{(W(Z),S)}$ anstelle von Elementen aus $Z$ bzw. $W(Z)$ auch Teilmengen von $Z$ bzw. $W(Z)$ zulassen. Man erhält für $\widehat{Z} \subset Z$ und für $\widehat{W(Z)} \subset W(Z)$

$$\begin{aligned} B^{(Z,S)}\left(\widehat{Z}\right) := & \left\{s \in S : \text{Es gibt ein } z \in \widehat{Z} \text{ mit } s \in B^{(Z,S)}(z)\right\} \\ &= \bigcup_{z \in \widehat{Z}} \underset{s \in S}{\operatorname{argmax}}\, \pi(s,z) \end{aligned}$$

bzw.

$$\begin{aligned} & B^{(W(Z),S)}\left(\widehat{W(Z)}\right) := \ldots \\ & = \left\{s \in S : \text{Es gibt ein } w \in \widehat{W(Z)} \text{ mit } s \in B^{(W(Z),S)}(w)\right\} \\ & = \bigcup_{w \in \widehat{W(Z)}} \underset{s \in S}{\operatorname{argmax}}\, \pi(s,w). \end{aligned}$$

$B^{(Z,S)}\left(\widehat{Z}\right)$ ist also die Menge derjenigen Strategien, die eine beste Antwort auf irgendeinen Umweltzustand aus $\widehat{Z}$ darstellen.

**Übung E.2.8.** Bestimmen Sie für die Entscheidungsmatrix der vorangehenden Frage

- $B^{(Z,S)}(Z)$,
- $B^{(W(Z),S)}\left(\left\{(1,0), \left(\frac{5}{6}, \frac{1}{6}\right)\right\}\right)$.

## E.3 Dominanz und Rationalisierbarkeit

### E.3.1 Dominanz

Für die Dominanz schauen wir uns eine einfache Entscheidungssituation an:

**Umweltzustand**

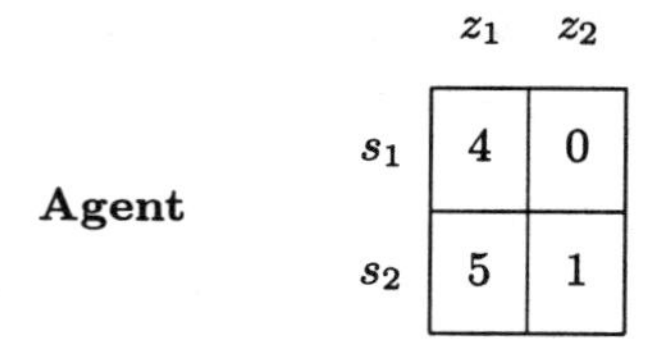

| **Agent** | $z_1$ | $z_2$ |
|---|---|---|
| $s_1$ | 4 | 0 |
| $s_2$ | 5 | 1 |

Hier sind die Zahlen als Nutzenwerte aufzufassen. Beispielsweise gilt $u(s_1, z_2) = 0$. Offenbar wird $s_1$ von $s_2$ dominiert.

**Übung E.3.1.** Welche Wahl wird Spieler 1 treffen, falls er

1. nach der Maximin-Regel,
2. nach der Maximax-Regel,
3. nach der Hurwicz-Regel mit $\gamma = \frac{1}{8}$,
4. nach der Regel des minimalen Bedauerns,
5. nach der Laplace-Regel oder
6. nach von Neumann-Morgenstern mit der Wahrscheinlichkeit $\frac{1}{3}$ für $z_1$

verfährt?

Kann man etwas über die Strategie eines Savage-Agenten aussagen? Dieser entscheidet so, als ob er eine Wahrscheinlichkeitsverteilung über die Zustände der Welt hätte; er maximiert mit dieser Wahrscheinlichkeitsverteilung den erwarteten Nutzen. Sei $w_1$ die Wahrscheinlichkeit für $z_1$ aus Sicht des Agenten. Dann ist die erste Strategie genau dann besser als seine zweite, falls

$$4w_1 + 0(1 - w_1) > 5w_1 + 1(1 - w_1)$$

erfüllt ist. Dies ist offenbar bei keiner Wahrscheinlichkeit $w_1$ der Fall. Der Agent, der die Axiome von Savage akzeptiert, sollte auf jeden Fall die zweite Strategie wählen; sie ist „immer" besser als die erste. Man nennt dann Strategie 2 eine dominante Strategie. Im vorliegenden Fall ist die Dominanz sogar streng, weil $5 > 4$ und $1 > 0$ gilt.

Wir können nun den Dominanzbegriff formal fassen. Wir unterscheiden zunächst zwischen Dominanz bezüglich $Z$ und Dominanz bezüglich $W(Z)$.

**Definition E.3.1 (Dominanz bezüglich $Z$).** *Sei $S$ ein Strategieraum, $Z$ ein Zustandsraum und $u$ die Nutzenfunktion $S \times Z \to \mathbb{R}$. Dann dominiert eine Strategie $s$ aus $S$ die Strategie $s'$ (schwach) bezüglich $Z$, falls*

$$u(s,z) \geq u(s',z) \text{ für alle } z \in Z$$

*und*

$$u(s,\bar{z}) > u(s',\bar{z}) \text{ für mindestens ein } \bar{z} \in Z$$

*gelten. Die Dominanz ist streng, falls*

$$u(s,z) > u(s',z) \text{ für alle } z \in Z$$

*gegeben ist.*

**Definition E.3.2.** *Falls es eine Strategie $s \in S$ gibt, die die Strategie $s' \in S$ (schwach) dominiert bzw. streng dominiert, heißt $s'$ eine (schwach) dominierte bzw. streng dominierte Strategie.*

**Definition E.3.3.** *Eine Strategie heißt schwach (bzw. streng) dominant bezüglich $Z$, falls sie alle anderen Strategien schwach (bzw. streng) bezüglich $Z$ dominiert.*

Zur Einübung in den Begriff der Dominanz bearbeiten Sie bitte die folgenden Aufgaben:

**Übung E.3.2.** Ist eine Strategie dominant bezüglich $Z$, so lässt sich ihre Auswahl auch durch die Maximin-Regel (siehe S. 18) begründen. Zeigen Sie dies formal! Dazu müssen Sie die Definitionen sorgfältig aufschreiben.

**Übung E.3.3.** Charakterisieren Sie die strenge Dominanz (bezüglich $Z$) einer Strategie gegenüber allen anderen Strategien mit Hilfe des Begriffs der besten Antwort.

Nun schreiben wir die angekündigte zweite Definition auf, bei der die Dominanz bezüglich der Wahrscheinlichkeitsverteilungen auf $Z$ definiert wird.

**Definition E.3.4 (Dominanz bezüglich $W(Z)$).** *Sei $S$ ein Strategieraum, $Z$ ein Zustandsraum und $u$ die Nutzenfunktion $S \times Z \to \mathbb{R}$. Dann dominiert eine Strategie $s$ aus $S$ die Strategie $s'$ (schwach) bezüglich $W(Z)$, falls*

$$u(s,w) \geq u(s',w) \text{ für alle } w \in W(Z)$$

*und*

$$u(s,\bar{w}) > u(s',\bar{w}) \text{ für mindestens ein } \bar{w} \in W(Z)$$

*gelten. Die Dominanz ist streng, falls*

$$u(s,w) > u(s',w) \text{ für alle } w \in W(Z)$$

*gegeben ist.*

**Definition E.3.5.** *Eine Strategie heißt schwach (bzw. streng) dominant bezüglich $W(Z)$, falls sie alle anderen Strategien schwach (bzw. streng) bezüglich $W(Z)$ dominiert.*

**Übung E.3.4.** Charakterisieren Sie die strenge Dominanz (bezüglich $W(Z)$) einer Strategie gegenüber allen anderen Strategien mit Hilfe des Begriffs der besten Antwort.

Nun drängt sich die Frage auf, ob die Definitionen bezüglich $Z$ diejenigen von $W(Z)$ implizieren oder umgekehrt. Wir erhalten:

**Theorem E.3.1.** *Eine Strategie $s$ aus $S$ dominiert die Strategie $s'$ (schwach) bezüglich $Z$ genau dann, wenn sie $s'$ (schwach) bezüglich $W(Z)$ dominiert. Gleiches gilt für strenge Dominanz.*

Glücklicherweise sind also beide Definitionen äquivalent! Dies erlaubt uns in Zukunft diejenige Definition zu nehmen, die uns genehm ist. Und wir können den Zusatz „bezüglich $Z$" bzw. „bezüglich $W(Z)$" weglassen.

*Beweis.* Der Beweis der Äquivalenz hat zwei Teile. Wir beweisen hier nur einen, der andere wird als Aufgabe formuliert. Wir zeigen, dass sich die Begriffe bezüglich $Z$ auf $W(Z)$ übertragen. Zum Beweis dominiere die Strategie $s$ die Strategie $s'$ bezüglich $Z$. Dann gilt

$$u(s,z) \geq u(s',z) \text{ für alle } z \in Z$$
$$\text{und}$$
$$u(s,\overline{z}) > u(s',\overline{z}) \text{ für mindestens ein } \overline{z} \in Z.$$

Sei $w$ eine beliebige Wahrscheinlichkeitsverteilung auf $Z$. Wir erhalten

$$u(s,w) = \sum_{z \in Z} w(z)\,u(s,z) \geq \sum_{z \in Z} w(z)\,u(s',z) = u(s',w).$$

Nun haben wir noch die Ungleichung $u(s,\overline{w}) > u(s',\overline{w})$ für mindestens ein $\overline{w} \in W(Z)$ zu zeigen. Dazu nehmen wir diejenige entartete Wahrscheinlichkeitsverteilung, die $\overline{z}$ entspricht. Aus der Dominanz bezüglich $Z$ folgt also die Dominanz bezüglich $W(Z)$.

Nun sei die Dominanz streng, d.h. es gelte $u(s,z) > u(s',z)$ für alle $z \in Z$. Dann gilt auch $u(s,w) > u(s',w)$ für alle $w \in W(Z)$. Denn $u(s,w) \geq u(s',w)$ für alle $w \in W(Z)$ folgt daraus, dass die Dominanz schwach ist. Und die strenge Ungleichheit ergibt sich, weil für mindestens einen Umweltzustand $z$ die Wahrscheinlichkeit größer als Null ist und sich damit die strenge Ungleichheit bezüglich $Z$ auf $W(Z)$ überträgt.

Schließlich sei eine Strategie $s$ schwach (bzw. streng) dominant bezüglich $Z$. Sie dominiert dann alle anderen Strategien schwach (bzw. streng) bezüglich $Z$. Aus dem bisher Bewiesenen wissen wir, dass $s$ dann alle anderen Strategien schwach (bzw. streng) bezüglich $W(Z)$ dominiert und somit schwach (bzw. streng) dominant bezüglich $W(Z)$ ist. Damit ist der erste Teil des Beweises abgeschlossen. □

**Übung E.3.5.** Zeigen Sie nun:

- Wenn die Strategie $s$ die Strategie $s'$ bezüglich $W(Z)$ dominiert, dominiert sie diese auch bezüglich $Z$.
- Wenn die Strategie $s$ die Strategie $s'$ bezüglich $W(Z)$ streng dominiert, dominiert sie diese streng auch bezüglich $Z$.
- Wenn die Strategie $s$ schwach (bzw. streng) dominant bezüglich $W(Z)$ ist, ist sie auch bezüglich $Z$ dominant.

**Übung E.3.6.** Newcombs Problem (siehe S. 14) ist eine Anwendung des Dominanzprinzips. Würden Sie beide Kisten öffnen?

### E.3.2 Rationalisierbarkeit

Wir haben nun auch Rationalisierbarkeit bzw. Nichtrationalisierbarkeit zu definieren. Hierbei ist die Unterscheidung zwischen Rationalisierbarkeit bezüglich der Umweltzustände und bezüglich der Wahrscheinlichkeitsverteilungen auf diesen Umweltzuständen wichtig.

**Definition E.3.6 (Nichtrationalisierbarkeit bezüglich $Z$).** *Sei $S$ ein Strategieraum, $Z$ ein Zustandsraum und $u$ die Nutzenfunktion $S \times Z \to \mathbb{R}$. Dann heißt die Strategie $s_1$ nicht rationalisierbar bezüglich der Umweltzustände, falls es für jeden Umweltzustand $z \in Z$ eine Strategie $s_2$ gibt, so dass die Ungleichung*

$$u(s_1, z) < u(s_2, z)$$

*erfüllt ist.*

*Anmerkung E.3.1.* Bitte, lesen Sie die Definition sehr sorgfältig. Machen Sie sich klar, dass „für jedes $z \in Z$ gibt es eine Strategie $s_2$, so dass ...“ etwas anderes bedeutet als „es gibt eine Strategie $s_2$, so dass für alle $z \in Z$ ...“. In der ersten Formulierung kann es je nach Umweltzustand eine andere Strategie sein, die die behauptete Ungleichung wahr macht. Man hätte zur Verdeutlichung in der Definition auch $s_2(z)$ schreiben können. □

**Übung E.3.7.** Charakterisieren Sie die Nichtrationalisierbarkeit bezüglich der Umweltzustände mit Hilfe des Begriffs der Beste-Antwort-Korrespondenz für $(Z, S)$.

**Definition E.3.7 (Nichtrationalisierbarkeit bezüglich $W(Z)$).** *Sei $S$ ein Strategieraum, $Z$ ein Zustandsraum und $u$ die Nutzenfunktion $S \times Z \to \mathbb{R}$. Dann heißt die Strategie $s_1$ nicht rationalisierbar bezüglich der Wahrscheinlichkeitsverteilungen auf $Z$, falls es für jede Wahrscheinlichkeitsverteilung $w \in W(Z)$ eine Strategie $s_2$ gibt, so dass die Ungleichung*

$$\sum_{z \in Z} u(s_1, z) \cdot w(z) < \sum_{z \in Z} u(s_2, z) \cdot w(z)$$

*erfüllt ist.*

**Lemma E.3.1.** *Aus der Nichtrationalisierbarkeit bezüglich der Wahrscheinlichkeitsverteilungen auf $Z$ folgt die Nichtrationalisierbarkeit bezüglich der Umweltzustände.*

*Beweis.* Falls eine Strategie $s_1$ nicht rationalisierbar (bezüglich der Wahrscheinlichkeitsverteilungen) ist, gibt es für alle $w \in W(Z)$ eine (bessere) Strategie $s_2(w)$ so, dass

$$u(s_1, w) < u(s_2(w), w)$$

gilt. Um die Nichtrationalisierbarkeit bezüglich $Z$ zu zeigen, hat man die Elemente aus $Z$ lediglich mit den entarteten Verteilungen aus $W(Z)$ zu identifizieren. Und für alle diese gibt es eine bessere Strategie. □

Die Umkehrung des obigen Lemmas ist nicht richtig. Denn für die Entscheidungsmatrix

| | | **Umweltzustand** | |
|---|---|---|---|
| | | $z_1$ | $z_2$ |
| | $s_1$ | 4 | 4 |
| **Agent** | $s_2$ | 1 | 5 |
| | $s_3$ | 5 | 1 |

lässt sich feststellen,

- dass $s_2$ in Anbetracht von $z_2$ besser ist als $s_1$ und
- dass $s_3$ in Anbetracht von $z_1$ besser ist als $s_1$,

so dass die Nichtrationalisierbarkeit von $s_1$ bezüglich der Umweltzustände zu konstatieren ist. Dennoch ist $s_1$ rationalisierbar bezüglich $W(Z)$: Gegenüber der Wahrscheinlichkeitsverteilung $\left(\frac{1}{2}, \frac{1}{2}\right)$ beträgt der erwartete Nutzen $\frac{1}{2} \cdot 4 + \frac{1}{2} \cdot 4 = 4$ bei $s_1$, während er sowohl bei $s_2$ als auch bei $s_3$ nur $\frac{1}{2} \cdot 1 + \frac{1}{2} \cdot 5 = 3$ ausmacht.

Pearce (1984, S. 1036 ff.) schränkt die Rationalisierbarkeit durch die zusätzliche Anforderung der „Vorsicht" ein. Demnach muss es nicht nur eine Wahrscheinlichkeitsverteilung auf $Z$ geben, auf die die betreffende Strategie eine beste Antwort ist. Zusätzlich wird verlangt, dass die Wahrscheinlichkeitsverteilung auf $Z$ vollständig gemischt ist, d.h. jeder Umweltzustand mit einer positiven Wahrscheinlichkeit eintritt.

**Definition E.3.8 (Nichtrationalisierbarkeit).** *Sei $S$ ein Strategieraum, $Z$ ein Zustandsraum und $u$ die Nutzenfunktion $S \times Z \to \mathbb{R}$. Dann heißt die Strategie $s_1$ nicht rationalisierbar bei Vorsicht oder nicht rationalisierbar bezüglich $W(Z)^+$, falls es für jede (vollständig gemischte) Wahrscheinlichkeitsverteilung $w \in W(Z)^+$ eine Strategie $s_2$ gibt, so dass die Ungleichung*

$$\sum_{z \in Z} u(s_1, z) \cdot w(z) < \sum_{z \in Z} u(s_2, z) \cdot w(z)$$

*erfüllt ist.*

Der Leser betrachte die Entscheidungssituation der folgenden Matrix:

| | | **Zustände der Welt** | |
|---|---|---|---|
| | | $z_1$ | $z_2$ |
| **Agent** | $s_1$ | 0 | 0 |
| | $s_2$ | 1 | 0 |

Die Strategie $s_1$ ist rationalisierbar bezüglich $W(Z)$, weil sie eine beste Antwort auf $z_2$ ist. Sie ist jedoch nicht rationalisierbar bei Vorsicht, weil sie bei keiner Wahrscheinlichkeitsverteilung $w \in W(Z)$ mit $w(z_1) > 0$ eine beste Antwort darstellt.

### E.3.3 Dominanz versus Rationalisierbarkeit

Rationalisierbarkeit und Dominanz hängen eng zusammen. Man kann sich überlegen, dass aus der strengen Dominiertheit die Nichtrationalisierbarkeit bezüglich $W(Z)$ folgt. Wird eine Strategie streng dominiert, so gibt es eine andere, die bei jedem Umweltzustand besser ist.

Daraus folgt, dass diese andere dann auch besser ist bei jeder Wahrscheinlichkeitsverteilung auf der Menge der Umweltzustände. Und dies bedeutet die Nichtrationalisierbarkeit bezüglich $W(Z)$, aus der die Nichtrationalisierbarkeit bezüglich $Z$ folgt.

Umgekehrt muss jedoch nicht gelten, dass aus der Nichtrationalisierbarkeit bezüglich $Z$ die schwache oder strenge Dominiertheit folgt. Bearbeiten Sie dazu die folgende Aufgabe:

**Übung E.3.8.** Zeigen Sie für die Entscheidungsmatrix

| | | **Umweltzustand** | |
|---|---|---|---|
| | | $z_1$ | $z_2$ |
| | $s_1$ | $u(s_1, z_1)$ | $u(s_1, z_2)$ |
| **Agent** | $s_2$ | 1 | 5 |
| | $s_3$ | 5 | 1 |

dass

- für $u(s_1, z_1) = u(s_1, z_2) = \frac{1}{2}$ die Strategie $s_1$ streng dominiert wird,
- für $u(s_1, z_1) = u(s_1, z_2) = 1$ die Strategie $s_1$ (schwach) dominiert wird und nicht rationalisierbar bei Vorsicht ist,
- für $u(s_1, z_1) = u(s_1, z_2) = 2$ die Strategie $s_1$ nicht rationalisierbar bezüglich $W(Z)$ und nicht rationalisierbar bei Vorsicht ist, aber nicht dominiert wird, und
- für $u(s_1, z_1) = u(s_1, z_2) = 4$ die Strategie $s_1$ rationalisierbar bezüglich $W(Z)$, nicht rationalisierbar bezüglich $Z$ ist und nicht dominiert wird!

**Übung E.3.9.** Folgt aus der schwachen Dominiertheit die Nichtrationalisierbarkeit bezüglich $Z$ , bezüglich $W(Z)$ oder bezüglich $W(Z)^+$?

Wir fassen das in diesem Abschnitt Gelernte in Abbildung E.1 zusammen. Die Pfeile stehen für Implikation. Neben den angegebenen Pfeilen existieren keine weiteren zwischen diesen Begriffen. Aus

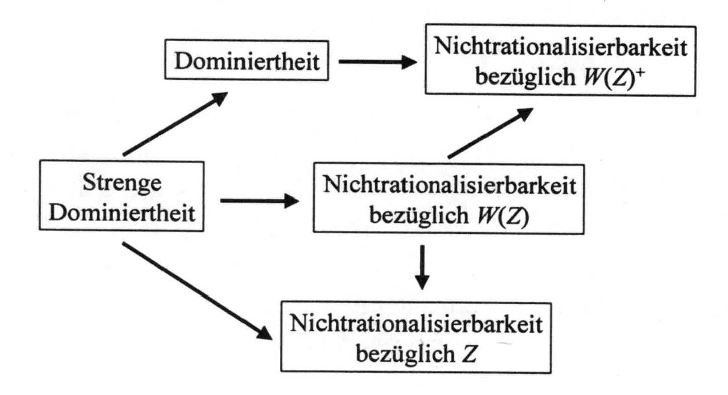


**Abbildung E.1.** Implikationsbeziehungen zwischen Dominiertheit und Nichtrationalisierbarkeit

der strengen Dominiertheit einer Strategie folgt natürlich die Dominiertheit. Strenge Dominiertheit impliziert zusätzlich Nichtrationalisierbarkeit bezüglich $W(Z)$ und bezüglich $Z$. Letzteres folgt daraus, dass Nichtrationalisierbarkeit bezüglich $W(Z)$ Nichtrationalisierbarkeit bezüglich $Z$ nach sich zieht. Nichtrationalisierbarkeit bezüglich $W(Z)$ impliziert jedoch nicht die Dominiertheit. Daher gibt es auch keinen Implikationspfeil von der Nichtrationalisierbarkeit bezüglich $Z$ zur Dominiertheit oder gar zur strengen Dominiertheit.

**Übung E.3.10.** Sehen Sie, warum Nichtrationalisierbarkeit bezüglich $W(Z)$ diejenige bei Vorsicht nach sich zieht?

## E.4 Rationalität

Die Ausführungen in diesem Kapitel lassen mehrere mögliche Definitionen der Rationalität plausibel erscheinen. Eine Strategie könnte man als rational bezeichnen, falls sie

- nicht streng dominiert wird,
- nicht dominiert wird,
- rationalisierbar bezüglich $Z$,
- rationalisierbar bezüglich $W(Z)$ oder

- rationalisierbar bezüglich $W(Z)^+$

ist.

Rationale Agenten wählen keine streng dominierte Strategie. Streng dominierte Strategien (bzw. die dazugehörigen Zeilen) kann man somit „streichen". Sollte man auch alle Strategien streichen, die nicht rationalisierbar bezüglich $W(Z)$ sind? Die Antwort muss lauten: Ja, wenn man die Axiome von Savage akzeptiert. Denn der Savage-Agent führt eine Strategie aus, weil sie auf der Grundlage seiner Wahrscheinlichkeitsvermutung den erwarteten Nutzen maximiert. Dies impliziert die Streichung von nichtrationalisierbaren Strategien.

Daher definieren wir: Eine Strategie $s \in S$ heißt rational, falls sie rationalisierbar bezüglich $W(Z)$ ist. Ein Entscheider heißt rational, wenn er nur rationale Strategien wählt.

## E.5 Lösungen

**Übung E.2.1.** Bitte, beachten Sie, dass $\arg\max_{x\geq 0} \pi(x)$ eine Menge von Outputs darstellt. Es gilt

$$x^M \in \arg\max_{x\geq 0} \pi(x).$$

**Übung E.2.2.** $\pi(s,w)$ ist der Erwartungswert des Gewinns bei $w \in W(z)$; er beträgt $\sum_{z\in Z} w(z)\,\pi(s,z)$. $u(s,w)$ ist gleich

$$\sum_{z\in Z} w(z)\,u(s,z) = \sum_{z\in Z} w(z)\,u(\pi(s,z)).$$

Es ist der erwartete Nutzen des Gewinns. Und bei Risikoaversion oder Risikofreude muss die Strategie, die den erwarteten Gewinn maximiert nicht diejenige sein, die den erwarteten Nutzen maximiert.

**Übung E.2.3.** $|\arg\max_{s\in S} \pi(s,z)| > 1$ bzw. $|\arg\max_{s\in S} u(s,z)| > 1$ bei mehreren optimalen Strategien und $|\arg\max_{s\in S} \pi(s,z)| = 0$ bzw. $|\arg\max_{s\in S} u(s,z)| = 0$, wenn es keine optimale Strategie gibt.

**Übung E.2.4.** Die Menge aller Teilmengen von $S = \{s_1, s_2, s_3\}$ lautet

$$\{\emptyset, \{s_1\}, \{s_2\}, \{s_3\}, \{s_1, s_2\}, \{s_1, s_3\}, \{s_2, s_3\}, \{s_1, s_2, s_3\}\}.$$

Es gibt also acht Teilmengen der dreielementigen Menge $S$. Damit erhält man in suggestiver Schreibweise

$$\left|2^S\right| = 2^{|S|} = 8.$$

**Übung E.2.5.** Sie möchten eine sehr kleine Zahl angeben. Allerdings muss diese größer als Null sein. Eine kleinste reelle Zahl größer als Null existiert jedoch nicht. Zum Beweis nehmen wir an, es gäbe eine solche Zahl, die wir $\varepsilon$ nennen. Mit $\varepsilon > 0$ ist auch $\frac{\varepsilon}{2} > 0$ richtig. Wegen $\frac{\varepsilon}{2} < \varepsilon$ ist $\varepsilon$ also nicht die kleinste reelle Zahl größer als Null. Natürlich ergibt sich hier das Problem der Teilbarkeit von Euros. Allerdings könnte man dies umgehen, indem man eine Lotterie organisiert und mit der Wahrscheinlichkeit der angegebenen Zahl einen Euro abzieht.

**Übung E.2.6.** Die Beste-Antwort-Korrespondenz ist durch

$$\begin{aligned} B\,(\text{schlechte Witterung}) &= \\ &= \underset{\substack{\text{Regenschirmproduktion} \\ \text{oder Sonnenschirmproduktion}}}{\operatorname{argmax}} u\,(s, \text{schlechte Witterung}) \\ &= \text{Regenschirmproduktion} \end{aligned}$$

und

$$\begin{aligned} B\,(\text{gute Witterung}) &= \underset{\substack{\text{Regenschirmproduktion} \\ \text{oder Sonnenschirmproduktion}}}{\operatorname{argmax}} u\,(s, \text{gute Witterung}) \\ &= \text{Sonnenschirmproduktion} \end{aligned}$$

gegeben.

**Übung E.2.7.** Die Beste-Antwort-Korrespondenz für $(Z, S)$ ist durch

$$B\,(z_1) = s_2, B\,(z_2) = s_1$$

gegeben. Sei $w$ die Wahrscheinlichkeit, mit der Umweltzustand $z_1$ eintritt. Aus $u\,(s_1, w) \geq u\,(s_2, w)$, d.h.

$$w \cdot 0 + (1-w) \cdot 4 \geq w \cdot 1 + (1-w) \cdot 0 \quad \Leftrightarrow \quad w \leq \frac{4}{5}$$

folgert man

$$B(w) = \begin{cases} \{s_1\} & \text{falls } w < \frac{4}{5}, \\ \{s_1, s_2\} & \text{falls } w = \frac{4}{5}, \\ \{s_2\} & \text{falls } w > \frac{4}{5}. \end{cases}$$

**Übung E.2.8.** Aus der Antwort auf die vorangehende Frage entnimmt man

- $B^{(Z,S)}(Z) = S$,
- $B^{(W(Z),S)}\left(\left\{(1,0), \left(\frac{5}{6}, \frac{1}{6}\right)\right\}\right) = \{s_2\}$.

**Übung E.3.1.** Bei allen genannten Entscheidungsregeln sollte der Agent die zweite Strategie wählen.

**Übung E.3.2.** Für die dominante Strategie $s_d$ wollen wir

$$s_d \in \operatorname*{argmax}_s \min_z \pi(s, z).$$

zeigen. Sei $z^{\min}(s)$ ein Element aus $\operatorname{argmin}_z \pi(s, z)$, d.h. ein Umweltzustand, der die Auszahlung des Agenten bei der Handlung $s$ minimiert, also zu einem Zeilenminimum führt. Für die Strategie $s_d$ gilt aufgrund der Dominanz

$$\pi(s_d, z) \geq \pi(s, z) \text{ für alle } s \in S \text{ und für alle } z \in Z.$$

Diese Relation gilt dann insbesondere für $z^{\min}(s_d)$:

$$\pi\left(s_d, z^{\min}(s_d)\right) \geq \pi\left(s, z^{\min}(s_d)\right) \text{ für alle } s \in S.$$

Außerdem gilt aufgrund der Definition von $z^{\min}(s)$

$$\pi\left(s, z^{\min}(s_d)\right) \geq \pi\left(s, z^{\min}(s)\right) \text{ für alle } s \in S.$$

Nun folgt aufgrund der Transitivität

$$\pi\left(s_d, z^{\min}(s_d)\right) \geq \pi\left(s, z^{\min}(s)\right) \text{ für alle } s \in S.$$

Das Zeilenminimum bei $s_d$ ist also mindestens so hoch wie bei jeder anderen Strategie von Spieler $i$. Das schließt den Beweis.

**Übung E.3.3.** Eine Strategie $s$ dominiert alle anderen Strategien streng bezüglich $Z$, falls $s$ die eindeutig bestimmte beste Antwort für $(Z, S)$ ist, d.h. falls $s = B^{(Z,S)}(Z)$.

**Übung E.3.4.** Eine Strategie $s$ dominiert alle anderen Strategien streng bezüglich $W(Z)$, falls $s$ die eindeutig bestimmte beste Antwort für $(W(Z), S)$ ist, d.h. falls $s = B^{(W(Z),S)}(W(Z))$.

**Übung E.3.5.** Bei der Dominanz (schwach oder streng) bezüglich $W(Z)$ sind mehr Bedingungen zu erfüllen als bei der Dominanz (schwach oder streng bezüglich $Z$, weil $Z$ als Teilmenge von $W(Z)$ aufgefasst werden kann (indem man die Elemente aus $Z$ mit den entarteten Verteilungen aus $W(Z)$ identifiziert). Damit sind alle drei Punkte erledigt.

**Übung E.3.6.** Agenten, die das Dominanzkriterium kennen und akzeptieren, sollten beide Kisten öffnen. Das Höhere Wesen diskriminiert offenbar Kenner der Entscheidungstheorie. Im Zeitpunkt der Entscheidung kann man dagegen jedoch nichts mehr unternehmen. Falls Sie jemanden treffen, der mit Dominanz umzugehen weiß und dennoch nur eine Kiste zu öffnen vorgibt, glauben Sie ihm nicht: Er hofft, er könne das Höhere Wesen täuschen (vielleicht hört es zu) und hieraus, falls ihm einmal tatsächlich die Kisten angeboten werden, einen Vorteil erlangen. Er wird dann natürlich beide nehmen.

**Übung E.3.7.** Eine Strategie $s$ ist nicht rationalisierbar bezüglich $Z$, falls sie nie eine beste Antwort ist, d.h. falls sie für kein $z \in Z$ in $B(z)$ enthalten ist. Dies können wir auch so ausdrücken: $s \notin B(Z)$.

**Übung E.3.8.** Die beiden letzten Punkte machen deutlich, dass die Nichtrationalisierbarkeit bezüglich $Z$ vereinbar damit sein kann, dass die betreffende Strategie nicht dominiert wird. Der zweitletzte Punkt zeigt, dass Nichtrationalisierbarkeit bezüglich $W(Z)$ nicht unbedingt die strenge Dominiertheit nach sich ziehen muss.

**Übung E.3.9.** Bei der durch die folgende Matrix gegebenen Entscheidungssituation wird $s_1$ schwach von $s_2$ dominiert. Dennoch ist $s_1$ rationalisierbar bezüglich $Z$ und bezüglich $W(Z)$. Denn $s_1$ ist eine beste Antwort auf $z_2$.

| | | **Zustände der Welt** | |
|---|---|---|---|
| | | $z_1$ | $z_2$ |
| **Agent** | $s_1$ | 0 | 0 |
| | $s_2$ | 1 | 0 |

Allerdings impliziert schwache Dominiertheit Nichtrationalisierbarkeit bezüglich $W(Z)^+$. Sei dazu $w$ eine vollständig gemischte Wahrscheinlichkeitsverteilung und seien $s_1$ und $s_2$ Strategien so, dass $s_1$ von $s_2$ schwach dominiert wird. Sei $\overline{z}$ ein Umweltzustand, für den $u(s_1, \overline{z}) < u(s_2, \overline{z})$. Ein solcher Umweltzustand existiert aufgrund der Definition der schwachen Dominanz.

$$\begin{aligned} u(s_1, w) = \sum_{z \in Z} u(s_1, z) &= \sum_{\substack{z \in Z \\ z \neq \overline{z}}} u(s_1, z) + u(s_1, \overline{z}) \\ &\leq \sum_{\substack{z \in Z \\ z \neq \overline{z}}} u(s_2, z) + u(s_1, \overline{z}) \\ &< \sum_{\substack{z \in Z \\ z \neq \overline{z}}} u(s_2, z) + u(s_2, \overline{z}) \\ &= u(s_2, w). \end{aligned}$$

**Übung E.3.10.** Ein Hinweis: $W(Z)^+$ ist in $W(Z)$ enthalten.

# F. Gemischte Strategien in der Entscheidungstheorie

## F.1 Einführendes und ein Beispiel

In der Spieltheorie, so werden wir sehen, sind die so genannten gemischten Strategien relevant. Bei einer gemischten Strategie wählt der Entscheider bzw. der Spieler nicht die eine oder andere („reine“) Strategie, sondern er wählt eine Wahrscheinlichkeitsverteilung auf der Menge der (reinen) Strategien. Beispielsweise könnte sich der Schirmproduzent mit 60%iger Wahrscheinlichkeit für Regenschirme und mit 40%iger Wahrscheinlichkeit für Sonnenschirme entscheiden.

Für die Entscheidungstheorie sind gemischte Strategien weniger wichtig. Der primäre Grund für dieses Kapitel liegt darin, dass der Leser gemischte Strategie in der einfacheren, entscheidungstheoretischen Situation kennen lernen soll, bevor er sie in den Kapiteln I und J im Rahmen der Spieltheorie zu behandeln hat.

Gemischte Strategien werden in Abschnitt F.2 formalisiert. Wir nehmen uns wieder die wohlbekannte Auszahlungsmatrix des Schirmproduzenten vor, wobei als Einträge die Nutzenwerte (z.B. 10 anstelle der Auszahlung 100 aufgrund der vNM-Nutzenfunktion $\sqrt{\cdot}$) genommen werden (Abbildung F.1).

Bei der Betrachtung gemischter Strategien lässt man als Strategien nicht nur $s_1$ und $s_2$ zu, sondern auch Strategien der folgenden Art: Wähle $s_1$ mit der Wahrscheinlichkeit $\frac{1}{3}$ und $s_2$ mit der Wahrscheinlichkeit $\frac{2}{3}$.

Nun könnte man denken, dass die Berechnung des erwarteten Nutzens kompliziert wird, wenn man auch zulässt, dass die Umweltzustände sich mit gewissen Wahrscheinlichkeiten realisieren. Abschnitt F.3 zeigt, dass diese Berechnung gar nicht so schwierig ist.

| | | Umwelt | |
|---|---|---|---|
| | | $z_1$ | $z_2$ |
| **Agent** | $s_1$ | 10 | 9 |
| | $s_2$ | 8 | 11 |

**Abbildung F.1.** Eine Entscheidungsmatrix

Berechnen wir doch einmal den erwarteten Nutzen für den Schirmproduzenten, falls dieser die Strategie $s_1$ mit der Wahrscheinlichkeit $\frac{1}{2}$ wählt und falls der Umweltzustand $z_2$ mit der Wahrscheinlichkeit $\frac{1}{3}$ eintritt und falls die vNM-Nutzenfunktion durch die Wurzelfunktion wiedergegeben werden kann. Man errechnet den erwarteten Nutzen dann als

$$\frac{1}{2} \cdot \frac{2}{3} \cdot 10 + \frac{1}{2} \cdot \frac{1}{3} \cdot 9 + \frac{1}{2} \cdot \frac{2}{3} \cdot 8 + \frac{1}{2} \cdot \frac{1}{3} \cdot 11 = \frac{28}{3}.$$

Man kann nicht nur reine Strategien, sondern auch gemischte Strategien mischen. In beiden Fällen spricht man auch von konvexen Kombinationen oder Mischungen. Man kann sich das so vorstellen, dass zunächst der Zufall darüber entscheidet, welche (gemischte) Strategie gespielt wird. Man hat also, ähnlich wie wir dies in Kapitel C auf S. 36 kennen gelernt haben, einen zweistufigen Zufallsprozess. Wichtig ist dabei, dass die konvexe Mischung gemischter Strategien selbst wiederum eine gemischte Strategie darstellt. Man kann also den erwarteten Nutzen solcher konvexen Kombinationen betrachten. Und, so werden wir zeigen, der erwartete Nutzen einer konvexen Kombination ist gleich dem arithmetischen Mittel der erwarteten Nutzen der beteiligten (gemischten) Strategien. All dies zeigen wir ebenfalls in Abschnitt F.3.

Dieses Ergebnis bildet die Grundlage der Abschnitte F.4 und F.5. Sie behandeln die Begriffe (beste Antworten, Dominanz, Rationalisierbarkeit), die Kapitel E für reine Strategien eingeführt hat, für gemischte Strategien.

Wir unterscheiden im Rahmen des Grundmodells der Entscheidungstheorie vier verschiedene Fälle von besten Antworten: Einerseits können beste Antworten auf Umweltzustände oder aber auf Wahrscheinlichkeitsverteilungen für Umweltzustände gegeben werden. Andererseits können die Antworten in reinen oder aber in gemischten Strategien bestehen. In Abschnitt F.4 definieren wir Beste-Antwort-Korrespondenzen für $(Z, W(S))$ und für $(W(Z), W(S))$.

In Abschnitt F.5 führen wir Dominanz und Rationalisierbarkeit bei gemischten Strategien ein. Wir werden sehen, dass sich ein etwas anderes Implikationsmuster als bei reinen Strategien ergibt.

## F.2 Gemischte Strategien und erwarteter Nutzen

Das Entscheidungsproblem des Schirmproduzenten ist in strategischer Form als

$$\Delta = (\{s_1, s_2\}, \{z_1, z_2\}, u)$$

mit der durch

$$u(s_1, z_1) = 10, \; u(s_1, z_2) = 9, \; u(s_2, z_1) = 8, \; u(s_2, z_2) = 11$$

gegebenen Nutzenfunktion. Dieses Entscheidungsproblem heißt auch ein Entscheidungsproblem in reinen Strategien. Hierbei wird eine der Strategien aus $S$ gewählt. Alternativ könnte man auch so genannte gemischte Strategien zulassen. Eine gemischte Strategie ist eine Wahrscheinlichkeitsverteilung auf der Menge der reinen Strategien. Gemischte Strategien bezeichnen wir mit dem griechischen Buchstaben $\sigma$.

**Definition F.2.1 (gemischte Strategie).** *Sei $S$ ein endlicher Strategieraum. Eine gemischte Strategie ist eine Wahrscheinlichkeitsverteilung $\sigma$ aus $W(S)$; sie erfüllt also*

$$\sigma(s) \geq 0 \text{ für alle } s \in S$$

*und*

$$\sum_{s \in S} \sigma(s) = 1.$$

Ist $S = \{s_1, s_2, ..., s_n\}$, so kann man jedes Element aus $W(S)$ als Tupel mit $n$ Einträgen schreiben:

$$(\sigma(s_1), \sigma(s_2), ..., \sigma(s_n)).$$

Entartete Wahrscheinlichkeitsverteilungen, wie z.B.

$$(0, 1, 0, ..., 0)$$

kann man mit den (reinen) Strategien aus $S$ identifizieren, die obige mit $s_2$. Nicht entartete Wahrscheinlichkeitsverteilungen auf $S$ nennt man auch echt gemischte Strategien. Sie erfüllen $0 < \sigma(s)$ für mindestens zwei reine Strategien.

Das Entscheidungsproblem bei gemischten Strategien kann man direkt aufschreiben. Ausgehend von einem Entscheidungsproblem

$$\Delta = (S, Z, u)$$

definiert man dann das Entscheidungsproblem

$$\Delta^g = (W(S), Z, u^g),$$

das als Strategieraum $W(S)$ anstelle von $S$ explizit angibt. Die Nutzenfunktion dieses Entscheidungsproblems nennen wir $u^g$ und definieren sie auf der Basis von $u$ durch Erwartungswertbildung.

Insbesondere bei nur zwei Strategien ist nur wenig Schreibarbeit vonnöten. Man bezeichnet mit $\sigma \in [0, 1]$ die Wahrscheinlichkeit, mit der die erste Strategie gewählt wird, und identifiziert $\sigma \in [0, 1]$ mit $(\sigma, 1 - \sigma) \in W(\{s_1, s_2\})$. Beispielsweise ergibt sich $u^g$ für das Entscheidungsproblem des Schirmproduzenten durch

$$u^g(\sigma, z_1) = \sigma \cdot 10 + (1 - \sigma) \cdot 8,$$
$$u^g(\sigma, z_2) = \sigma \cdot 9 + (1 - \sigma) \cdot 11.$$

Allerdings kann man auch, und diesen Weg wählt man häufig, ein Entscheidungsproblem (in reinen Strategien) aufschreiben und hinzufügen: „in gemischten Strategien". Dann ist klar, dass der Strategieraum nicht $S$ ist (wie aufgeschrieben), sondern $W(S)$.

**Übung F.2.1.** Definieren Sie auf der Basis eines Entscheidungsproblems in gemischten Strategien

$$\Delta = (S, Z, \pi)$$

das dazugehörige Entscheidungsproblem (in reinen Strategien)

$$\Delta^g = (W(S), Z, u^g),$$

indem Sie $u^g$ geeignet definieren. Berechnen Sie für $S = \{s_1, s_2, ..., s_n\}$ $u^g((0,1,0,...,0), z)$.

Wir können jetzt definieren:

**Definition F.2.2 (Entscheidungsproblem).** *Das Entscheidungsproblem in gemischten Strategien*

$$\Delta = (S, Z, u)$$

*ist gleich dem Entscheidungsproblem (in reinen Strategien)*

$$\Delta^g = (W(S), Z, u^g),$$

*wobei $u^g$ so wie in der Antwort zu Übung F.2.1 definiert ist.*

Zum Abschluss dieses Abschnittes einige Bemerkungen zur Schreibweise. In Abschnitt D.5 haben wir die Schreibweisen $u(\pi(s,z))$ und kürzer $u(s,z)$ für die vNM-Nutzenfunktion eingeführt. Der für die zweite Schreibweise relevante Definitionsbereich, $S \times Z$, konnte durch Erwartungswertbildung auf $S \times W(Z)$ erweitert werden: Für $w \in W(Z)$ erhält man

$$u(s,w) := \sum_{z \in Z} w(z)\, u(s,z).$$

In diesem Kapitel geht es um gemischte Strategien. Daher wollen wir den Definitionsbereich von $u$ auf

$$W(S) \times Z$$

erweitern. Wir berechnen den Erwartungswert bezüglich der Wahrscheinlichkeitsverteilung auf $S$ und setzen

$$u(\sigma,z) := \sum_{s \in S} \sigma(s)\, u(s,z). \tag{F.1}$$

Von hier ist es nun nur noch ein kleiner Schritt zur Ausdehnung des Definitionsbereiches auf $W(S) \times W(Z)$, der Ihnen zur Übung überlassen bleibt.

**Übung F.2.2.** Wie sollte man $u : W(S) \times W(Z) \to \Pi$ definieren? Welchen Zusammenhang gibt es zwischen $u(\sigma,w)$, $u(s,w)$ und $u(\sigma,z)$?

## F.3 Konvexe Kombinationen gemischter Strategien

Wir haben in Abschnitt C.2 zusammengesetzte Verteilungen definiert. Das sind Konvexkombinationen von einfachen Verteilungen. Die dort betrachteten Verteilungen sind Elemente aus $W(\Pi)$. In ähnlicher Weise können wir konvexe Kombinationen von reinen oder auch gemischten Strategien definieren, das sind Elemente aus $W(S)$. Seien also $\sigma_1$ und $\sigma_2$ gemischte Strategien aus $W(S)$. Die konvexe Kombination

$$\alpha\sigma_1 + (1-\alpha)\,\sigma_2$$

für ein $\alpha$ zwischen Null und Eins ist wiederum eine gemischte Strategie. Am besten ist es, Sie probieren das Rechnen mit konvexen Kombinationen anhand einiger einfacher Aufgaben selbst aus:

**Übung F.3.1.** Betrachten Sie den Strategieraum $S = \{s_1, s_2, s_3\}$. Bilden Sie konvexe Strategiekombinationen,

1. der gemischten Strategien $\left(\frac{1}{2}, \frac{1}{8}, \frac{3}{8}\right)$ und $\left(\frac{1}{3}, \frac{1}{6}, \frac{1}{2}\right)$, wobei die erste Strategie mit $\frac{1}{3}$ zu gewichten ist,
2. der Strategien $s_1$ und $s_2$, wobei die zweite Strategie mit $\frac{1}{4}$ zu gewichten ist!

Umgekehrt ist jede gemischte Strategie als konvexe Kombination von reinen Strategien zu schreiben. Dazu beachten Sie, dass für jede gemischte Strategie $\sigma$ aus $W(\{s_1, s_2, ..., s_n\})$

$$\begin{aligned}\sigma &= (\sigma(s_1), \sigma(s_2), ..., \sigma(s_n)) \\ &= \sigma(s_1) \cdot (1,0,0,...0) + \sigma(s_2) \cdot (0,1,0,...0) + ... \\ &\qquad ... + \sigma(s_n) \cdot (0,0,...0,1)\end{aligned}$$

gilt. Da wir die gemischte Strategie $(1,0,0,...0)$ mit $s_1$ identifizieren, schreiben wir $\sigma$ auch als

$$\sum_{j=1}^{|S|} \sigma(s_j)\, s_j.$$

Es ist wichtig, die Linearität des erwarteten Nutzens bezüglich von konvexen Kombinationen festzuhalten.

**Lemma F.3.1.** *Für das Entscheidungsproblem in gemischten Strategien $\Delta = (S, Z, \pi)$ gilt für jedes Paar gemischter Strategien $\sigma_1, \sigma_2$ aus $W(S)$, für jedes $z \in Z$ und für jedes $\alpha$ mit $0 \leq \alpha \leq 1$*

$$u(\alpha\sigma_1 + (1-\alpha)\sigma_2, z) = \alpha u(\sigma_1, z) + (1-\alpha) u(\sigma_2, z).$$

*Anmerkung F.3.1.* Das Lemma bleibt auch dann richtig, wenn man $z \in Z$ durch $w \in W(Z)$ ersetzt. □

*Beweis.* Wir rechnen nach:

$$\begin{aligned} u(\alpha\sigma_1 + (1-\alpha)\sigma_2, z) &= \\ &= \sum_{s\in S} (\alpha\sigma_1 + (1-\alpha)\sigma_2)(s)\, u(s,z) \\ &= \sum_{s\in S} (\alpha\sigma_1)(s)\, u(s,z) + \sum_{s\in S} ((1-\alpha)\sigma_2)(s)\, u(s,z) \\ &= \alpha \sum_{s\in S} \sigma_1(s)\, u(s,z) + (1-\alpha) \sum_{s\in S} \sigma_2(s)\, u(s,z) \\ &= \alpha u(\sigma_1, z) + (1-\alpha) u(\sigma_2, z). \quad \square \end{aligned}$$

Speziell gilt für die Mischung

$$\sum_{j=1}^{|S|} \sigma(s_j)\, s_j,$$

die die gemischte Strategie $\sigma$ mit Hilfe der reinen Strategien darstellt, dass der Nutzen bei einer gemischten Strategie gleich dem arithmetischen Mittel der (mit den Wahrscheinlichkeiten gewichteten) Nutzen bei den reinen Strategien ist:

$$u(\sigma, w) = u\left(\sum_{j=1}^{|S|} \sigma(s_j)\, s_j, w\right) = \sum_{j=1}^{|S|} \sigma(s_j)\, u(s_j, w).$$

Dies wollen wir ebenfalls festhalten:

**Lemma F.3.2.** *Für einen Entscheider ist der Nutzen einer gemischten Strategie $\sigma$ gleich dem arithmetischen Mittel der Nutzen seiner reinen Strategien $s$, wobei die Gewichtung mit $\sigma(s)$ erfolgt.*

Natürlich wussten Sie dies bereits; es ist in Gleichung F.1 und in der dort folgenden Aufgabe auf S. 83 festgehalten. Die Implikationen dieses Lemmas sind bedeutend: Eine echt gemischte Strategie kann keinen höheren erwarteten Nutzen abwerfen als die beste der reinen Strategien. Nehmen wir zwei reine Strategien $s_1$ und $s_2$ an, die unter der gemischten Strategie $\sigma$ mit einer positiven Wahrscheinlichkeit gewählt werden und die $u(s_1, w) < u(s_2, w)$ erfüllen. Dann kann der Nutzen dadurch erhöht werden, dass $s_2$ mit einer höheren Wahrscheinlichkeit und $s_1$ mit einer entsprechend geringeren Wahrscheinlichkeit gewählt wird. Die bei $w \in W(Z)$ nutzenmaximierende gemischte Strategie erfüllt also $\sigma(s_1) = 0$. Schließlich: Gibt es mehrere beste reine Strategien, so kann keine bessere gemischte Strategie gewählt werden als eine solche, die nur diesen besten reinen Strategien positive Wahrscheinlichkeiten zuordnet.

Wir merken noch zwei weitere wichtige Ergebnisse an.

**Lemma F.3.3.** *Seien für $w \in W(Z)$ zwei gemischte Strategien $\sigma_1$ und $\sigma_2$ mit $u(\sigma_1, w) = u(\sigma_2, w)$ gegeben. Dann folgt*

$$u(\alpha\sigma_1 + (1-\alpha)\sigma_2, w) = u(\sigma_1, w)$$

*für alle $\alpha$ aus $[0, 1]$.*

Dieses Lemma folgt recht unmittelbar aus Lemma F.3.1.

**Übung F.3.2.** Bitte, führen Sie den Beweis selbst durch.

## F.4 Beste-Antwort-Korrespondenzen

### F.4.1 Definitionen und Sätze

Aufgrund unserer Bemerkungen in der Einführung zu diesem Kapitel erwartet der Leser vermutlich bereits die folgenden zwei Definitionen:

**Definition F.4.1 (Beste-Antwort-Korrespondenz).** *Sei $S$ ein Strategieraum, $Z$ ein Zustandsraum und $u$ die Nutzenfunktion $S \times Z \to \mathbb{R}$. Dann bezeichnet*

$$B^{(Z,W(S))} : Z \rightrightarrows W(S), \quad z \mapsto \underset{\sigma \in W(S)}{\operatorname{argmax}}\, u(\sigma, z)$$

*die Beste-Antwort-Korrespondenz für* $(Z, W(S))$.

Der Leser beachte, dass die im ersten Satz erwähnte Nutzenfunktion $S \times Z \to \mathbb{R}$ von der in der Abbildungsvorschrift verwendeten Funktion $W(S) \times Z \to \mathbb{R}$ zu unterscheiden ist. Der Zusammenhang ist auf S. 83 geklärt.

**Definition F.4.2 (Beste-Antwort-Korrespondenz).** *Sei* $S$ *ein Strategieraum,* $Z$ *ein Zustandsraum und* $u$ *die Nutzenfunktion* $S \times Z \to \mathbb{R}$. *Dann bezeichnet*

$$B^{(W(Z),W(S))} : W(Z) \rightrightarrows W(S), \quad w \mapsto \underset{\sigma \in W(S)}{\operatorname{argmax}}\, u(\sigma, w)$$

*die Beste-Antwort-Korrespondenz für* $(W(Z), W(S))$.

Die gemischte beste Antwort gibt diejenigen gemischten Strategien wieder, die den Nutzen des Entscheiders bei alternativen Umweltzuständen bzw. Wahrscheinlichkeitsverteilungen auf der Menge der Umweltzustände maximieren. Auch hier werden wir wieder nur $B$ schreiben, falls dadurch keine Unklarheiten entstehen können. Da bei gemischten Strategien in beiden Fällen ein Erwartungswert zu berechnen ist, haben wir den erwarteten Nutzen zu berechnen. Wir lassen auch hier (und in Zukunft) zu, dass die Beste-Antwort-Korrespondenzen Teilmengen von $Z$ bzw. Teilmengen von $W(Z)$ als Argumente haben. Beispielsweise ist für die Teilmenge $\widehat{W(Z)} \subset W(Z)$ der Ausdruck $B^{(W(Z),W(S))}\left(\widehat{W(Z)}\right)$ als Menge derjenigen gemischten Strategien zu verstehen, die beste Antworten sind auf irgendeine Wahrscheinlichkeitsverteilung aus $\widehat{W(Z)}$:

$$B^{(W(Z),W(S))}\left(\widehat{W(Z)}\right) = \bigcup_{w \in \widehat{W(Z)}} \underset{\sigma \in W(S)}{\operatorname{argmax}}\, u(\sigma, w).$$

Wir erinnern an Lemma F.3.2 auf S. 85. Es besagt, dass der erwartete Nutzen einer gemischten Strategie $\sigma$ gleich dem arithmetischen Mittel der Nutzen der reinen Strategien ist, wobei die Gewichte gleich den Wahrscheinlichkeiten der reinen Strategien unter $\sigma$ sind. Es impliziert folgendes Theorem:

**Theorem F.4.1.** *Sei $w$ eine (eventuell entartete) Wahrscheinlichkeitsverteilung auf $Z$. Eine gemischte Strategie $\sigma$ ist genau dann eine beste Antwort für $(W(Z), W(S))$, falls jede reine Strategie $s$ mit $\sigma(s) > 0$ eine beste Antwort für $(W(Z), S)$ darstellt. Ist $\sigma$ beste Antwort, so gilt $u(\sigma, w) = u(s, w)$ für alle $s$ mit $\sigma(s) > 0$.*

Der Leser beachte, dass dieses Theorem nicht aussagt, dass eine beste Antwort $\sigma$ jeder reinen Strategie, die ihrerseits eine beste Antwort ist, eine positive Wahrscheinlichkeit zuordnen muss. Dieses Theorem beinhaltet eine Reihe von Schlussfolgerungen, die im folgenden Korollar zusammengefasst sind.

**Korollar F.4.1.** *Sei $w$ eine Wahrscheinlichkeitsverteilung auf $Z$ (eventuell entartet). Dann gelten die folgenden Behauptungen:*

1. *Eine gemischte Strategie $\sigma$ ist nicht besser als eine beste Antwort $s$ auf $w$ für $(W(Z), S)$.*
2. *Wenn eine gemischte Strategie eine reine Strategie $s$, die nicht beste Antwort auf $w$ für $(W(Z), S)$ ist, mit positiver Wahrscheinlichkeit wählt, ist sie keine beste Antwort auf $w$ für $(W(Z), W(S))$.*
3. *Wenn eine reine Strategie $s$ die eindeutig bestimmte beste Antwort auf $w$ für $(W(Z), S)$ ist, ist die beste Antwort auf $w$ für $(W(Z), W(S))$ ebenfalls eindeutig bestimmt und gleich der $s$ entsprechenden entarteten Wahrscheinlichkeitsverteilung.*
4. *Gibt es mehrere beste Antworten auf $w$ für $(W(Z), S)$, ist jede gemischte Strategie, die nur diese mit positiven Wahrscheinlichkeiten wählt, eine beste Antwort auf $w$ für $(W(Z), W(S))$.*

**Übung F.4.1.** Formulieren sie diese vier Behauptungen formal!

*Beweis.* Wir beweisen die ersten beiden Behauptungen, die letzten zwei bleiben Ihnen überlassen.

1. Das arithmetische Mittel für eine gemischte Strategie $\sigma$ liegt zwischen den niedrigsten und den höchsten Nutzenwerten der reinen Strategien, die unter $\sigma$ mit positiver Wahrscheinlichkeit gewählt werden. (Falls alle beteiligten reinen Strategien den selben Nutzenwert erbringen, gilt dieser auch für $\sigma$.) Den höchsten Nutzenwert erreichen diejenigen reinen Strategien, die beste Antworten sind.

2. Mit geeignet gewählten gemischten Strategien (die entartet sein können) kann ein mindestens so hoher erwarteter Nutzen erreicht werden wie mit jeder reinen Strategie, also ist auch der Nutzen einer reinen besten Antwort erzielbar. Sobald eine reine nichtbeste Strategie mit positiver Wahrscheinlichkeit beigemischt wird, bleibt das arithmetische Mittel unter dem Nutzen einer reinen besten Antwort. □

**Übung F.4.2.** Beweisen Sie die beiden letzten Behauptungen von Korollar F.4.1.

Der letzte Punkt aus Korollar F.4.1 gilt sogar allgemeiner: Die Mischung bester Antworten auf $w$ für $(W(Z), W(S))$ ist eine beste Antwort. Dies lernen wir aus Lemma F.3.3 auf S. 86. Es besagt, dass konvexe Mischungen von gemischten Strategien, die den gleichen erwarteten Nutzen erbringen, ihrerseits diesen erwarteten Nutzen erzielen. Das folgende Lemma formuliert dies für zwei Strategien aus $W(S)$; es gilt auch für mehrere.

**Lemma F.4.1.** *Sei ein* $w \in W(Z)$ *gegeben. Sind* $\sigma_1$ *und* $\sigma_2$ *aus* $B(w)$, *so gilt dies auch für die konvexe Mischung* $\alpha\sigma_1 + (1-\alpha)\sigma_2$ *für alle* $\alpha \in [0,1]$.

Man kann aufgrund dieses Lemmas beste Antworten mischen, ohne die Eigenschaft der besten Antwort zu verlieren. Der umgekehrte Weg funktioniert auch: Hat man eine gemischten Strategie als beste Antwort gegeben, so sind alle reinen Strategien, die unter der gemischten Strategie mit positiver Wahrscheinlichkeit gewählt werden, auch beste Antworten:

**Lemma F.4.2.** *Ist* $\sigma$ *aus* $W(S)$ *eine beste Antwort auf* $w \in W(Z)$, *so ist jede reine Strategie* $s \in S$ *mit* $\sigma(s) > 0$ *ebenfalls eine beste Antwort auf* $w$. *Für alle solche Strategien gilt demnach* $u(s,w) = u(\sigma,w)$.

*Beweis.* Das Lemma behauptet, dass der Nutzen bei allen Strategien gleich ist, die von der besten Antwort $\sigma$ mit einer positiven Wahrscheinlichkeit belegt werden. Wäre der Nutzen bei einer reinen Strategie höher als bei einer anderen, so könnte man den Nutzen gegenüber

$u(\sigma, w)$ dadurch steigern, dass man die Wahrscheinlichkeit von der letzteren auf die erstere Strategie umverteilt. Dann wäre jedoch $\sigma$ keine beste Antwort. □

### F.4.2 Ein Beispiel

Betrachten Sie die folgende Matrix, deren Einträge als vNM-Nutzenwerte zu verstehen sind:

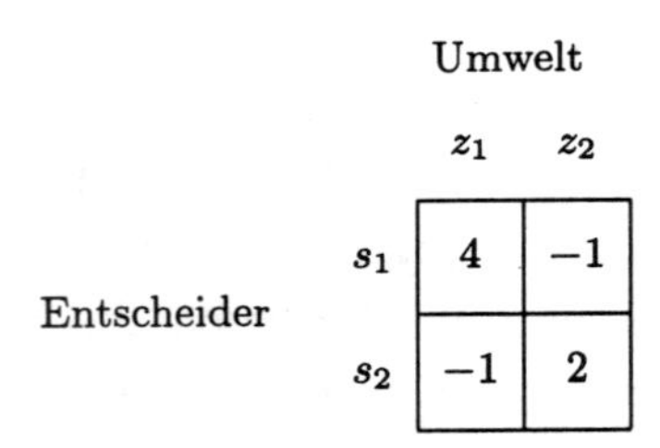

| | | Umwelt | |
|---|---|---|---|
| | | $z_1$ | $z_2$ |
| Entscheider | $s_1$ | 4 | −1 |
| | $s_2$ | −1 | 2 |

Die Beste-Antwort-Korrespondenzen bei reinen Strategien haben wir in Kapitel E bestimmt. Die Beste-Antwort-Korrespondenz für $(Z, S)$ ist durch

$$B(z_1) = s_1, B(z_2) = s_2$$

gegeben und diejenige für $(W(Z), S)$ durch

$$B(w) = \begin{cases} \{s_1\}, & \text{falls } w > \frac{3}{8} \\ \{s_1, s_2\}, & \text{falls } w = \frac{3}{8} \\ \{s_2\}, & \text{falls } w < \frac{3}{8} \end{cases}$$

gegeben. Dies hilft uns, mit etwas scharfem Hinsehen die Beste-Antwort-Korrespondenzen für $(Z, W(S))$ und $(W(Z), W(S))$ zu bestimmen.

Für die obige Matrix ergibt die Beste-Antwort-Korrespondenz für $(Z, S)$ sowohl für $z_1$ als auch für $z_2$ eine eindeutig beste Antwort. Also ist die eindeutig bestimmte gemischte Strategie $\sigma_1$ aus $B^{(Z,W(S))}(z_1)$ durch $\sigma_1(s_1) = 1$ und die eindeutig bestimmte gemischte Strategie $\sigma_2$ aus $B^{(Z,W(S))}(z_2)$ durch $\sigma_2(s_1) = 0$ definiert. Zusammenfassend ist also

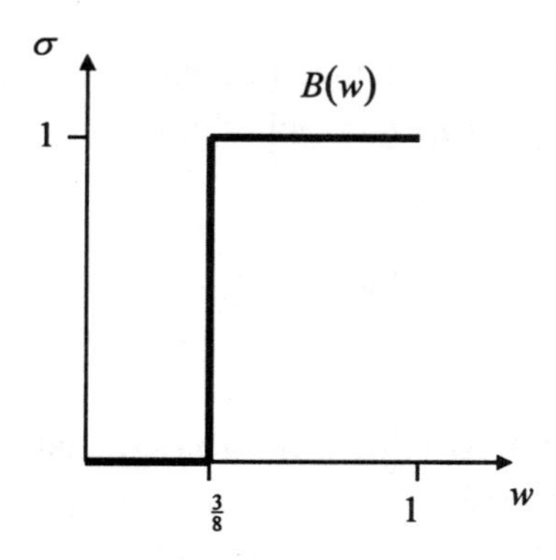


**Abbildung F.2.** Die Beste-Antwort-Korrespondenz

$$z_1 \mapsto \sigma_1, \ z_2 \mapsto \sigma_2$$

die Beste-Antwort-Korrespondenz für $(Z, W(S))$.

Nun kommen wir zur Beste-Antwort-Korrespondenz für $(W(Z), W(S))$. Für $w \neq \frac{3}{8}$ gibt es wiederum die eindeutig bestimmten besten Antworten $\sigma_1$ bzw. $\sigma_2$ (wie oben definiert). Für $w = \frac{3}{8}$ ist jede Mischung dieser reinen Strategien eine beste Antwort für $(W(Z), W(S))$. Formal können wir dies so ausdrücken:

$$B^{(W(Z),W(S))}(w) = \begin{cases} \{\sigma_1\}, & \text{falls } w > \frac{3}{8}, \\ \{\alpha\sigma_1 + (1-\alpha)\sigma_2 : \alpha \in [0,1]\}, & \text{falls } w = \frac{3}{8}, \\ \{\sigma_2\}, & \text{falls } w < \frac{3}{8}. \end{cases}$$

Eine graphische Darstellung einer solchen Korrespondenz liegt vielleicht nahe und erfolgt in Abbildung F.2.

Für die Beste-Antwort-Korrespondenz für $(W(Z), W(S))$ gibt es einen alternativen Lösungsweg mittels der Differenzialrechnung. Dazu schreiben wir die Nutzenfunktion explizit auf. Sei $\sigma$ die Wahrscheinlichkeit, mit der die erste Strategie gewählt wird, und $w$ die Wahrscheinlichkeit für $z_1$. Dann kann man die Nutzenfunktion der obigen Entscheidungsmatrix durch

$$\begin{aligned} u(\sigma, w) &= 4\sigma w + (-1)\sigma(1-w) + (-1)(1-\sigma)w + 2(1-\sigma)(1-w) \\ &= 8\sigma w - 3\sigma - 3w + 2 \end{aligned}$$

ausdrücken.

Das Ziel des Entscheiders ist es nun, ein $\sigma$ aus $\operatorname{argmax}_{\sigma \in W(S)} u(\sigma, w)$ zu bestimmen. Dazu bestimmen wir die erste Ableitung nach $\sigma$:

$$\frac{\partial u(\sigma, w)}{\partial \sigma} = 8w - 3 \begin{cases} < 0 \text{ für } w < \frac{3}{8}, \\ = 0 \text{ für } w = \frac{3}{8}, \\ > 0 \text{ für } w > \frac{3}{8}. \end{cases}$$

Hieraus lässt sich die beste Antwort ablesen. Ist die Ableitung $\frac{\partial u(\sigma,w)}{\partial \sigma}$ kleiner als Null, wird der erwartete Nutzen durch eine möglichst niedrige Wahl von $\sigma$ maximiert, also durch $\sigma = 0$. Dies entspricht der entarteten gemischten Strategie $\sigma_2$. Bei einer positiven Ableitung ist die erste reine Strategie dagegen mit einer möglichst hohen Wahrscheinlichkeit zu wählen, so dass dann $\sigma_1$ die beste Antwort darstellt. Beträgt die Ableitung jedoch Null, ist es für den erwarteten Nutzen unerheblich, welchen Wert $\sigma$ annimmt. Jeder Wert zwischen Null und Eins ist optimal. Dies entspricht gerade der obigen Strategiemenge $\{\alpha\sigma_1 + (1 - \alpha)\sigma_2 : \alpha \in [0, 1]\}$. Und damit haben wir die obige Beste-Antwort-Korrespondenz bestätigt.

**Übung F.4.3.** Stellen Sie die Beste-Antwort-Korrespondenzen für $(W(Z), W(S))$ graphisch dar, wobei Sie die beiden folgenden Entscheidungssituationen zugrunde legen:

(1) Entscheider

| | Umwelt $z_1$ | Umwelt $z_2$ |
|---|---|---|
| $s_1$ | 4 | 0 |
| $s_2$ | 1 | −2 |

(2)

| | Umwelt $z_1$ | Umwelt $z_2$ |
|---|---|---|
| $s_1$ | 0 | 4 |
| $s_2$ | 2 | 0 |

## F.5 Dominanz und Rationalisierbarkeit

### F.5.1 Dominanz

Auch für gemischte Strategien könnte man den Dominanzbegriff aufspalten, je nachdem, ob die Dominanz bezüglich $Z$ oder bezüglich $W(Z)$ zu verstehen ist. Wie in Abschnitt E.3.1 sind diese beiden Dominanzbegriffe jedoch äquivalent. Schließlich kann man anstelle des Strategieraums $S$ den Strategieraum $W(S)$ setzen. Die Argumente sind dann analog. Daher definieren wir:

**Definition F.5.1 (Dominanz).** *Sei $S$ ein Strategieraum, $Z$ ein Zustandsraum und $u$ die Nutzenfunktion $S \times Z \to \mathbb{R}$. Dann dominiert eine Strategie $\sigma$ aus $W(S)$ die Strategie $\sigma'$ (schwach), falls*

$$u(\sigma, z) \geq u(\sigma', z) \text{ für alle } z \in Z$$

*und*

$$u(\sigma, \bar{z}) > u(\sigma', \bar{z}) \text{ für mindestens ein } \bar{z} \in Z$$

*gelten. Die Dominanz ist streng, falls*

$$u(\sigma, z) > u(\sigma', z) \text{ für alle } z \in Z$$

*gegeben ist. $\sigma'$ heißt dann (von $\sigma$) schwach bzw. streng dominiert.*

*Eine Strategie heißt schwach (bzw. streng) dominant, falls sie alle anderen Strategien schwach (bzw. streng) dominiert.*

**Übung F.5.1.** Charakterisieren Sie die schwache Dominanz einer Strategie gegenüber allen anderen Strategien mit Hilfe des Begriffs der besten Antwort.

### F.5.2 Rationalisierbarkeit

Nun zu den Definitionen für Rationalisierbarkeit.

**Definition F.5.2 (Nichtrationalisierbarkeit).** *Sei $S$ ein Strategieraum, $Z$ ein Zustandsraum und $u$ die Nutzenfunktion $S \times Z \to \mathbb{R}$. Dann heißt die Strategie $\sigma_1$*

*(a) nicht rationalisierbar bezüglich der Umweltzustände,*
*(b) nicht rationalisierbar bezüglich $W(Z)$,*
*(c) nicht rationalisierbar* **bei Vorsicht** *oder nicht rationalisierbar bezüglich $W(Z)^+$,*

*falls es*

*(a) für jeden Umweltzustand $z \in Z$ eine Strategie $\sigma_2$ gibt, so dass die Ungleichung*

$$u(\sigma_1, z) < u(\sigma_2, z)$$

*erfüllt ist,*

*(b) für jede Wahrscheinlichkeitsverteilung $w \in W(Z)$, eine Strategie $\sigma_2$ gibt, so dass die Ungleichung*

$$u(\sigma_1, w) < u(\sigma_2, w)$$

*erfüllt ist,*

*(c) falls es für jede (vollständig gemischte) Wahrscheinlichkeitsverteilung $w \in W(Z)^+$ eine Strategie $\sigma_2$ gibt, so dass die Ungleichung*

$$u(\sigma_1, w) < u(\sigma_2, w)$$

*erfüllt ist.*

**Übung F.5.2.** Charakterisieren Sie die Nichtrationalisierbarkeit bezüglich $Z$ und bezüglich $W(Z)$ und bei Vorsicht mit Hilfe des Begriffs der Beste-Antwort-Korrespondenz.

Wiederum, wie in Abschnitt E.3.2, folgt aus der Nichtrationalisierbarkeit bezüglich der Wahrscheinlichkeitsverteilungen auf $Z$ die Nichtrationalisierbarkeit bezüglich der Umweltzustände. Denn bei letzterer hat man ein $\sigma_2$ mit $u(\sigma_1, w) < u(\sigma_2, w)$ nur für die entarteten Wahrscheinlichkeitsverteilungen aufzuzeigen.

Das Umgekehrte ist auch für gemischte Strategien nicht richtig. Denn für die folgende Entscheidungsmatrix lässt sich die Nichtrationalisierbarkeit von $s_1$ (bzw. von der gemischten entarteten Strategie, die $s_1$ entspricht) bezüglich der Umweltzustände feststellen, während die Rationalisierbarkeit bezüglich $W(Z)$ in Hinblick auf die Wahrscheinlichkeitsverteilung $\left(\frac{1}{2}, \frac{1}{2}\right) \in W(Z)$ gegeben ist.

| | | **Umweltzustand** | |
|---|---|---|---|
| | | $z_1$ | $z_2$ |
| | $s_1$ | 4 | 4 |
| **Agent** | $s_2$ | 1 | 5 |
| | $s_3$ | 5 | 1 |

### F.5.3 Dominanz versus Rationalisierbarkeit

In diesem Abschnitt wollen wir den Zusammenhang zwischen Rationalisierbarkeit und Dominanz für gemischte Strategien ausloten. Da gemischte Strategien als reine Strategien einer Entscheidungssituation $(W(S), Z, \pi^g)$ aufgefasst werden können, kann keine der in Abschnitt E.3.3 gefundenen Implikationen verloren gehen. Allerdings hat die Entscheidungssituation $(W(S), Z, \pi^g)$ eine spezielle Struktur, sodass Gegenbeispiele durchaus ihre Wirkung verlieren können und neue Implikationen hinzukommen können.

Um den Zusammenhang zwischen Nichtrationalisierbarkeit und Dominiertheit zu untersuchen, betrachten wir die Entscheidungsmatrix in Abbildung F.3. Bei reinen Strategien haben wir festgestellt: Die Strategie $s_1$ ist nicht rationalisierbar bezüglich $W(Z)$, sie wird aber nicht dominiert. Dies ist bei gemischten Strategien nicht mehr richtig. $s_1$ wird sehr wohl dominiert, sogar streng von

$$\frac{1}{2}s_2 + \frac{1}{2}s_3.$$

Dies ist kein Zufall. Wir notieren einen interessanten Satz, der zum Teil (für Spiele in strategischer Form) Pearce (1984, Appendix B) entstammt:

**Theorem F.5.1.** *Sei $S$ ein Strategieraum, $Z$ ein Zustandsraum und $u$ die Nutzenfunktion $S \times Z \to \mathbb{R}$. Dann sind für eine gemischte Strategie $\sigma \in W(S)$ die folgenden Aussagen äquivalent:*

1. *$\sigma$ wird streng dominiert.*

| | | Umweltzustand | |
|---|---|---|---|
| | | $z_1$ | $z_2$ |
| | $s_1$ | 2 | 2 |
| **Agent** | $s_2$ | 1 | 5 |
| | $s_3$ | 5 | 1 |

**Abbildung F.3.** Eine Entscheidungsmatrix

*2. $\sigma$ ist nicht rationalisierbar bezüglich $W(Z)$.*

*Zusätzlich sind äquivalent*

*1. $\sigma$ wird dominiert.*
*2. $\sigma$ ist nicht rationalisierbar bezüglich $W(Z)^+$.*

*Anmerkung F.5.1.* Dass strenge Dominiertheit die Nichtrationalisierbarkeit bezüglich $W(Z)$ impliziert und dass Dominiertheit die Nichtrationalisierbarkeit bezüglich $W(Z)^+$ impliziert, wissen wir bereits. Interessant ist hier die umgekehrte Implikation. Pearce hat viel mehr als diese bewiesen. Doch hierzu kommen wir später im Rahmen der Spieltheorie. □

Damit werden wir auf die Abbildung F.4 geführt. Sie entspricht der Abbildung auf S. 73; bei gemischten Strategien kommen noch die beiden Implikationspfeile des obigen Theorems hinzu.

Sind noch weitere Implikationspfeile zu zeichnen? Aus der Nichtrationalisierbarkeit bezüglich $Z$ können wir weder auf Dominiertheit noch auf strenge Dominiertheit schließen, wie schon die Matrix auf S. 95 zeigt: Hier ist $s_1$ (als gemischte Strategie) nicht rationalisierbar bezüglich $Z$. Und $s_1$ wird nicht dominiert oder gar streng dominiert von irgendeiner gemischten Strategie aus $W(\{s_1, s_2, s_3\})$. Auch folgt aus der Dominiertheit nicht die Nichtrationalisierbarkeit, wie wir uns anhand von Übung E.3.9 auf S. 72 klarmachen konnten. Schließlich folgt aus der Nichtrationalisierbarkeit bei Vorsicht weder Nichtrationalisierbarkeit bezüglich $W(Z)$ noch bezüglich $Z$. Abbildung F.4 unterschlägt also keine Implikation zwischen den angegebenen Konzepten.

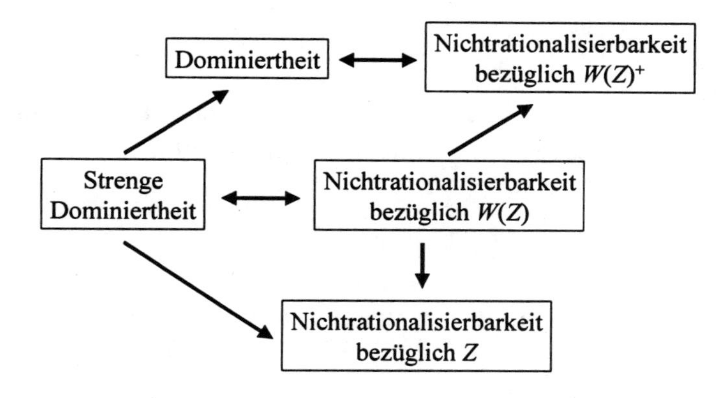


**Abbildung F.4.** Implikationen für gemischte Strategien

## F.6 Rationalität

Auch für gemischte Strategien haben wir Rationalität zu definieren. Analog zur Definition in Abschnitt E.4 legen wir fest: Eine gemischte Strategie $\sigma \in W(S)$ heißt rational, falls sie rationalisierbar bezüglich $W(Z)$ ist. Ein Entscheider heißt rational, wenn er nur rationale Strategien wählt.

## F.7 Lösungen

**Übung F.2.1.** Auf der Basis von $\Delta$ lässt sich $u^g$ für $\sigma \in W(S)$ und $z \in Z$ durch

$$u^g(\sigma, z) = \sum_{s \in S} \sigma(s) \cdot u(s, z)$$

definieren. Wir errechnen

$$u^g((0,1,0,...,0), z) = \sum_{j=1}^{n} \sigma(s_j) \cdot u(s_j, z) = 1 \cdot u(s_2, z).$$

**Übung F.2.2.** Für $\sigma \in W(S)$ und $w \in W(Z)$ setzt man

$$u(\sigma, w) := \sum_{s \in S} \sum_{z \in Z} \sigma(s) w(z) u(s, z).$$

Es gilt dann

$$u(\sigma, w) = \sum_{s \in S} \sigma(s) u(s, w) = \sum_{z \in Z} w(z) u(\sigma, z).$$

**Übung F.3.1.** 1. Die konvexe Mischung der beiden gemischten Strategien $\left(\frac{1}{2}, \frac{1}{8}, \frac{3}{8}\right)$ und $\left(\frac{1}{3}, \frac{1}{6}, \frac{1}{2}\right)$ mit dem Faktor $\frac{1}{3}$ für die erstere, ergibt die gemischte Strategie

$$\begin{aligned}
&\frac{1}{3}\left(\frac{1}{2}, \frac{1}{8}, \frac{3}{8}\right) + \frac{2}{3}\left(\frac{1}{3}, \frac{1}{6}, \frac{1}{2}\right) = \\
&= \left(\frac{1}{3} \cdot \frac{1}{2} + \frac{2}{3} \cdot \frac{1}{3}, \frac{1}{3} \cdot \frac{1}{8} + \frac{2}{3} \cdot \frac{1}{6}, \frac{1}{3} \cdot \frac{3}{8} + \frac{2}{3} \cdot \frac{1}{2}\right) \\
&= \left(\frac{7}{18}, \frac{11}{72}, \frac{11}{24}\right).
\end{aligned}$$

2. Beachten Sie, dass natürlich $\frac{7}{18} + \frac{11}{72} + \frac{11}{24} = 1$ gelten muss. Mischt man zwei reine Strategien, so ergibt sich eine gemischte Strategie, die in diesem Fall

$$\frac{3}{4}(1, 0, 0) + \frac{1}{4}(0, 1, 0) = \left(\frac{3}{4}, \frac{1}{4}, 0\right)$$

lautet.

**Übung F.3.2.** Aufgrund von Lemma F.3.1 folgt aus $u(\sigma_1, w) = u(\sigma_2, w)$

$$\begin{aligned}
u(\alpha\sigma_1 + (1 - \alpha)\sigma_2, z) &= \alpha u(\sigma_1, z) + (1 - \alpha) u(\sigma_2, z) \\
&= \alpha u(\sigma_1, z) + (1 - \alpha) u(\sigma_1, z) \\
&= u(\sigma_1, z).
\end{aligned}$$

**Übung F.4.1.** Man könnte schreiben:

1. $u(\sigma, w) \leq u(s, w)$ für alle $s \in B^{(W(Z), S)}(w)$ und für alle $\sigma \in W(S)$.
2. Für alle $\sigma \in W(S)$ mit $\sigma \in B^{(W(Z), W(S))}(w)$ impliziert $\sigma(s) > 0$ bereits $s \in B^{(W(Z), S)}(w)$. Oder: Für alle $s \in S$ mit $s \notin B^{(W(Z), S)}(w)$ können wir aus $\sigma(s)$ auf $\sigma \notin B^{(W(Z), W(S))}(w)$ schließen.
3. $s = B^{(W(Z), S)}(w)$ und $\sigma \in B^{(W(Z), W(S))}(w)$ implizieren $\sigma = B^{(W(Z), W(S))}(w)$ und $\sigma(s) = 1$.
4. $\sum_{s \in B^{(W(Z), S)}(w)} \sigma(s) = 1$ impliziert $\sigma \in B^{(W(Z), W(S))}(w)$.

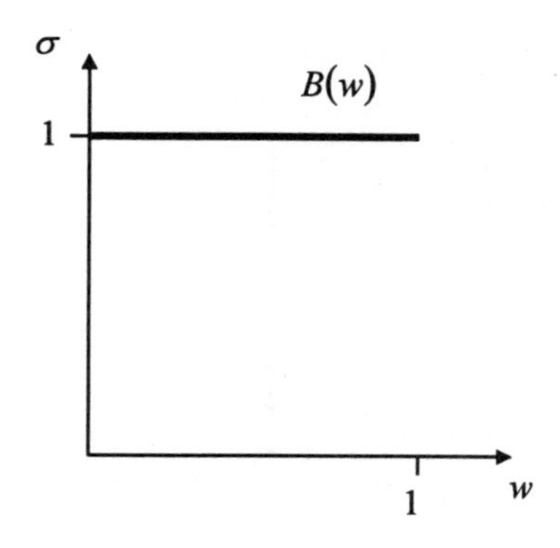


**Abbildung F.5.** Die Beste-Antwort-Korrespondenz bei Dominanz

**Übung F.4.2.** Die beiden letzten Punkte aus Korollar F.4.1 kann man sich so klarmachen:

1. Gemischte Strategien, die beste Antworten sind, können nur beste reine Antworten mit positiven Wahrscheinlichkeiten versehen. Wenn es nur eine beste reine Antwort gibt, muss diese daher mit der Wahrscheinlichkeit 1 gewählt werden.
2. Eine gemischte Strategie, die nur beste reine Antworten mit positiven Wahrscheinlichkeiten auswählt, hat den erwarteten Nutzen in Höhe des Nutzens der besten reinen Antworten. Mehr ist für ein arithmetisches Mittel nicht drin.

**Übung F.4.3.** In der ersten Entscheidungssituation ist $s_1$ offenbar die eindeutig beste reine Antwort auf beide Umweltzustände und somit auch auf alle Wahrscheinlichkeitsverteilungen der Umweltzustände. Daher ist die entsprechende gemischte Strategie die eindeutig bestimmte beste Antwort für $(W(Z), W(S))$. Dies erklärt Abbildung F.5.

Für die zweite Entscheidungssituation ergibt sich der erwartete Nutzen durch

$$\begin{aligned} u(\sigma, w) &= 0 \cdot \sigma w + 4 \cdot \sigma (1-w) + 2 \cdot (1-\sigma) w + 0 \cdot (1-\sigma)(1-w) \\ &= 4\sigma - 6\sigma w + 2w \end{aligned}$$

und dessen Ableitung nach $\sigma$ lautet

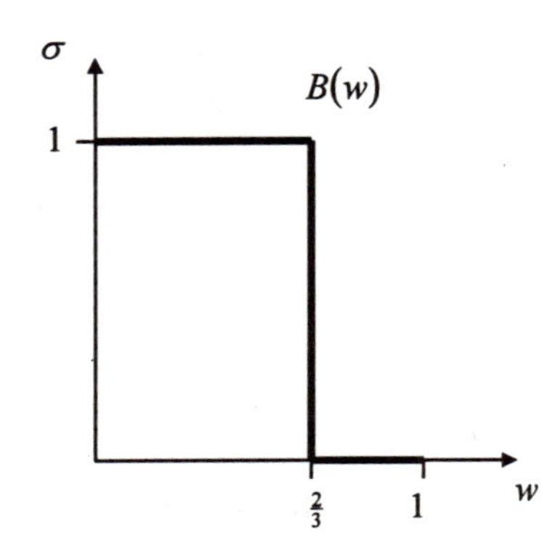


**Abbildung F.6.** Lagen Sie richtig?

$$\frac{\partial u(\sigma, w)}{\partial \sigma} = 4 - 6w \begin{cases} < 0 \text{ für } w > \frac{2}{3}, \\ = 0 \text{ für } w = \frac{2}{3}, \\ > 0 \text{ für } w < \frac{2}{3}. \end{cases}$$

Dies ist in Abbildung F.6 dargestellt.

**Übung F.5.1.** Eine Strategie $\sigma \in W(S)$ dominiert alle anderen Strategien, falls $\sigma \in B(Z)$ bzw. $\sigma \in B(W(Z))$ gilt und es ein $\overline{z} \in Z$ mit $\sigma = B(\overline{z})$ bzw. ein $\overline{w} \in W(Z)$ mit $\sigma = B(\overline{w})$ gibt.

**Übung F.5.2.** Eine Strategie $\sigma \in W(S)$ ist nicht rationalisierbar bezüglich $Z$ (bezüglich $W(Z)$), falls sie für kein $z \in Z$ (für kein $w \in W(Z)$) eine beste Antwort für $(Z, W(S))$ (für $(W(Z), W(S))$) ist. $\sigma \in W(S)$ ist nicht rationalisierbar bei Vorsicht, falls sie für kein $w \in W(Z)^+$ eine beste Antwort für $(W(Z), W(S))$ ist. Hierbei enthält $W(Z)^+$ genau die vollständig gemischten Wahrscheinlichkeitsverteilungen auf $Z$.

Das Ganze nochmal etwas kürzer: Eine Strategie $\sigma \in W(S)$ ist nicht rationalisierbar bezüglich $Z$ (bezüglich $W(Z)$), falls sie nicht in $B(Z)$ (nicht in $B(W(Z))$ enthalten ist. $\sigma \in W(S)$ ist nicht rationalisierbar bei Vorsicht, falls $\sigma \notin B\left(W(Z)^+\right)$.

# Teil II

# Spiele in strategischer Form

Dieser Teil stellt wesentliche Teile der Spieltheorie in strategischer Form dar. Viele der hierfür notwendigen Begriffe und Zusammenhänge haben wir bereits in Teil I klären können. Insbesondere enthalten die Kapitel G und H für reine Strategien sowie die Kapitel I und J für gemischte Strategien längere Passagen, in denen lediglich die Übertragung von entscheidungstheoretischen Definitionen und Einsichten auf die Spieltheorie erfolgt. Allerdings werden in diesen Kapiteln auch ökonomisch relevante Beispiele eingeführt und zunehmend ausgebaut.

Spiele unterscheiden sich von Entscheidungssituationen insbesondere dadurch, dass die Natur keine Auszahlungen oder Nutzen kennt, während ein Spieler mehr oder weniger genaue Vorstellungen über die Auszahlungen der Gegenspieler hat. Dies macht es möglich, nicht-rationalisierbare oder dominierte Strategien der Gegenspieler auszuschließen. Bisweilen kann man durch die wiederholte Anwendung von Dominanz- oder Rationalisierbarkeitsargumenten ein Spiel „lösen", d.h. eine einzige Strategiekombination erhalten. Diese Möglichkeit beschäftigt uns in den Kapiteln H und J.

Nicht alle Spiele sind durch die soeben angedeuteten Dominanz- oder Rationalisierbarkeitsargumente „lösbar". Ein schlagkräftigeres Instrument ist die Gleichgewichtsanalyse, der das letzte Kapitel dieses Teils gewidmet ist.

# G. Beschreibung der Spiele in strategischer Form

## G.1 Einführendes und ein Beispiel

Dieses kurze Kapitel dient zur Überleitung von der Entscheidungstheorie in strategischer Form zur Spieltheorie in strategischer Form. Diese Überleitung ist insofern einfach, als wir die verschiedenen Umweltzustände, denen sich ein Agent gegenüber sieht, durch verschiedene Strategien eines Gegenspielers ersetzen. Sie wird in Abschnitt G.2 vorgeführt, in dem auch einige bekannte Bimatrixspiele eingeführt werden.

Als Beispiel betrachten wir den Schirmproduzenten, den wir als Unternehmen 1 bezeichnen:

| | | **Strategie von Unternehmen 2** | |
|---|---|---|---|
| | | Sonnenschirm-produktion | Regenschirm-produktion |
| **Strategie von Unternehmen 1** | Regenschirm-produktion | $(10, 5)$ | $(9, 1)$ |
| | Sonnenschirm-produktion | $(8, 4)$ | $(11, 2)$ |

Dieser sieht sich nun nicht mehr einer Unsicherheit über das Wetter, sondern über die Strategie eines anderen Spielers, genannt Unternehmen 2, ausgesetzt. Die Regenschirmproduktion ist dabei für ein Unternehmen gerade dann besonders lohnend, wenn das andere Unternehmen Sonnenschirme produziert. Der Leser wird bemerken, dass die Auszahlungen (in Nutzengrößen) für Unternehmen 1 gerade diejenigen

**Umwelt**

| Agent | $z_1$ | $z_2$ | $z_3$ |
|---|---|---|---|
| $s_1$ | $\pi(s_1, z_1)$ | $\pi(s_1, z_2)$ | $\pi(s_1, z_3)$ |
| $s_2$ | $\pi(s_2, z_1)$ | $\pi(s_2, z_2)$ | $\pi(s_2, z_3)$ |
| $s_3$ | $\pi(s_3, z_1)$ | $\pi(s_3, z_2)$ | $\pi(s_3, z_3)$ |
| $s_4$ | $\pi(s_4, z_1)$ | $\pi(s_4, z_2)$ | $\pi(s_4, z_3)$ |

**Spieler 2**

| Spieler 1 | $s_2^1$ | $s_2^2$ | $s_2^3$ |
|---|---|---|---|
| $s_1^1$ | $u_1(s_1^1, s_2^1)$<br>$u_2(s_1^1, s_2^1)$ | $u_1(s_1^1, s_2^2)$<br>$u_2(s_1^1, s_2^2)$ | $u_1(s_1^1, s_2^3)$<br>$u_2(s_1^1, s_2^3)$ |
| $s_1^2$ | $u_1(s_1^2, s_2^1)$<br>$u_2(s_1^2, s_2^1)$ | $u_1(s_1^2, s_2^2)$<br>$u_2(s_1^2, s_2^2)$ | $u_1(s_1^2, s_2^3)$<br>$u_2(s_1^2, s_2^3)$ |
| $s_1^3$ | $u_1(s_1^3, s_2^1)$<br>$u_2(s_1^3, s_2^1)$ | $u_1(s_1^3, s_2^2)$<br>$u_2(s_1^3, s_2^2)$ | $u_1(s_1^3, s_2^3)$<br>$u_2(s_1^3, s_2^3)$ |
| $s_1^4$ | $u_1(s_1^4, s_2^1)$<br>$u_2(s_1^4, s_2^1)$ | $u_1(s_1^4, s_2^2)$<br>$u_2(s_1^4, s_2^2)$ | $u_1(s_1^4, s_2^3)$<br>$u_2(s_1^4, s_2^3)$ |

**Abbildung G.1.** Auszahlungs- und Bimatrix

sind, die sich beim Entscheidungsbeispiel ergeben. Insofern kann man alle diejenigen Konzepte anwenden, die wir in der Entscheidungstheorie des Teils I kennen gelernt haben.

Der letzte Abschnitt dieses kurzen Kapitels (Abschnitt G.3) dient der formalen Definition derartiger Matrixspiele, die jedoch allgemeiner für eine beliebige, aber endliche Anzahl von Spielern und eine beliebige Menge von Strategien aufgestellt wird. Die in dieser Definition verwandten Objekte sind für den Leser vielleicht zunächst nicht ganz einfach; sie sind jedoch für die folgenden Kapitel sehr wichtig.

## G.2 Auszahlungsmatrizen und Bimatrixspiele

### G.2.1 Von der Auszahlungsmatrix zum Bimatrixspiel

Matrixspiele für zwei Spieler sind äußerlich von Auszahlungsmatrizen kaum zu unterscheiden. In Kapitel B, Abschnitt B.2 hatten wir für drei Umweltzustände und für vier Strategien die Auszahlungsmatrix Abbildung G.1 oben aufgestellt.

Die Rolle des Zeilenwählers übernimmt im Fall von zwei Spielern Spieler 1, während Spieler 2 die Spalten wählt. Die Strategie $j$ von Spieler $i$ bezeichnen wir mit $s_i^j$. Während also in der Entscheidungstheorie der unten stehende Index auf die Strategie des Entscheiders hinweist, steht er hier für den Spieler. Bei den Kreuzungspunkten ergeben sich die Auszahlungen der beiden Spieler als Funktion der Strategien. Als Symbol für die Auszahlungen schreiben wir nun nicht $\pi$, sondern in der Regel $u$, um anzudeuten, dass wir es hier mit von Neumann-Morgenstern Nutzenwerten zu tun haben. Allerdings sind nun die Nutzenwerte beider Spieler anzugeben. Die Auszahlung für Spieler 1 schreibt man dabei oben (oder auch links), während die Auszahlung für Spieler 2 unten (oder auch rechts) erscheint. Wir sprechen daher auch von einer Bimatrix. Bei vier bzw. drei Strategien erhält man die Spielmatrix der Abbildung G.1 unten.

### G.2.2 Einige einfache Bimatrixspiele

Bevor wir in Abschnitt G.3 Matrixspiele formal definieren, schauen wir uns einige einfache Beispiele an. Wir beginnen mit der Hirschjagd:

| | | **Jäger 2** | |
|---|---|---|---|
| | | Hirsch | Hase |
| **Jäger 1** | Hirsch | $5,5$ | $0,4$ |
| | Hase | $4,0$ | $4,4$ |

Die erste Zahl gibt die Auszahlung für Spieler 1 (Jäger 1), die zweite diejenige für Spieler 2 (Jäger 2) wieder. Die beiden Spieler, Jäger 1 und Jäger 2, stehen vor der Wahl, entweder ihre Kräfte auf die Erjagung eines Hirsches zu konzentrieren oder aber einen Hasen zu jagen. Die Hirschjagd erfordert die gemeinsame Anstrengung, während ein Hase auch von einem einzigen Jäger gefangen werden kann. Allerdings erbringt ein Hase einen Nutzen von lediglich 4 und ein Hirsch liefert soviel mehr Fleisch, dass auch nach Teilung der Jagdbeute sich für jeden ein Nutzen von 5 ergibt.

Jäger 1 möchte sich an der Hirschjagd beteiligen, falls Jäger 2 sich auf den Hirsch konzentriert. Falls Jäger 2 jedoch auf Hasenpirsch geht, möchte Jäger 1 seine Kraft nicht auf die erfolglose Hirschjagd vergeuden. Aus der Sicht von Spieler 1 (analog für Spieler 2) ergibt sich ein Entscheidungsproblem, das mit den Methoden der Entscheidungstheorie aus Teil I behandelt werden kann.

**Übung G.2.1.** Welche Wahl wird Jäger 1 treffen, falls er nach der (1) Maximin-Regel, (2) Maximax-Regel oder (3) Regel des minimalen Bedauerns verfährt? Bei welcher Wahrscheinlichkeit für die Strategie „Hirsch" auf Seiten von Jäger 2 führt die Hirschjagd zu einem größeren erwarteten Nutzen als die Hasenjagd für Jäger 1?

Als zweites betrachten wir das Spiel „matching pennies" bzw. „Kopf oder Zahl". Die zwei Spieler müssen sich für die Strategien Kopf oder Zahl entscheiden. Spieler 1 gewinnt einen Taler von Spieler 2, falls beide Kopf oder beide Zahl gewählt haben, während Spieler 2 einen Taler von Spieler 1 gewinnt, falls die Strategiewahl unterschiedlich ausfällt. Wir erhalten dadurch die folgende Spielmatrix:

| | | **Spieler 2** | |
|---|---|---|---|
| | | Kopf | Zahl |
| **Spieler 1** | Kopf | $1, -1$ | $-1, 1$ |
| | Zahl | $-1, 1$ | $1, -1$ |

Als drittes Spiel nehmen wir den so genannten „Kampf der Geschlechter“. Er wird zwischen Ehepartnern ausgefochten. Sie möchte gerne ins Theater, er zieht dagegen das Fußballspiel vor. Beide haben eine Präferenz dafür, mit dem Ehepartner etwas gemeinsam zu unternehmen. Gelingt es ihr beispielsweise, ihn zum Theaterbesuch zu überreden, hat sie einen Nutzen von 4, während sein Nutzen 3 beträgt. Die Matrix des Kampfes der Geschlechter sieht so aus:

| | | **Er** | |
|---|---|---|---|
| | | Theater | Fußball |
| **Sie** | Theater | 4, 3 | 2, 2 |
| | Fußball | 1, 1 | 3, 4 |

Schließlich sei noch ein Blick auf das Hasenfußspiel geworfen. Zwei Automobilisten rasen aufeinander zu. Die Fahrer haben die Strategien „geradeaus fahren“ und „ausweichen“. Wer ausweicht, ist ein Feigling (ein Hasenfuß) und erhält eine relativ geringe Auszahlung. Der Mutige kann sich auf die Schulter klopfen, falls der andere nicht auch geradeaus fährt. Man erhält die folgende Matrix:

| | | **Fahrer 2** | |
|---|---|---|---|
| | | geradeaus fahren | ausweichen |
| **Fahrer 1** | geradeaus fahren | 0, 0 | 4, 2 |
| | ausweichen | 2, 4 | 3, 3 |

## G.3 Formale Definition des Spieles in strategischer Form

Wir wollen jetzt Spiele in strategischer Form, zu denen Matrixspiele gehören, formal definieren. Dabei betrachten wir eine beliebige, aber endliche Anzahl von Spielern und eine beliebige Anzahl von Strategien, die unendlich sein darf.

**Definition G.3.1 (Spiel).** *Ein Spiel in strategischer Form ist ein Tripel*

$$\Gamma = \left(I, (S_i)_{i\in I}, (u_i)_{i\in I}\right) = (I, S, u),$$

*wobei $I$ die endliche und nichtleere Menge der Spieler ist, für jeden Spieler $i$ die Menge $S_i$ dessen Strategiemenge bezeichnet und $u_i$ dessen Auszahlungsfunktion*

$$u_i : S \to \mathbb{R},$$

*wobei*

$$S = \bigtimes_{i\in I} S_i$$

*mit $n = |I|$ die Menge der Strategiekombinationen*

$$s = (s_1, s_2, ..., s_n) \in S$$

*bezeichnet.*

Diese Notationen sind gewöhnungsbedürftig. Sie sollten sich jedoch die Mühe machen, diese Objekte genau zu verstehen. Sonst wird das Weitere für Sie unverständlich.

**Übung G.3.1.** Zur Einübung in den Gebrauch der etwas komplizierten Objekte ordnen Sie, bitte, die in Abbildung G.2 verbal beschriebenen Gegenstände den dort auch formal beschriebenen zu. „Ac“ heißt beispielsweise, dass das unter A beschriebene Objekt durch den mit c gekennzeichneten Term wiederzugeben ist.

Wir betrachten nun eine nichtleere Teilmenge der Spieler $K$. Die (partielle) Strategiekombination, die nur den Spielern aus $K$ eine Strategie zuweist, schreiben wir $s_K$. Es gilt also $s_K = (s_i)_{i\in K}$ für $K \subset I$ mit $K \neq \emptyset$ und $s = s_I = (s_i)_{i\in I}$. $s_K$ ist ein Element aus $S_K := \bigtimes_{i\in K} S_i$. Häufig betrachten wir den Spezialfall $K := I \backslash \{i\}$. In diesem Fall schreiben wir für $s_{I\backslash\{i\}}$ auch

$$s_{-i} = (s_1, s_2, ..., s_{i-1}, s_{i+1}, ..., s_n).$$

| | verbale Beschreibung | | mathematische Schreibweise |
|---|---|---|---|
| A | Strategiemenge für Spieler 2 | a | $s_{-2}$ |
| B | 3. Strategie für Spieler 4 | b | $S_{I\backslash\{2,3\}}$ |
| C | 4. Strategie für Spieler 3 | c | $s_3^4$ |
| D | Strategiekombination aller Spieler mit Ausnahme von Spieler 2 | d | $s_{I\backslash\{3\}}$ |
| E | Menge aller Strategiekombinationen der Spieler | e | $S_{-2}$ |
| F | Menge aller Strategiekombinationen der Spieler mit Ausnahme von Spieler 2 | f | $S$ |
| G | Menge aller Strategiekombinationen der Spieler mit Ausnahme von Spieler 2 und 3 | g | $S_2$ |
| H | Strategiekombination aller Spieler mit Ausnahme von Spieler 3 | h | $s_4^3$ |

**Abbildung G.2.** Na dann ...

Analog verwenden wir

$$S_{-i} \text{ für } \bigtimes_{j \in I, j \neq i} S_j.$$

**Übung G.3.2.** In Kap. B haben wir eine Entscheidungssituation in strategischer Form mit dem Tripel $(S, Z, \pi)$ bezeichnet. Wie passt dieses Tripel der Entscheidungstheorie zum spieltheoretischen Tripel $\Gamma = (I, S, u)$?

## G.4 Lösungen

**Übung G.2.1.** Wendet Jäger 1 die Maximin-Regel an, so wird er auf Hasenjagd gehen; die Hirschjagd ist bei der Maximax-Regel optimal. Die Regel des minimalen Bedauerns lässt ihn auf Hasenjagd gehen. Die Hirschjagd erbringt einen höheren erwarteten Nutzen als die Hasenjagd, falls

$$5w_2 + 0\,(1 - w_2) > 4w_2 + 4\,(1 - w_2) \quad \Leftrightarrow \quad w_2 > \frac{4}{5}.$$

Die Hirschjagd ist also nur dann lohnend, falls Jäger 1 erwartet, dass Jäger 2 eine Wahrscheinlichkeit von mehr als $\frac{4}{5}$ dafür hat, sich an der Hirschjagd zu beteiligen.

**Übung G.3.1.** Die richtigen Zuordnungen sind Ag, Bh, Cc, Da, Ef, Fe, Gb, Hd.

**Übung G.3.2.** Die Menge der Spieler $I$ findet im entscheidungstheoretischen Tripel $(S, Z, \pi)$ keine Entsprechung, weil wir es hier mit nur einem Entscheider zu tun haben, der nicht eigens angeführt wird. Für Spieler $i$ entspricht $S_i$ im Spiel $\Gamma = (I, S_i \times S_{-i}, u)$ der Menge der Strategien $S$, über die der Entscheider verfügt. Und die Menge der Strategiekombinationen der anderen Spieler $S_{-i}$ findet in $Z$ seine Entsprechung. Die Auszahlungsfunktion $u_i$ lässt sich der Auszahlungsfunktion $\pi$ zuordnen, wobei die Auszahlung mit einer vNM-Nutzenfunktion transformiert wird, falls der Entscheider die Axiome von von Neumann und Morgenstern oder von Savage akzeptiert. Schließlich sind die Auszahlungsfunktionen $u_j$ für $j \neq i$ ohne Entsprechung in der Entscheidungstheorie. Die Natur hat keine Präferenzen.

# H. Beste Antworten, Dominanz und Rationalisierbarkeit

## H.1 Einführendes und ein Beispiel

Dieses Kapitel ist zum einen das Zwillingskapitel zu Kapitel E. So behandeln wir in den Abschnitten H.2, H.3, H.4 und H.5 noch einmal die aus der Entscheidungstheorie bekannten Begriffe der besten Antwort, der Dominanz, der Rationalisierbarkeit und der Rationalität; die Rolle der Umweltzustände in der Entscheidungstheorie nehmen in der Spieltheorie Strategiekombinationen der jeweils anderen Spieler ein. Zum anderen gehen wir über das in Kapitel E Behandelte hinaus, indem wir in iterierter Weise Dominanz bzw. Nichtrationalisierbarkeit als Lösungskonzept anwenden.

Wir erläutern dies anhand der zwei Schirmproduzenten aus Kapitel G, deren Auszahlungsmatrix in Abbildung H.1 nochmals wiedergegeben wird. Offenbar hat Unternehmen 1 unterschiedliche beste Antworten auf die Strategie Sonnenschirmproduktion bzw. die Strategie Regenschirmproduktion durch Unternehmen 2. Unternehmen 2 wird sich bei jeder Strategie von Unternehmen 1 für die Sonnenschirmproduktion entscheiden. Diese Strategie ist also dominant. Soweit unterscheidet sich die Analyse grundsätzlich nicht von derjenigen, die wir in Kapitel E durchgeführt haben.

In der Spieltheorie können wir nun jedoch einen Schritt weitergehen. Wir unterstellen dazu, dass Unternehmen 1 die Auszahlungen von Unternehmen 2 kennt und Unternehmen 2 zusätzlich für rational hält. Dann kann Unternehmen 1 die Regenschirmproduktion durch Unternehmen 2 ausschließen. Für Unternehmen 1 ist dann die Regenschirmproduktion (wegen $10 > 8$) optimal. Man beachte, dass der Unterschied zur Entscheidungstheorie darin liegt, dass die Natur keine

| | | **Strategie von Unternehmen 2** | |
|---|---|---|---|
| | | Sonnenschirm-produktion | Regenschirm-produktion |
| **Strategie von Unternehmen 1** | Regenschirm-produktion | $(10, 5)$ | $(9, 1)$ |
| | Sonnenschirm-produktion | $(8, 4)$ | $(11, 2)$ |

**Abbildung H.1.** Das Schirmproduktionsspiel

Auszahlungen hat und man daher von ihrer Rationalität nicht sinnvoll sprechen kann.

Neben der iterierten Streichung dominierter bzw. nichtrationalisierbarer Strategien ist dieses Kapitel auch aufgrund der wichtigen ökonomischen Beispiele relevant. So machen wir den Leser mit dem berühmten Gefangenen-Dilemma vertraut, erläutern das Cournot-Dyopol und erklären die Zweitpreisauktion.

## H.2 Beste Antworten auf Strategiekombinationen

### H.2.1 Definition und Anwendungen bei einfachen Bimatrixspielen

Wir beginnen mit der Definition der Beste-Antwort-Korrespondenz bezüglich der Menge der Strategiekombinationen der anderen Spieler, $S_{-i}$.

**Definition H.2.1 (Beste-Antwort-Korrespondenz).** *Für einen Spieler $i$ im Spiel $(I, S, u)$ bezeichnet*

$$B^{(S_{-i},S_i)} : S_{-i} \rightrightarrows S_i, \quad s_{-i} \mapsto \underset{s_i \in S_i}{\operatorname{argmax}}\, u_i\left(s_i, s_{-i}\right)$$

*die Beste-Antwort-Korrespondenz für $(S_{-i}, S_i)$.*

Für $B^{(S_{-i},S_i)}$ werden wir häufig kürzer $B_i$ schreiben. Erhält man genau eine beste Antwort $s_i'$, so werden wir häufig (etwas ungenau) die beste Antwort anstelle von

$$\{s_i'\} = B_i(s_{-i})$$

einfacher als

$$s_i' = B_i(s_{-i})$$

schreiben.

Betrachten Sie als Beispiel die Hirschjagd:

| | | **Jäger 2** | |
|---|---|---|---|
| | | Hirsch | Hase |
| **Jäger 1** | Hirsch | 5, 5 | 0, 4 |
| | Hase | 4, 0 | 4, 4 |

Offenbar ist „Hirsch" eine beste Antwort für jeden Spieler, falls der andere Spieler „Hirsch" wählt. Wir erhalten

$$B_1(Hirsch) = Hirsch$$

und

$$B_1(Hase) = Hase,$$

wobei das in Klammern angegebene Tier die Strategiewahl von Jäger 2 wiedergibt, während das Tier rechts des Gleichheitszeichens die Strategiewahl für Jäger 1 bedeutet.

**Übung H.2.1.** Ermitteln Sie die besten Antworten für Spieler 1 in den drei Spielen der Abbildung H.2!

### H.2.2 Cournot-Dyopol

Beim Cournot-Dyopol legen die Unternehmen $i = 1, 2$ ihre Ausbringungsmengen bzw. Outputs $x_1 \in X_1$ bzw. $x_2 \in X_2$ simultan fest. Spieltheoretisch ausgedrückt sind die Outputs die Strategien der zwei Spieler und die Mengen $X_i$ die Strategiemengen. Der ökonomischen Interpretation angemessen sind nur nichtnegative Ausbringungsmengen zugelassen: $X_1 = X_2 = [0, \infty)$. Für die explizite Berechnung verwenden wir die folgenden Modellannahmen:

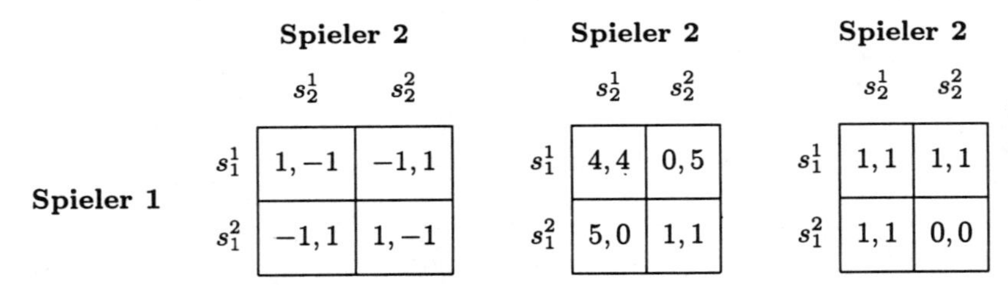

| Spieler 1 \ Spieler 2 | $s_2^1$ | $s_2^2$ |
|---|---|---|
| $s_1^1$ | $1,-1$ | $-1,1$ |
| $s_1^2$ | $-1,1$ | $1,-1$ |

| Spieler 1 \ Spieler 2 | $s_2^1$ | $s_2^2$ |
|---|---|---|
| $s_1^1$ | $4,4$ | $0,5$ |
| $s_1^2$ | $5,0$ | $1,1$ |

| Spieler 1 \ Spieler 2 | $s_2^1$ | $s_2^2$ |
|---|---|---|
| $s_1^1$ | $1,1$ | $1,1$ |
| $s_1^2$ | $1,1$ | $0,0$ |

**Abbildung H.2.** Drei Spiele

- Die Angebotsseite ist durch konstante Durchschnittskosten $c$ bestimmt.
- Die inverse Nachfragefunktion lautet: $p(X) = a - bX$, wobei $a$ und $b$ positive reelle Zahlen sind und $X = x_1 + x_2$ die insgesamt angebotene Menge darstellt.

Die Auszahlungsfunktion von Spieler 1 ist durch

$$u_1(x_1, x_2) = (a - b(x_1 + x_2) - c)\, x_1$$

und diejenige von Spieler 2

$$u_2(x_1, x_2) = (a - b(x_1 + x_2) - c)\, x_2$$

gegeben. Die Beste-Antwort-Korrespondenz für Unternehmen 1 lautet

$$B_1 : X_2 \rightrightarrows X_1, \quad x_2 \mapsto \operatorname*{argmax}_{x_1 \geq 0} u_1(x_1, x_2),$$

die beste Antwort von Unternehmen 2 ist die Korrespondenz

$$B_2 : X_1 \rightrightarrows X_2, \quad x_1 \mapsto \operatorname*{argmax}_{x_2 \geq 0} u_2(x_1, x_2).$$

Ist die Ausbringungsmenge von Unternehmen 1 größer oder gleich $\frac{a-c}{b}$, so ist der Preis kleiner oder gleich

$$a - b\left(\frac{a-c}{b} + x_2\right) = c - bx_2 \leq c.$$

In diesem Fall ist der Stückgewinn für Unternehmen 2 bei jeder positiven Ausbringungsmenge negativ. Unternehmen 2 wird dann die Ausbringungsmenge Null wählen. Liegt die Ausbringungsmenge von Unternehmen 1 dagegen unter $\frac{a-c}{b}$, so bietet Unternehmen 2 eine positive Menge an. Denn diese Menge kann so klein gewählt werden, dass der Preis oberhalb von $c$ und der Stückgewinn oberhalb von Null bleibt.

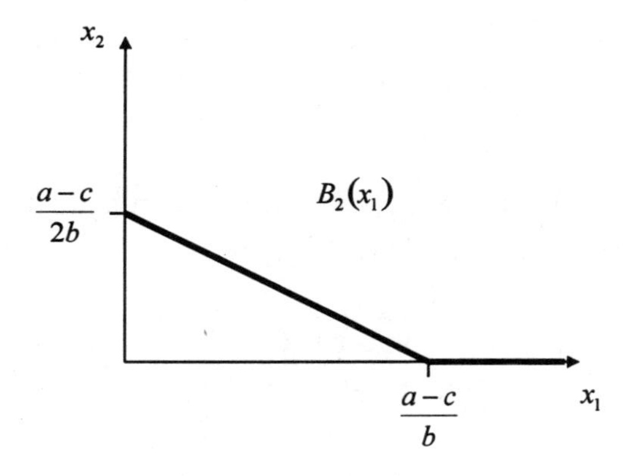


**Abbildung H.3.** Die Reaktionsfunktion von Unternehmen 2

**Übung H.2.2.** Bestimmen Sie die beste Antwort von Unternehmen 2 auf eine Ausbringungsmenge $x_1$ mit $x_1 < \frac{a-c}{b}$!

Man kann die beste Antwort von Unternehmen 2 so zusammenfassen:

$$B_2(x_1) = \begin{cases} \frac{a-c}{2b} - \frac{1}{2}x_1, & \text{falls } x_1 < \frac{a-c}{b}, \\ 0, & \text{falls } x_1 \geq \frac{a-c}{b}. \end{cases}$$

Es stellt sich also heraus, dass die Antwortkorrespondenz für Unternehmen 2 sogar eine Antwortfunktion ist. Man spricht in der Oligopoltheorie oft auch von der Reaktionsfunktion. Abbildung H.3 stellt die Reaktionsfunktion von Unternehmen 2 graphisch als so genannte Reaktionskurve dar.

**Übung H.2.3.** Interpretieren Sie die beiden Punkte $\left(0, \frac{1}{2}\frac{a-c}{b}\right)$ und $\left(\frac{a-c}{b}, 0\right)$ in der Graphik.

## H.3 Beste Antworten auf Wahrscheinlichkeitsverteilungen

Wir haben die besten Antworten bislang bezüglich von Strategiekombinationen der anderen Spieler angegeben. Jedoch mag ein Savage-Agent nicht irgendeine Strategiekombination aus $S_{-i}$ im Sinn haben, sondern eher eine Wahrscheinlichkeitsverteilung über der Menge der Strategiekombinationen der anderen Spieler.

**Übung H.3.1.** Denken Sie zurück an Kapitel D und schreiben Sie für $w \in W(Z)$ und für $s \in S$ den erwarteten Nutzen $u(s, w)$ ausführlich hin.

Wir führen nun den Raum der Wahrscheinlichkeitsverteilungen über $S_{-i}$ ein. Wir wollen ihn mit $W(S_{-i})$ bezeichnen. Ist $w$ eine Wahrscheinlichkeitsverteilung aus $W(S_{-i})$, so ist mit $w(s_{-i})$ die Wahrscheinlichkeit für $s_{-i}$ aus $S_{-i}$ unter $w$ bezeichnet. Wir schreiben den erwarteten Nutzen von Spieler $i$ bei Wahl der Strategie $s_i$ dann abkürzend

$$u_i(s_i, w)$$

für

$$\sum_{s_{-i} \in S_{-i}} w(s_{-i}) \, u_i(s_i, s_{-i}) \, .$$

Nun können wir die Beste-Antwort-Korrespondenz in Bezug auf $W(S_{-i})$ definieren:

**Definition H.3.1 (Beste-Antwort-Korrespondenz).** *Für einen Spieler $i$ im Spiel $(I, S, u)$ bezeichnet*

$$B^{(W(S_{-i}), S_i)} : W(S_{-i}) \rightrightarrows S_i, \quad w \mapsto \operatorname*{argmax}_{s_i \in S_i} u_i(s_i, w)$$

*die Beste-Antwort-Korrespondenz für $(W(S_{-i}), S_i)$.*

**Übung H.3.2.** Bestimmen Sie

$$B^{(W(S_{-i}), S_i)} \left( \widehat{W(S_{-i})} \right)$$

für eine Teilmenge $\widehat{W(S_{-i})}$ von $W(S_{-i})$.

## H.4 Dominanz und Rationalisierbarkeit

### H.4.1 Definitionen und Zusammenhänge

Wir können für diesen Abschnitt die Definitionen und Ergebnisse von Kapitel E recht unmittelbar übernehmen.

**Definition H.4.1 (Dominanz).** *Sei ein Spiel $(I, S, u)$ und ein Spieler $i$ aus $I$ gegeben. Dann dominiert die Strategie $s_i \in S_i$ die Strategie $s_i' \in S_i$ (schwach), falls*

$$u_i(s_i, s_{-i}) \geq u_i(s_i', s_{-i}) \text{ für alle } s_{-i} \in S_{-i}$$

*und*

$$u_i(s_i, \bar{s}_{-i}) > u_i(s_i', \bar{s}_{-i}) \text{ für mindestens ein } \bar{s}_{-i} \in S_{-i}$$

*erfüllt sind.*

*Die Dominanz ist streng, falls*

$$u_i(s_i, s_{-i}) > u_i(s_i', s_{-i}) \text{ für alle } s_{-i} \in S_{-i}$$

*gegeben ist.*

*Falls es eine Strategie $s_i \in S_i$ gibt, die die Strategie $s_i' \in S_i$ (schwach) dominiert bzw. streng dominiert, heißt $s_i'$ eine (schwach) dominierte bzw. streng dominierte Strategie.*

*Eine Strategie $s_i \in S_i$ heißt (schwach) dominant bzw. streng dominant, falls $s_i$ alle anderen Strategien aus $S_i$ (schwach) dominiert bzw. streng dominiert.*

Die beiden folgenden Aufgaben sollten Ihnen nicht sehr schwer fallen:

**Übung H.4.1.** Definieren Sie mithilfe des Begriffs der besten Antwort die (schwache) Dominanz bzw. die strenge Dominanz einer Strategie $s_i$.

**Übung H.4.2.** Geben Sie ein einfaches Spiel an, bei dem keiner der Spieler über eine dominante Strategie verfügt!

In der Entscheidungstheorie (Kapitel E) haben wir Dominanz bezüglich $Z$ und Dominanz bezüglich $W(Z)$ zunächst unterschieden. Wir konnten jedoch feststellen, dass diese Begriffe äquivalent sind. Analog könnten wir auch hier Dominanz bezüglich $S_{-i}$ und bezüglich $W(S_{-i})$ unterscheiden. Die auch hier bestehende Äquivalenz beweist man so, wie wir dies in der Entscheidungstheorie getan haben.

Nun zur Nichtrationalisierbarkeit:

**Definition H.4.2 (Nichtrationalisierbarkeit).** *Seien ein Spiel* $(I, S, u)$ *und ein Spieler* $i$ *aus* $I$ *gegeben. Die Strategie* $s_i' \in S_i$ *ist nicht rationalisierbar*

*(a) bezüglich* $S_{-i}$,
*(b) bezüglich* $W(S_{-i})$,
*(c) bei Vorsicht oder bezüglich* $W(S_{-i})^+$,

*falls sie*

*(a) für kein* $s_{-i} \in S_{-i}$ *eine beste Antwort ist, falls also*

$$s_i' \notin B_i(S_{-i})$$

*gilt, oder, äquivalent, falls es für jede Strategiekombination* $s_{-i} \in S_{-i}$ *eine Strategie* $s_i \in S_i$ *gibt, die*

$$u_i(s_i, s_{-i}) > u_i\left(s_i', s_{-i}\right)$$

*erfüllt,*

*(b) für kein* $w \in W(S_{-i})$ *eine beste Antwort ist, falls also*

$$s_i' \notin B_i(W(S_{-i}))$$

*gilt, oder, äquivalent, falls es für jede Wahrscheinlichkeitsverteilung* $w \in W(S_{-i})$ *eine Strategie* $s_i \in S_i$ *gibt, die*

$$u_i(s_i, w) > u_i\left(s_i', w\right)$$

*erfüllt,*

*(c) für kein* $w \in W(S_{-i})^+$ *eine beste Antwort ist, falls also*

$$s_i' \notin B_i\left(W(S_{-i})^+\right)$$

*gilt, oder, äquivalent, falls es für jede Wahrscheinlichkeitsverteilung* $w \in W(S_{-i})^+$ *eine Strategie* $s_i \in S_i$ *gibt, die*

$$u_i(s_i, w) > u_i\left(s_i', w\right)$$

*erfüllt.*

Welche Beziehung besteht zwischen den Aussagen „$s_i'$ ist nicht rationalisierbar“ und „$s_i'$ wird streng dominiert“? Dies wissen wir bereits aus Abschnitt Kapitel E: Wenn $s_i'$ durch ein $s_i$ streng dominiert wird, gilt für alle $s_{-i} \in S_{-i}$ die Ungleichung $u_i(s_i, s_{-i}) > u_i(s_i', s_{-i})$, und damit ist $s_i'$ für kein $s_{-i}$ aus $S_{-i}$ eine beste Antwort und aufgrund der für jedes beliebige $w$ aus $W(S_{-i})$ geltenden Ungleichungskette

$$\begin{aligned} u_i(s_i, w) &= \sum_{s_{-i} \in S_{-i}} w(s_{-i})\, u_i(s_i, s_{-i}) \\ &> \sum_{s_{-i} \in S_{-i}} w(s_{-i})\, u_i(s_i', s_{-i}) = u_i(s_i', w) \end{aligned}$$

nicht rationalisierbar bezüglich $W(S_{-i})$.

Die umgekehrte Beziehung muss jedoch nicht gelten: Eine nicht-rationalisierbare Strategie muss nicht dominiert werden. Wir verweisen auf das Matrixspiel

**Spieler 2**

| | | $s_2^1$ | $s_2^2$ |
|---|---|---|---|
| **Spieler 1** | $s_1^1$ | 2, 2 | 2, 2 |
| | $s_1^2$ | 1, 5 | 5, 1 |
| | $s_1^3$ | 5, 1 | 1, 5 |

,

bei dem $s_1^1$ nicht rationalisierbar ist: eine der anderen beiden ist bei jeder Wahrscheinlichkeitsverteilung über die Strategien von Spieler 2 besser. Dennoch wird die Strategie $s_1^1$ nicht streng dominiert. Alle diese Erkenntnisse sind nicht neu. (Der Leser beachte, dass wir hier nur reine Strategien betrachten.)

Tatsächlich können wir die Abbildung von S. 73 hier als Abbildung H.4 mit leichter Variation nochmal verwenden.

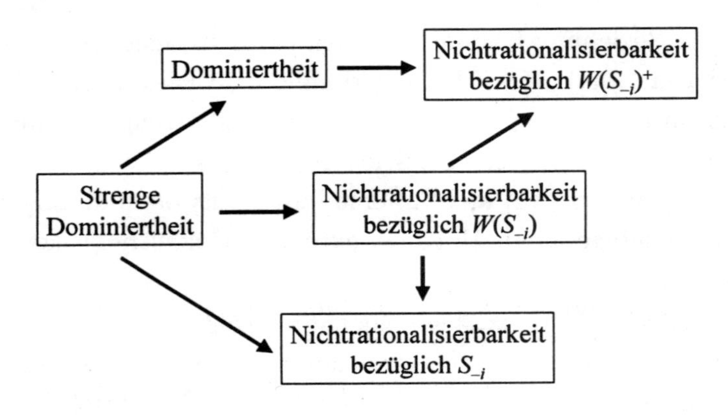


**Abbildung H.4.** Implikationsbeziehungen in der Spieltheorie

## H.4.2 Das Gefangenen-Dilemma

Wir betrachten das folgende Bimatrixspiel:

| | | Spieler 2 | |
|---|---|---|---|
| | | $s_2^1$ | $s_2^2$ |
| Spieler 1 | $s_1^1$ | $4,4$ | $0,5$ |
| | $s_1^2$ | $5,0$ | $1,1$ |

Es ist in der Literatur als Gefangenen-Dilemma bekannt. Die zwei Gefangenen, so die Vorstellung, sitzen in getrennten Zellen und sollen eine gemeinsam begangene Tat gestehen. Die erste Strategie ist „nicht gestehen", die zweite „gestehen". Wenn beide gestehen, werden sie zu einer moderaten Freiheitsstrafe verurteilt (Auszahlung 1). Gesteht einer und der andere nicht, so wird der Erste als Kronzeuge der Anklage sehr gut behandelt (Auszahlung 5), während der Zweite eine lange Gefängnisstrafe abzusitzen hat (Auszahlung 0). Wenn beide nicht gestehen, kann ihnen nur ein kleines Vergehen nachgewiesen werden (Auszahlung 4). Die erste, dem anderen Gefangenen gegenüber freundliche Strategie, nennt man häufig die kooperative Strategie, während die zweite als unkooperative Strategie bezeichnet wird. Man kann das

Gefangenen-Dilemma in einer Vielzahl von sozialen und ökonomischen Situationen entdecken. Steuerzahler können der Steuerpflicht Genüge tun oder sich ihr entziehen, Mitglieder einer Wohngemeinschaft die häuslichen Pflichten erfüllen oder dies unterlassen.

Sie sehen, dass die Spieler über streng dominante Strategien verfügen, nämlich die jeweils zweite. Man sollte denken, dass aufgrund der strengen Dominanz über dieses Spiel keine großen Worte zu verlieren sind. Weit gefehlt. Das Gefangenen-Dilemma ist das meistdiskutierte Zweipersonenspiel in der Ökonomik, der Philosophie und der Soziologie. Der Grund liegt darin, dass trotz der einfachen Entscheidungssituation insgesamt etwas sehr Unbefriedigendes herauskommt: die Strategiekombination $\left(s_1^2, s_2^2\right)$ führt zu der für beide Spieler geringen Auszahlung 1. Man sagt auch, dass die Auszahlungskombination $(1, 1)$ Pareto-inferior ist: Es gibt eine Auszahlungskombination (nämlich $(4, 4)$), die für beide Spieler besser ist.

Dieser Widerspruch von individueller Rationalität (Wähle die dominante Strategie!) und kollektiver Rationalität (Vermeide Pareto-inferiore Ergebnisse!) ist dabei für menschliches Zusammenleben offenbar gar nicht untypisch. So ziehen Steuerzahler es vor, wenn die anderen zur Finanzierung der öffentlichen Aufgaben beitragen (erste Strategie), sie sich selbst jedoch davor drücken (zweite Strategie). Andererseits ist es den meisten lieber, wenn alle (sie selbst eingeschlossen) ihre Steuern ordnungsgemäß entrichten, als wenn keiner Steuern zahlt. Aus diesen Beispielen wird verständlich, dass Strategie 1 auch als kooperative Strategie und Strategie 2 als unkooperative Strategie bezeichnet werden. (Dabei gibt es keinen Zusammenhang zu den Begriffen kooperative bzw. nichtkooperative Spieltheorie.)

Es gibt Versuche, das Gefangenen-Dilemma zu entschärfen. Sie bestehen in der Regel darin, ein anderes Spiel zu untersuchen. So gibt man beispielsweise den Spielern die Möglichkeit, ein Versprechen abzugeben, sich kooperativ zu verhalten. Interessanterweise bewirkt ein solches Versprechen gar nichts: die Dominanz der unkooperativen Strategie bleibt erhalten. Wird jedoch zusätzlich der Bruch des Versprechens bestraft, so haben wir ein anderes Spiel vorliegen. Die Bestrafung kann auch darin bestehen, dass man in späteren Runden auf dieselben

Mitspieler trifft und für sein unkooperatives Verhalten bestraft wird. Wir werden hierauf in Kapitel T zurückkommen.

Einer gewissen Beliebtheit erfreut sich das Zwillingsargument. Man nimmt einfach an, dass die Überlegungen, die einen Spieler dazu bringen, Strategie 1 oder Strategie 2 zu wählen, vom Gegenspieler ebenfalls angestellt werden. Dann, so die Argumentation, sind nur noch die Diagonalelemente der Spielmatrix relevant, und rationale Spieler werden sich daher kooperativ verhalten, weil $4 > 1$ gilt. In der Spielbeschreibung deutet jedoch nichts darauf hin, dass man durch seine Wahl die Wahl des anderen beeinflussen könne. Daher ist das Zwillingsargument ein Fehlschluss.

**Übung H.4.3.** Der aufmerksame Leser wird hier eine gewisse Verwandtschaft zu Newcombs Problem (siehe S. 14) festgestellt haben. Worin besteht diese?

### H.4.3 Die Zweitpreisauktion

William Vickrey, einer der zwei Nobelpreisträger für Wirtschaftswissenschaft im Jahre 1996, ist vor allem für seine Analyse von Auktionen bekannt geworden. Wir stellen uns ein Objekt vor, für das einige Bieter simultan ein Gebot abgeben. Die Vickrey-Auktion ist eine so genannte Zweitpreisauktion: Der Bieter mit dem höchsten Gebot bekommt den Zuschlag, er muss jedoch nur einen Preis in Höhe des zweithöchsten Gebotes zahlen. Wir werden zeigen, dass es eine dominante Bietstrategie gibt.

Man kann dieses Auktionsspiel spieltheoretisch formulieren. Wir gehen vereinfacht von zwei Spielern bzw. Bietern aus. Jeder Spieler hat für das in Frage stehende Objekt einen Reservationspreis, $r_i$. Die Strategie $s_i$ besteht in der Abgabe eines Gebotes. Falls die zwei Bieter zufällig genau den selben Betrag bieten, wird zwischen ihnen gelost. Für Bieter 1 ergibt sich dann die durch

$$u_1(s_1, s_2) = \begin{cases} 0, & \text{falls } s_1 < s_2, \\ \frac{1}{2}(r_1 - s_2), & \text{falls } s_1 = s_2, \\ r_1 - s_2, & \text{falls } s_1 > s_2 \end{cases}$$

gegebene Auszahlungsfunktion $u_1$. Die Auszahlungsfunktion für Spieler 2 sieht analog aus.

Man kann nun zeigen, dass die Strategiewahl $s_1 := r_1$ alle anderen dominiert. Wir unterscheiden dazu drei Fälle:

1. $r_1 < s_2$
   Wenn der Reservationspreis von Spieler 1 unter dem Gebot von Spieler 2 liegt, so würde Spieler 1 bei $s_1 = r_1$ und bei jedem anderen Gebot mit $s_1 < s_2$ unterliegen und das Objekt nicht erhalten. Sein Nutzen beträgt dann Null. Er könnte das Objekt mit einer Wahrscheinlichkeit von $\frac{1}{2}$ erhalten, wenn er $s_1 = s_2$ wählt. Dann erhält er einen Nutzen von $\frac{1}{2}(r_1 - s_2) < 0$. Überbietet er den anderen Spieler beträgt sein Nutzen $r_1 - s_2 < 0$. In diesem Fall gibt es also keine Strategie, die besser wäre als $s_1 = r_1$.
2. $r_1 = s_2$
   Fällt der Reservationspreis von Spieler 1 mit dem Gebot von Spieler 2 zusammen, würde das „wahrheitsgemäße" Gebot von $s_1 = r_1$ zum erwarteten Nutzen von $\frac{1}{2}(r_1 - s_2) = 0$ führen. Ein Untertreiben wäre in diesem Fall unschädlich; der Nutzen wäre dann Null. Ein Übertreiben würde ebenfalls zum Nutzen von $r_1 - s_2 = 0$ führen.
3. $r_1 > s_2$

**Übung H.4.4.** Überlegen Sie sich für den dritten Fall, dass der Spieler bei $s_1 = r_1$ einen Nutzen erreichen kann, der durch keine andere Strategiewahl übertroffen werden kann!

## H.5 Rationalität

Auch für Spieler haben wir Rationalität zu definieren. Wie in Kapitel E legen wir fest: Für Spieler $i \in I$ heißt eine Strategie $s_i$ rational, falls sie rationalisierbar bezüglich $W(S_{-i})$ ist. Ein Spieler heißt rational, wenn er nur rationale Strategien wählt.

## H.6 Iterierte Undominiertheit und Rationalisierbarkeit

### H.6.1 Allgemeines Wissen

Die beiden vorangehenden Kapitel dienten hauptsächlich der Übertragung von Definitionen und Ergebnissen aus der Entscheidungs- in die Spieltheorie. In diesem Kapitel geht es um Überlegungen, die in der Entscheidungstheorie keine Rolle spielen können, weil die Natur (der Zufall) keine Auszahlung erhält und man von ihrer Rationalität nicht sinnvoll sprechen kann.

Rationale Agenten, so haben wir definiert, wählen nur rationalisierbare Strategien. Insbesondere wählen sie also keine Strategien, die streng dominiert werden. Weiß man um die Rationalität des Gegenspielers, so kann man dessen nicht-rationalisierbare und erst recht streng dominierte Strategien ausschließen. Man erhält dann ein reduziertes Spiel. Bezüglich dieses reduzierten Spieles kann man wiederum Rationalitätsargumente für den einen oder anderen Spieler anwenden. Eine Strategie heißt iterativ rationalisierbar, falls sie nicht durch iterative Anwendung der Nichtrationalisierbarkeit ausgeschlossen werden kann.

Die iterative Anwendung dieses Arguments benötigt bestimmte Annahmen über das Wissen der Spieler. Wenn Spieler 1 eine Strategie von Spieler 2 mit der Begründung ausschließt, diese sei nicht rational, so kann er dies nur aufgrund der Vermutung oder des Wissens, der Spieler 2 kenne das Spiel und sei rational. Nehmen wir nun an, dass daraufhin Spieler 1 eine im dann reduzierten Spiel (nach Streichung der nichtrationalisierbaren Strategie) nichtrationalisierbare Strategie streicht und dass Spieler 2 dieses zweifach reduzierte Spiel betrachtet. Mit welcher Begründung kann er dies tun? Er hat anzunehmen, dass Spieler 1 das Spiel kennt und rational ist und dass Spieler 1 weiß, dass Spieler 2 das Spiel kennt und rational ist. Man erhält also mit jeder Stufe kompliziertere Sätze der Art: Spieler 1 weiß, dass Spieler 2 weiß, dass Spieler 1 weiß, dass ... . Derartiges Wissen über das Wissen anderer nennt man auch interaktives Wissen.

Häufig nimmt man an, dass Sätze dieser Art beliebig tief geschachtelt werden können. Dann spricht man von allgemeinem Wissen (common knowledge), hier über die Struktur des Spiels und über die Rationalität.

Die für die iterierte Rationalisierbarkeit notwendige Verschachtelungstiefe des interaktiven Wissens hängt von der Anzahl der Nichtrationalisierbarkeitsschritte ab. Man kann sich das Nachdenken, wieviele Schritte genau zu verlangen sind, dadurch ersparen, dass man pauschal allgemeines Wissen sowohl der Struktur des Spiels als auch der Rationalität verlangt. Dann ist man auf der sicheren Seite: Wenn die Struktur eines Spieles und die Rationalität der Spieler allgemeines Wissen ist, wählt jeder Spieler eine iterativ rationalisierbare Strategie.

Häufig verwendet man neben der iterierten Rationalisierbarkeit auch iterativ strenge Undominiertheit oder iterative schwache Undominiertheit zur Lösung von Spielen. Allgemein sind alle in Abbildung H.4 auf S. 122 aufgeführten Konzepte zur Iteration geeignet. Dieser Abbildung entnehmen wir beispielsweise, dass strenge Dominiertheit Nichtrationalisierbarkeit bezüglich $W(S_{-i})$ impliziert. Bei iterierter strenger Undominiertheit wird man daher mindestens so viele Strategien übrig behalten wie bei Nichtrationalisierbarkeit bezüglich $W(S_{-i})$.

Ökonomisch relevante Beispiele dieser iterierten Lösungsverfahren findet der Leser in Abschnitt H.6.2. Abschnitt H.6.3 gibt eine formale Definition iterativer Undominiertheit bzw. Rationalisierbarkeit. Hier werden wir auch darauf hinweisen, dass bei iterierter Anwendung der schwachen Undominiertheit die Reihenfolge der Streichung die schließlich verbleibenden Strategien beeinflussen kann.

### H.6.2 Beispiele iterativer Dominanz

**Friss oder stirb.** Ein sehr einfaches Verhandlungsspiel ist dasjenige, bei dem ein Spieler ein Angebot macht, das der andere nur annehmen oder ablehnen kann; Gegenangebote sind nicht vorgesehen. Ein solches Verhandlungsspiel gibt dem ersteren viel Verhandlungsmacht. Wir nehmen an, eine bestimmte Geldsumme sei aufzuteilen. Einigen sich die Spieler, so wird die Geldsumme entsprechend der Einigung aufgeteilt; einigen sie sich nicht, so verfällt sie. Wir nehmen der Einfachheit halber an, dass die Geldsumme aus drei unteilbaren Talern besteht und dass die Nutzenfunktion linear im Geld ist. Spieler 1 bestimmt als seine Strategie die Anzahl der Taler, die er dem anderen Spieler anbietet. Die Strategie von Spieler 2 legt fest, bei welchem Mindestangebot er annimmt bzw. ablehnt.

| | | Spieler 2 nimmt an, falls ihm mindestens so viele Taler angeboten werden: 0 | 1 | 2 | 3 | Spieler 2 nimmt nicht an |
|---|---|---|---|---|---|---|
| Spieler 1 | 0 | $(3,0)$ | $(0,0)$ | $(0,0)$ | $(0,0)$ | $(0,0)$ |
| bietet | 1 | $(2,1)$ | $(2,1)$ | $(0,0)$ | $(0,0)$ | $(0,0)$ |
| so viele | 2 | $(1,2)$ | $(1,2)$ | $(1,2)$ | $(0,0)$ | $(0,0)$ |
| Taler an | 3 | $(0,3)$ | $(0,3)$ | $(0,3)$ | $(0,3)$ | $(0,0)$ |

In diesem Spiel gibt es keine Strategie eines Spielers, die nicht rationalisierbar wäre. Insbesondere wird keine Strategie streng dominiert. Mit schwacher Dominanz kommen wir jedoch weiter.

**Übung H.6.1.** Was können Sie über die Dominanz zwischen den Strategien von Spieler 2 aussagen?

Falls Spieler 1 voraussetzen kann, dass Spieler 2 seine schwach dominierten Strategien nicht wählen wird (die letzten drei Spalten werden gestrichen), so werden seine beiden letzten Strategien von der zweiten streng dominiert. Man erhält nach dessen Streichung das folgende reduzierte Spiel in Abbildung H.5. Es ist nicht weiter durch Dominanzargumente reduzierbar. Allerdings kann Spieler 1 für sich selbst zwei Taler garantieren, indem er Spieler 2 nur einen anbietet.

**Das Basu-Spiel.** BASU (1994) hat ein interessantes Matrixspiel vorgestellt, das iterierte (schwache) Undominiertheit als Lösungsweg für Spiele in Frage stellt. Basu stellt sich zwei Reisende vor, die von einer Insel die gleiche antike Kostbarkeit nach Hause bringen wollen. Beide antiken Gegenstände werden von der transportierenden Fluggesellschaft während des Transportes zerstört.

| | | Spieler 2 nimmt an, falls ihm mindestens so viele Taler angeboten werden | |
|---|---|---|---|
| | | 0 | 1 |
| Spieler 1 bietet | 0 | (3, 0) | (0, 0) |
| so viele Taler an | 1 | (2, 1) | (2, 1) |

**Abbildung H.5.** Reduziertes Spiel

Der Manager der Fluggesellschaft, der den Wert der antiken Gegenstände nicht kennt, bietet den Reisenden die folgende Kompensationsregel an: Die zwei Reisenden schreiben die Kosten des zerstörten Wertgegenstandes (simultan und geheim) auf ein Stück Papier. Der aufzuschreibende Wert soll dabei ganzzahlig sein und zwischen 2 und 100 Geldeinheiten liegen. Wir bezeichnen die Zahlen der Reisenden mit $s_1$ und $s_2$. Der Manager geht davon aus, dass die niedrigere der zwei Zahlen korrekt ist. Beide bekommen ungefähr diesen niedrigeren Wert ausgezahlt. Um jedoch den Reisenden Anreiz zur Ehrlichkeit zu geben, erhält der Reisende mit der niedrigsten Forderung zusätzlich zwei Geldeinheiten, während dem anderen zwei Geldeinheiten abgezogen werden. Damit lautet die Auszahlung für Spieler 1

$$u_1(s_1, s_2) = \begin{cases} s_1 + 2, & \text{falls } s_1 < s_2, \\ s_1, & \text{falls } s_1 = s_2, \\ s_2 - 2, & \text{falls } s_1 > s_2; \end{cases}$$

diejenige für Spieler 2 ist analog. Die Bimatrix des Basu-Spiels lässt sich wie in Abbildung H.6 andeuten.

**Übung H.6.2.** Finden Sie eine Strategie, die eine andere schwach dominiert. Gibt es eine Strategie für Spieler 1, die nicht-rationalisierbar bezüglich $W(S_2)$ ist?

**Übung H.6.3.** Betrachten Sie das reduzierte Basu-Spiel, bei dem jeder Reisende lediglich zwischen 2 und 3 Talern zu wählen hat. Kommt es Ihnen bekannt vor?

| Reisender | | 2 verlangt so viele Taler | | | | | | |
|---|---|---|---|---|---|---|---|---|
| | | 2 | 3 | 4 | ... | 98 | 99 | 100 |
| 1 | 2 | (2, 2) | (4, 0) | (4, 0) | (4, 0) | (4, 0) | (4, 0) | (4, 0) |
| ver- | 3 | (0, 4) | (3, 3) | (5, 1) | (5, 1) | (5, 1) | (5, 1) | (5, 1) |
| langt | 4 | (0, 4) | (1, 5) | (4, 4) | (6, 2) | (6, 2) | (6, 2) | (6, 2) |
| so | ⋮ | (0, 4) | (1, 5) | (2, 6) | | | | |
| viele | 98 | (0, 4) | (1, 5) | (2, 6) | | (98, 98) | (100, 96) | (100, 96) |
| Taler | 99 | (0, 4) | (1, 5) | (2, 6) | | (96, 100) | (99, 99) | (101, 97) |
| | 100 | (0, 4) | (1, 5) | (2, 6) | | (96, 100) | (97, 101) | (100, 100) |

**Abbildung H.6.** Basu-Spiel

Führt man die Streichung schwach dominierter oder nichtrationalisierbarer Strategien iteriert aus, so bleiben schließlich nur die Strategien $s_1 = 2$ und $s_2 = 2$ übrig, ein deprimierendes Ergebnis für die beiden Reisenden. Viele Leser werden diese Strategiekombination als „Lösung" des Spiels wenig plausibel finden. Um herauszufinden warum, mag es hilfreich sein, die naiven Entscheidungsregeln für das Basu-Spiel zu untersuchen.

**Übung H.6.4.** Wenden Sie die naiven Entscheidungsregeln

- Maximin-Regel,
- Maximax-Regel und
- Regel des minimalen Bedauerns

auf das Basu-Spiel an, indem Sie den Reisenden 1 als Agenten betrachten, der Unsicherheit über das Verhalten des Reisenden 2 hat!

Basu (1994) diskutiert mehrere „Auswege" des Paradoxons. Ein möglicher liegt darin, die Existenz schlecht definierter Strategien zuzulassen. Die Entschädigungsforderungen können „niedrig", „mittel" oder „hoch" sein. Man kann nun festhalten: Wenn der Gegenspieler

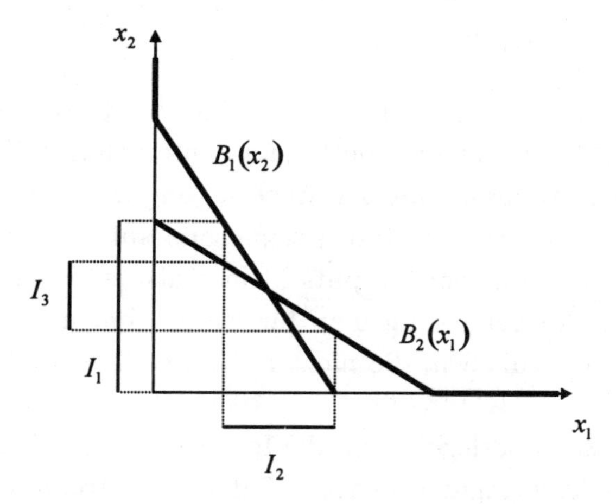


**Abbildung H.7.** Iterierte Dominanz beim Cournot-Dyopol

eine „hohe" Entschädigungsforderung aufstellt, ist es eine beste Antwort, ebenfalls eine „hohe" Entschädigung zu verlangen. Man beachte, dass wir nicht exakt definieren, was „niedrig" oder „hoch" bedeutet. Daher macht es keinen Sinn, von einer „hohen Zahl minus 1" zu sprechen. Dieser und andere Auswege ändern nichts daran, dass das Basu-Paradoxon die Plausibilität der iterierten Rationalisierbarkeit für Spiele in Frage stellt.

**Das Cournot-Dyopol.** Das Cournot-Dyopol bietet eine weitere Anwendung der iterierten Rationalisierbarkeit, sogar der strengen Undominiertheit. Wir haben in Abschnitt H.2.2 die besten Antworten von Unternehmen 1,

$$B_1(x_2) = \begin{cases} \frac{a-c}{2b} - \frac{1}{2}x_2, & \text{falls } x_2 < \frac{a-c}{b}, \\ 0, & \text{falls } x_2 \geq \frac{a-c}{b}, \end{cases}$$

bzw. für Unternehmen 2,

$$B_2(x_1) = \begin{cases} \frac{a-c}{2b} - \frac{1}{2}x_1, & \text{falls } x_1 < \frac{a-c}{b}, \\ 0, & \text{falls } x_1 \geq \frac{a-c}{b}, \end{cases}$$

bestimmt. Abbildung H.7 stellt beide Reaktionsgeraden dar.

Anhand dieser Abbildung kann man sich die Wirkung der iterierten strengen Dominanz klarmachen. (Allerdings werden wir nicht jeden Schritt genau nachrechnen, obwohl man dies könnte.) Auf jede

Ausbringungsmenge wird Unternehmen 2 mit einer Ausbringungsmenge aus dem abgeschlossenen Intervall $I_1 := \left[0, \frac{1}{2}\frac{a-c}{b}\right]$ „reagieren". Jede Ausbringungsmenge $x_2 > \frac{1}{2}\frac{a-c}{b}$ wird von der Ausbringungsmenge $\frac{1}{2}\frac{a-c}{b}$ streng dominiert. Setzt Unternehmen 1 voraus, dass Unternehmen 2 streng dominierte Ausbringungsmengen nicht wählen wird, so kann Unternehmen 1 sich seinerseits auf das Intervall $I_2 := \left[\frac{1}{4}\frac{a-c}{b}, \frac{1}{2}\frac{a-c}{b}\right]$ beschränken; Outputs kleiner als $\frac{1}{4}\frac{a-c}{b}$ werden hiervon dominiert. Anschließend kann man für Unternehmen 2 alle Ausbringungsmengen ausschließen, die nicht im Intervall $I_3 := \left[\frac{1}{4}\frac{a-c}{b}, \frac{3}{8}\frac{a-c}{b}\right]$ liegen.

Man kann sich überlegen, dass die Intervalle immer kleiner werden und gegen die Ausbringungsmenge $\frac{a-c}{3b}$ des Schnittpunktes konvergieren. Denn ein Intervall auf der $x_1$-Achse ($x_2$-Achse), das diesen Punkt enthält, wird durch die Reaktionsfunktion von Unternehmen 2 (Unternehmen 1) auf ein halb so langes Intervall der $x_1$-Achse ($x_1$-Achse) projiziert, das diesen Punkt auch enthält.

Das Cournot-Modell ist also durch iterative strenge Undominiertheit lösbar. Man beachte, dass wir nicht etwa ein dynamisches Spiel beschrieben haben. Die abwechselnde Reaktion findet nicht in der Zeit statt. Wir nehmen lediglich an, dass die Unternehmen strikt dominierte Strategien vermeiden, dass sie wissen, dass das jeweils andere Unternehmen strikt dominierte Strategien vermeidet und dass beide Unternehmen wissen, dass das jeweils andere weiß, dass die strikte Dominanz vermieden wird. Und so weiter.

### H.6.3 Formalisierung des Iterationsverfahrens

Die Idee der iterativen Undominiertheit bzw. Rationalisierbarkeit besteht darin, ein Spiel $\Gamma = (I, S, u)$ in mehreren Schritten in ein Spiel mit eingeschränkten Strategieräumen zu transformieren. Für ein Spiel $\Gamma$ und für einen Spieler $i$ aus $I$ sei $D_i(\Gamma)$ die Menge der schwach bzw. stark dominierten Strategien bzw. der nichtrationalisierbaren Strategien. Wir definieren nun eine Folge von Spielen iterativ:

1. $\Gamma^0 := \Gamma = (I, S, u)$, $S^0 = S$,
2. und für $\ell \geq 0$ und $i \in I$, $\Gamma^\ell = \left(I, S^\ell, u^\ell\right)$ mit

| | | Spieler 2 | |
|---|---|---|---|
| | | $s_2^1$ | $s_2^2$ |
| Spieler 1 | $s_1^1$ | 4, 4 | 0, 5 |
| | $s_1^2$ | 5, 0 | 1, 1 |

**Abbildung H.8.** Zur Erinnerung

a) $S^\ell = \bigtimes_{i \in I} S_i^\ell$,
b) $S_i^{\ell+1} := S_i^\ell \backslash D_i \left( \Gamma^\ell \right)$,
c) $u^\ell : S^\ell \to \mathbb{R}, \quad s \mapsto u^\ell (s) = u(s)$.

Wir streichen also für jeden Spieler dessen dominierte bzw. nichtrationalisierbare Strategien. Damit erhalten wir dann ein neues Spiel mit im Allgemeinen kleineren Strategiemengen der Spieler. Die Definition von $u^\ell$ ist recht unwichtig; hier geht es lediglich darum, dass der Definitionsbereich entsprechend verkleinert wird: $u^\ell$ ist die Einschränkung von $u$ auf $S^\ell$.

Bei endlichen Spielen (mit einer endlichen Anzahl von Spielern und endlichen Strategiemengen) kommt es schließlich so weit, dass keine Strategien mehr gestrichen werden können. Dann ist das Spiel durch Dominanz- bzw. Nichtrationalisierbarkeitsargumente nicht weiter zu vereinfachen.

Bei der so definierten Folge von Spielen streichen alle Spieler (gedanklich) simultan ihre dominierten bzw. nichtrationalisierbaren Strategien. Man könnte natürlich alternativ ein Verfahren definieren, bei der die Streichung entsprechend irgend einer Reihung der Spieler erfolgt. Bei einigen Spielen ist die Reihenfolge der Streichung unerheblich. Dazu betrachten wir noch einmal das Gefangenen-Dilemma (Abbildung H.8). Hier ist es unerheblich, ob man zuerst bei Spieler 1 oder zuerst bei Spieler 2 die (streng!) dominierte Strategie streicht. In beiden Fällen bleiben nur die Strategien $s_1^2$ für Spieler 1 und $s_2^2$ für Spieler 2 übrig.

Bei der iterativen schwachen Dominanz kann die Reihenfolge jedoch relevant sein. Dazu betrachte man das folgende Spiel:

| | | Spieler 2 | |
|---|---|---|---|
| | | $s_2^1$ | $s_2^2$ |
| Spieler 1 | $s_1^1$ | $3, 1$ | $1, 1$ |
| | $s_1^2$ | $2, 2$ | $1, 3$ |

Streicht man hier zuerst die schwach dominierten Strategien für Spieler 1, reduziert sich dessen Strategiemenge auf $\{s_1^1\}$. Für Spieler 2 beträgt die Auszahlung im reduzierten Spiel dann 1 bei beiden Strategiewahlen; eine weitere Reduzierung ist nicht möglich. Streicht man umgekehrt zunächst die schwach dominierte Strategie für Spieler 2, so lautet dessen reduzierte Strategiemenge $\{s_2^2\}$. Die übrig bleibenden Strategien sind unterschiedlich.

**Übung H.6.5.** Wir haben oben den Begriff einer iterativ streng undominierten Strategie eingeführt (siehe S. 126). Können Sie diesen Begriff formal fassen?

## H.7 Lösungen

**Übung H.2.1.** Die besten Antworten sind beim ersten Spiel durch

$$B_1\left(s_2^1\right) = s_1^1 \text{ und } B_1\left(s_2^2\right) = s_1^2,$$

beim zweiten Spiel durch

$$B_1\left(s_2^1\right) = s_1^2 \text{ und } B_1\left(s_2^2\right) = s_1^2$$

und beim dritten Spiel durch

$$B_1\left(s_2^1\right) = \left\{s_1^1, s_1^2\right\} \text{ und } B_1\left(s_2^2\right) = s_1^1$$

gegeben.

**Übung H.2.2.** Man erhält die gewinnmaximale Menge von Unternehmen 2 durch Ableiten der Gewinnfunktion

$$u_2(x_1, x_2) = (a - b(x_1 + x_2) - c)\, x_2.$$

nach $x_2$. Setzt man die Ableitung gleich Null und löst nach $x_2$ auf, so ergibt sich für $x_1 < \frac{a-c}{b}$ die beste Antwort als

$$B_2(x_1) = \frac{a-c}{2b} - \frac{1}{2}x_1$$

**Übung H.2.3.** Der Punkt $\left(0, \frac{1}{2}\frac{a-c}{b}\right)$ kann auch als $(0, B_2(0))$ geschrieben werden. $B_2(0) = \frac{1}{2}\frac{a-c}{b}$ ist die beste Antwort von Unternehmen 2 auf die Ausbringungsmenge $x_1 = 0$. $B_2(0)$ ist also die Cournot-Monopolmenge.

Der Punkt $\left(\frac{a-c}{b}, 0\right) = \left(\frac{a-c}{b}, B_2\left(\frac{a-c}{b}\right)\right)$ gibt an, wie hoch die Ausbringungsmenge durch Unternehmen 1 mindestens sein muss, damit Unternehmen 2 die Ausbringungsmenge Null wählt.

**Übung H.3.1.** $\sum_{z \in Z} w(z)\, u(s, z)$.

**Übung H.3.2.** Analog zu Kapitel E ergibt sich

$$B^{(W(S_{-i}), S_i)}\left(\widehat{W(S_{-i})}\right) = \bigcup_{w \in \widehat{W(S_{-i})}} \underset{s_i \in S_i}{\operatorname{argmax}}\, u_i(s_i, w).$$

**Übung H.4.1.** Nein, zunächst selbst probieren! Richtige Antworten sind beispielsweise: Eine Strategie $s_i$ aus $S_i$ dominiert alle anderen Strategien aus $S_i$ schwach, falls

$$s_i \in B_i(s_{-i}) \text{ für alle } s_{-i} \in S_{-i}$$

und

$$s_i' \neq s_i \text{ impliziert } s_i' \notin B_i(s_{-i}) \text{ für ein } s_{-i} \in S_{-i}$$

gilt. Die Dominanz ist streng, falls

$$s_i = B_i(s_{-i}) \text{ für alle } s_{-i} \in S_{-i}$$

gilt.

**Übung H.4.2.** Kopf oder Zahl (siehe S. 108) und Kampf der Geschlechter (siehe S. 109) sind Beispiele von Zwei-Personen-Spielen ohne dominante bzw. dominierte Strategien.

**Übung H.4.3.** Die Entscheidungssituation „Newcombs Problem" und das Spiel „Gefangenendilemma" sind durch Anwendung des Dominanzargumentes zu lösen. Durch eine alternative (m.E. unangemessene) Entscheidungs- bzw. Spielbeschreibung wird man auf den Vergleich der Diagonalelemente geführt.

**Übung H.4.4.** Liegt der Reservationspreis von Spieler 1 über dem Gebot von Spieler 2, so sollte Spieler 1 ein Gebot abgeben, das ihm den Erhalt des Objektes und damit einen Nutzen von $r_1 - s_2 > 0$ garantiert. Eine mögliche Strategie ist das wahrheitsgemäße Gebot von $s_1 = r_1$. Wählt Spieler 1 ein Gebot $s_1 \leq s_2$, so sinkt sein Nutzen mit $\frac{1}{2}(r_1 - s_2)$ bzw. 0 unter $r_1 - s_2$.

**Übung H.6.1.** Die ersten beiden Strategien dominieren die restlichen drei, die dritte dominiert die restlichen beiden, und die vierte dominiert die fünfte.

**Übung H.6.2.** Wir versetzen uns in die Situation von Spieler 1. $s_1 = 100$ wird von $s_1 = 99$ schwach dominiert. Keine weitere Strategie wird schwach dominiert. Alle Strategien zwischen 2 und 99 sind eindeutige beste Antworten auf eine reine Strategie von Spieler 2. Damit bleibt nur Strategie $s_1 = 100$ als Kandidat für die Nicht-Rationalisierbarkeit bezüglich $W(S_2)$. Wir nehmen dazu eine beliebige Wahrscheinlichkeitsverteilung $w_2$ aus $W(S_2)$. Es gibt eine größte reine Strategie $s_2$ mit positiver Wahrscheinlichkeit. Diese reine Strategie bezeichnen wir mit $\widehat{s}_2$. Es gilt also $w_2(\widehat{s}_2) > 0$ und $w_2(s_2) = 0$ für alle $s_2 > \widehat{s}_2$. Gegenüber $w_2$ ist der erwartete Nutzen für Spieler 1 bei der Strategie $s_1 = 100$ geringer als bei der Strategie $s_1 = \widehat{s}_2 - 1$. Dies sieht man so: Wir haben $u(100, w_2) < u(\widehat{s}_2 - 1)$ zu zeigen. Einerseits können wir

$$\begin{aligned} u(100, w_2) &= \sum_{s_2=1}^{|S_2|} w_2(s_2)\, u(100, s_2) \\ &= \sum_{s_2=1}^{\widehat{s}_2-1} w_2(s_2)\, u(100, s_2) + w_2(\widehat{s}_2)\, u(100, \widehat{s}_2) \end{aligned}$$

$$\ldots + \sum_{s_2=\widehat{s}_2+1}^{|S_2|} \underbrace{w_2(s_2)}_{0} u(100, s_2)$$

schreiben und andererseits

$$\begin{aligned}
u(\widehat{s}_2 - 1, w_2) &= \sum_{s_2=1}^{|S_2|} w_2(s_2)\, u(\widehat{s}_2 - 1, s_2) \\
&= \sum_{s_2=1}^{\widehat{s}_2-1} w_2(s_2)\, u(\widehat{s}_2 - 1, s_2) + w_2(\widehat{s}_2)\, u(\widehat{s}_2 - 1, \widehat{s}_2) \\
&\quad \ldots + \sum_{s_2=\widehat{s}_2+1}^{|S_2|} \underbrace{w_2(s_2)}_{0} u(\widehat{s}_2 - 1, s_2).
\end{aligned}$$

Gegenüber den Strategien zwischen $s_2 = 1$ und $s_2 = \widehat{s}_2 - 1$ schneidet $s_1 = \widehat{s}_2 - 1$ mindestens so gut ab wie $s_1 = 100$. Bei $s_2 = \widehat{s}_2$ ergibt die Strategie $s_1 = \widehat{s}_2 - 1$ die Auszahlung $\widehat{s}_2 + 1$, während die Strategie $s_1 = 100$ nur $\widehat{s}_2 - 2$ liefert. Da wir $w_2(\widehat{s}_2) > 0$ voraussetzen können führt dieser Summand zu einem Vorteil von $s_1 = \widehat{s}_2 - 1$ gegenüber $s_1 = 100$. Also ist $s_1 = 100$ nicht rationalisierbar.

**Übung H.6.3.** Reduziert man das Basu-Spiel auf die ersten zwei Strategien, so erhält man das Gefangenen-Dilemma:

| | | **Reisender 2** | |
|---|---|---|---|
| | | $s_2^1$ | $s_2^2$ |
| **Reisender 1** | $s_1^1$ | 2, 2 | 4, 0 |
| | $s_1^2$ | 0, 4 | 3, 3 |

**Übung H.6.4.** Die Empfehlungen, die man aufgrund der naiven Entscheidungsregeln erhält, sind sehr unterschiedlich. Man erhält die folgenden Ergebnisse:

- Die Maximin-Regel empfiehlt $s_1 = 2$, denn das Zeilenminimum beträgt dann 2, während es bei allen anderen 0 beträgt.

- Die Maximax-Regel betrachtet die höchste erreichbare Auszahlung; sie ist 101. Man kann sie durch $s_1 = 99$ (und $s_2 = 100$) erreichen.
- Zur Anwendung der Regel des minimalen Bedauerns stellt man die Bedauernsmatrix für den Reisenden 1 wie in Abbildung H.9 auf. Offenbar ist das Bedauern über die „falsche" Wahl bei den niedrigen Entschädigungsforderungen höher als bei den hohen. Man kann durch knappes Unterbieten des anderen maximal drei Taler gewinnen. Liegt die eigene Entschädigungsforderung jedoch erheblich unter der des anderen, so kann das Bedauern erheblich sein. Möchte der Agent sein Bedauern minimieren, hat er eine der Strategien 96 bis 100 zu wählen.

**Übung H.6.5.** Eine Strategie $s_i$ ist iterativ streng undominiert, falls die Elimination jeweils die streng dominierten Strategien trifft und falls für alle $\ell \in \mathbb{N}$ die Strategie $s_i$ in $S_i^\ell$ enthalten ist.

| Reisender | | 2 verlangt soviele Taler | | | | | | |
|---|---|---|---|---|---|---|---|---|
| | | 2 | 3 | 4 | ··· | 98 | 99 | 100 |
| | 2 | 0 | 0 | 1 | | 95 | 96 | 97 |
| 1 | 3 | 2 | 1 | 0 | | 94 | 95 | 96 |
| ver- | ⋮ | | | | | | | |
| langt | 95 | 2 | 3 | 3 | | 2 | 3 | 4 |
| so | 96 | 2 | 3 | 3 | | 1 | 2 | 3 |
| viele | 97 | 2 | 3 | 3 | | 0 | 1 | 2 |
| Taler | 98 | 2 | 3 | 3 | | 1 | 0 | 1 |
| | 99 | 2 | 3 | 3 | | 3 | 1 | 0 |
| | 100 | 2 | 3 | 3 | | 3 | 3 | 1 |

**Abbildung H.9.** Zum Basu-Spiel

# I. Gemischte Strategien und Wahrscheinlichkeitsverteilungen

## I.1 Einführendes und ein Beispiel

Es gibt Spiele, in denen es wichtig ist, dem Gegenspieler die reine Strategie vorzuenthalten. Dies ist beim Spiel „Kopf oder Zahl“ (siehe S. 108) der Fall. Oder denken Sie an praktische Situationen wie das Elfmeterspiel, bei dem der Torwart vor der Wahl steht, sich in die linke oder rechte Ecke des Tores zu werfen, und der Elfmeterschütze sich ebenfalls für die linke oder rechte Ecke des Tores zu entscheiden hat. Beide wollen ihre Entscheidung möglichst lange geheimhalten. Man kann die tatsächliche Entscheidung dann so ansehen, als ob sie aufgrund eines Zufallsmechanismus getroffen wäre. Eine Wahrscheinlichkeitsverteilung auf der Menge der (so genannten reinen) Strategien nennt man eine gemischte Strategie.

Neben dieser eher wörtlichen Interpretation einer gemischten Strategie sind zwei weitere Interpretationen üblich. Nach der ersten randomisiert ein Spieler nicht tatsächlich. Seine Wahl hängt jedoch von Aspekten ab, die für die anderen Spieler nicht beobachtbar sind. Aus der Sicht dieser anderen Spieler ist es dann so, als ob der betrachtete Spieler eine gemischte Strategie spielte. Diesen Aspekt werden wir in Kapitel J in Zusammenhang mit der Rationalisierbarkeit und im Rahmen von Bayes'schen Spielen in Kapitel R genauer explizieren.

Die zweite Interpretation geht von einer Vielzahl von Spielern aus, die auf bestimmte reine Strategien programmiert sind. Die Spieler werden dann paarweise zufällig ausgewählt und spielen entsprechend ihrer Programmierung. Für den einzelnen ist es dann so, als ob er gegen einen Spieler spielte, der seine reinen Strategien nach Maßgabe der Populationsanteile mischt. Die evolutionäre Spieltheorie untersucht, wie sich die Populationsanteile im Zeitablauf entwickeln. Dabei wachsen diejenigen Populationsanteile, deren Strategien relativ hohe Auszahlungen realisieren, zu Lasten der weniger erfolgreichen Populationsanteile. Der an der evolutionären Spieltheorie interessierte Leser kann zwischen den drei guten Lehrbüchern von WEIBULL (1995), VEGA-REDONDO (1996) und SAMUELSON (1997) wählen.

Es gibt noch einen weiteren Grund für die Beliebtheit gemischter Strategien. Es gibt Spiele, die nicht über ein Gleichgewicht in reinen Strategien, sondern nur über eines in gemischten Strategien verfügen. Falls man die Nichtexistenz von Gleichgewichten als Problem sieht, wird man daher die Einführung gemischter Strategien begrüßen.

Der Leser kann erwarten, dass er vieles, was ihm hier begegnet, bereits aus Kapitel F kennt. Allerdings gibt es eine interessante Komplikation, die wir in Abschnitt I.3 zu erläutern haben. Es geht dabei um die Einschätzung eines Spielers über die Strategiekombinationen der anderen Spieler.

AUMANN (1987, S. 16) vertritt die Auffassung, dass ein Spieler 3, der die Strategien anderer Spieler, genannt 1 und 2, einschätzt, nicht von stochastischer Unabhängigkeit ausgehen muss. Dies bedeutet, dass er nicht annehmen muss, dass die beiden anderen Spieler unabhängig von einander die Wahrscheinlichkeiten für ihre Strategien festlegen. Wir denken hier gar nicht an den Fall, dass sich die Spieler 1 und 2 explizit absprechen. Es reicht aus, dass die Spieler 1 und 2 nach Kenntnis von Spieler 3 ähnliche Bücher lesen oder ähnliche Vorlesungen gehört haben (deren Inhalte Spieler 3 jedoch nicht bekannt sind); dann ist es plausibel, dass Spieler 3 eine Symmetrie der Verhaltensweisen annimmt. Damit könnte sich z.B. eine Wahrscheinlichkeitsverteilung über den Theater- und Fußballbesuch der Spieler 1 und 2 (aus der Sicht von Spieler 3) wie folgt ergeben:

| | | **Spieler 2** | |
|---|---|---|---|
| | | Theater | Fußball |
| **Spieler 1** | Theater | $\frac{1}{2}$ | $\frac{1}{12}$ |
| | Fußball | $\frac{1}{12}$ | $\frac{1}{3}$ |

In dieser Matrix sind die Wahrscheinlichkeiten für die Strategiekombinationen (Theater, Theater), (Theater, Fußball) etc. wiedergegeben. Die Summe dieser Wahrscheinlichkeiten beträgt natürlich 1. Diese Wahrscheinlichkeitsverteilung auf der Menge der Strategiekombinationen der Spieler 1 und 2 ist mit stochastischer Unabhängigkeit nicht vereinbar: Es gibt keine gemischten Strategien für die Spieler 1 und 2, die diese Wahrscheinlichkeitsverteilung erzeugen.

## I.2 Zwei Arten der Darstellung

Wie wir aus Kapitel F wissen, gibt es zwei Arten, gemischte Strategien darzustellen. Zur Einführung betrachten wir folgendes Spiel in strategischer Form

$$\Gamma^g = (\{1,2\}, [0,1] \times [0,1], u^g),$$

wobei $u^g$ durch

$$u_1^g(s_1, s_2) = s_1 s_2 + (1 - s_1)(1 - s_2) - s_1(1 - s_2) - (1 - s_1) s_2$$

und

$$u_2^g(s_1, s_2) = -s_1 s_2 - (1 - s_1)(1 - s_2) + s_1(1 - s_2) + (1 - s_1) s_2$$

definiert ist.

Schränken wir die Strategieräume für beide Spieler auf $\{0,1\}$ ein, so erhalten wir ein uns bereits bekanntes Spiel:

**Übung I.2.1.** Schreiben Sie die Matrix des Spieles

$$\Gamma := (\{1,2\}, \{0,1\} \times \{0,1\}, u),$$

auf, wobei $u$ durch $u(s_1, s_2) = u^g(s_1, s_2)$ definiert ist.

Man kann das Spiel $\Gamma$ als Spezialfall des Spiels $\Gamma^g$ betrachten. Die Strategien in $\Gamma^g$ kann man als Wahrscheinlichkeiten interpretieren, mit denen die erste Strategie in $\Gamma$ gewählt wird. Die Wahrscheinlichkeit der zweiten ist dann die Gegenwahrscheinlichkeit, $1 - s_1$ bzw. $1 - s_2$. Die Strategien in $\Gamma^g$ nennt man bisweilen „reine“ Strategien, wobei das

Adjektiv eher schmückend ist. Diesen Strategien in $\Gamma^g$ entsprechen in $\Gamma$ die gemischten Strategien. In diesem Sinne betrachtet man das Spiel in (reinen) Strategien

$$\Gamma^g = (\{1,2\}, [0,1] \times [0,1], u^g)$$

als identisch mit dem Spiel in gemischten Strategien

$$\Gamma := (\{1,2\}, \{0,1\} \times \{0,1\}, u).$$

Das Spiel $\Gamma$ in gemischten Strategien ist also eine vereinfachende Schreibweise für $\Gamma^g$ (in reinen Strategien).

**Übung I.2.2.** Betrachten Sie den Kampf der Geschlechter:

| | | **Er** | |
|---|---|---|---|
| | | Theater | Fußball |
| **Sie** | Theater | 4, 3 | 2, 2 |
| | Fußball | 1, 1 | 3, 4 |

Nehmen Sie an, dass die Spieler Wahrscheinlichkeiten für Theater bzw. Fußball wählen. Geben Sie dazu ein Spiel in reinen Strategien und eines in gemischten Strategien an!

Im Sinne des oben eingeführten Spiels $\Gamma$ werden wir in Zukunft häufig die Strategiemenge der reinen Strategien hinschreiben und hinzufügen, dass wir auch gemischte Strategien, d.h. Wahrscheinlichkeitsverteilungen auf den reinen Strategiemengen, zulassen.

**Definition I.2.1 (gemischte Strategie).** *Sei die (als endlich vorausgesetzte) Strategiemenge $S_i$ für einen Spieler $i \in I$ gegeben. Für diesen Spieler bedeutet $\sigma_i$ eine gemischte Strategie, wobei $\sigma_i$ eine Wahrscheinlichkeitsverteilung über die reinen Strategien darstellt, d.h. für jeden Spieler $i$ gilt*

$$\sigma_i\left(s_i^j\right) \geq 0 \text{ für alle } j = 1, ..., |S_i|$$

*und*

$$\sum_{j=1}^{|S_i|} \sigma_i \left(s_i^j\right) = 1.$$

Solange die Reihenfolge der reinen Strategien eindeutig ist, können wir auch

$$\sigma_i = \left(\sigma_i \left(s_i^1\right), \sigma_i \left(s_i^2\right), ..., \sigma_i \left(s_i^{|S_i|}\right)\right)$$

schreiben. Die reine Strategie von Spieler $i$,

$$s_i^1,$$

identifizieren wir mit der gemischten Strategie

$$(1, 0, 0, ..., 0).$$

Analoges gilt für die anderen Strategien.

Die Menge der gemischten Strategien für Spieler $i$ bezeichnen wir mit $\Sigma_i$ und verwenden $\Sigma := \bigtimes_{i \in I} \Sigma_i$ und $\Sigma_{-i} := \bigtimes_{j \in I, j \neq i} \Sigma_j$ für die Kombinationen der gemischten Strategien aller Spieler bzw. aller Spieler mit Ausnahme von Spieler $i$. Ein Element aus $\Sigma$ ist ein $n$-Tupel der Form

$$\sigma = (\sigma_1, \sigma_2, ..., \sigma_n),$$

aufgrund dessen jeder Spieler eine gemischte Strategie wählt. Ein Element aus $\Sigma_{-i}$ ist dagegen ein $n-1$-Tupel der Form

$$\sigma_{-i} = (\sigma_1, \sigma_2, ..., \sigma_{i-1}, \sigma_{i+1}, ..., \sigma_n),$$

das also für alle Spieler mit Ausnahme von Spieler $i$ eine gemischte Strategie spezifiziert.

Wir können jetzt formaler schreiben, dass ein Spiel

$$\Gamma = (I, S, u)$$

in gemischten Strategien gleich dem Spiel (in reinen Strategien)

$$\Gamma^g = (I, \Sigma, u^g)$$

ist, wobei $u^g$ als erwarteter Nutzen zu definieren ist. Diesen haben wir oben schon beispielhaft berechnet. Wir betrachten ihn in Abschnitt I.4.1 im Allgemeinen.

| | verbale Beschreibung | | Formel |
|---|---|---|---|
| A | Strategiemenge gemischter Strategien für Spieler 2 | a | $s_{-2}$ |
| B | Wahrscheinlichkeit für Wahl der 3. reinen Strategie durch Spieler 2 | b | $\Sigma_{-2}$ |
| C | reine 2. Strategie eines Spielers, geschrieben als gemischte Strategie | c | $\Sigma$ |
| D | Strategiekombination reiner Strategien für alle Spieler mit Ausnahme von Spieler 2 | d | $W(S)$ |
| E | Menge aller Strategiekombinationen gemischter Strategien | e | $\Sigma_2$ |
| F | Menge aller Strategiekombinationen gemischter Strategien der Spieler mit Ausnahme von Spieler 2 | f | $\sigma_{-2}$ |
| G | Menge der Wahrscheinlichkeitsverteilungen auf dem Raum der reinen Strategien für Spieler 3 | g | $W(S_1)$ |
| H | Menge der Wahrscheinlichkeitsverteilungen auf dem Raum der reinen Strategien für Spieler 1 | h | $(0, 1, 0, ..., 0)$ |
| I | Menge der Wahrscheinlichkeitsverteilungen auf dem Raum der reinen Strategiekombinationen aller Spieler | i | $\sigma_2(s_2^3)$ |
| J | Strategiekombination gemischter Strategien für alle Spieler mit Ausnahme von Spieler 2 | j | $\Sigma_3$ |

**Abbildung I.1.** Ans Werk!

**Übung I.2.3.** Die Schwierigkeit dieses Kapitels besteht nicht zuletzt darin, die komplizierten Definitionen genau auseinander zu halten. Ordnen Sie in Abbildung I.1, bitte, den verbal beschriebenen Gegenständen die formal beschriebenen zu. „Ae“ heißt beispielsweise, dass das unter A beschriebene Objekt durch den mit e gekennzeichneten Term wiederzugeben ist.

# I.3 Stochastische Unabhängigkeit

## I.3.1 Wahrscheinlichkeitsverteilungen auf $S$

Aufgrund der Strategiekombination $\sigma$ wird ein bestimmtes Tupel reiner Strategien

$$(s_1, s_2, ..., s_n)$$

mit der Wahrscheinlichkeit

$$\sigma_1(s_1) \cdot \sigma_2(s_2) \cdot ... \cdot \sigma_n(s_n)$$

ausgewählt: Die gemischten Strategien definieren auf diese Weise eine Wahrscheinlichkeitsverteilung auf $S = \times_{i \in I} S_i$, also ein Element aus $W(S)$.

**Übung I.3.1.** Geben Sie für den Kampf der Geschlechter die Wahrscheinlichkeitsverteilung auf

$$S = S_1 \times S_2 = \{\text{Theater,Fußball}\} \times \{\text{Theater,Fußball}\}$$

an, falls $\sigma_1 = \left(\frac{1}{3}, \frac{2}{3}\right)$ und $\sigma_2 = \left(\frac{3}{4}, \frac{1}{4}\right)$ die gemischten Strategien sind!

Nun kann man umgekehrt von einer Wahrscheinlichkeitsverteilung $w \in W(S)$ ausgehen und sich fragen, welche Kombination gemischter Strategien $w$ zugrunde liegt. Wir werden im nächsten Abschnitt sehen, dass eine solche Kombination nicht immer gefunden werden kann. Aus $w$ kann man jedoch in jedem Fall die Wahrscheinlichkeit $w_i(\bar{s}_i)$ für die Strategie $\bar{s}_i$ eines jeden Spielers $i \in I$ ermitteln und auch die Wahrscheinlichkeit $w_K\left((\bar{s}_i)_{i \in K}\right)$ für eine Strategiekombination $(\bar{s}_i)_{i \in K}$ der Spieler aus $K$ mit $\emptyset \neq K \neq I$. Für $(\bar{s}_i)_{i \in K}$ schreiben wir häufig $\bar{s}_K$. Für $K := I \backslash \{i\}$ ist auch die Schreibweise $s_K = s_{I \backslash \{i\}} = s_{-i}$ gebräuchlich. Zu diesen Notationen blättere der Leser zurück zu Abschnitt G.3.

Um die Definitionen von $w_i(\bar{s}_i)$ und $w_K(\bar{s}_K)$ formal auszudrücken, haben wir eine formale Vorbemerkung vorauszuschicken. $w \in W(S)$ ist eine Wahrscheinlichkeitsverteilung auf der endlichen Menge $S$. Die Verteilung $w$ verlangt als Argument zunächst eine Strategiekombination $s$ und $w(s)$ ist die Wahrscheinlichkeit, mit der $s$ gewählt wird. Nun kann man für $w$ auch mehrere Strategiekombinationen zulassen.

Wir könnten $w(s' \vee s'')$ für die Wahrscheinlichkeit schreiben, mit der $s'$ oder $s''$ realisiert werden. Allgemeiner schreiben wir

$$w\left(\bigvee_{s\in\hat{S}} s\right)$$

für die Wahrscheinlichkeit aller Strategiekombinationen aus $\hat{S} \subseteq S$, wobei das Zeichen $\bigvee$ im gleichen Verhältnis zum Zeichen $\vee$ steht wie das Summenzeichen $\sum$ zum Pluszeichen $+$. Also meint $w\left(\bigvee_{s\in\hat{S}} s\right)$ die Wahrscheinlichkeit für alle Strategiekombinationen $s$ aus $\hat{S}$. Sind $s$ und $s'$ verschieden, so ist erhalten wir

$$w\left(s \vee s'\right) = w(s) + w\left(s'\right).$$

**Übung I.3.2.** Welchen Wert hat $w\left(\bigvee_{s\in S} s\right)$?

Um $w_i(\bar{s}_i)$ zu definieren, überlegen wir uns, welche Strategiekombinationen aus $S$ vorsehen, dass Spieler $i$ die Strategie $\bar{s}_i$ wählt. In sehr ähnlicher Weise überlegen wir uns für die Definition von $w_K(\bar{s}_K)$, welche Strategiekombinationen aus $S$ vorsehen, dass jeder Spieler $i$ aus $K$ die Strategie $\bar{s}_i$ wählt.

**Übung I.3.3.** Gehen Sie von einer Wahrscheinlichkeitsverteilung $w \in W(S)$ aus. Wie können Sie mithilfe von $w$ die Wahrscheinlichkeiten $w_i(\bar{s}_i)$ für einen Spieler $i$ aus $I$ und $w_K\left((\bar{s}_i)_{i\in K}\right)$ für eine Teilmenge $K \subset I$ mit $\emptyset \neq K \neq I$ ausdrücken?

Wir vereinbaren, dass wir $w(s_i)$ für $w_i(s_i)$ und $w\left((s_i)_{i\in K}\right)$ für $w_K\left((s_i)_{i\in K}\right)$ schreiben, wenn daraus keine Konfusion resultieren kann. Außerdem setzen wir $w_I(s) := w(s)$.

Schließlich haben wir die bedingte Wahrscheinlichkeit zu erklären. Seien $A$ und $B$ zwei Ereignisse und *prob* ein Wahrscheinlichkeitsmaß. Unter der bedingten Wahrscheinlichkeit $prob(A|B)$ versteht man die Wahrscheinlichkeit von $A$ unter der Voraussetzung, dass $B$ eintritt. Es gilt

$$prob(A|B) = \frac{prob(A \wedge B)}{prob(B)},$$

wobei $A \wedge B$ das Ereignis meint, dass sowohl $A$ als auch $B$ sich ereignen.

Die bedingte Wahrscheinlichkeit $w\left(s_K \left| s_{I\backslash K}\right.\right)$ ist also die Wahrscheinlichkeit dafür, dass die Spieler aus $K$ die Strategiekombination $s_K$ wählen, falls die Spieler, die nicht in $K$ sind, die Strategiekombination $s_{I\backslash K}$ nehmen. Es gilt

$$w\left(s_K \left| s_{I\backslash K}\right.\right) = \frac{w\left(s_K, s_{I\backslash K}\right)}{w\left(s_{I\backslash K}\right)}.$$

Die gemischten Strategien aller Spieler definieren eine Wahrscheinlichkeitsverteilung auf $S$, wie wir soeben gesehen haben. Man könnte, und das ist im Allgemeinen etwas anderes, auch eine beliebige Wahrscheinlichkeitsverteilung über $S$ angeben. Den Raum der Wahrscheinlichkeitsverteilungen über $S$ wollen wir $W(S)$ nennen. Zu einer Verteilung $w$ aus $W(S)$ muss es jedoch keine gemischten Strategien geben, die gerade diese Verteilung erzeugen. Denn die gemischten Strategien sind von der Konstruktion her „stochastisch unabhängig“: Die Wahrscheinlichkeit für einen Spieler, die eine oder die andere Strategie zu wählen, ist unabhängig von der Wahl des anderen Spielers oder der anderen Spieler.

**Übung I.3.4.** Betrachten Sie für den Kampf der Geschlechter die folgende Wahrscheinlichkeitsverteilung

| | | **Spieler 2** Theater | Fußball |
|---|---|---|---|
| **Spieler 1** | Theater | $\frac{1}{3}$ | $\frac{1}{4}$ |
| | Fußball | $\frac{1}{6}$ | $\frac{1}{4}$ |

auf

$$S = S_1 \times S_2 = \{\text{Theater,Fußball}\} \times \{\text{Theater,Fußball}\}.$$

Zeigen Sie, dass es keine gemischten Strategien der Spieler gibt, die diese Wahrscheinlichkeitsverteilung erzeugen könnte!

**Übung I.3.5.** Wie hoch ist, auf der Basis der Wahrscheinlichkeitsverteilung der vorangehenden Aufgabe, die bedingte Wahrscheinlichkeit für die Theaterwahl durch Spieler 1, falls Spieler 2 (a) Theater wählt oder (b) Fußball wählt?

### I.3.2 Charakterisierungen stochastischer Unabhängigkeit

**Definition I.3.1 (stochastische Unabhängigkeit).** *Sei $\Gamma = (I, S, u)$ ein Spiel in gemischten Strategien und $w \in W(S)$ eine Wahrscheinlichkeitsverteilung auf der Menge der reinen Strategiekombinationen. Dann erfüllt $w$ stochastische Unabhängigkeit, falls es eine Strategiekombination $\sigma$ derart gibt, dass $w$ durch $\sigma$ erzeugt wird, dass also $w(s_K) = \Pi_{i \in K} \sigma_i(s_i)$ für alle Spielermengen $K \subset I$ mit $\emptyset \neq K$ und für alle Strategiekombinationen $s_K = (s_i)_{i \in K}$ gilt.*

**Theorem I.3.1.** *$w$ erfüllt stochastische Unabhängigkeit genau dann, wenn eine der drei folgenden äquivalenten Bedingungen erfüllt ist.*

1. *Für jede Spielermenge $K \subset I$ mit $\emptyset \neq K \neq I$ und für alle Strategiekombinationen $s = (s_K, s_{I \setminus K})$ gilt $w(s_K | s_{I \setminus K}) = w(s_K)$.*
2. *Für jeden Spieler $i \in I$ und für alle Strategiekombinationen $s = (s_i, s_{-i})$ gilt $w(s_i | s_{-i}) = w(s_i)$.*
3. *Es gibt eine Strategiekombination $\sigma$ derart, dass $w(s) = \Pi_{i \in I} \sigma_i(s_i)$ für alle Strategiekombinationen $s$ gilt.*

Den Beweis möge der Leser, wenn er es wirklich möchte, selbständig durchführen.

## I.4 Erwarteter Nutzen und Mischungen

### I.4.1 Berechnung des erwarteten Nutzens

Den bei $\sigma_i$ zu berechnenden erwarteten Nutzen kann man entweder bezüglich $\Sigma_{-i}$ für $\sigma_{-i} \in \Sigma_{-i}$ als

$$u(\sigma_i, \sigma_{-i})$$

ausrechnen oder aber bezüglich $W(S_{-i})$ für $w \in W(S_{-i})$ als

$$u(\sigma_i, w).$$

Beides ist nicht schwer; zur Einübung in die Notation machen wir dennoch einige Bemerkungen. Wir beginnen mit dem erwarteten Nutzen bezüglich $\Sigma_{-i}$ und erinnern an die folgende Schreibweise aus der Entscheidungstheorie: Haben wir eine Wahrscheinlichkeitsverteilung $w$, die auf der Menge der Umweltzustände $Z$ definiert ist, gegeben, lautet der erwartete Nutzen der Strategie $s$

$$u(s, w) := \sum_{z \in Z} w(z)\, u(s, z).$$

Betrachten wir Spieler 1. Man kann die Strategien der anderen Spieler in Analogie zu den Umweltzuständen betrachten. Und eine bestimmte Strategiekombination $\left(s_2^{j_2}, ..., s_n^{j_n}\right)$ der anderen Spieler hat die Wahrscheinlichkeit $\sigma_2\left(s_2^{j_2}\right) \cdot ... \cdot \sigma_n\left(s_n^{j_n}\right)$, wie wir uns oben auch anhand von Übung I.3.1 überlegt hatten.

Damit können wir den erwarteten Nutzen, den Spieler 1 bei Wahl der Strategie $s_1$ erhält, wenn die anderen Spieler sich entsprechend der Strategiekombination $\sigma_{-1}$ verhalten, so schreiben:

$$u_1(s_1, \sigma_{-1}) := \sum_{j_2=1}^{|S_2|} ... \sum_{j_n=1}^{|S_n|} \sigma_2\left(s_2^{j_2}\right) \cdot ... \cdot \sigma_n\left(s_n^{j_n}\right) u_1\left(s_1, s_2^{j_2}, ...s_n^{j_n}\right).$$

Jetzt ist es nur noch ein kleiner Schritt, auch für Spieler 1 eine gemischte Strategie zuzulassen:

$$\begin{aligned}
& u_1(\sigma) = u_1(\sigma_1, \sigma_{-1}) = \\
& = \sum_{j_1=1}^{|S_1|} \sigma_1\left(s_1^{j_1}\right) u_1\left(s_1^{j_1}, \sigma_{-1}\right) \\
& = \sum_{j_1=1}^{|S_1|} \sum_{j_2=1}^{|S_2|} ... \sum_{j_n=1}^{|S_n|} \sigma_1\left(s_1^{j_1}\right) \cdot \sigma_2\left(s_2^{j_2}\right) \cdot ... \cdot \sigma_n\left(s_n^{j_n}\right) u_1\left(s_1^{j_1}, s_2^{j_2}, ...s_n^{j_n}\right) \\
& = \sum_{s \in S} \left(\prod_{i \in I} \sigma_i(s_i)\right) u_i(s).
\end{aligned}$$

Bei zwei Spielern, $i = 1, 2$, ist der erwartete Nutzen etwas leichter zu durchschauen. Wir erhalten:

$$u_1(\sigma_1, \sigma_2) := \sum_{j_1=1}^{|S_1|} \sum_{j_2=1}^{|S_2|} \sigma_1\left(s_1^{j_1}\right) \sigma_2\left(s_2^{j_2}\right) u_1\left(s_1^{j_1}, s_2^{j_2}\right).$$

**Übung I.4.1.** Berechnen Sie für den Kampf der Geschlechter (S. 142) die erwartete Auszahlung für Spieler 1, falls dieser Theater mit der Wahrscheinlichkeit $\frac{1}{2}$ und Spieler 2 Theater mit der Wahrscheinlichkeit $\frac{1}{3}$ wählt!

In ähnlicher Weise erhalten wir den erwarteten Nutzen von Spieler $i$ bei $w \in W(S_{-i})$ als

$$\begin{aligned} u_i(\sigma_i, w) &= \sum_{s_{-i} \in S_{-i}} w(s_{-i}) u_i(\sigma_i, s_{-i}) \\ &= \sum_{s_i \in S_i} \sum_{s_{-i} \in S_{-i}} \sigma_i(s_i) w(s_{-i}) u_i(s_i, s_{-i}) \\ &= \sum_{s \in S} (\sigma_i(s_i) w(s_{-i})) u_i(s). \end{aligned}$$

**Übung I.4.2.** Berechnen Sie für den Kampf der Geschlechter (siehe Übung I.4.1) die erwartete Auszahlung für Spieler 1, falls dieser Theater mit der Wahrscheinlichkeit $\frac{1}{2}$ wählt und $w \in W(S_{-1})$ durch $w = \left(\frac{1}{3}, \frac{2}{3}\right)$ gegeben ist.

## I.4.2 Konvexe Kombinationen gemischter Strategien

Wir haben in Abschnitt F.3 zusammengesetzte Verteilungen definiert. Das waren Konvexkombinationen von einfachen Verteilungen. In ähnlicher Weise können wir konvexe Kombinationen von reinen oder auch gemischten Strategien definieren. Seien $\sigma_i'$ und $\sigma_i''$ gemischte Strategien aus $\Sigma_i$. Die konvexe Kombination

$$\alpha\sigma_i' + (1-\alpha)\sigma_i''$$

für ein $\alpha$ zwischen Null und Eins ist wiederum eine gemischte Strategie. Am besten ist es, Sie probieren das Rechnen mit konvexen Kombinationen anhand einiger einfacher Aufgaben selbst aus:

**Übung I.4.3.** Betrachten Sie den Strategieraum $S_1 = \left\{s_1^1, s_1^2, s_1^3\right\}$ für Spieler 1. Bilden Sie konvexe Strategiekombinationen

1. der gemischten Strategien $\left(\frac{1}{2}, \frac{1}{4}, \frac{1}{4}\right)$ und $\left(\frac{1}{3}, \frac{1}{6}, \frac{1}{2}\right)$, wobei die erste Strategie mit $\frac{1}{3}$ zu gewichten ist,
2. der Strategien $s_1^1$ und $s_1^2$, wobei die erste Strategie mit $\frac{1}{3}$ zu gewichten ist!

Umgekehrt ist jede gemischte Strategie als konvexe Kombination von reinen Strategien zu schreiben. Dazu beachten Sie, dass für jede gemischte Strategie $\sigma_i$ aus $\Sigma_i$

$$\begin{aligned}\sigma_i &= \left(\sigma_i\left(s_i^1\right), \sigma_i\left(s_i^2\right), ..., \sigma_i\left(s_i^{|S_i|}\right)\right) \\ &= \sigma_i\left(s_i^1\right)(1,0,0,...0) + \sigma_i\left(s_i^2\right)(0,1,0,...,0) + \\ &\quad + \sigma_i\left(s_i^{|S_i|}\right)(0,0,...0,1)\end{aligned}$$

gilt. Da wir die gemischte Strategie $(1,0,0,...0)$ mit $s_i^1$ identifizieren, schreiben wir $\sigma_i$ auch als

$$\sum_{j=1}^{|S_i|} \sigma_i\left(s_i^j\right) s_i^j.$$

Wir werden im nächsten Kapitel die konvexe Hülle $kh$ von gemischten Strategien benötigen. Bei zwei Strategien

$$\sigma_i', \sigma_i'' \in \Sigma_i$$

ist die konvexe Hülle durch

$$\begin{aligned}&kh\left(\sigma_i', \sigma_i''\right) \\ &\quad = \left\{\sigma_i \in \Sigma_i : \text{Es gibt ein } \alpha \in [0,1] \text{ mit } \sigma_i = \alpha\sigma_i' + (1-\alpha)\,\sigma_i''.\right\}\end{aligned}$$

definiert. Bei mehr als zwei Strategien hat man anstelle von zwei nichtnegativen Faktoren, die sich zu 1 addieren, die entsprechende Anzahl nichtnegativer Faktoren, die sich auch zu 1 zu summieren haben, zu wählen. Man kann sich mit etwas Schreibarbeit klar machen, dass die konvexe Hülle von zwei oder mehreren Strategien tatsächlich konvex ist. Dazu nimmt man zwei beliebige Strategien $\sigma_i'$ und $\sigma_i''$ aus dieser Menge und zeigt, dass für jedes $\alpha \in [0,1]$ die konvexe Kombination $\alpha\sigma_i' + (1-\alpha)\,\sigma_i''$ ebenfalls in ihr enthalten ist.

In Abschnitt F.3 haben wir einige Lemmata aufgeschrieben und bewiesen, die wir hier, spieltheoretisch verpackt, nochmals notieren:

**Lemma I.4.1.** *Für das Spiel* $\Gamma = (\{1,2\}, S_1 \times S_2, u)$ *in gemischten Strategien gilt für jedes Paar gemischter Strategien* $\sigma_i', \sigma_i''$ *aus* $\Sigma_1$*, für jede gemischte Strategie* $\sigma_2$ *aus* $\Sigma_2$ *und für jedes* $\alpha$ *mit* $0 \leq \alpha \leq 1$

$$u_1\left(\alpha\sigma_1' + (1-\alpha)\sigma_1'', \sigma_2\right) = \alpha u_1\left(\sigma_1', \sigma_2\right) + (1-\alpha)\,u_1\left(\sigma_1'', \sigma_2\right).$$

*Anmerkung I.4.1.* Das Lemma lässt sich in offensichtlicher Weise auf mehrere Spieler übertragen. □

**Übung I.4.4.** Können Sie, vielleicht nach einem gründlichen Blick in den Beweis von Lemma F.3.1 auf S. 85, den Beweis aufschreiben?

**Lemma I.4.2.** *Für das Spiel* $\Gamma = (I, S, u)$ *in gemischten Strategien und für Spieler* $i$ *ist der Nutzen einer gemischten Strategie* $\sigma_i$ *gleich dem arithmetischen Mittel der Nutzen seiner reinen Strategien* $s_i$*, wobei die* $s_i$ *jeweils mit* $\sigma_i(s_i)$ *gewichtet werden. Für* $w \in W(S_{-i})$ *erhält man*

$$u_i(\sigma_i, w) = \sum_{j=1}^{|S_i|} \sigma_i\left(s_i^j\right) u_i\left(s_i^j, w\right).$$

**Lemma I.4.3.** *Seien für* $w \in W(S_{-i})$ *zwei gemischte Strategien* $\sigma_1'$ *und* $\sigma_1''$ *aus* $\Sigma_1$ *mit* $u(\sigma_1', w) = u(\sigma_1'', w)$ *gegeben. Dann folgt* $u(\alpha\sigma_1' + (1-\alpha)\sigma_1'', w) = u(\sigma_1', w)$ *für alle* $\alpha$ *aus* $[0,1]$.

*Anmerkung I.4.2.* Anstelle von $w \in W(S_{-i})$ hätte man in den zwei vorangehenden Lemmata auch spezieller $\sigma_{-i} \in \Sigma_{-i}$ setzen können. □

## I.5 Lösungen

**Übung I.2.1.** Das sich ergebende Spiel ist offenbar „Kopf oder Zahl“ (siehe S. 108), wobei die Strategie „Kopf“ hier 0 und die Strategie Zahl hier 1 heißt.

**Übung I.2.2.** Das „Kampf der Geschlechter“-Spiel mit der Möglichkeit, Wahrscheinlichkeiten für Fußball (F) bzw. Theater (T) zu wählen, ist als Spiel mit reinen Strategien so aufzuschreiben:

$$\Gamma^g = (\{1,2\}, [0,1] \times [0,1], u^g),$$

wobei

$$u_1^g(s_1, s_2) = 4s_1s_2 + 2s_1(1 - s_2) + (1 - s_1)s_2 + 3(1 - s_1)(1 - s_2)$$

und

$$u_2^g(s_1, s_2) = 3s_1s_2 + 2s_1(1 - s_2) + (1 - s_1)s_2 + 4(1 - s_1)(1 - s_2).$$

Hierbei sind $s_1$ und $s_2$ als die Wahrscheinlichkeiten für die Strategie Theater von Spieler 1 bzw. Spieler 2 aufzufassen.

Dasselbe Spiel ist angesprochen, wenn man

$$\Gamma = (\{1,2\}, \{T,F\} \times \{T,F\}, u)$$

mit

$$u(s_1, s_2) = \begin{cases} (4,3) \text{ falls } s_1 = T \text{ und } s_2 = T \\ (2,2) \text{ falls } s_1 = T \text{ und } s_2 = F \\ (1,1) \text{ falls } s_1 = F \text{ und } s_2 = T \\ (3,4) \text{ falls } s_1 = F \text{ und } s_2 = F \end{cases}$$

als Spiel in gemischten Strategien auffasst.

**Übung I.2.3.** Die richtigen Zuordnungen sind Ae, Bi, Ch, Da, Ec, Fb, Gj, Hg, Id, Jf.

**Übung I.3.1.** Aufgrund der gemischten Strategien $\sigma_1 = \left(\frac{1}{3}, \frac{2}{3}\right)$ und $\sigma_2 = \left(\frac{3}{4}, \frac{1}{4}\right)$ ergibt sich die Wahrscheinlichkeitsverteilung $w$ mit

$$\begin{aligned} w(\text{Theater, Theater}) &= \frac{1}{3} \cdot \frac{3}{4} = \frac{1}{4}, \\ w(\text{Theater, Fußball}) &= \frac{1}{3} \cdot \frac{1}{4} = \frac{1}{12}, \\ w(\text{Fußball, Theater}) &= \frac{2}{3} \cdot \frac{3}{4} = \frac{1}{2}, \\ w(\text{Fußball, Fußball}) &= \frac{2}{3} \cdot \frac{1}{4} = \frac{1}{6}. \end{aligned}$$

**Übung I.3.2.** 1.

**Übung I.3.3.** Die Wahrscheinlichkeit, mit der Spieler $i$ unter $\sigma_i$ die reine Strategie $\bar{s}_i$ wählt, ist gleich

$$\begin{aligned} w_i(\bar{s}_i) := w\left(\bigvee_{\substack{(s_i,s_{-i})\in S,\\ s_i=\bar{s}_i}} s\right) &= \sum_{\substack{s_{-i}\in S_{-i},\\ s_i=\bar{s}_i}} w((s_i,s_{-i})) \\ &= \sum_{s_{-i}\in S_{-i}} w((\bar{s}_i,s_{-i}))\,. \end{aligned}$$

In ähnlicher Weise definiert man

$$\begin{aligned} w_K\left((\bar{s}_i)_{i\in K}\right) := w_K(\bar{s}_K) &:= w\left(\bigvee_{\substack{(s_K,s_{I\setminus K})\in S,\\ s_i=\bar{s}_i \text{ für } i\in K}} s\right) \\ &= \sum_{\substack{(s_K,s_{I\setminus K})\in S,\\ s_i=\bar{s}_i \text{ für } i\in K}} w\left(s_K,s_{I\setminus K}\right) \\ &= \sum_{s_{I\setminus K}\in S_{I\setminus K}} w\left(\bar{s}_K,s_{I\setminus K}\right). \end{aligned}$$

Für den Spezialfall $K := I\setminus\{i\}$ erhält man

$$w_{I\setminus\{i\}}(\bar{s}_{-i}) = \sum_{s_i\in S_i} w((s_i,\bar{s}_{-i}))\,.$$

**Übung I.3.4.** Wir nehmen an, es gäbe gemischte Strategien $\sigma_1$ bzw. $\sigma_2$ so, dass sich die genannte Wahrscheinlichkeitsverteilung ergibt. Dann folgt für die Wahrscheinlichkeiten für Theater, $\sigma_1$ (Theater) bzw. $\sigma_2$ (Theater), einerseits

$$\begin{aligned} \sigma_1(\text{Theater})\cdot\sigma_2(\text{Theater}) &= \frac{1}{3}, \\ \sigma_1(\text{Theater})\cdot(1-\sigma_2(\text{Theater})) &= \frac{1}{4} \end{aligned}$$

und damit aufgrund der Erweiterung durch $\sigma_1$ (Theater)

$$\begin{aligned} \frac{\sigma_2(\text{Theater})}{(1-\sigma_2(\text{Theater}))} &= \frac{\sigma_1(\text{Theater})\cdot\sigma_2(\text{Theater})}{\sigma_1(\text{Theater})\cdot(1-\sigma_2(\text{Theater}))} \\ &= \frac{\frac{1}{3}}{\frac{1}{4}} = \frac{4}{3} \end{aligned}$$

Andererseits ergibt sich

$$(1-\sigma_1(\text{Theater}))\cdot\sigma_2(\text{Theater}) = \frac{1}{6},$$
$$(1-\sigma_1(\text{Theater}))\cdot(1-\sigma_2(\text{Theater})) = \frac{3}{12}$$

und damit

$$\frac{\sigma_2(\text{Theater})}{(1-\sigma_2(\text{Theater}))} = \frac{(1-\sigma_1(\text{Theater}))\cdot\sigma_2(\text{Theater})}{(1-\sigma_1(\text{Theater}))\cdot(1-\sigma_2(\text{Theater}))} = \frac{\frac{1}{6}}{\frac{3}{12}} = \frac{2}{3}$$

Dies ergibt den gewünschten Widerspruch. Die gemischten Strategien würden nur dann die Wahrscheinlichkeitsverteilung über die vier Felder ergeben, falls die Wahrscheinlichkeit für Theater von Spieler 2 davon abhängt, ob Spieler 1 Theater oder aber Fußball gewählt hat. Gerade dies verstieße gegen die stochastische Unabhängigkeit.

**Übung I.3.5.** Die Wahrscheinlichkeit für die Theaterwahl durch Spieler 2 ($s_2^1$) beträgt $\frac{1}{3}+\frac{1}{6}=\frac{1}{2}$. Damit kann man die bedingte Wahrscheinlichkeit des Theaterbesuchs von Spieler 1 bei Theater für Spieler 2 als

$$w\left(s_1^1\,|s_2^1\right) = \frac{w\left(s_1^1,s_2^1\right)}{w\left(s_2^1\right)} = \frac{\frac{1}{3}}{\frac{1}{2}} = \frac{2}{3}$$

und bei Fußball für Spieler 2 als

$$w\left(s_1^1\,|s_2^2\right) = \frac{w\left(s_1^1,s_2^2\right)}{w\left(s_2^2\right)} = \frac{\frac{1}{4}}{\frac{1}{2}} = \frac{1}{2}$$

ausrechnen. Stochastische Unabhängigkeit ist hier also nicht gegeben.

**Übung I.4.1.** Die Auszahlungsfunktion für Spieler 1 ist durch

$$u_1(s_1,s_2) = 4s_1s_2 + 2s_1(1-s_2) + (1-s_1)s_2 + 3(1-s_1)(1-s_2)$$

definiert und daher erhält man speziell für $s_1=\frac{1}{2}$ und $s_2=\frac{1}{3}$

$$u_1\left(\frac{1}{2},\frac{1}{3}\right) = 4\cdot\frac{1}{2}\cdot\frac{1}{3} + 2\cdot\frac{1}{2}\cdot\left(1-\frac{1}{3}\right) + \\ + \left(1-\frac{1}{2}\right)\cdot\frac{1}{3} + 3\cdot\left(1-\frac{1}{2}\right)\cdot\left(1-\frac{1}{3}\right) = \frac{5}{2}.$$

**Übung I.4.2.** Bei nur zwei Spielern mit $I = \{1, 2\}$ gilt $S_2 = S_{-1}$ und $W(S_{-1}) = W(S_2) = \Sigma_2$. $\left(\frac{1}{3}, \frac{2}{3}\right) \in W(S_{-1})$ bedeutet also, dass Spieler 2 mit der Wahrscheinlichkeit $\frac{1}{3}$ Theater und mit der Wahrscheinlichkeit $\frac{2}{3}$ Fußball wählt. Dies haben wir in der vorangegangenen Aufgabe bereits berechnet. $W(S_{-1})$ und $\Sigma_{-1}$ sind nur bei mindestens drei Spielern unterschiedliche Mengen.

**Übung I.4.3.** Die konvexe Mischung der beiden gemischten Strategien $\left(\frac{1}{2}, \frac{1}{4}, \frac{1}{4}\right)$ und $\left(\frac{1}{3}, \frac{1}{6}, \frac{1}{2}\right)$ mit dem Faktor $\frac{1}{3}$ für die erstere, ergibt die gemischte Strategie

$$\begin{aligned}
&\frac{1}{3}\left(\frac{1}{2}, \frac{1}{4}, \frac{1}{4}\right) + \frac{2}{3}\left(\frac{1}{3}, \frac{1}{6}, \frac{1}{2}\right) = \\
&\qquad = \left(\frac{1}{3} \cdot \frac{1}{2} + \frac{2}{3} \cdot \frac{1}{3}, \frac{1}{3} \cdot \frac{1}{4} + \frac{2}{3} \cdot \frac{1}{6}, \frac{1}{3} \cdot \frac{1}{4} + \frac{2}{3} \cdot \frac{1}{2}\right) \\
&\qquad = \left(\frac{7}{18}, \frac{7}{36}, \frac{5}{12}\right).
\end{aligned}$$

Beachten Sie, dass natürlich $\frac{7}{18} + \frac{7}{36} + \frac{5}{12} = 1$ gelten muss. Mischt man zwei reine Strategien, so ergibt sich eine gemischte Strategie, die in diesem Fall

$$\frac{1}{3}(1, 0, 0) + \frac{2}{3}(0, 1, 0) = \left(\frac{1}{3}, \frac{2}{3}, 0\right)$$

lautet.

**Übung I.4.4.** Ganz analog zum Beweis von Lemma F.3.1 errechnen wir

$$\begin{aligned}
&u_1\left(\alpha\sigma_1' + (1-\alpha)\sigma_1'', \sigma_2\right) = \\
&\quad = \sum_{s_1 \in S_1} \left(\alpha\sigma_1' + (1-\alpha)\sigma_1''\right)(s_1)\, u(s_1, \sigma_2) \\
&\quad = \sum_{s_1 \in S_1} \left(\alpha\sigma_1'\right)(s_1)\, u(s_1, \sigma_2) + \sum_{s_1 \in S_1} \left((1-\alpha)\sigma_1''\right)(s_1)\, u(s_1, \sigma_2) \\
&\quad = \alpha \sum_{s_1 \in S_1} \sigma_1'(s_1)\, u(s_1, \sigma_2) + (1-\alpha) \sum_{s_1 \in S_1} \sigma_1''(s_1)\, u(s_1, \sigma_2) \\
&\quad = \alpha u\left(\sigma_1', \sigma_2\right) + (1-\alpha)\, u\left(\sigma_1'', \sigma_2\right).
\end{aligned}$$

# J. Gemischte Strategien - beste Antworten

## J.1 Einführendes (ohne Beispiel)

Dieses Kapitel verspricht langweilig zu werden. Noch einmal untersuchen wir beste Antworten, Dominanz und Nichtrationalisierbarkeit, jetzt für gemischte Strategien in Spielen. Hat ein Spieler mehr als einen Gegenspieler, so ist es von Belang, ob er annimmt, dass diese Gegenspieler jeweils gemischte Strategien spielen, oder ob er eine Wahrscheinlichkeitsverteilung über alle möglichen Strategiekombinationen voraussetzt. Der Unterschied besteht darin, dass bei getrennt gemischten Strategien stochastische Unabhängigkeit gegeben ist, während sie im allgemeineren Fall nicht gegeben sein muss. Diese Unterscheidung betrifft sowohl die Beste-Antwort-Korrespondenzen als auch die Rationalisierbarkeit.

Neu ist in diesem Kapitel lediglich eine technische Feinheit (die für sich auch noch von begrenztem Interesse ist). Der Autor hat also vollstes Verständnis für Leser, die dieses Kapitel möglichst rasch hinter sich bringen wollen.

## J.2 Beste Antworten bei gemischten Strategien

Entsprechend der Unterscheidung zwischen $\Sigma_{-i}$ und $W(S_{-i})$ erhalten wir zwei verschiedene Definitionen der besten Antwort.

**Definition J.2.1 (Beste-Antwort-Korrespondenz).** *Für ein Spiel $(I, S, u)$ in gemischten Strategien und einen Spieler $i$ heißt*

$$B^{(\Sigma_{-i},\Sigma_i)} : \Sigma_{-i} \rightrightarrows \Sigma_i, \quad \sigma_{-i} \mapsto \underset{\sigma_i \in \Sigma_i}{\operatorname{argmax}}\, u_i(\sigma_i, \sigma_{-i})$$

*die Beste-Antwort-Korrespondenz für $(\Sigma_{-i}, \Sigma_i)$ und*

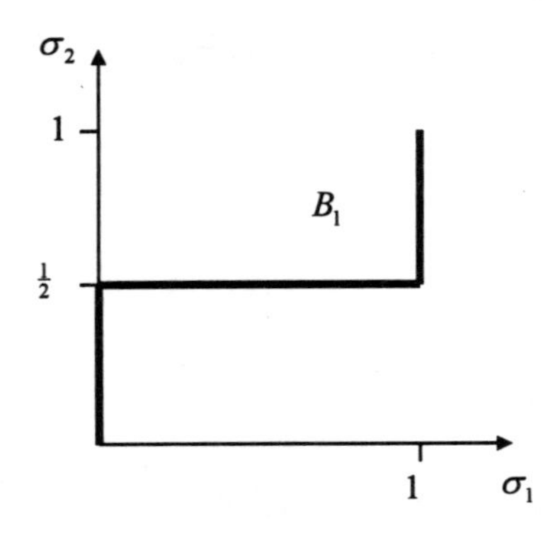


**Abbildung J.1.** Die beste Antwort von Spieler 1 bei Kopf oder Zahl.

$$B^{(W(S_{-i}),\Sigma_i)}: W(S_{-i}) \rightrightarrows \Sigma_i, \quad w \mapsto \underset{\sigma_i \in \Sigma_i}{\operatorname{argmax}}\, u_i(\sigma_i, w)$$

*die Beste-Antwort-Korrespondenz für* $(W(S_{-i}), \Sigma_i)$.

Die abkürzende Schreibweise $B_i$ werden wir auch für diese Beste-Antwort-Korrespondenzen verwenden, falls keine Unklarheit darüber bestehen kann, welche gemeint ist.

Für das Matrixspiel „Kopf oder Zahl" (S. 108) bestimmen wir jetzt die gemischte beste Antwort für Spieler 1 bezüglich $\Sigma_2$ und damit auch bezüglich $W(S_2)$. Bezeichnen wir mit $\sigma_1$ und $\sigma_2$ die Wahrscheinlichkeiten, dass Spieler 1 bzw. Spieler 2 Kopf wählt, beträgt die Auszahlung für Spieler 1

$$u_1(\sigma_1, \sigma_2) = \sigma_1\sigma_2 + (1-\sigma_1)(1-\sigma_2) - \sigma_1(1-\sigma_2) - (1-\sigma_1)\sigma_2.$$

Durch Differenziation nach $\sigma_1$ erhalten wir

$$\begin{aligned}\frac{\partial u_1(\sigma_1,\sigma_2)}{\partial \sigma_1} &= \sigma_2 - (1-\sigma_2) - (1-\sigma_2) + \sigma_2 \\ &= 4\sigma_2 - 2 \quad \begin{cases} < 0 \text{ für } \sigma_2 < \frac{1}{2}, \\ = 0 \text{ für } \sigma_2 = \frac{1}{2}, \\ > 0 \text{ für } \sigma_2 > \frac{1}{2}. \end{cases}\end{aligned}$$

Nun überlegen wir uns:

- Ist die Ableitung $\frac{\partial u_1(\sigma_1,\sigma_2)}{\partial \sigma_1}$ kleiner als Null, erhöht man den erwarteten Nutzen durch Reduzierung von $\sigma_1$. Also ist $\sigma_1 = 0$ optimal.

- Bei einer positiven Ableitung $\frac{\partial u_1(\sigma_1,\sigma_2)}{\partial \sigma_1}$ ist Kopf mit einer möglichst hohen Wahrscheinlichkeit zu wählen: $\sigma_1 = 1$ stellt dann die beste Antwort dar.
- Beträgt die Ableitung jedoch Null, variiert der erwartete Nutzen nicht mit $\sigma_1$.

Die so verbal beschriebene beste Antwort lässt sich kürzer durch

$$B_1(\sigma_2) = \begin{cases} 0 & \text{für } \sigma_2 < \frac{1}{2}, \\ [0,1] & \text{für } \sigma_2 = \frac{1}{2}, \\ 1 & \text{für } \sigma_2 > \frac{1}{2} \end{cases}$$

ausdrücken und graphisch wie in Abbildung J.1 darstellen.

**Übung J.2.1.** Bestimmen Sie für den Kampf der Geschlechter

| | | Spieler 2 | |
|---|---|---|---|
| | | Theater | Fußball |
| **Spieler 1** | Theater | 4, 3 | 2, 2 |
| | Fußball | 1, 1 | 3, 4 |

beste Antworten für Spieler 1 auf (1) $\sigma_2 = 1$, (2) $\sigma_2 = \frac{2}{3}$ und (3) $\sigma_2 = \frac{1}{4}$, wobei $\sigma_2$ die Wahrscheinlichkeit des zweiten Spielers für den Theaterbesuch meint. Skizzieren Sie sodann die beste Antwort von Spieler 1 graphisch, indem Sie an der Abszisse die Wahrscheinlichkeit für Spieler 2, ins Theater zu gehen, abtragen!

Auf die Strategie $\sigma_2 = \left(\frac{1}{4}, \frac{3}{4}\right)$ sind „Theater“ und „Fußball“ beste Antworten. Wir haben in der Aufgabe gezeigt, dass auch jede Mischung von Theater und Fußball eine beste Antwort ist. Gilt dies allgemein? Ja: Konvexe Mischungen von Strategien, die beste Antworten sind, sind wiederum beste Antworten. Dieses Ergebnis halten wir in einem Theorem fest und notieren einige Korollare. All dies ist für den Leser des Kapitels F wenig überraschend. Wir setzen ein Spiel $(I, S, u)$ in gemischten Strategien und einen Spieler $i$ aus $I$ voraus.

**Theorem J.2.1.** *Sei $w$ eine Wahrscheinlichkeitsverteilung auf $S_{-i}$ (eventuell entartet). Eine gemischte Strategie $\sigma_i$ ist genau dann eine beste Antwort für $(W(S_{-i}), \Sigma_i)$, falls jede reine Strategie $s_i$ mit $\sigma_i(s_i) > 0$ eine beste Antwort für $(W(S_{-i}), S_i)$ darstellt. Ist $\sigma_i$ beste Antwort, so gilt für alle $s_i$ mit $\sigma_i(s_i) > 0 : u_i(\sigma_i, w) = u_i(s_i, w)$.*

Dieses Theorem ist gleichbedeutend mit dem folgenden Korollar:

**Korollar J.2.1.** *Sei $w$ eine Wahrscheinlichkeitsverteilung auf $S_{-i}$ (eventuell entartet). Dann gelten die folgenden Behauptungen:*

1. *Eine gemischte Strategie $\sigma_i$ ist nicht besser als eine beste Antwort $s_i$ auf $w$ für $(W(S_{-i}), S_i)$.*
2. *Wenn eine gemischte Strategie eine reine Strategie $s_i$, die nicht beste Antwort auf $w$ für $(W(S_{-i}), S_i)$ ist, mit positiver Wahrscheinlichkeit wählt, ist sie keine beste Antwort auf $w$ für $(W(S_{-i}), \Sigma_i)$.*
3. *Wenn eine reine Strategie $s_i$ die eindeutig bestimmte beste Antwort auf $w$ für $(W(S_{-i}), S_i)$ ist, ist die beste Antwort auf $w$ für $(W(S_{-i}), \Sigma_i)$ ebenfalls eindeutig bestimmt und gleich der $s_i$ entsprechenden entarteten Wahrscheinlichkeitsverteilung.*
4. *Gibt es mehrere beste Antworten auf $w$ für $(W(S_{-i}), S_i)$, ist jede gemischte Strategie, die nur diese mit positiven Wahrscheinlichkeiten wählt, eine beste Antwort auf $w$ für $(W(S_{-i}), \Sigma_i)$.*
5. *Seien zwei gemischte Strategien $\sigma_i'$ und $\sigma_i''$ aus $\Sigma_i$ beste Antworten auf eine Wahrscheinlichkeitsverteilung $w$ auf $S_{-i}$. Dann ist jede konvexe Mischung aus diesen beiden Strategien wiederum eine beste Antwort auf $\sigma_{-i}$. Aus $\sigma_i', \sigma_i'' \in B^{(W(S_{-i}),\Sigma_i)}(w)$ folgt also $\alpha\sigma_i' + (1-\alpha)\sigma_i'' \in B^{(W(S_{-i}),\Sigma_i)}(w)$ für alle $\alpha \in [0,1]$.*

**Übung J.2.2.** Betrachten Sie das Basu-Spiel (Abschnitt H.6.2). Gibt es eine gemischte Strategie des Reisenden 2 mit $\sigma_2(s_2) > 0$ für alle $s_2 = 2, ..., 100$, so dass $\sigma_1(100) > 0$ für die beste Antwort von Spieler 1 gilt?

## J.3 Dominanz und Rationalisierbarkeit

### J.3.1 Dominanz

Auch bei gemischten Strategien benötigen wir nur eine Definition für Dominanz:

**Definition J.3.1 (Dominanz).** *Sei $(I, S, u)$ ein Spiel in gemischten Strategien und $i$ ein Spieler aus $I$. Dann dominiert die Strategie $\sigma_i \in S_i$ die Strategie $\sigma_i' \in S_i$, falls*

$$u_i(\sigma_i, s_{-i}) \geq u_i(\sigma_i', s_{-i}) \text{ für alle } s_{-i} \in S_{-i}$$

*und*

$$u_i(\sigma_i, s_{-i}) > u_i(\sigma_i', s_{-i}) \text{ für mindestens ein } s_{-i} \in S_{-i}$$

*Die Dominanz ist streng, falls*

$$u_i(\sigma_i, s_{-i}) > u_i(\sigma_i', s_{-i}) \text{ für alle } s_{-i} \in S_{-i}$$

*gegeben ist. Strategie $\sigma_i'$ heißt hier (von $\sigma_i$) schwach bzw. streng dominiert.*

*Strategie $\sigma_i$ heißt (schwach) dominant bzw. streng dominant, falls $\sigma_i$ alle anderen Strategien aus $\Sigma_i$ (schwach) dominiert bzw. streng dominiert.*

Man kann zeigen: Die angegebenen Definitionen für Dominanz und strenge Dominanz bleiben richtig, wenn man anstelle der Strategiekombinationen $s_{-i} \in S_{-i}$ die gemischten Strategiekombinationen $\sigma_{-i} \in \Sigma_{-i}$ oder auch die Wahrscheinlichkeitsverteilungen $w \in W(S_{-i})$ setzt. Wir erinnern den Leser an Theorem E.3.1 auf S. 67. Diese Aussage bezieht sich auf die Strategiewahl der anderen Spieler. Die nächste Aufgabe macht (erneut) auf einen Sachverhalt aufmerksam, der die eigene Strategiewahl betrifft.

**Übung J.3.1.** Man beachte, dass eine Strategie, die von reinen Strategien undominiert ist, von einer gemischten Strategie dominiert werden kann. Man betrachte dazu die nun folgende Matrix. Überlegen Sie sich, dass es bei untigem Matrixspiel in reinen Strategien für Spieler 1 keine dominierte Strategie gibt! Zeigen Sie, dass es bei gemischten Strategien für Spieler 1 eine Dominanzbeziehung gibt!

| | | Spieler 2 | |
|---|---|---|---|
| | | $s_2^1$ | $s_2^2$ |
| | $s_1^1$ | $2,2$ | $2,2$ |
| Spieler 1 | $s_1^2$ | $1,5$ | $5,1$ |
| | $s_1^3$ | $5,1$ | $1,5$ |

### J.3.2 Rationalisierbarkeit

Wir haben in diesem Abschnitt zwischen Nichtrationalisierbarkeit bezüglich aller Kombinationen gemischter Strategien $\Sigma_{-i}$ (dies ist die Nichtrationalisierbarkeit im Sinne von BERNHEIM (1984) und PEARCE (1984)) und Nichtrationalisierbarkeit bezüglich aller Wahrscheinlichkeitsverteilungen $W(S_{-i})$ auf $S_{-i}$ zu unterscheiden.

**Definition J.3.2 (Nichtrationalisierbarkeit).** *Sei $(I, S, u)$ ein Spiel in gemischten Strategien und $i$ ein Spieler aus $I$. Strategie $\sigma_i'$ ist nichtrationalisierbar oder nicht rationalisierbar*

*(a) bezüglich $\Sigma_{-i}$,*

- *falls sie für kein $\sigma_{-i} \in \Sigma_{-i}$ eine beste Antwort ist, falls also*

$$\sigma_i' \notin B_i(\sigma_{-i})$$

*gilt,*

**Definition J.3.3.** *oder, äquivalent,*

- *falls es für jede gemischte Strategiekombination $\sigma_{-i} \in \Sigma_{-i}$ eine andere Strategie $\sigma_i \in \Sigma_i$ gibt, die*

$$u_i(\sigma_i, \sigma_{-i}) > u_i(\sigma_i', \sigma_{-i})$$

*erfüllt;*

*(b) bezüglich $W(S_{-i})$,*

- *falls sie für kein $w \in W(S_{-i})$ eine beste Antwort ist, falls also*

$$\sigma_i' \notin B_i(w)$$

*gilt,*

**Definition J.3.4.** *oder, äquivalent,*

- *falls es für jede Wahrscheinlichkeitsverteilung $w \in W(S_{-i})$ eine andere Strategie $\sigma_i \in \Sigma_i$ gibt, die*

$$u_i(\sigma_i, w) > u_i(\sigma_i', w)$$

*erfüllt.*

Bei zwei Personen ist die Menge der Wahrscheinlichkeitsverteilungen, die $\Sigma_{-i}$ auf $S_{-i}$ erzeugt, gleich der Menge der Wahrscheinlichkeitsverteilungen $W(S_{-i})$. Dann besteht Äquivalenz zwischen (a) und (b). Bei mehr als zwei Personen ist die stochastische Unabhängigkeit, die bei $\Sigma_{-i}$ vorausgesetzt ist, bedeutsam, und Äquivalenz nicht mehr gegeben.

Wir zeigen dies anhand eines Beispiels auf, das BRANDENBURGER (1992) entnommen ist. Es gibt drei Spieler. Spieler 1 wählt eine von zwei Zeilen, Spieler 2 eine von zwei Spalten und Spieler 3 eine von drei Matrizen. Die Übersicht in Abbildung J.2 definiert die Auszahlungen der Spieler. Man kann (Sie können!) nun zeigen, dass für Spieler 3 die Strategie $s_3^2$ nicht rationalisierbar bezüglich $\Sigma_{-3}$ ist, obwohl sie rationalisierbar bezüglich $W(S_{-3})$ ist.

| **Spieler 3** (wählt Matrix) | | $s_3^1$ | | $s_3^2$ | | $s_3^3$ | |
|---|---|---|---|---|---|---|---|
| | | **Spieler 2** (wählt Spalte) | | | | | |
| | | $s_2^1$ | $s_2^2$ | $s_2^1$ | $s_2^2$ | $s_2^1$ | $s_2^2$ |
| **Spieler 1** | $s_1^1$ | 1,1,1 | 1,0,1 | $2,2,\frac{7}{10}$ | 0,0,0 | 1,1,0 | 1,0,0 |
| (wählt Zeile) | $s_1^2$ | 0,1,0 | 0,0,0 | 0,0,0 | $2,2,\frac{7}{10}$ | 0,1,1 | 0,0,1 |

**Abbildung J.2.** Keine Äquivalenz

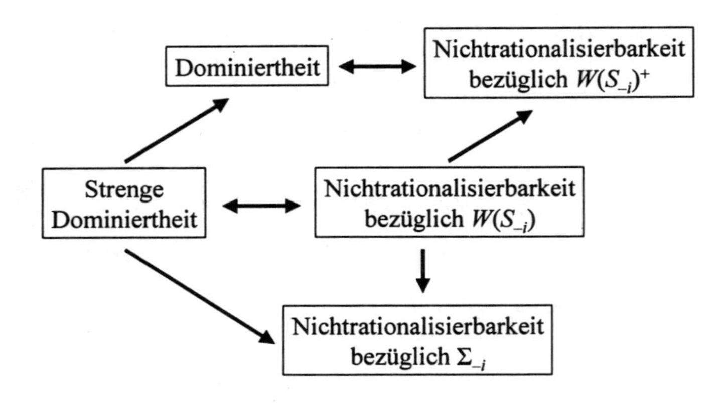


**Abbildung J.3.** Implikationsrichtungen bei gemischten Strategien in der Spieltheorie

**Übung J.3.2.** Zeigen Sie:

1. Für Spieler 3 ist die Strategie $s_3^2$ bezüglich $\Sigma_{-3}$ nicht rationalisierbar.
2. Für Spieler 3 ist die Strategie $s_3^2$ bezüglich $W(S_{-3})$ rationalisierbar. Nehmen Sie die Wahrscheinlichkeitsverteilung $w$ mit $w\left(s_1^1, s_2^1\right) = \frac{1}{2}$ und $w\left(s_1^2, s_2^2\right) = \frac{1}{2}$.

Das obige Beispiel zeigt, dass man von der Nichtrationalisierbarkeit bezüglich $\Sigma_{-i}$ im Allgemeinen nicht auf die Nichtrationalisierbarkeit bezüglich $W(S_{-i})$ schließen kann. Wie verhält es sich umgekehrt?

**Übung J.3.3.** Die Menge der Wahrscheinlichkeitsverteilungen, die den gemischten Strategien aus $\Sigma_{-i}$ entspringt, ist eine Teilmenge der Menge der Wahrscheinlichkeitsverteilungen auf $S_{-i}$. Was folgt daraus für das Verhältnis der Nichtrationalisierbarkeit bezüglich $\Sigma_{-i}$ und $W(S_{-i})$?

### J.3.3 Rationalisierbarkeit und Dominanz

In diesem Abschnitt wollen wir die Implikationsrichtungen zwischen den eingeführten Begriffen ausloten. Sie sind in Abbildung J.3 dargestellt und nun zu begründen.

| | | Spieler 2 | |
|---|---|---|---|
| | | $s_2^1$ | $s_2^2$ |
| Spieler 1 | $s_1^1$ | 2, 2 | 2, 2 |
| | $s_1^2$ | 1, 5 | 5, 1 |
| | $s_1^3$ | 5, 1 | 1, 5 |

**Abbildung J.4.** Ein Matrixspiel

Am bemerkenswertesten ist, dass aus der Nichtrationalisierbarkeit einer gemischten Strategie $\sigma_i$ bezüglich $W(S_{-i})$ die strenge Dominiertheit folgt. Diese Einsicht entstammt PEARCE (1984, Appendix B). In einem Zwei-Personen-Spiel sind $\Sigma_2$ und $W(S_2)$ identisch. Dann ist die strenge Dominiertheit einer Strategie $\sigma_i$ von Spieler $i$ äquivalent zu ihrer Nichtrationalisierbarkeit bezüglich $\Sigma_2 = W(S_2)$.

Wir erinnern jedoch daran, dass eine reine Strategie, die bezüglich $W(S_{-i})$ nicht rationalisierbar ist, von einer reinen Strategie nicht streng dominiert werden muss. Wir verweisen wiederum auf das Matrixspiel in Abbildung J.4, bei dem $s_1^1$ nicht rationalisierbar bezüglich $W(S_2)$ ist: eine der anderen beiden ist bei jeder Wahrscheinlichkeitsverteilung über die Strategien von Spieler 2 besser. Dennoch wird die Strategie $s_1^1$ nicht streng dominiert, wenn man sich auf reine Strategien beschränkt.

Der Satz von Pearce und die obige Implikationsabbildung sagen nun, dass es eine gemischte Strategie geben muss, die $s_1^1$ streng dominiert. Tatsächlich hatten wir die strenge Dominiertheit von $s_1^1$ durch die gemischte Strategie $\sigma_1 = \left(0, \frac{1}{2}, \frac{1}{2}\right)$ in Übung J.3.1 nachgewiesen.

**Übung J.3.4.** Können Sie Abbildung J.3 für Nichtrationalisierbarkeit bezüglich

$$(\Sigma_{-i})^+ := \left\{\sigma_{-i} \in \Sigma_{-i} : \sigma_k \in W(S_k)^+ \text{ für alle } k \neq i\right\}$$

vervollständigen? Überlegen Sie sich dazu, ob $(\Sigma_{-i})^+$ in $W(S_{-i})^+$ oder in $\Sigma_{-i}$ „enthalten" ist.

## J.4 Rationalität

Da es bei gemischten Strategien vier verschiedene Arten der Rationalisierbarkeit gibt (vergleiche Aufgabe J.3.4), könnte man vier verschiedene Arten der Rationalität unterscheiden. Dem Savage'schen Modell kommt man wohl am nächsten, wenn man sich bei der Definition auf $W(S_{-i})$ stützt: Für Spieler $i \in I$ heißt eine Strategie $\sigma_i$ rational, falls sie rationalisierbar bezüglich $W(S_{-i})$ ist. Ein Spieler heißt rational, wenn er nur rationale Strategien wählt.

## J.5 Iterierte Rationalisierbarkeit

### J.5.1 Implikationsbeziehungen

Folgerichtig haben wir nun bei gemischten Strategien die iterative Anwendung von Dominanz- und Rationalisierbarkeitsargumenten zu untersuchen. Dazu betrachten wir Abbildung J.5. Sie enthält u.a. folgende Aussagen über gemischte Strategien $\sigma_i \in \Sigma_i$:

- Die Strategie $\sigma_i$ wird genau dann dominiert, wenn sie bezüglich $W(S_{-i})^+$ nicht rationalisierbar ist.
- Wenn $\sigma_i$ streng dominiert wird, ist sie nicht rationalisierbar bezüglich $W(S_{-i})$, $W(S_{-i})^+$, $\Sigma_{-i}$ oder $(\Sigma_{-i})^+$.

Diese Aussagen erlauben uns Schlussfolgerungen über iterierte Rationalisierbarkeit (und iterierte Undominiertheit). Ein Beispiel: Wenn eine Strategie $\sigma_i$ iteriert rationalisierbar bezüglich $\Sigma_{-i}$ ist, gilt dies erst recht bezüglich $W(S_{-i})$. Bei iterierter Rationalisierbarkeit bezüglich $W(S_{-i})$ überleben also mindestens so viele Strategien die Elimination wie bei iterierter Rationalisierbarkeit bezüglich $\Sigma_{-i}$. In weiteren Eliminationsrunden wird dieser Effekt noch weiter verstärkt, weil es dann mehr Wahrscheinlichkeitsverteilungen gibt, die zur Rationalisierbarkeit beitragen. Dies wollen wir uns genauer ansehen, zum einen für $\Sigma_{-i}$ und zum anderen für $W(S_{-i})$. Damit wollen wir allerdings nicht andeuten, dass $W(S_{-i})^+$ oder $(\Sigma_{-i})^+$ irrelevant sind.

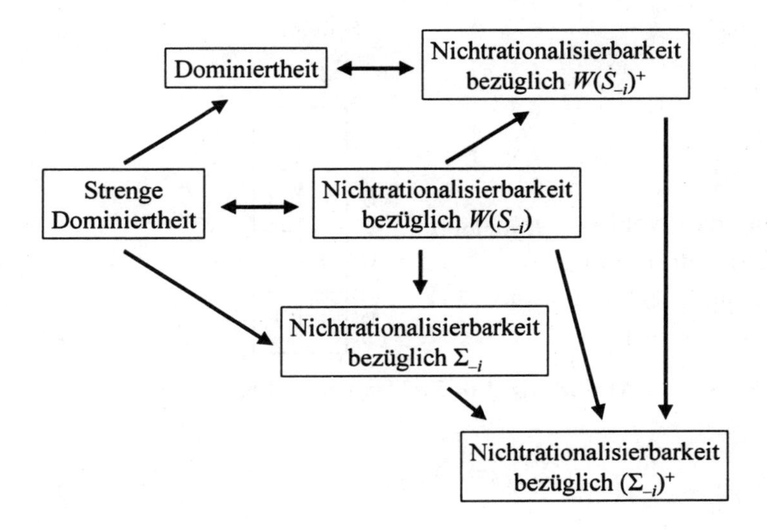


**Abbildung J.5.** Implikationsbeziehungen

### J.5.2 Iterierte Rationalisierbarkeit bezüglich $\Sigma_{-i}$

Wie in Abschnitt H.6.3, werden wir zur Formalisierung iterativer Nichtrationalisierbarkeit ein Spiel in mehreren Schritten in ein Spiel mit eingeschränkten Strategieräumen transformieren. Für ein Spiel $\Gamma = (I, \Sigma, u)$ und für einen Spieler $i$ aus $I$ sei $D_i^{\Sigma_{-i}}(\Gamma)$ die Menge der bezüglich $\Sigma_{-i}$ nichtrationalisierbaren Strategien. Wie in dem oben erwähnten Abschnitt definieren wir eine Folge von Spielen iterativ:

1. $\Gamma^0 := \Gamma = (I, \Sigma, u)\,,\ \Sigma^0 := \Sigma$
2. und für $\ell \geq 0$ und für alle $i \in I$:
   a) $\Gamma^\ell = \left(I, \Sigma^\ell, u^\ell\right)$
   b) $\Sigma^\ell = \bigtimes_{i \in I} \Sigma_i^\ell$
   c) $\Sigma_i^{\ell+1} := \Sigma_i^\ell \backslash D_i^{\Sigma_{-i}}\left(\Gamma^\ell\right),$
   wobei $u^\ell$ die Einschränkung von $u$ auf $\Sigma^\ell$ ist.

Für die zu streichenden Strategien $D_i^{\Sigma_{-i}}\left(\Gamma^\ell\right)$, $\ell > 0$, bietet sich vorläufig die folgende Definition an:

$$D_i^{\Sigma_{-i}}\left(\Gamma^\ell\right) := \left\{\sigma_i \in \Sigma_i^\ell : \text{für alle } \sigma_{-i} \in \text{ mit}\right.$$

| | | **Spieler 2** | |
|---|---|---|---|
| | | $l$ | $r$ |
| **Spieler 1** | A | 3 | 0 |
| | B | 0 | 3 |
| | C | 2 | 2 |
| | D | 1 | 1 |

**Abbildung J.6.** Problematische Elimination

$$\Sigma_{-i}^{\ell} := \bigtimes_{j \in I, j \neq i} \Sigma_j^{\ell} \text{ gilt } \sigma_i \notin B_i(\sigma_{-i}) \Big\} .$$

Die Menge der Strategien $\Sigma_j^0 = \Sigma_j$ ist konvex: Mit zwei Strategiekombinationen gemischter Strategien $\sigma_j'$ und $\sigma_j''$ für Spieler $j$ ist für alle $\alpha$ zwischen Null und Eins auch

$$\alpha\sigma_j' + (1-\alpha)\,\sigma_j''$$

in $\Sigma_j^0$ enthalten. Für höherindizierte Strategiekombinationen muss das nicht gelten.

Mit FUDENBERG/TIROLE (1991, 49f.) lässt sich eine solche Situation mithilfe des Matrixspiels in Abbildung J.6, in dem lediglich die Auszahlungen für Spieler 1 angegeben sind, konstruieren. Strategie $A$ ist gegenüber Strategie $l$ eine beste Antwort und Strategie $B$ ist gegenüber Strategie $r$ eine beste Antwort. Die gemischte Strategie $\left(\frac{1}{2}, \frac{1}{2}, 0, 0\right)$ mit der Auszahlung $\frac{3}{2}$ wird von der Strategie $C$ streng dominiert, die eine Auszahlung von 2 erbringt. Daher ist die angegebene gemischte Strategie nicht rationalisierbar bezüglich $\Sigma_2$. Diese Strategie würde also entsprechend dem oben definierten Prozess der iterierten Elimination gestrichen werden.

Die Elimination einer solchen Strategie selbst ist nicht problematisch. Das Problem besteht nur darin, dass man für die folgenden Eliminationsschritte diese Elimination nicht berücksichtigen möchte. Denn ein Spieler $i$ könnte ja mit der Wahrscheinlichkeit $\alpha$ glauben, dass Spieler $j$ die Strategie $\sigma_j' \in \Sigma_j^{\ell}$ wählt, und mit der Wahrscheinlichkeit $1-\alpha$ die Strategie $\sigma_j'' \in \Sigma_j^{\ell}$ für möglich halten, auch wenn $\alpha\sigma_j' + (1-\alpha)\,\sigma_j''$

kein Element von $\Sigma_j^\ell$ darstellt. Dann kann er eine Strategie damit rechtfertigen, dass sie eine beste Antwort auf $\alpha\sigma_j' + (1-\alpha)\,\sigma_j''$ (und die Strategien der übrigen Spieler) darstellt. In unserem Beispiel mag Spieler 2 die Strategie $l$ oder $r$ damit rechtfertigen, dass sie eine beste Antwort auf die Mischung der Strategien $A$ und $B$ ist, obwohl diese Mischung selbst nicht rationalisierbar ist.

Dies ermöglicht man dadurch, dass die Elimination zwar durchgeführt wird, dass man sich jedoch bei der Prüfung der Nichtrationalisierbarkeit nicht auf $\Sigma_{-i}^\ell := \times_{j\in I, j\neq i}\Sigma_j^\ell$ beschränkt, sondern die größere Menge

$$\times_{j\in I, j\neq i} kh\left(\Sigma_j^\ell\right)$$

betrachtet. Hierbei steht $kh$ für konvexe Hülle (siehe S. 151).

Die so modifizierte Definition der zu eliminierenden Strategien lautet dann

$$D_i^{\Sigma_{-i}}\left(\Gamma^\ell\right) := \left\{\sigma_i \in \Sigma_i^\ell : \text{für alle } \sigma_{-i} \in \times_{j\in I, j\neq i} kh(\Sigma_j^\ell)\right.$$
$$\left. \text{gilt } \sigma_i \notin B_i\left(\sigma_{-i}\right)\right\}.$$

Wir streichen also für jeden Spieler dessen nichtrationalisierbare Strategien in dem erklärten Sinne.

**Definition J.5.1 (iterativ rationalisierbare Strategie).** *Sei $(I, S, u)$ ein Spiel in gemischten Strategien und $i$ ein Spieler aus $I$. Eine Strategie $s_i$ heißt iterativ rationalisierbar bezüglich $\Sigma_{-i}$, falls der Eliminationsprozess der soeben beschriebene ist und falls für alle $\ell \in \mathbb{N}$ die Strategie $s_i$ in $\Sigma_i^\ell$ enthalten ist.*

### J.5.3 Iterierte Rationalisierbarkeit bezüglich $W(S_{-i})$

Iterative Dominanz bezüglich $W(S_{-i})$ lässt sich so definieren: Für ein Spiel $\Gamma = (I, \Sigma, u)$ und für einen Spieler $i$ aus $I$ sei $D_i^{W(S_{-i})}(\Gamma)$ die Menge der bezüglich $W(S_{-i})$ nichtrationalisierbaren Strategien. Wir definieren wiederum iterativ:

1. $\Gamma^0 := \Gamma = (I, \Sigma, u)\,,\ \Sigma^0 := \Sigma$
2. und für $\ell \geq 0$ und für $i \in I$:

a) $\Gamma^\ell = \left(I, \Sigma^\ell, u^\ell\right)$

b) $\Sigma^\ell = \bigtimes_{i \in I} \Sigma_i^\ell$

c) $S_i^\ell = \left\{s_i \in S_i\text{: es gibt ein } \sigma_i \in \Sigma_i^\ell \text{ mit } \sigma_i\left(s_i\right) > 0\right\}$

d) $S_{-i}^\ell = \bigtimes_{j \in I, j \neq i} S_i^\ell$

e) $\Sigma_i^{\ell+1} := \Sigma_i^\ell \backslash D_i^{W(S_{-i})}\left(\Gamma^\ell\right)$,
wobei $u^\ell$ die Einschränkung von $u$ auf $\Sigma^\ell$ ist.

Für die zu streichenden Strategien $D_i^{W(S_{-i})}\left(\Gamma^\ell\right)$, $\ell > 0$ definieren wir:

$$D_i^{W(S_{-i})}\left(\Gamma^\ell\right) := \Big\{\sigma_i \in \Sigma_i^\ell : \text{für alle } w \in W\left(S_{-i}^\ell\right) \\ \text{gilt } \sigma_i \notin B_i(w)\Big\}.$$

Die Nichtrationalisierbarkeit stellt hierbei auf die Wahrscheinlichkeitsverteilungen auf $S_{-i}^\ell$ ab. Die Strategien, die sich noch in $S_i^\ell$ befinden, sind diejenigen, für die (mindestens) eine gemischte Strategie aus $\Sigma_i^\ell$ eine positive Wahrscheinlichkeit vorsieht. Das Konvexitätsproblem des vorangehenden Abschnitts taucht hier nicht auf. Die Menge der Wahrscheinlichkeitsverteilungen auf $S_{-i}^\ell$ ist konvex.

**Definition J.5.2 (iterativ rationalisierbare Strategie).** *Sei $(I, S, u)$ ein Spiel in gemischten Strategien und $i$ ein Spieler aus $I$. Eine Strategie $s_i$ heißt iterativ rationalisierbar bezüglich $W(S_{-i})$, falls der Eliminationsprozess der in diesem Abschnitt beschriebene ist und falls für alle $\ell \in \mathbb{N}$ die Strategie $s_i$ in $\Sigma_i^\ell$ enthalten ist.*

### J.5.4 Iterierte Rationalisierbarkeit und Dominanz

Die Ergebnisse des vorangehenden Kapitels sind für dieses unmittelbar relevant. Wir notieren drei wichtige Ergebnisse, die in PEARCE (1984, Appendix B) zu finden sind:

**Theorem J.5.1.** *Sei $(I, S, u)$ ein Spiel in gemischten Strategien und $i$ ein Spieler aus $I$. Wir erhalten:*

1. *Iterierte Rationalisierbarkeit bezüglich $W(S_{-i})$ folgt aus der iterierten Rationalisierbarkeit bezüglich $\Sigma_{-i}$. Das erstere Eliminationsverfahren lässt also gleich viele oder mehr Strategien übrig.*
2. *Da eine Strategie $\sigma_i$ genau dann streng dominiert wird, wenn sie bezüglich $W(S_{-i})$ nicht rationalisierbar ist, gilt*

$$\begin{aligned} D_i^{\textit{strenge Dominanz}}\left(\Gamma^\ell\right) &:= \Big\{\sigma_i \in \Sigma_i^\ell : \sigma_i \textit{ wird in } \Gamma^\ell \\ &\qquad \textit{streng dominiert}\Big\} \\ &= D_i^{W(S_{-i})}\left(\Gamma^\ell\right). \end{aligned}$$

   *Und daher können wir sagen, dass iterierte Rationalisierbarkeit bezüglich $W(S_{-i})$ äquivalent ist zur iterierten strengen Undominiertheit, wobei im Eliminationsprozess des Abschnitts J.5.3 lediglich $D_i^{W(S_{-i})}$ durch $D_i^{\textit{strenge Dominanz}}$ ersetzt wird.*
3. *Die Äquivalenz zwischen strenger Undominiertheit und iterierter Rationalisierbarkeit bezüglich $\Sigma_{-i}$ gilt dagegen im Allgemeinen nicht. Ausnahme ist hier der Zwei-Personen-Fall, weil für $I = \{1, 2\}$ die Identität von $\Sigma_2$ und $W(S_2)$ gilt.*

## J.6 Literaturhinweise

Die Nichtrationalisierbarkeit bezüglich $\Sigma_{-i}$ wurde von BERNHEIM (1984) und PEARCE (1984) unabhängig voneinander in die Literatur eingeführt. Die Nichtrationalisierbarkeit bezüglich $W(S_{-i})$ heißt auch korrelierte Nichtrationalisierbarkeit, siehe auch GUL (1996).

## J.7 Lösungen

**Übung J.2.1.** Wir überlegen uns:

1. Spielt Spieler 2 die Strategie $\sigma_2 = 1$ (die wir mit $\sigma_2 = (1, 0) \in W(\{\text{Theater, Fußball}\})$ identifizieren), wählt er also Theater, so sieht man unmittelbar, dass die (eindeutig bestimmte) beste Antwort für Spieler 1 ebenfalls „Theater" lautet, d.h. $\sigma_1 = 1$.

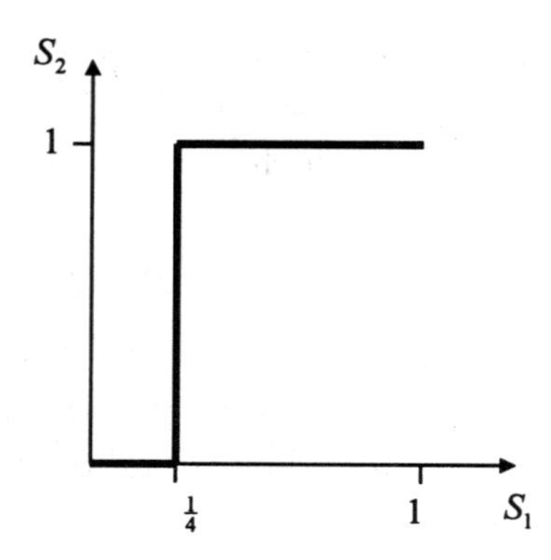


**Abbildung J.7.** Die beste Antwort für Spieler 1

2. Der Nutzen für Spieler 1 bei $\sigma_2 = \frac{2}{3}$ lautet

$$\begin{aligned} u_1\left(\sigma_1, \frac{2}{3}\right) &= 4\sigma_1 \frac{2}{3} + 2\sigma_1\left(1 - \frac{2}{3}\right) + \\ &\quad + (1-\sigma_1)\frac{2}{3} + 3(1-\sigma_1)\left(1 - \frac{2}{3}\right) \\ &= \frac{5}{3}\sigma_1 + \frac{5}{3}. \end{aligned}$$

Er ist offenbar bei $\sigma_1 = 1$ maximal.

3. Bei $\sigma_2 = \frac{1}{4}$ ergibt sich für Spieler 1

$$\begin{aligned} u_1\left(\sigma_1, \frac{1}{4}\right) &= 4\sigma_1 \cdot \frac{1}{4} + 2\sigma_1\left(1 - \frac{1}{4}\right) + \\ &\quad + (1-\sigma_1) \cdot \frac{1}{4} + 3(1-\sigma_1)\left(1 - \frac{1}{4}\right) \\ &= \frac{5}{2}. \end{aligned}$$

Der Nutzen für Spieler 1 hängt also nicht von der Wahrscheinlichkeit für Theater ab! Damit ist jede Wahrscheinlichkeit für Theater eine beste Antwort, insbesondere auch die Wahrscheinlichkeiten Null oder Eins. Wir fassen die beste Antwort für Spieler 1 in Abbildung J.7 graphisch zusammen.

**Übung J.2.2.** Nein. Nach Korollar J.2.1 müsste unter den gemachten Annahmen die reine Strategie $s_1 = 100$ ebenfalls eine beste Antwort auf $\sigma_2$ darstellen. Wir hatten jedoch in der Lösung zu Übung H.6.2 gezeigt, dass dies nicht der Fall ist.

**Übung J.3.1.** Vergleicht man die drei möglichen Strategiepaare für Spieler 1, so sieht man, dass es keine dominante Strategie gibt. Die gemischte Strategie $\sigma_1 = \left(0, \frac{1}{2}, \frac{1}{2}\right)$ dominiert jedoch die Strategie $\sigma_1' = (1, 0, 0)$, die der Strategie $s_1^1$ entspricht. Denn es gilt

$$u_1\left(\sigma_1, s_2^1\right) = 0 \cdot 2 + \frac{1}{2} \cdot 1 + \frac{1}{2} \cdot 5 = 3$$

gegenüber

$$u_1\left(\sigma_1', s_2^1\right) = 1 \cdot 2 + 0 \cdot 1 + 0 \cdot 5 = 2$$

und gleiches für die zweite Strategie von Spieler 2.

**Übung J.3.2.** Sei nun $(\sigma_1, \sigma_2)$ eine beliebige Kombination von gemischten Strategien. Wir müssen zeigen, dass es zu $(\sigma_1, \sigma_2)$ eine gemischte Strategie $\sigma_3$ für Spieler 3 gibt, die besser für Spieler 3 als $s_3^2$ ist. Wir rechnen zunächst die Auszahlung bei Wahl der mittleren Matrix, d.h. bei $s_3^2$ aus:

$$\begin{aligned}
u_3\left(\sigma_1, \sigma_2, s_3^2\right) &= \sigma_1\left(s_1^1\right)\sigma_2\left(s_2^1\right)\frac{7}{10} + \\
&\quad + \left(1 - \sigma_1\left(s_1^1\right)\right)\left(1 - \sigma_2\left(s_2^1\right)\right)\frac{7}{10} \\
&= \frac{7}{10}\left(1 + 2\sigma_1\left(s_1^1\right)\sigma_2\left(s_2^1\right) - \sigma_1\left(s_1^1\right) - \sigma_2\left(s_2^1\right)\right) \\
&= \frac{7}{10}\left(1 + \sigma_2\left(s_2^1\right)\left(2\sigma_1\left(s_1^1\right) - 1\right) - \sigma_1\left(s_1^1\right)\right) \\
&= \frac{7}{10}\left(1 + \sigma_1\left(s_1^1\right)\left(2\sigma_2\left(s_2^1\right) - 1\right) - \sigma_2\left(s_2^1\right)\right)
\end{aligned}$$

Wählt Spieler 3 stattdessen die linke Matrix, erhält er die Auszahlung

$$\begin{aligned}
u_3\left(\sigma_1, \sigma_2, s_3^1\right) &= \sigma_1\left(s_1^1\right)\sigma_2\left(s_2^1\right) + \sigma_1\left(s_1^1\right)\left(1 - \sigma_2\left(s_2^1\right)\right) \\
&= \sigma_1\left(s_1^1\right),
\end{aligned}$$

während die rechte Matrix

$$u_3\left(\sigma_1, \sigma_2, s_3^3\right) = \left(1-\sigma_1\left(s_1^1\right)\right)\sigma_2\left(s_2^1\right) + \left(1-\sigma_1\left(s_1^1\right)\right)\left(1-\sigma_2\left(s_2^1\right)\right)$$
$$= 1-\sigma_1\left(s_1^1\right)$$

ergibt.

Ist nun $\sigma_1\left(s_1^1\right) \geq \frac{1}{2}$, so ist die linke Matrix besser als die mittlere, während bei $\sigma_1\left(s_1^1\right) < \frac{1}{2}$ die rechte Matrix für Spieler 3 besser als die mittlere ist. Wir zeigen zunächst, dass bei $\sigma_1\left(s_1^1\right) \geq \frac{1}{2}$ für alle gemischten Strategien von Spieler 2 die linke Matrix für Spieler 3 besser ist als die mittlere. Dies zeigen wir so: Das Minimum der Auszahlungsdifferenzen (linke Matrix minus mittlere Matrix) für Spieler 3 erweist sich für alle Strategien von Spieler 2 als positiv.

Die Auszahlungsdifferenzen betragen

$$u_3\left(\sigma_1, \sigma_2, s_3^1\right) - u_3\left(\sigma_1, \sigma_2, s_3^2\right) =$$
$$= \sigma_1\left(s_1^1\right) - \left(\frac{7}{10}\left(1 + 2\sigma_1\left(s_1^1\right)\sigma_2\left(s_2^1\right) - \sigma_1\left(s_1^1\right) - \sigma_2\left(s_2^1\right)\right)\right)$$
$$= \frac{17}{10}\sigma_1\left(s_1^1\right) + \frac{7}{10}\sigma_2\left(s_2^1\right) - \frac{7}{10} - \frac{14}{10}\sigma_1\left(s_1^1\right)\sigma_2\left(s_2^1\right).$$

Differenziert man nach $\sigma_2\left(s_2^1\right)$, ergibt sich

$$\frac{7}{10} - \frac{14}{10}\sigma_1\left(s_1^1\right) \leq 0.$$

Bei $\sigma_1\left(s_1^1\right) \geq \frac{1}{2}$ ist dann die Ableitung nach $\sigma_2\left(s_2^1\right)$ negativ oder Null, sodass das Minimum bei $\sigma_2\left(s_2^1\right) = 1$ erreicht wird. Es beträgt

$$\frac{17}{10}\sigma_1\left(s_1^1\right) + \frac{7}{10}\cdot 1 - \frac{7}{10} - \frac{14}{10}\sigma_1\left(s_1^1\right)\cdot 1 = \frac{3}{10}\sigma_1\left(s_1^1\right) > 0.$$

Also ist es für Spieler 3 vorteilhaft, die erste Matrix zu wählen, falls $\sigma_1\left(s_1^1\right) \geq \frac{1}{2}$ erfüllt ist. In ähnlicher Weise zeigt man, dass bei $\sigma_1\left(s_1^1\right) < \frac{1}{2}$ die rechte Matrix für Spieler 3 besser als die mittlere ist. Die mittlere Matrix ist somit für keine Kombination $(\sigma_1, \sigma_2)$ eine beste Antwort und $s_3^2$ ist daher nicht rationalisierbar.

Nun bleibt noch zu zeigen, dass für Spieler 3 die Strategie $s_3^2$ bezüglich $W\left(S_{-3}\right)$ rationalisierbar ist. Dazu nehmen wir die (nicht stochastisch unabhängige!) Wahrscheinlichkeitsverteilung $w$ mit $w\left(s_1^1, s_2^1\right) = \frac{1}{2}$ und $w\left(s_1^2, s_2^2\right) = \frac{1}{2}$. Es ergibt sich

$$u_3\left(w, s_3^2\right) = \frac{1}{2}\cdot\frac{7}{10} + \frac{1}{2}\cdot\frac{7}{10} = \frac{7}{10}$$
$$u_3\left(w, s_3^1\right) = \frac{1}{2}\cdot 1 + \frac{1}{2}\cdot 0 = \frac{1}{2}$$
$$u_3\left(w, s_3^3\right) = \frac{1}{2}\cdot 0 + \frac{1}{2}\cdot 1 = \frac{1}{2}$$

und somit ist die Wahl der mittleren Matrix rationalisierbar.

**Übung J.3.3.** Falls die Strategie $\sigma_i'$ nicht rationalisierbar bezüglich $W(S_{-i})$ ist, gibt es für alle $w \in W(S_{-i})$ eine andere Strategie $\sigma_i \in \Sigma_i$, die besser als $\sigma_i'$ abschneidet. Insbesondere gibt es dann für die Untermenge von $W(S_{-i})$, für $\Sigma_{-i}$, Strategien $\sigma_i \in \Sigma_i$, die besser als $\sigma_i'$ abschneiden. Also folgt aus der Nichtrationalisierbarkeit bezüglich $W(S_{-i})$ die Nichtrationalisierbarkeit bezüglich $\Sigma_{-i}$.

**Übung J.3.4.** $(\Sigma_{-i})^+$ ist die Menge der vollständig gemischten Strategiekombinationen aller Spieler außer Spieler $i$. Offenbar ist diese Menge eine Teilmenge von $\Sigma_{-i}$. Sei $s_{-i}$ eine Strategiekombination aus $S_{-i}$ und $\sigma_{-i}$ aus $(\Sigma_{-i})^+$. Dann wird $s_{-i}$ unter $\sigma_{-i}$ mit der Wahrscheinlichkeit

$$\underbrace{\sigma_1(s_1)}_{\in W(S_1)^+} \cdot \ldots \cdot \underbrace{\sigma_{i-1}(s_{i-1})}_{\in W(S_{i-1})^+} \cdot \underbrace{\sigma_{i+1}(s_{i+1})}_{\in W(S_{i+1})^+} \cdot \ldots \cdot \underbrace{\sigma_n(s_n)}_{\in W(S_n)^+} > 0$$

gewählt. Also führt $\sigma_{-i}$ zu einer Wahrscheinlichkeitsverteilung aus $W(S_{-i})^+$. Nichtrationalisierbarkeit bezüglich $W(S_{-i})^+$ oder in $\Sigma_{-i}$ impliziert also Nichtrationalisierbarkeit bezüglich $(\Sigma_{-i})^+$. Abbildung J.5 auf S. 167 stellt dies dar.

# K. Nash-Gleichgewicht bei reinen Strategien

## K.1 Einführendes und ein Beispiel

Bisher haben wir Spiele dadurch zu lösen versucht, dass wir iteriert dominierte Strategien oder nichtrationalisierbare Strategien eliminiert haben. Dieses Verfahren bringt uns in einigen interessanten Spielen weiter, in anderen aber nicht. Dazu betrachten wir noch einmal das Beispiel der Hirschjagd.

| | | **Jäger 2** | |
|---|---|---|---|
| | | Hirsch | Hase |
| **Jäger 1** | Hirsch | 5, 5 | 0, 4 |
| | Hase | 4, 0 | 4, 4 |

Keines der möglichen Dominanz- oder Rationalisierbarkeitsargumente hilft uns bei der Lösung dieses Spiels weiter. Das muss man nicht schlimm finden. Tatsächlich ist die Hirschjagd für Jäger 1 eine vernünftige Wahl, wenn er mit hinreichend großer Wahrscheinlichkeit davon ausgeht, dass auch Jäger 2 sich auf den Hirsch konzentriert. Und umgekehrt ist die Verfolgung des Hasen für Jäger 1 rationalisierbar.

Dadurch ist insgesamt die Situation denkbar, dass Jäger 2 auf Hirschjagd geht, weil er annimmt, dass Jäger 1 ebenfalls auf Hirschjagd geht, während Jäger 1 auf Hasenjagd geht, weil er die Wahrscheinlichkeit für „Hirsch" von Jäger 2 nur auf $\frac{1}{2}$ schätzt. Die Jäger täuschen sich in dieser Situation über die Strategiewahl des jeweils anderen.

Diese Art von Täuschungen wollen wir im Folgenden ausschließen und werden dadurch auf das Konzept des Gleichgewichts in Spielen geführt. Es wird nach einem der drei Nobelpreisträger für Ökonomik im Jahre 1994, John NASH (1951), auch als Nash-Gleichgewicht bezeichnet.

## K.2 Definition des Nash-Gleichgewichts

Für ein Spiel in reinen Strategien

$$\Gamma = (I, S, u)$$

ist eine Strategiekombination

$$s^* = (s_1^*, s_2^*, ..., s_n^*)$$

ein Nash-Gleichgewicht, falls jeder Spieler $i$ aus $I$ eine beste Antwort auf die Strategiekombination $s_{-i}^*$ gibt:

**Definition K.2.1 (Nash-Gleichgewicht).** *Die Strategiekombination*

$$s^* = (s_1^*, s_2^*, ..., s_n^*) \in S$$

*ist ein Nash-Gleichgewicht (in reinen Strategien), falls eine der beiden folgenden äquivalenten Bedingungen erfüllt ist:*

- *Für alle $i$ aus $I$ gilt $s_i^* \in B_i\left(s_{-i}^*\right)$.*
- *Für alle $i$ aus $I$ gilt $u_i\left(s_i^*, s_{-i}^*\right) \geq u_i\left(s_i, s_{-i}^*\right)$ für alle $s_i$ aus $S_i$.*

Das Nash-Gleichgewicht ist also eine Strategiekombination, so dass jeder Spieler eine beste Antwort auf die Strategien der anderen Spieler gibt: Im Nash-Gleichgewicht werden wechselseitig beste Antworten gegeben. Man kann dies auch so ausdrücken, dass bei einer gleichgewichtigen Strategiekombination kein Spieler Anlass hat, einseitig abzuweichen.

**Übung K.2.1.** Ist die folgende Aussage richtig? Für das Spiel in reinen Strategien $\Gamma = (\{1, 2\}, S, u)$ ist $s_1^*$ Bestandteil eines Gleichgewichts $(s_1^*, s_2^*)$, falls $s_1^* = B_1(B_2(s_1^*))$.

Wir hatten das Gefangenen-Dilemma als ein Spiel kennengelernt, bei dem beide Spieler über dominante Strategien verfügen.

**Übung K.2.2.** Ist die Strategiekombination, die im Gefangenen-Dilemma

| Spieler 1 \ Spieler 2 | $s_2^1$ | $s_2^2$ |
|---|---|---|
| $s_1^1$ | 4,4 | 0,5 |
| $s_1^2$ | 5,0 | 1,1 |

aus den dominanten Strategien besteht, ein Nash-Gleichgewicht? Geben Sie, beispielsweise für Spieler 1, an, welche Zahlenvergleiche Sie für Ihre Behauptung benötigen.

**Übung K.2.3.** Bestimmen Sie die Gleichgewichte des folgenden Spiels:

| Spieler 1 \ Spieler 2 | $s_2^1$ | $s_2^2$ |
|---|---|---|
| $s_1^1$ | 4,4 | 4,4 |
| $s_1^2$ | 0,0 | 4,4 |

**Übung K.2.4.** Finden Sie das Gleichgewicht oder die Gleichgewichte des Basu-Spiels aus Abschnitt H.6.2 (S. 128 ff.).

**Theorem K.2.1.** *Seien für alle Spieler $i$ aus $I$ die Strategien $s_i^*$ schwach (oder sogar streng) dominante Strategien. Dann ist*

$$s^* = (s_1^*, s_2^*, ..., s_n^*)$$

*ein Nash-Gleichgewicht.*

**Übung K.2.5.** Überlegen Sie sich einen Beweis für den obigen Satz. (Er ist sehr einfach!)

Für die Stabilitätseigenschaften eines Gleichgewichts ist es von Bedeutung, ob es nur jeweils eine beste Antwort für die Spieler gibt. In diesem Fall sprechen wir von einem strikten Gleichgewicht. Beim Gleichgewicht ist nur verlangt, dass keiner der Spieler einen Nutzengewinn hat, falls er von der Strategiekombination einseitig abweicht. Beim strikten Gleichgewicht verlangt man darüber hinaus, dass jeder Spieler sogar einen Nutzenverlust hinnehmen muss, falls er von der Strategiekombination einseitig abweicht.

**Übung K.2.6.** Wieviele strikte Gleichgewichte enthält das Spiel in Übung K.2.3?

**Definition K.2.2 (striktes Nash-Gleichgewicht).** *Für ein Spiel in reinen Strategien $\Gamma = (I, S, u)$ ist eine Strategiekombination*

$$s^* = (s_1^*, s_2^*, ..., s_n^*)$$

*ein striktes Nash-Gleichgewicht, falls jeder Spieler $i$ aus $I$ eine beste Antwort auf die Strategiekombination $s_{-i}^*$ gibt und falls diese beste Antwort eindeutig ist (es also keine weiteren besten Antworten gibt).*

**Übung K.2.7.** Vervollständigen Sie in Analogie zur Definition K.2.1: Die Strategiekombination $s^* = (s_1^*, s_2^*, ..., s_n^*) \in S$ ist ein striktes Nash-Gleichgewicht, falls eine der beiden folgenden äquivalenten Bedingungen erfüllt ist:

- ??
- ??

## K.3 Beispiele

### K.3.1 Matrixspiele

In $2 \times 2$-Matrixspielen ist es recht einfach, Gleichgewichte zu konstatieren. Bei der Hirschjagd (S. 177) ist offenbar die Strategiekombination $(Hirsch, Hirsch)$ ein Gleichgewicht. Es gilt nämlich

$$B_1\,(Hirsch) = Hirsch$$

und

$$B_2\,(Hirsch) = Hirsch.$$

Man kann mit Hilfe eines einfachen Verfahrens alle Gleichgewichte in Matrixspielen finden. Dazu überlegt man sich für jede Zeile die beste Antwort bzw. die besten Antworten von Spieler 2 und markiert das entsprechende Feld bzw. die entsprechenden Felder. Analog bestimmt man für jede Spalte die beste Antwort bzw. die besten Antworten von Spieler 1 und markiert wiederum. Hat man dabei ein Feld gefunden, bei dem für beide Spieler eine Markierung vorhanden ist, hat man in der dazugehörigen Strategiekombination ein Nash-Gleichgewicht gefunden. Die Hirschjagd weist somit zwei Gleichgewichte auf:

| | | Jäger 2 | |
|---|---|---|---|
| | | Hirsch | Hase |
| Jäger 1 | Hirsch | 5, 5 [1][2] | 0, 4 |
| | Hase | 4, 0 | 4, 4 [1][2] |

**Übung K.3.1.** Ermitteln Sie mit Hilfe der Markierungstechnik die Nash-Gleichgewichte der folgenden drei Spiele:

| | | Spieler 2 | |
|---|---|---|---|
| | | $s_2^1$ | $s_2^2$ |
| Spieler 1 | $s_1^1$ | $1, -1$ | $-1, 1$ |
| | $s_1^2$ | $-1, 1$ | $1, -1$ |

| | Spieler 2 | |
|---|---|---|
| | $s_2^1$ | $s_2^2$ |
| $s_1^1$ | $4, 4$ | $0, 5$ |
| $s_1^2$ | $5, 0$ | $1, 1$ |

| | Spieler 2 | |
|---|---|---|
| | $s_2^1$ | $s_2^2$ |
| $s_1^1$ | $1, 1$ | $1, 1$ |
| $s_1^2$ | $1, 1$ | $0, 0$ |

Geben Sie jeweils an, ob das Gleichgewicht strikt ist.

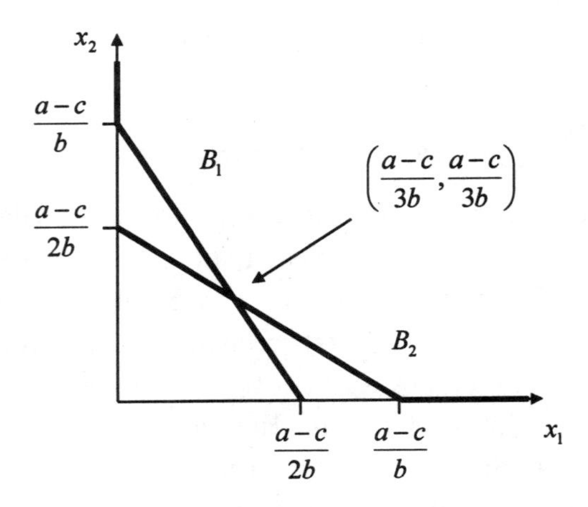


**Abbildung K.1.** Das Cournot-Nash-Gleichgewicht

### K.3.2 Cournot-Dyopol

Untersuchen wir jetzt ein Spiel mit unendlich vielen reinen Strategien auf Nash-Gleichgewichte: das Cournot-Dyopol. Für das Cournot-Dyopol haben wir in Abschnitt H.2.2 die beste Antwort für Unternehmen 2 als

$$B_2(x_1) = \begin{cases} \frac{a-c}{2b} - \frac{1}{2}x_1, & \text{falls } x_1 < \frac{a-c}{b} \\ 0, & \text{falls } x_1 \geq \frac{a-c}{b} \end{cases}$$

ermittelt. Analog lautet die beste Antwort (bzw. Reaktionsfunktion) von Unternehmen 1

$$B_1(x_2) = \begin{cases} \frac{a-c}{2b} - \frac{1}{2}x_2, & \text{falls } x_2 < \frac{a-c}{b} \\ 0, & \text{falls } x_2 \geq \frac{a-c}{b}. \end{cases}$$

Das Nash-Gleichgewicht ist eine Mengenkombination, die beide besten Antworten erfüllt, also graphisch als Schnittpunkt der zwei Reaktionskurven ermittelt werden kann. Abbildung K.1 stellt die beiden Reaktionskurven und den Schnittpunkt graphisch dar. Er ist durch

$$(x_1^*, x_2^*) = \left(\frac{a-c}{3b}, \frac{a-c}{3b}\right)$$

gegeben. Rechnen Sie das Cournot-Nash-Gleichgewicht selbst aus!

### K.3.3 Bertrand-Dyopol

Beim Cournot-Modell sind die angebotenen Mengen die Strategien der Unternehmen. Der Alternativentwurf zum Cournot-Modell ist das Bertrand-Modell. In diesem wählen die Unternehmen die Preise, und die Güter sind homogen. Homogene Güter sind aus der Sicht der Kunden nicht unterscheidbar, so dass diese allein aufgrund der Preise ihre Wahl treffen.

Indem wir Parameter $a$ wiederum für den Prohibitivpreis und $\frac{a}{b}$ wiederum für die Sättigungsmenge verwenden, erhalten wir die Marktnachfragefunktion durch

$$X(p_1, p_2) = \frac{a - \min(p_1, p_2)}{b}.$$

Nimmt man an, dass sich die Unternehmen im Fall identischer Preise für das homogene Gut die Marktnachfrage hälftig teilen, dann ergibt sich aus dieser Marktnachfrage die Preis-Absatzfunktion von Unternehmen 1 (und analog für Unternehmen 2) als:

$$x_1(p_1, p_2) = \begin{cases} \frac{a-p_1}{b}, & \text{wenn } p_1 < p_2 \\ \frac{a-p_1}{2b}, & \text{wenn } p_1 = p_2 \\ 0, & \text{wenn } p_1 > p_2 \end{cases} \tag{K.1}$$

Die Preis-Absatz-Funktion für Unternehmen 1 ist in Abbildung K.2 verdeutlicht. Damit ist bei konstanten Grenz- und Durchschnittskosten $c < a$ der Gewinn von Unternehmen 1 (und analog für Unternehmen 2) durch

$$\pi_1(p_1, p_2) = (p_1 - c_1) \cdot x_1(p_1, p_2) \tag{K.2}$$

gegeben.

Wir werden ohne ein mathematisch aufwändiges Verfahren zeigen können: Sind die Grenzkosten für beide Unternehmen identisch ($c_1 = c_2 = c$), dann ist

$$\left(p_1^B,\ p_2^B\right) = (c, c)$$

ein Nash-Gleichgewicht. In diesem Gleichgewicht ergeben sich die Mengen und Gewinne wie folgt:

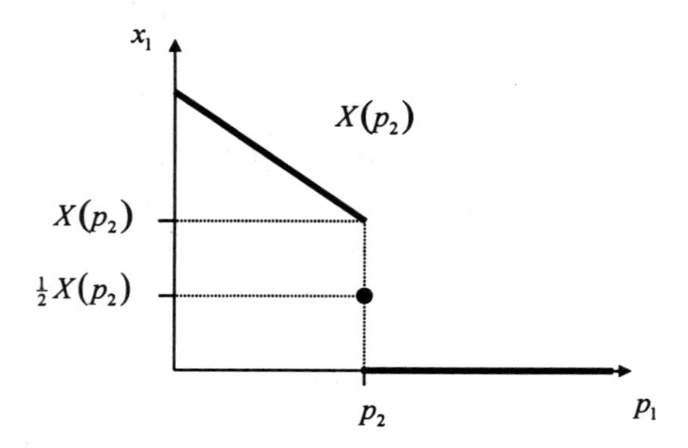


**Abbildung K.2.** Die Preis-Absatz-Funktion für Unternehmen 1

$$x_1^B = x_2^B = \frac{1}{2}X(c) = \frac{a-c}{2b}, \tag{K.3}$$

$$\pi_1^B = \pi_2^B = 0. \tag{K.4}$$

Tatsächlich ist die gewinnlose Konstellation nicht nur ein Gleichgewicht, sondern auch das einzige Gleichgewicht im homogenen Preiswettbewerb mit identischen Kosten. Wir zeigen dies in zwei Schritten:

- *Die Preiskombination* $(c, c)$ *ist ein Gleichgewicht:*
  Würde eines der beiden Unternehmen vom Preis $c$ abweichen, so würde es entweder Verlust machen (bei einem Preis unter den Stückkosten $c$) oder einen Gewinn von 0 (bei einem Preis über den Stückkosten und damit über dem Konkurrenzpreis). Damit ist $(c, c)$ als eine Strategiekombination identifiziert, bei der es keine einseitigen profitablen Abweichungsmöglichkeiten gibt.
- *Die Preiskombination* $(c, c)$ *ist das einzige Gleichgewicht:*
  In einem Gleichgewicht kann keiner der beiden Preise kleiner sein als die Grenzkosten $c$. Andernfalls würde mindestens ein Unternehmen Verluste machen und könnte seinen Gewinn auf 0 vergrößern, indem es einen Preis von mindestens $c$ verlangt. Gäbe es ein weiteres Gleichgewicht, müsste es demzufolge in einem der folgenden drei Fälle zu finden sein:
  - Beide Unternehmen verlangen den gleichen Preis und dieser ist größer als $c$. Dann entfiele auf jedes Unternehmen die Hälfte des Absatzes. Reduziert ein Unternehmen seinen Preis geringfügig, so

reduziert sich sein Deckungsbeitrag ebenfalls geringfügig, sein Absatz wird jedoch mindestens verdoppelt; sein Gewinn vergrößert sich demzufolge. Es gibt also für beide Unternehmen einseitige Abweichungsmöglichkeiten, die höheren Gewinn versprechen.

- Die verlangten Preise sind verschieden und beide größer als $c$. Dann setzt das Unternehmen mit dem höheren Preis nichts ab und macht keinen Gewinn. Senkt dieses Unternehmen seinen Preis, so dass dieser zwischen $c$ und dem Konkurrenzpreis liegt, dann zieht es die gesamte Nachfrage auf sich und macht einen positiven Gewinn. Von dieser Situation ausgehend, hat also das Unternehmen mit dem höheren Preis einseitige Verbesserungsmöglichkeiten.
- Ein Unternehmen verlangt einen Preis von $c$ und das andere einen höheren. Dann zieht das billige Unternehmen zwar die ganze Nachfrage auf sich, macht aber keinen Gewinn. Wählt es stattdessen einen Preis, der größer ist als $c$ aber immer noch kleiner als der Konkurrenzpreis, so hat es immer noch die gesamte Nachfrage, macht aber einen positiven Gewinn. Von dieser Situation ausgehend, hat also das Unternehmen mit dem niedrigeren Preis einseitige Verbesserungsmöglichkeiten.

Man kann sich das Bertrand-Nash-Gleichgewicht $(c, c)$ auch als Ergebnis eines dynamischen Preiskampfes vorstellen. Dabei unterbieten sich die Unternehmen so lange, bis ihre Gewinne auf Null fallen. Einen solchen Preiskampf haben wir hier allerdings nicht explizit modelliert. Das Gleichgewicht ist jedoch insofern bemerkenswert, als die Strategie $c$, beispielsweise von Unternehmen 1, durch andere Strategien schwach dominiert wird. Bei einem Preis oberhalb von $c$ kann Unternehmen 1 ebenfalls keinen Verlust machen, hat jedoch die Chance, einen positiven Gewinn zu realisieren.

**Übung K.3.2.** Ist das Gleichgewicht $(c, c)$ strikt? Ist die Strategie $c$ aus der Sicht von Spieler 1 rationalisierbar bezüglich $S_2$, rationalisierbar bezüglich $W(S_2)$ oder rationalisierbar bezüglich $W(S_2)^+$? (Diese Begriffe finden Sie in Kapitel H definiert. Wenn $S_2$ die Menge der reellen Zahlen darstellt, haben wir $W(S_2)$ als Menge der Dichtefunktionen anzusprechen.)

Nun sollten Sie einmal Ihre Kenntnisse auf ein Dyopol mit heterogenen (nicht homogenen) Gütern anwenden:

**Übung K.3.3.** In einer Stadt gibt es zwei Tageszeitungen, 1 und 2. Die Nachfrage hängt vom eigenen Preis und von dem des Kontrahenten ab. Die Nachfragefunktionen der Zeitungen lauten für Zeitung 1

$$D_1(p_1, p_2) = 21 - 2p_1 + p_2$$

und für Zeitung 2

$$D_2(p_1, p_2) = 21 - 2p_2 + p_1,$$

wobei $p_1$ und $p_2$ die Preise der Zeitungen sind. Die Grenzkosten beider Zeitungen sind Null (z.B. weil die Druckkosten einer zusätzlichen Zeitung gerade durch die damit verbundene Erhöhung der Anzeigeneinnahmen kompensiert werden).

1. Berechnen Sie das Nash-Gleichgewicht in Preisen!
2. Welche Preise maximieren den Gesamtgewinn?

## K.4 Diskussion

Warum sollten wir das Nash-Gleichgewicht oder ein Nash-Gleichgewicht für ein gutes Lösungskonzept halten? In der Tat ist dies keinesfalls zwingend, wie wir bereits in der Einleitung bemerkt haben. Man kann jedoch AUMANN/BRANDENBURGER (1995) folgend drei hinreichende Bedingungen dafür angeben, dass eine vorgegebene Strategiekombination ein Gleichgewicht ist.

**Theorem K.4.1.** *Eine Strategiekombination* $s^* = (s_1^*, s_2^*, ..., s_n^*)$, *die die drei Bedingungen*

1. *alle Spieler* $i$ *aus* $I$ *sind rational,*
2. *alle Spieler* $i$ *aus* $I$ *kennen ihre eigenen Auszahlungsfunktionen* $u_i$,
3. *alle Spieler* $i$ *aus* $I$ *kennen die Strategiekombination* $s_{-i}^*$

*erfüllt, ist ein Nash-Gleichgewicht.*

Prüfen wir diese hinreichende Bedingung an der Hirschjagd: Erfüllt die Strategiekombination

$$(Hase, Hirsch)$$

die drei Bedingungen? Nein, denn

1. wenn Jäger 1 wüsste, dass Jäger 2 auf Hirschjagd geht (dritte Bedingung),
2. müsste er als rationaler Spieler (erste Bedingung),
3. der die Auszahlungsfunktion kennt (zweite Bedingung)

wegen

$$5 > 4$$

ebenfalls auf Hirschjagd gehen. Also muss die angegebene Strategiekombination kein Gleichgewicht sein. Und sie ist es in der Tat nicht.

Man muss sich hier über die Bedeutung von „hinreichend“ klar werden. Natürlich könnte sich trotz Fehlinformationen und Fehleinschätzungen „zufällig“ ein Gleichgewicht ergeben. Dies widerspricht nicht dem obigen Satz. Er besagt: Falls die drei Bedingungen für eine Strategiekombination erfüllt sind, ist diese Kombination ein Nash-Gleichgewicht. Über die umgekehrte Richtung sagt der Satz nichts aus.

Man kann sich leicht überlegen, dass die drei Bedingungen hinreichend für ein Nash-Gleichgewicht sind. Ein Spieler $i$, der rational ist, seine eigene Auszahlungsfunktion und $s_{-i}^*$ kennt, wird die Strategie $s_i^*$ nur dann wählen, falls sie eine beste Antwort auf $s_{-i}^*$ darstellt. Genau dies ist jedoch für ein Nash-Gleichgewicht verlangt.

Allerdings werden die Bedingungen häufig nicht erfüllt sein. Insbesondere kennen Spieler die Strategiekombination der anderen Spieler in der Regel nicht genau. Dazu werden wir später in Kapitel R noch mehr zu sagen haben. Man kann sich jedoch zwei Szenarien überlegen, in denen die drei Bedingungen erfüllt sein könnten. Es gibt einen am Spiel nicht Beteiligten, der den Spielern $s^*$ mitteilt und empfiehlt. Er kann die Spieler nicht dazu zwingen, ihren Teil an dieser Strategiekombination zu erfüllen. Wenn rationale Spieler, die ihre eigene Auszahlungsfunktion kennen, der Empfehlung freiwillig Folge leisten sollen, muss die Empfehlung ein Nash-Gleichgewicht sein.

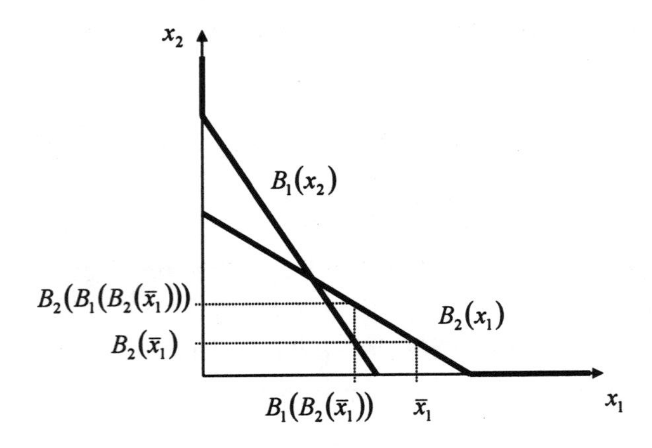


**Abbildung K.3.** Fiktive Spielzüge?

In einem zweiten Szenario stellt man sich vor, dass die Spieler vor dem eigentlichen Spiel über die möglichen Strategiekombinationen miteinander verhandeln. Bindende Absprachen sind nicht möglich. Eine Absprache, deren Einhaltung im Interesse aller rationalen Beteiligten ist, muss wiederum ein Nash-Gleichgewicht sein.

Unklar an diesen beiden Szenarien ist jedoch, wie ein spezielles Gleichgewicht im Falle der Existenz mehrerer Gleichgewichte auszusuchen ist. Dann müsste man entweder die Zielfunktion des Empfehlers kennen oder den Verhandlungsprozess vor Spielbeginn explizit modellieren, was zu einem ganz anderen Spiel führte.

Man kann zwei weitere Begründungen versuchen. Zum einen stellt man sich vor, dass die Unternehmen iteriert wechselseitig beste Antworten geben. Im Cournot-Modell würde also Unternehmen 1 eine Menge $\overline{x}_1$ wählen, auf die Unternehmen 2 mit $B_2(\overline{x}_1)$ reagiert, worauf Unternehmen 1 seinerseits $B_1(B_2(\overline{x}_1))$ bestimmt (siehe Abbildung K.3). Dieser Prozess wird unter bestimmten Umständen, die in unserem linearen Fall erfüllt sind, zum Nash-Gleichgewicht konvergieren.

Diese Begründung, die sich auch bei COURNOT (1838) schon findet, ist allerdings etwas dubios. Schließlich ist das Cournot-Modell ein statisches Modell und es ist nicht ganz klar, warum der erläuterte dynamische Anpassungsprozess als Begründung für das Ergebnis des statischen Modells genommen werden kann. Versteht man den dynamischen Anpassungsprozess im Rahmen eines Spiels mit mehreren, eventuell unendlich vielen Perioden, ist ein wiederholtes Spiel gegeben, das auch Gleichgewichte aufweisen kann, die nicht Wiederholungen des statischen Gleichgewichts sind. Wir werden diese wiederholten Spiele in Kapitel T untersuchen. Ist der Anpassungsprozess nicht „real", sondern eher fiktiv zu verstehen, fehlt ihm eine gute Begründung im Sinne eines zu modellierenden Denkprozesses der Agenten.

Schließlich mag man daran denken, dass jeweils zwei Spieler aus einer großen Spielerpopulation gegen einander spielen. Die Spieler, so könnte man annehmen, kennen die vergangenen Spielverläufe. Vielleicht maximieren die Spieler ihren erwarteten Nutzen basierend auf der Vermutung, die anderen Spieler würden im Durchschnitt so spielen, wie in der Vergangenheit gespielt wurde. Unter Umständen tendiert die so angedeutete Dynamik zu einem Nash-Gleichgewicht.

## K.5 Iterierte Dominanz und Nash-Gleichgewicht

Wir haben am Beispiel des Cournot-Dyopols in Kapitel H gesehen, dass die iterierte Streichung streng dominierter Strategien und die Anwendung des Nash-Gleichgewichts zur gleichen Kombination von Ausbringungsmengen führt. Analoges gilt für die Streichung schwach dominierter Strategien und die Anwendung des Nash-Gleichgewichts beim Basu-Spiel. Welcher genaue Zusammenhang besteht zwischen diesen beiden Vorgehensweisen? Wir halten die wichtigsten Zusammenhänge fest:

**Theorem K.5.1.** *Sei ein Spiel in reinen Strategien $\Gamma = (I, S, u)$ gegeben.*

1. *Reduziert iterative schwache Dominanz die Strategiekombinationen auf eine einzige, so ist diese ein Nash-Gleichgewicht.*
2. *Reduziert iterative strenge Dominanz die Strategiekombinationen auf eine einzige, so ist diese das eindeutige Nash-Gleichgewicht.*
3. *Ist $s^* = (s_1^*, ..., s_n^*)$ ein Nash-Gleichgewicht, so wird diese Strategiekombination durch iterative strenge Dominanz nicht eliminiert.*

4. *Es gibt Spiele, bei denen iterative schwache Dominanz ein Gleichgewicht eliminiert.*

Die erste und zweite Behauptung sagen aus, dass wir nach iterativer Streichung von Strategien aufgrund von schwachen oder starken Dominanz ein Gleichgewicht gefunden haben, falls nur eine einzige Strategiekombination übrig bleibt. Während iterative strenge Dominanz keine Gleichgewichte eliminiert (Behauptung 3), kann gerade dies bei iterativer schwacher Dominanz durchaus passieren (Behauptung 4).

Wir beweisen nur die dritte und vierte Behauptung. Dazu erinnern wir uns an den Prozess der Elimination dominierter bzw. nichtrationalisierbarer Strategien, der durch

1. $\Gamma^0 := \Gamma = (I, S, u)\,,\; S^0 = S$
2. und für $\ell \geq 0$ und für $i \in I$:
   a) $\Gamma^\ell = \left(I, S^\ell, u^\ell\right)$
   b) $S^\ell = \bigtimes_{i \in I} S_i^\ell$
   c) $S_i^{\ell+1} := S_i^\ell \backslash D_i\left(\Gamma^\ell\right)$

definiert ist, wobei $D_i\left(\Gamma^\ell\right)$ nun die in $\Gamma^\ell$ streng dominierten Strategien von Spieler $i$ meint. Zum Beweis der dritten Behauptung führen wir einen Widerspruchsbeweis und nehmen dazu an, dass im Zuge der iterativen strengen Dominanz ein Gleichgewicht $s^* = (s_1^*, s_2^*, ..., s_n^*)$ des Spiels eliminiert wird. Dann gibt es also eine Stufe $\ell \geq 0$ so, dass für $\Gamma^\ell = \left(I, S^\ell, u^\ell\right)$ das Gleichgewicht $s^*$ in $S^\ell$ enthalten ist, während im reduzierten Spiel $\Gamma^{\ell+1} = \left(I, S^{\ell+1}, u^{\ell+1}\right)$ das Gleichgewicht eliminiert wurde: $s^* \notin S^{\ell+1}$.

Folglich gibt es mindestens einen Spieler $i$, dessen Gleichgewichtsstrategie eliminiert wird:

$$S_i^\ell \ni s_i^* \notin S_i^{\ell+1}$$

bzw.

$$s_i^* \in D_i\left(\Gamma^\ell\right).$$

Dies impliziert die Existenz einer Strategie $s_i' \in S_i^\ell$ so, dass

$$u_i\left(s_i^*, s_{-i}\right) < u_i\left(s_i', s_{-i}\right)$$

für alle $s_{-i} \in S^{\ell}_{-i}$ und somit insbesondere auch für $s^*_{-i} \in S^{\ell}_{-i}$ gilt, was zur Ungleichung

$$u_i\left(s_i^*, s^*_{-i}\right) < u_i\left(s'_i, s^*_{-i}\right)$$

führt. Diese Ungleichung ist jedoch ein Widerspruch zur Annahme, $s_i^*$ sei eine beste Antwort auf $s^*_{-i}$.

**Übung K.5.1.** Im obigen Beweis haben wir $s^*_{-i} \in S^{\ell}_{-i}$ geschrieben. Warum kann man annehmen, dass die Strategiekombination $s^*_{-i}$ auf der $\ell$-ten Stufe noch in $S^{\ell}_{-i}$ enthalten ist?

Für die vierte Behauptung haben wir im Bertrand-Gleichgewicht (siehe Abschnitt K.3.3) bereits ein Beispiel gefunden. Bearbeiten Sie zusätzlich das folgende Matrixspiel.

**Übung K.5.2.** Wie viele Gleichgewichte hat das (EICHBERGER (1993, S. 86) entnommene) Matrixspiel:

| | | Spieler 2 | | |
|---|---|---|---|---|
| | | $s_2^1$ | $s_2^2$ | $s_2^3$ |
| | $s_1^1$ | 1,1 | 0,1 | 0,1 |
| **Spieler 1** | $s_1^2$ | 0,0 | 1,0 | 0,1 |
| | $s_1^3$ | 1,0 | 0,1 | 1,0 |

Was passiert bei Anwendung iterativer schwacher Dominanz?

## K.6 Lösungen

**Übung K.2.1.** Ja, das ist richtig. Denn im Falle von $s_1^* = B_1\left(B_2\left(s_1^*\right)\right)$ ist $\left(s_1^*, B_2\left(s_1^*\right)\right)$ ein Nash-Gleichgewicht: auf $s_1^*$ ist $B_2\left(s_1^*\right)$ eine beste Antwort, und auf $s_2^* = B_2\left(s_1^*\right)$ ist $B_1\left(B_2\left(s_1^*\right)\right)$ eine beste Antwort. Der Leser beachte, dass hier die besten Antworten jeweils eindeutig bestimmt sind.

**Übung K.2.2.** Die Strategiekombination $\left(s_1^2, s_2^2\right)$ ist ein Gleichgewicht, falls keiner der beiden Spieler sich einseitig verbessern kann. Für Spieler 1 ist dies der Fall: Wiche er auf die Strategie $s_1^1$ ab, würde sich sein Nutzen nicht erhöhen; es gilt ja $1 \geq 0$. Für Spieler 2 gilt Analoges.

**Übung K.2.3.** Es gibt drei Gleichgewichte: die Strategiekombinationen $\left(s_1^1, s_2^1\right)$, $\left(s_1^1, s_2^2\right)$ und $\left(s_1^2, s_2^2\right)$.

**Übung K.2.4.** Im Basu-Spiel gibt es genau ein Gleichgewicht, nämlich die Strategiekombination $(2, 2)$.

**Übung K.2.5.** Wenn die Strategie $s_i^*$ eine dominante Strategie für Spieler $i$ ist, dann ist sie mindestens so gut wie jede andere Strategie, d.h. es gilt $s_i^* \in B_i\left(s_{-i}\right)$ für alle $s_{-i}$ aus $S_{-i}$. Insbesondere gilt dann $s_i^* \in B_i\left(s_{-i}^*\right)$. Damit sind die Strategien $\left(s_1^*, s_2^*, ..., s_n^*\right)$ wechselseitig beste Antworten und daher ein Nash-Gleichgewicht.

**Übung K.2.6.** Es gibt kein striktes Gleichgewicht in diesem Spiel.

**Übung K.2.7.** Sie sollten ergänzen:

- Für alle $i$ aus $I$ gilt $s_i^* = B_i\left(s_{-i}^*\right)$.
- Für alle $i$ aus $I$ gilt $u_i\left(s_i^*, s_{-i}^*\right) > u_i\left(s_i, s_{-i}^*\right)$ für alle $s_i$ aus $S_i$ mit $s_i \neq s_i^*$.

**Übung K.3.1.** Die drei Matrizen sehen nach der Markierung wie in Abbildung K.4 aus: Das erste Matrixspiel weist demnach kein Gleichgewicht auf. Das zweite verfügt über genau ein Gleichgewicht, und dieses ist strikt. Das dritte Matrixspiel hat drei Gleichgewichte, von denen keines strikt ist.

**Übung K.3.2.** Das Gleichgewicht $(c, c)$ ist nicht strikt, weil auf die Strategie $c$ von Spieler 2 jeder Preis höher als $c$ von Spieler 1 auch eine beste Antwort darstellt. Die Strategie $c$ ist rationalisierbar bezüglich $S_2$, denn $c$ ist ja eine beste Antwort auf $c$. Damit ist $c$ erst recht rationalisierbar bezüglich $W\left(S_2\right)$, weil man $W\left(S_2\right)$ als Obermenge von $S_2$ auffassen kann. Allerdings ist die Strategie $c$ nicht rationalisierbar bei Vorsicht. Denn bei Preisen oberhalb von $c$ des Konkurrenten ist es für Spieler 1 nachteilig den Preis $c$ zu wählen.

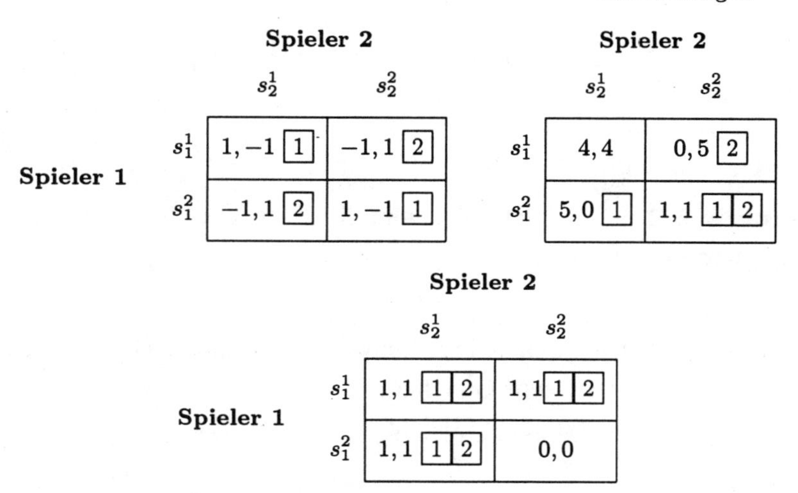


**Abbildung K.4.** Markierte Matrizen

**Übung K.3.3.** Um das Nash-Gleichgewicht zu ermitteln, kann man zunächst die Reaktionsfunktion der Unternehmen aufstellen. Dazu bestimmt man, beispielsweise für Zeitung 1,

$$\max_{p_1} (21 - 2p_1 + p_2)\, p_1.$$

Die Reaktionsfunktion für Unternehmen 1 lautet dann

$$B_1(p_2) = \frac{21 + p_2}{4}.$$

Sie können jetzt sicherlich das Nash-Gleichgewicht (als Schnittpunkt der Reaktionsfunktionen beider Unternehmen) bestimmen.

- Im Nash-Gleichgewicht werden beide Unternehmen den Preis 7 verlangen.
- Der gemeinsame Gewinn wird durch den (Kartell-)Preis 10, 5 maximiert.

**Übung K.5.1.** Weiter oben haben wir angenommen, dass $s^*$ in $S^\ell$ enthalten ist. Für

$$s^* \in S^\ell$$

kann man alternativ auch

$$\left(s_i^*, s_{-i}^*\right) \in S^\ell = \bigtimes_{j \in I} S_j^\ell = S_i^\ell \times \left( \bigtimes_{j \in I, j \neq i} S_j^\ell \right) = S_i^\ell \times S_{-i}^\ell$$

schreiben. Also gilt $s_{-i}^* \in S_{-i}^\ell$.

**Übung K.5.2.** Das Spiel hat genau ein Nash-Gleichgewicht, nämlich die Strategiekombination

$$\left(s_1^1, s_2^1\right).$$

Beide Strategien werden jedoch schwach dominiert. Das dabei übrig bleibende Spiel weist kein Gleichgewicht auf. Die schwache Dominanz eliminiert somit das einzige Gleichgewicht des Spiels!

# L. Nash-Gleichgewicht in gemischten Strategien

## L.1 Einführendes und ein Beispiel

Wir konnten am Matrixspiel „Kopf oder Zahl" sehen, dass es Spiele gibt, die über kein Gleichgewicht verfügen. Betrachtet man „Kopf oder Zahl" jedoch als Spiel in gemischten Strategien, hat dieses Spiel ein Gleichgewicht. Dies ist kein isolierter Zufall: alle endlichen Matrixspiele (endliche Spieleranzahl und endliche Anzahl von Strategien für jeden Spieler) haben mindestens ein Gleichgewicht in gemischten Strategien. Weiterhin werden wir erläutern, dass „fast alle" Spiele eine ungerade Anzahl von Gleichgewichten aufweisen. Dies trifft für Kopf oder Zahl auch zu: Es gibt nur ein Gleichgewicht (und dieses in gemischten Strategien).

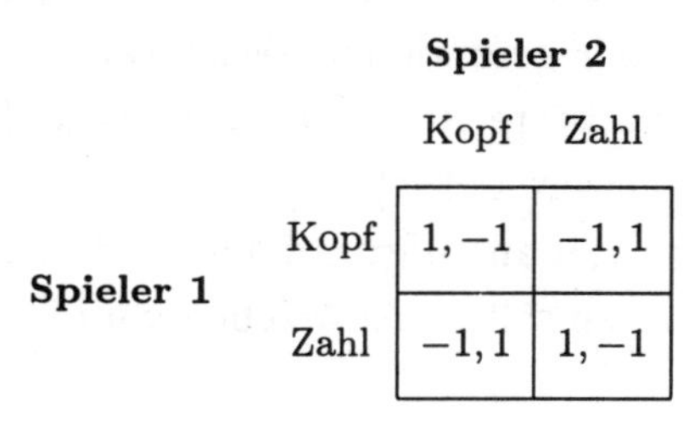

| | | **Spieler 2** | |
|---|---|---|---|
| | | Kopf | Zahl |
| **Spieler 1** | Kopf | $1, -1$ | $-1, 1$ |
| | Zahl | $-1, 1$ | $1, -1$ |

Wie können wir einsehen, dass „Kopf oder Zahl" ein Gleichgewicht in gemischten Strategien aufweist? Wir zäumen das Pferd von hinten auf und nehmen an, es gäbe ein Gleichgewicht in echt gemischten Strategien. Ausgehend von einem solchen Gleichgewicht darf Spieler 1 keinen Anreiz haben, eine andere Strategie zu wählen. Insbesondere dürfen die reine Strategie Kopf und die reine Strategie Zahl keine höhere Auszahlung als die gemischte Strategie erbringen. Hieraus können wir schließen, dass die reinen Strategien für Spieler 1 dieselbe Auszahlung mit sich bringen. Denn wäre die Auszahlung bei den reinen Strategien unterschiedlich (beispielsweise höher bei Kopf als bei Zahl), so läge das arithmetische Mittel dieser Auszahlungen unter dem bei Kopf. Und wir wissen, dass die Auszahlung der gemischten Strategie gleich dem arithmetischen Mittel der Auszahlungen bei den reinen Strategien ist.

Der erwartete Nutzen für Spieler 1 muss also bei Wahl von Kopf und bei Wahl von Zahl und daher bei Wahl jeder gemischten Strategie gleich sein. Wir nennen die Strategie, mit der Spieler 2 Kopf wählt, $\sigma_2^*$ und erhalten für Spieler 1

$$\sigma_2^* \cdot 1 + (1 - \sigma_2^*) \cdot (-1) = \sigma_2^* \cdot (-1) + (1 - \sigma_2^*) \cdot 1.$$

Hieraus folgt $\sigma_2^* = \frac{1}{2}$. Damit Spieler 1 indifferent zwischen Kopf und Zahl sein kann und damit er eine echt gemischte Strategie als beste Antwort geben möchte, muss also die Wahrscheinlichkeit, mit der Spieler 2 Kopf wählt, gleich $\frac{1}{2}$ sein. Umgekehrt benötigt man eine Wahrscheinlichkeit von $\sigma_1^* = \frac{1}{2}$ für Spieler 1, damit Spieler 2 seinerseits eine echt gemischte Strategie als eine beste Antwort wählen möchte.

Tatsächlich haben wir so bereits das einzige Gleichgewicht in echt gemischten Strategien gefunden. Wir haben gezeigt, dass Spieler 1 indifferent zwischen seinen reinen und allen seinen gemischten Strategien ist, falls Spieler 2 in der gefundenen Weise randomisiert. Also ist insbesondere $\sigma_1^* = \frac{1}{2}$ eine beste Antwort auf $\sigma_2^* = \frac{1}{2}$. Umgekehrt ist auch $\sigma_2^* = \frac{1}{2}$ eine beste Antwort auf $\sigma_1^* = \frac{1}{2}$.

Dieses Ergebnis mag man aufgrund der Indifferenz der Spieler unbefriedigend finden. Das einseitige Abweichen vom Gleichgewicht schadet hier gar nicht.

## L.2 Definition

Im Falle von Spielen mit gemischten Strategien ist die Definition vollkommen analog der Definition bei reinen Strategien:

**Definition L.2.1 (Nash-Gleichgewicht).** *Die Strategiekombination*

$$\sigma^* = (\sigma_1^*, \sigma_2^*, ..., \sigma_n^*) \in \Sigma$$

*ist ein Nash-Gleichgewicht, falls eine der beiden folgenden äquivalenten Bedingungen erfüllt ist:*

- *Für alle $i$ aus $I$ gilt $\sigma_i^* \in B_i\left(\sigma_{-i}^*\right)$.*
- *Für alle $i$ aus $I$ gilt $u_i\left(\sigma_i^*, \sigma_{-i}^*\right) \geq u_i\left(\sigma_i, \sigma_{-i}^*\right)$ für alle $\sigma_i$ aus $\Sigma_i$.*

## L.3 Beispiele

### L.3.1 Matrixspiele

Wir greifen das Beispiel aus der Einführung wieder auf. Aus Abschnitt I.2 (S. 141 ff.) wissen wir, dass wir Kopf oder Zahl in strategischer Form mit reinen Strategien so schreiben können:

$$\Gamma^g = (\{1,2\}, [0,1] \times [0,1], u^g),$$

wobei $u^g$ durch

$$u_1^g(s_1, s_2) = s_1 s_2 + (1 - s_1)(1 - s_2) - s_1(1 - s_2) - (1 - s_1) s_2$$

und

$$u_2^g(s_1, s_2) = -s_1 s_2 - (1 - s_1)(1 - s_2) + s_1(1 - s_2) + (1 - s_1) s_2$$

definiert ist. Sie erinnern sich, dass die Strategie $s_1$ als Wahrscheinlichkeit für die reine Strategie „Kopf" von Spieler 1 zu interpretieren ist. In diesem Spiel gibt es, wie wir zeigen werden, ein Gleichgewicht.

**Übung L.3.1.** Hat das Spiel „Kopf oder Zahl" ein Gleichgewicht, bei dem ein Spieler eine reine und der andere eine echt gemischte Strategie wählt?

Nehmen wir einmal an, wir hätten eine Gleichgewichtskombination, die wir mit $(s_1^*, s_2^*)$ bezeichnen, gefunden. Aufgrund der vorangehenden Aufgabe können wir auf $0 < s_1^* < 1$ und $0 < s_2^* < 1$ schließen. Korollar J.2.1 (S. 160) sagt uns, dass aus $s_1^* > 0$ folgt, dass auch $s_1 = 1$ (die reine Strategie „Kopf") eine beste Antwort auf $s_2^*$ darstellt. Aus $s_1^* < 1$ folgt, dass auch $s_1 = 0$ (die reine Strategie „Zahl") eine beste Antwort auf $s_2^*$ darstellt. Und schließlich, falls $0 < s_1^* < 1$ eine beste Antwort ist, gilt dies aufgrund von Korollar J.2.1 mit den reinen Strategien für alle konvexen Mischungen dieser reinen Strategien, d.h. für alle gemischten Strategien. Das Gleichgewicht, das wir zu finden hoffen, ist somit recht instabil.

**Übung L.3.2.** Ergänzen Sie: Gleichgewichte in echt gemischten Strategien sind keine ... Gleichgewichte.

Hat man ein Gleichgewicht gefunden, so hat kein Spieler Anreiz, von der Strategiekombination einseitig abzuweichen. Wir haben uns jedoch überlegt, dass es bei Gleichgewichten in echt gemischten Strategien auch keinen Grund gibt, nicht abzuweichen. Es muss also gelten (falls $(s_1^*, s_2^*)$ ein Gleichgewicht ist):

$$u_1(s_1^*, s_2^*) = u_1(0, s_2^*) = u_1(1, s_2^*) = u_1(s_1, s_2^*) \text{ für alle } s_1 \in [0, 1].$$

Diese Einsicht können wir zur Ermittlung der Strategiekombination $(s_1^*, s_2^*)$ verwenden. Aus

$$u_1(0, s_2^*) = u_1(1, s_2^*)$$

ergibt sich

$$1 - 2s_2^* = -1 + 2s_2^*,$$

so dass wir

$$s_2^* = \frac{1}{2}$$

erhalten. Damit Spieler 1 bereit ist, eine gemischte Strategie zu verwenden, muss Spieler 2 seine erste Strategie genau mit der Wahrscheinlichkeit $\frac{1}{2}$ wählen. Auf ähnliche Weise ermitteln wir $s_1^*$. Falls ein Gleichgewicht existiert, hat es

$$(s_1^*, s_2^*) = \left(\frac{1}{2}, \frac{1}{2}\right)$$

zu erfüllen. Tatsächlich ist diese Strategiekombination ein Gleichgewicht. Betrachten wir beispielsweise Spieler 1. In Anbetracht von $s_2^*$ ergibt $s_1^*$ den gleichen Nutzen wie $s_1 = 0$ oder $s_1 = 1$ oder irgend ein anderes $s_1$ mit $0 < s_1 < 1$, so dass alle diese beste Antworten auf $s_2^*$ sind.

Wir können das Gleichgewicht auch auf eine andere, eher konventionelle Art ermitteln. Dazu leiten wir die Auszahlungsfunktion für die Spieler nach deren Strategien ab. Für Spieler 1 erhalten wir aus

$$u_1(s_1, s_2) = s_1 s_2 + (1 - s_1)(1 - s_2) - s_1(1 - s_2) - (1 - s_1) s_2$$

nach Ableitung

$$\begin{aligned} \frac{du_1(s_1, s_2)}{ds_1} &= s_2 - (1 - s_2) - (1 - s_2) + s_2 \\ &= 4s_2 - 2. \end{aligned}$$

Für die beste Antwort von Spieler 1 auf eine Strategie von Spieler 2 ist es offenbar entscheidend, ob $4s_2 - 2$ kleiner, größer oder gleich Null ist. Die Beste-Antwort-Korrespondenz für Spieler 1 lautet:

$$B_1(s_2) = \begin{cases} 0, & \text{falls } s_2 < \frac{1}{2}, \\ [0, 1], & \text{falls } s_2 = \frac{1}{2}, \\ 1, & \text{falls } s_2 > \frac{1}{2}. \end{cases}$$

Wir erhalten das gleiche Ergebnis wie oben: Spieler 1 kann eine echt gemischte Strategie als beste Antwort wählen, wenn er sich einer ganz bestimmten Strategiewahl von Spieler 2 gegenübersieht.

**Übung L.3.3.** Leiten Sie die Auszahlungsfunktion für Spieler 2,

$$u_2(s_1, s_2) = -s_1 s_2 - (1 - s_1)(1 - s_2) + s_1(1 - s_2) + (1 - s_1) s_2$$

nach $s_2$ ab, und geben Sie die beste Antwortkorrespondenz an.

Für die Ermittlung des Gleichgewichts müssen Strategiekombinationen gefunden werden, die beide Antwortkorrespondenzen zugleich erfüllen. Hier kann man dies auch graphisch bewerkstelligen (siehe Abbildung L.1). Man bestätigt das oben bereits gefundene Ergebnis $(s_1^*, s_2^*) = \left(\frac{1}{2}, \frac{1}{2}\right)$.

Manche Spiele verfügen über Gleichgewichte sowohl in reinen als auch über Gleichgewichte in echt gemischten Strategien. Andere haben nur ein Gleichgewicht in reinen oder nur ein Gleichgewicht in echt gemischten Strategien. Alle endlichen Matrixspiele haben jedoch mindestens ein Gleichgewicht in gemischten Strategien. Jetzt sollten Sie selbst einmal einige Gleichgewichte suchen.

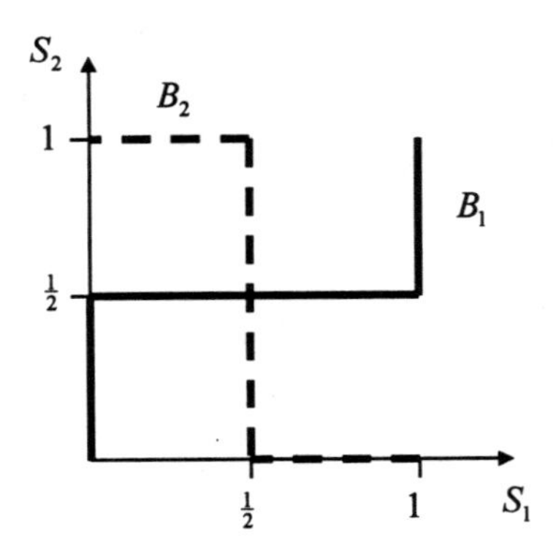


**Abbildung L.1.** Das Gleichgewicht bei „Kopf oder Zahl"

**Übung L.3.4.** Ermitteln Sie alle Gleichgewichte in reinen oder echt gemischten Strategien für die Spiele

| | | Spieler 2 | |
|---|---|---|---|
| | | Hi. | Ha. |
| Spieler 1 | Hi. | 5, 5 | 0, 4 |
| | Ha. | 4, 0 | 4, 4 |

| | Spieler 2 | |
|---|---|---|
| | $s_2^1$ | $s_2^2$ |
| $s_1^1$ | 4, 4 | 0, 5 |
| $s_1^2$ | 5, 0 | 1, 1 |

| | Spieler 2 | |
|---|---|---|
| | $s_2^1$ | $s_2^2$ |
| $s_1^1$ | 4, 3 | 2, 2 |
| $s_1^2$ | 1, 1 | 3, 4 |

| | Spieler 2 | |
|---|---|---|
| | $s_2^1$ | $s_2^2$ |
| $s_1^1$ | 1, 1 | 1, 1 |
| $s_1^2$ | 1, 1 | 0, 0 |

Erstellen Sie jeweils eine Graphik!

**Übung L.3.5.** Halten Sie den Fall für denkbar, dass ein Spieler im Gleichgewicht eine reine Strategie wählt, während der andere eine echt gemischte wählt? Zur Lösung dieser Frage betrachten Sie das Matrixspiel in Abbildung L.2 und ermitteln Sie alle Gleichgewichte!

## L.3.2 Das Polizeispiel

Die Spieler des Polizei- oder Überwachungsspiels sind eine Behörde (z.B. Steuer-, Umwelt-, oder Polizeibehörde) und ein Agent, der überwacht wird (z.B. ein steuerpflichtiges Unternehmen, ein potentieller

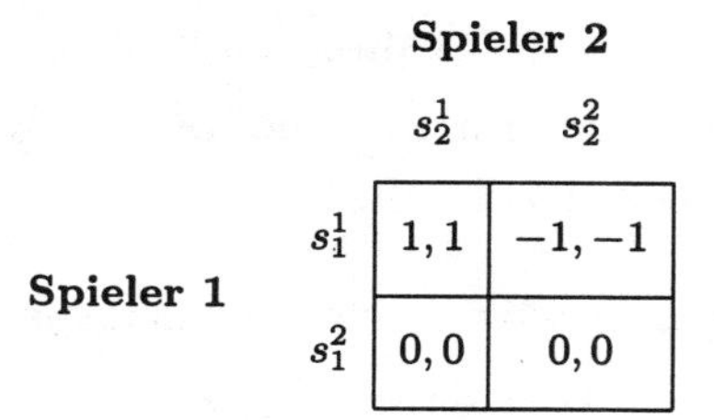

| | | Spieler 2 | |
|---|---|---|---|
| | | $s_2^1$ | $s_2^2$ |
| Spieler 1 | $s_1^1$ | $1,1$ | $-1,-1$ |
| | $s_1^2$ | $0,0$ | $0,0$ |

**Abbildung L.2.** Gleichgewichte in reinen und gemischten Strategien

| | | Straftäter | |
|---|---|---|---|
| | | Betrug | kein Betrug |
| Behörde | Kontrolle | $4-C, 1-F$ | $4-C, 0$ |
| | keine Kontrolle | $0, 1$ | $4, 0$ |

**Abbildung L.3.** Das Polizeispiel

Umweltsünder oder ein Autofahrer). Dieses Spiel ist im Wesentlichen RASMUSEN (2001, S. 81f.) entnommen.

Für die Behörde entsteht ein Nutzen von 4, wenn sie die Straftat abschrecken oder aufdecken kann; sie hat allerdings Überwachungskosten in Höhe von $C$ mit $0 < C < 4$ zu tragen. Für den potentiellen Kriminellen entsteht ein Nutzen in Höhe von 1, falls er straflos betrügen kann; wird er erwischt, hat er die Strafe in Höhe von $F > 1$ zu erleiden. (Warum wird die Behörde nicht eine Strafe unterhalb von 1 wählen?) Die Auszahlungsmatrix kann man wie in Abbildung L.3 aufschreiben.

**Übung L.3.6.** Geben Sie die Gleichgewichte in reinen Strategien an!

Um das Gleichgewicht in gemischten Strategien zu finden, nehmen wir an, der Straftäter betröge mit der Wahrscheinlichkeit $s_2$. Im gemischten Gleichgewicht muss $s_2$ so gewählt sein, dass die Behörde indifferent zwischen „Kontrolle“ und „keine Kontrolle“ ist:

$$s_2\,(4-C) + (1-s_2)\,(4-C) \overset{!}{=} s_2 \cdot 0 + (1-s_2)\,4 \quad \Leftrightarrow \quad s_2 \overset{!}{=} \frac{1}{4}C.$$

**Übung L.3.7.** Mit welcher Wahrscheinlichkeit $s_1$ muss die Behörde kontrollieren, damit der Straftäter indifferent zwischen dem Begehen und dem Nichtbegehen der Straftat ist?

Die Auszahlungen im Gleichgewicht betragen

$$u_{\text{Beh.}} = \frac{1}{F}(4-C) + \left(1-\frac{1}{F}\right)\frac{1}{4}C \cdot 0 + \left(1-\frac{1}{F}\right)\left(1-\frac{1}{4}C\right)4 = 4-C$$

für die Behörde und

$$u_{\text{Straft.}} = \frac{1}{4}C\frac{1}{F}(1-F) + \frac{1}{4}C\left(1-\frac{1}{F}\right)1 + \left(1-\frac{1}{4}C\right)\cdot 0 = 0$$

für den Straftäter.

## L.4 Theorie gemischter Gleichgewichte

### L.4.1 Die Existenz des Nash-Gleichgewichts

In diesem Abschnitt wollen wir zwei theoretische Bemerkungen zu Existenz und Anzahl der Nash-Gleichgewichte machen. Wir bemerken zuvor, dass ein Spiel $\Gamma = (I, S, u)$ endlich heißt, falls es eine endliche Anzahl von Spielern gibt und falls alle Strategieräume endlich sind. John Nash (1950, 1951) verdanken wir das folgende Theorem:

**Theorem L.4.1 (Satz von Nash).** *Das endliche Spiel in gemischten Strategien $\Gamma = (I, S, u)$ weist mindestens ein Gleichgewicht auf.*

Wir wollen in diesem Buch keinen Beweis dieses wichtigen Satzes geben. Empfehlend sei dazu auf EICHBERGER (1993, S. 87 ff.) hingewiesen.

### L.4.2 Die Anzahl der Nash-Gleichgewichte

Wilson hat gezeigt, dass „fast alle" endlichen strategischen Spiele eine endliche und ungerade Anzahl von Gleichgewichten haben. Wir wollen diese interessante Aussage in diesem Abschnitt näher erläutern. Für das Weitere ist das Verständnis dieses Abschnitts jedoch verzichtbar.

**Ein topologischer Exkurs.** Auch das nächste Theorem werden wir nicht beweisen. Dennoch benötigen wir einige wenige topologische Begriffe für den $\mathbb{R}^n$ bevor wir dieses auf S. 205 erläutern können. Diese Begriffe stellen wir in einem kleinen Exkurs zusammen.

Der $\mathbb{R}^n$ ist ein Vektorraum. Seine Elemente sind Vektoren

$$x = (x_1, ..., x_n)$$

mit $n$ Einträgen.

**Übung L.4.1.** Die reelle Zahlengerade nennt man $\mathbb{R}$. Wie veranschaulicht man die Menge aller Vektoren mit zwei reellen Eintragungen, $\mathbb{R}^2$, und die Menge aller Vektoren mit drei reellen Eintragungen, $\mathbb{R}^3$?

Der Betrag eines Vektors aus $\mathbb{R}^n$ ist für $x \in \mathbb{R}^n$ durch

$$|x| = \sqrt{\sum_{i=1}^{n} x_i^2}$$

definiert. Man kann $|x| = |x - 0|$ als Abstand des Vektors $x$ vom Nullpunkt $(0, 0, ..., 0)$ auffassen. In ähnlicher Weise ist mit $|x - y|$ der Abstand der Vektoren $x$ und $y$ voneinander zu verstehen.

**Übung L.4.2.** Berechnen Sie im $\mathbb{R}^3$ den Abstand der Vektoren $(1, 5, 5)$ und $(2, 8, 3)$ und im $\mathbb{R}^2$ den Abstand der Vektoren $(4, 5)$ und $(7, 1)$. Bestätigen Sie für den zweidimensionalen Fall, dass der Betrag zur Abstandsmessung herangezogen werden kann.

Für $x \in \mathbb{R}^n$ und $\varepsilon > 0$ heißt

$$\{y \in \mathbb{R}^n : |x - y| < \varepsilon\}$$

die $\varepsilon$-Umgebung von $x$. Ist $\varepsilon$ klein, befinden sich die $y$ „ganz in der Nähe“ von $x$ (siehe Abbildung L.4). Man sagt, dass $x$ ein innerer Punkt von $M \subset \mathbb{R}^n$ ist, falls es ein $\varepsilon > 0$ gibt, sodass

$$\{y \in \mathbb{R}^n : |x - y| < \varepsilon\} \subset M$$

richtig ist, falls es also eine $\varepsilon$-Umgebung von $x$ gibt, die ganz in $M$ enthalten ist.

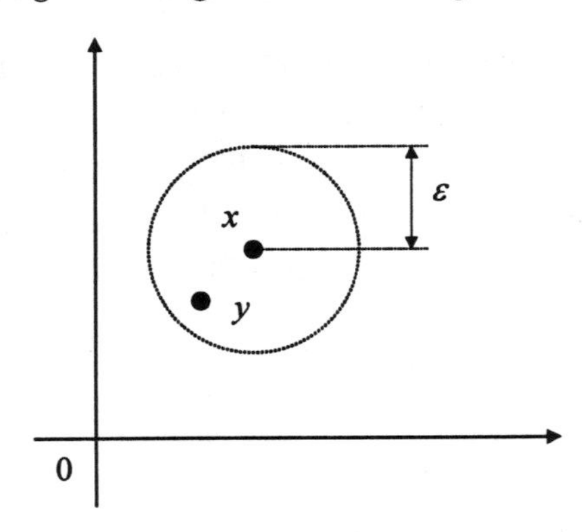


**Abbildung L.4.** Die $\varepsilon$-Umgebung des Punktes $x$ in der Ebene

Eine Menge $M$ heißt eine offene Menge, falls sie nur aus inneren Punkten besteht. Man kann dann zu jedem Punkt $x$ aus $M$ eine (vielleicht sehr kleine) $\varepsilon$-Umgebung finden, die Teilmenge von $M$ ist. In $\mathbb{R}$ ist beispielsweise das Intervall $(0, 1)$ (das die Eckpunkte 0 und 1 nicht enthält), eine offene Menge. Beispielsweise kann man zum Punkt $\frac{9}{10}$ die $\frac{1}{10}$-Umgebung nehmen, deren Punkte sämtlich im Intervall $(0, 1)$ enthalten sind. Dagegen ist das Intervall $[0, 1]$ (das die Eckpunkte 0 und 1 enthält) nicht offen in $\mathbb{R}$. Denn jede $\varepsilon-$Umgebung des Punktes 1 enthält einen Punkt der größer ist als 1 und daher nicht im Intervall $[0, 1]$ enthalten ist.

Schließlich heißt eine Menge $M$ dicht im $\mathbb{R}^n$, falls es in jeder $\varepsilon$-Umgebung jedes Punktes des $\mathbb{R}^n$ einen Punkt gibt, der auch in $M$ ist. Man kann also keinen Punkt im $\mathbb{R}^n$ finden, sodass eine ganz kleine $\varepsilon$-Umgebung nicht mindestens einen Punkt enthielte, der auch in $M$ ist.

**Das Theorem.** Für „fast alle" endlichen Spiele können wir eine wichtige Aussage treffen: Es gibt nur endlich viele Gleichgewichte von ungerader Anzahl. Wir müssen dazu zunächst klären, wie wir „fast alle" aufzufassen haben. Ein Matrixspiel der Form $\Gamma = (I, S, u)$ ist durch die Auszahlungen der Spieler bei allen möglichen Strategiekombinationen definiert.

**Übung L.4.3.** Wie viele Auszahlungswerte benötigt man für ein Spiel mit zwei Spielern und zwei bzw. drei Strategien?

Die bei endlichen Spielern endliche Anzahl der Strategiekombinationen lässt sich so ermitteln:

$$|S| = |S_1| \cdot |S_2| \cdot ... \cdot |S_n|$$

Da für jede Strategiekombination die Auszahlung für jeden Spieler angegeben wird, definiert ein Punkt im $\mathbb{R}^{n \cdot |S|}$ das Matrixspiel $\Gamma = (I, S, u)$. $\mathbb{R}^{n \cdot |S|}$ ist die Menge aller Vektoren mit $n \cdot |S|$ Eintragungen, die jeweils reelle Zahlen sind.

Wir können nun den Satz von WILSON (1971) notieren:

**Theorem L.4.2 (Satz von Wilson).** *Fast alle endlichen Matrixspiele in gemischten Strategien haben eine endliche, ungerade Anzahl von Gleichgewichten.*

Mit unseren topologischen Kenntnissen gewappnet, können wir diesen Satz für ein Spiel $\Gamma = (I, S, u)$ mit $n \cdot |S|$ Auszahlungswerten so ausdrücken:

- Um einen Punkt (um ein Spiel) im $\mathbb{R}^{n \cdot |S|}$ mit einer endlichen, ungeraden Anzahl von Gleichgewichten gibt es eine Umgebung, so dass alle Punkte (alle Spiele) in dieser Umgebung ebenfalls eine endliche, ungerade Anzahl von Gleichgewichten besitzen.
- Jede (noch so kleine) Umgebung um einen Punkt (ein Spiel) im $\mathbb{R}^{n \cdot |S|}$ mit einer geraden oder unendlichen Anzahl von Gleichgewichten enthält einen weiteren Punkt (ein weiteres Spiel) mit einer endlichen, ungeraden Anzahl von Gleichgewichten.

Dieser Satz ist sehr bemerkenswert. Er weist darauf hin, dass wir bei fast allen Spielen eine ungerade Anzahl von Gleichgewichten zu erwarten haben. So weist das Gefangenen-Dilemma ein Gleichgewicht in reinen Strategien auf, „Kopf oder Zahl“ ein Gleichgewicht in echt gemischten Strategien und der Kampf der Geschlechter zwei Gleichgewichte in reinen und eines in echt gemischten Strategien.

Soweit so gut.

**Übung L.4.4.** Wie viele Gleichgewichte weisen die folgenden Matrixspiele auf?

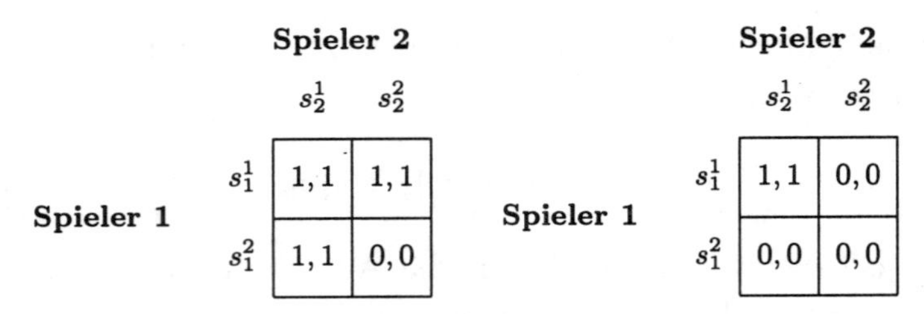

|  |  | Spieler 2 |  |
|---|---|---|---|
|  |  | $s_2^1$ | $s_2^2$ |
| Spieler 1 | $s_1^1$ | 1,1 | 1,1 |
|  | $s_1^2$ | 1,1 | 0,0 |

|  |  | Spieler 2 |  |
|---|---|---|---|
|  |  | $s_2^1$ | $s_2^2$ |
| Spieler 1 | $s_1^1$ | 1,1 | 0,0 |
|  | $s_1^2$ | 0,0 | 0,0 |

Wir wissen aufgrund des Satzes von Wilson, dass wir an den Auszahlungen nur ein wenig zu „wackeln“ haben, um ein Spiel zu bekommen, das eine endliche, ungerade Anzahl von Gleichgewichten aufweist. Wir betrachten zunächst das zweite Spiel der vorangegangenen Aufgabe (das FUDENBERG/TIROLE (1991, S. 480) entnommen ist). Wir variieren es wie folgt:

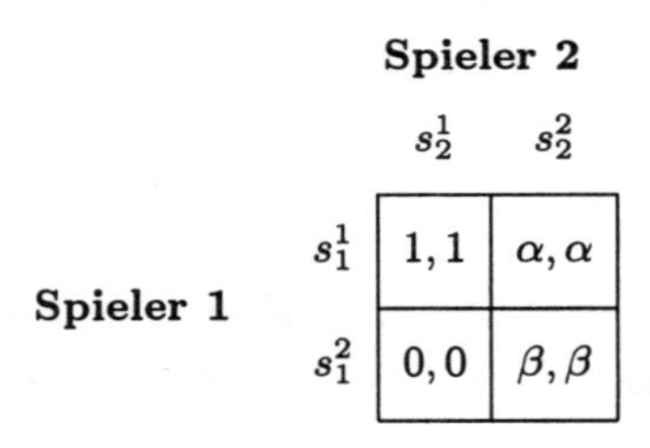

|  |  | Spieler 2 |  |
|---|---|---|---|
|  |  | $s_2^1$ | $s_2^2$ |
| Spieler 1 | $s_1^1$ | 1,1 | $\alpha, \alpha$ |
|  | $s_1^2$ | 0,0 | $\beta, \beta$ |

Wir betrachten nun folgende Möglichkeiten:

- Für $0 < \alpha < 1$ und $\beta \leq 0$ erhält man ein Spiel mit nur einem Gleichgewicht.
- Für $\alpha = \beta = 0$ erhält man ein Spiel mit zwei Gleichgewichten.
- Für $\alpha = 0$ und $\beta < 0$ erhält man ein Spiel mit einem Gleichgewicht.
- Für $\alpha = 0$ und $\beta > 0$ erhält man ein Spiel mit drei Gleichgewichten.

Betrachten wir als nächstes eine Variante des ersten Spiels der vorangegangenen Aufgabe.

**Übung L.4.5.** Wieviele Gleichgewichte weist das folgende Spiel für $\varepsilon > 0$ und wieviele für $\varepsilon < 0$ auf?

| | | Spieler 2 | |
|---|---|---|---|
| | | $s_2^1$ | $s_2^2$ |
| Spieler 1 | $s_1^1$ | $1+\varepsilon, 1+\varepsilon$ | $1, 1$ |
| | $s_1^2$ | $1, 1$ | $0, 0$ |

## L.5 Iterierte Dominanz und Nash-Gleichgewicht

Theorem K.5.1 von S. 189 überträgt sich völlig analog auf den Fall von Spielen mit gemischten Strategien. Denn dieses ist ja als Spiel in reinen Strategien darstellbar.

## L.6 Lösungen

**Übung L.3.1.** Nein. Wählt beispielsweise Spieler 1 eine reine Strategie, so ist die beste Antwort von Spieler 2 darauf eine reine (nämlich jeweils die andere) Strategie.

**Übung L.3.2.** Gleichgewichte in echt gemischten Strategien sind keine **strikten** Gleichgewichte.

**Übung L.3.3.** Die Ableitung von $u_2$ nach $s_2$ lautet

$$\begin{aligned} \frac{du_2(s_1, s_2)}{ds_2} &= -s_1 + (1 - s_1) - s_1 + (1 - s_1) \\ &= -4s_1 + 2. \end{aligned}$$

Damit kann man die beste Antwortkorrespondenz für Spieler 2 als

$$B_2(s_1) = \begin{cases} 1, & \text{falls } s_1 < \frac{1}{2} \\ [0,1], & \text{falls } s_1 = \frac{1}{2} \\ 0, & \text{falls } s_1 > \frac{1}{2} \end{cases}$$

ermitteln.

**Übung L.3.4.** Die besten Antwortkorrespondenzen der Hirschjagd sind in Abbildung L.5 oben links dargestellt, diejenigen des Gefangenendilemmas oben rechts, diejenigen des Kampfs der Geschlechter (haben Sie es erkannt?) unten links und diejenigen des vierten Spiels

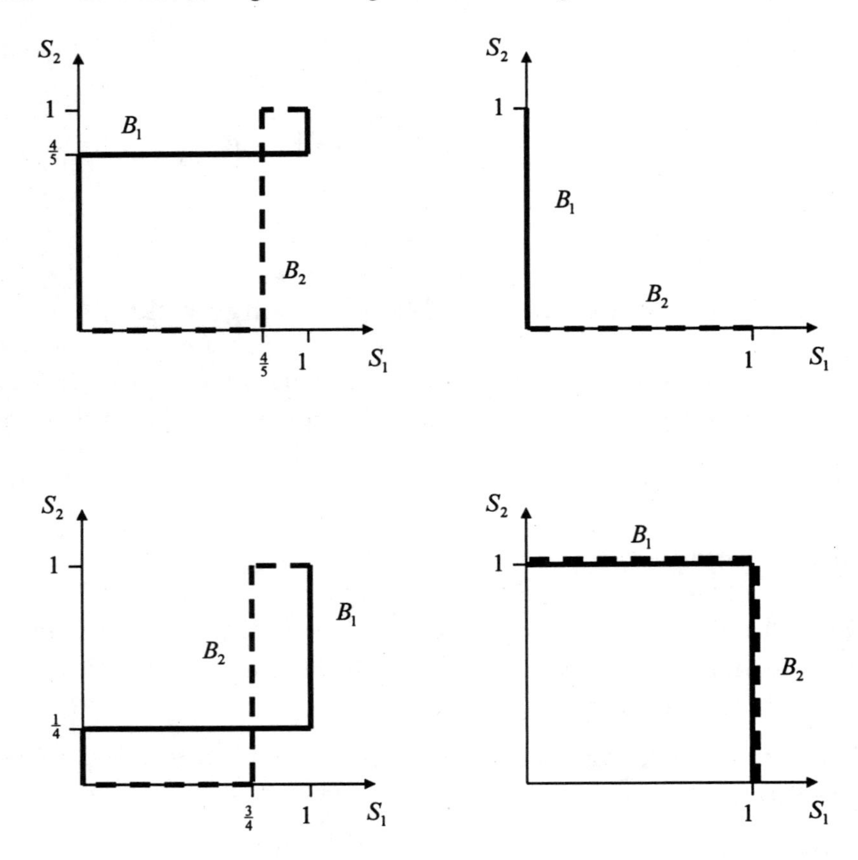


**Abbildung L.5.** Gleichgewichte

unten rechts. Man sieht, dass bei der Hirschjagd drei Gleichgewichte existieren, wobei eines aus echt gemischten Strategien besteht. Das Gefangenendilemma weist nur ein Gleichgewicht auf; dieses ist in reinen Strategien. Beim Kampf der Geschlechter gibt es wiederum drei Gleichgewichte und das vierte Spiel weist unendlich viele Gleichgewichte auf.

**Übung L.3.5.** Man erhält unendlich viele Gleichgewichte. Mit $s_1$ sei nun die Wahrscheinlichkeit für die Wahl der ersten Strategie durch Spieler 1 und mit $s_2$ die Wahrscheinlichkeit für die Wahl der ersten Strategie durch Spieler 2 gemeint. Es gibt zwei Gleichgewichte in reinen Strategien, nämlich $(1,1)$ und $(0,0)$. Wählt Spieler 1 seine zweite Strategie, ist Spieler 2 indifferent zwischen seiner ersten und seiner zweiten und jeder echt gemischten Strategie. Ist $s_2$ hinreichend klein, ist die Wahl der zweiten Strategie durch Spieler 1 eine beste Antwort. Dieser Fall ist durch

$$s_2 \cdot 1 + (1 - s_2) \cdot (-1) \leq s_2 \cdot 0 + (1 - s_2) \cdot 0 \quad \Leftrightarrow \quad s_2 \leq \frac{1}{2}$$

gegeben. Damit ist nun jede Kombination

$$(0, s_2) \text{ mit } 0 \leq s_2 \leq \frac{1}{2}$$

ein Gleichgewicht: Spieler 1 kann sich nicht verbessern, indem er auf die erste Strategie (oder eine echte Mischung beider Strategien) abweicht; Spieler 2 kann sich nicht verbessern, weil jede gemischte Strategie eine beste Antwort auf $s_1 = 0$ ist. Die gestellte Frage ist also mit „ja“ zu beantworten. (Dies war Ihnen aufgrund der vorangehenden Frage und der Abbildung L.5 (unten rechts) ohnehin klar?)

**Übung L.3.6.** Es gibt keines. Bei Kontrolle ist es für den Straftäter optimal, auf den Betrug zu verzichten. Bei der Strategie „kein Betrug“ ist Kontrolle überflüssig ...

**Übung L.3.7.** Man rechnet:

$$s_1 (1 - F) + (1 - s_1) 1 \stackrel{!}{=} s_1 \cdot 0 + (1 - s_1) \cdot 0 \quad \Leftrightarrow \quad s_1 \stackrel{!}{=} \frac{1}{F}.$$

**Übung L.4.1.** $\mathbb{R}^2$ wird als Ebene und $\mathbb{R}^3$ als Raum veranschaulicht.

**Übung L.4.2.** Wir berechnen die Abstände

$$|(1,5,5) - (2,8,3)| = \sqrt{(-1)^2 + (-3)^2 + 2^2} = \sqrt{14}$$

und

$$|(4,5) - (7,1)| = \sqrt{(-3)^2 + 4^2} = 5.$$

Im zweidimensionalen Fall zeichnen Sie die Punkte $(4,5)$ und $(7,1)$ maßstabsgetreu (beispielsweise in Zentimetern gemessen) und finden, dass der Abstand tatsächlich (je nach Güte Ihrer Zeichnung) ungefähr 5 beträgt.

**Übung L.4.3.** Es gibt in diesem Fall sechs Strategiekombinationen und für jede Strategiekombination sind zwei Auszahlungen anzugeben. Also benötigen wir 12 Auszahlungswerte.

**Übung L.4.4.** Das erste Matrixspiel hat unendlich viele Gleichgewichte, das zweite zwei Gleichgewichte in reinen Strategien, jedoch keines in gemischten Strategien.

**Übung L.4.5.** Für $\varepsilon > 0$ hat das Spiel ein Gleichgewicht, für $\varepsilon < 0$ hat es zwei Gleichgewichte in reinen und eines in echt gemischten Strategien.

Teil III

# Entscheidungen in extensiver Form

In Teil I haben wir Entscheidungssituationen in Matrixform betrachtet. Der Entscheider wählt hier Strategien, die bei Sicherheit zu einer Auszahlung und bei Risiko zu einer Wahrscheinlichkeitsverteilung von Auszahlungen führen. Allerdings gibt es viele Entscheidungssituationen, in denen der Entscheider mehrmals hintereinander agieren muss oder in denen vor Aktionen des Entscheiders die Natur (der Zufall, das Wetter) Züge macht, über die der Entscheider informiert ist oder auch nicht. In diesen Situationen sind die Strategien nicht gegeben, sondern sind noch zu generieren. Aber auch wenn man die Strategien aufgeschrieben hat, reicht es nicht immer aus, die dann erhaltene Entscheidungssituation lediglich in strategischer Form zu analysieren. Bisweilen ist die dynamische Struktur weiter zu berücksichtigen.

Die Entscheidungssituation ist dann, so sagt man, in extensiver Form gegeben. Sie beschreibt die Entscheidungssituation recht vollständig: Die Reihenfolge der Züge (Aktionen) ist festgelegt, die Auszahlungen für jede Zugfolge und welche Informationen der Entscheider über den Verlauf zu welchem Zeitpunkt besitzt.

Es mag nahe liegen, Entscheidungssituationen in extensiver Form durch die möglichen Verläufe zu beschreiben. Ein Verlauf gibt an, welche Handlungen des Entscheiders oder der Natur in welcher Reihenfolge vorkommen können. Dies ist die von OSBORNE/RUBINSTEIN (1994) und PICCIONE/RUBINSTEIN (1997) gewählte Vorgehensweise, der wir uns hier anschließen und der wir in vielen formalen Details folgen. Aus einer Menge von Verläufen lässt sich ein Entscheidungsbaum konstruieren, die andere und häufiger vorzufindende Darstellung der extensiven Form. Wir verwenden beide Darstellungsformen, die sich ineinander überführen lassen.

Spiele in extensiver Form sind recht komplizierte Gebilde. Ein didaktischer Daseinsgrund für Teil III dieses Buches besteht darin, die für Spiele in extensiver Form benötigten Grundlagen Stück für Stück zu erarbeiten. Daher weist dieser Teil vier Kapitel auf. Das erste, Kapitel M erläutert Verläufe und Bäume in möglichst einfachen Entscheidungssituationen, nämlich bei perfekter Information ohne Züge der Natur. Dabei bedeutet perfekte Information: Der Entscheider weiß immer, was bisher passiert ist. Weder gibt es Zufallszüge, über die er nicht informiert ist, noch hat der Entscheider vergessen, welche Züge er vorher getätigt hat. In diesem einfachen Rahmen führen wir dann in Kapitel N den Strategiebegriff ein und erläutern, was teilbaumperfekte Strategien und was Verhaltensstrategien sind. Auch Kapitel O behandelt perfekte Information; allerdings werden nun Zufallszüge eingeführt, die der Entscheider im Vorhinein nicht kennt. Nachdem die Natur jedoch gezogen hat, weiß er wiederum, was passiert ist.

Kapitel P, das vierte und letzte Kapitel dieses Teils, beschäftigt sich mit unvollkommener (auch: imperfekter) Information. Sie kann daher rühren, dass die Natur eine Aktion gewählt hat, von der der Entscheider keine Kenntnis hat. Es ist auch der Fall denkbar, dass der Entscheider „vergesslich“ ist (imperfekte Erinnerung).

# M. Verläufe und Auszahlungen

## M.1 Einführendes und ein Beispiel

Wir beginnen mit einem Beispiel. Eine Unternehmung kann eine Investition in neue Produktionsanlagen (zur Schirmproduktion!) tätigen (Aktion I) oder diese Investition unterlassen (Aktion kI). Die Investition rentiert sich besonders dann, wenn die Unternehmung anschließend ausgedehnte Marketing-Aktivitäten unternimmt (Aktion M). Bei Unterbleiben der Marketing-Bemühungen (Aktion kM) kann aus der Produktionsanlage kein erheblicher Gewinn resultieren. Umgekehrt sind die Marketing-Aktivitäten ohne die Investition nutzlos; sie erzeugen eine Nachfrage, die nicht bedient werden kann. Das Unternehmen sieht sich vier Alternativen gegenüber. Wir nehmen an, dass die Investition gegebenenfalls der Marketing-Aktivität vorgelagert ist, so dass wir es mit vier möglichen Verläufen zu tun haben, die wir so andeuten:

$$\langle \mathrm{I}, \mathrm{M} \rangle, \langle \mathrm{I}, \mathrm{kM} \rangle, \langle \mathrm{kI}, \mathrm{M} \rangle, \langle \mathrm{kI}, \mathrm{kM} \rangle .$$

Von Verläufen (oder Pfaden) sprechen wir auch bei $\langle \mathrm{I} \rangle$ oder $\langle \mathrm{kI} \rangle$. $\langle \mathrm{M} \rangle$ ist jedoch kein Verlauf, weil Verläufe mögliche Aktionsketten vom Anfang her beschreiben.

Ein Verlauf führt entweder zum Ende (dann gibt es keine Aktion, um die der Verlauf verlängert werden kann) oder er ist noch verlängerbar. Betrachten wir beispielsweise alle Verläufe, die dem Verlauf $\langle \mathrm{I} \rangle$ eine Aktion hinzufügen. Dies sind die Verläufe $\langle \mathrm{I}, \mathrm{M} \rangle$ und $\langle \mathrm{I}, \mathrm{kM} \rangle$. Also ist die dem Entscheider nach $\langle \mathrm{I} \rangle$ offenstehende Aktionsmenge $\{\mathrm{M}, \mathrm{kM}\}$.

Wir ordnen nichtverlängerbaren Verläufen Gewinne oder Nutzenwerte zu, beispielsweise:

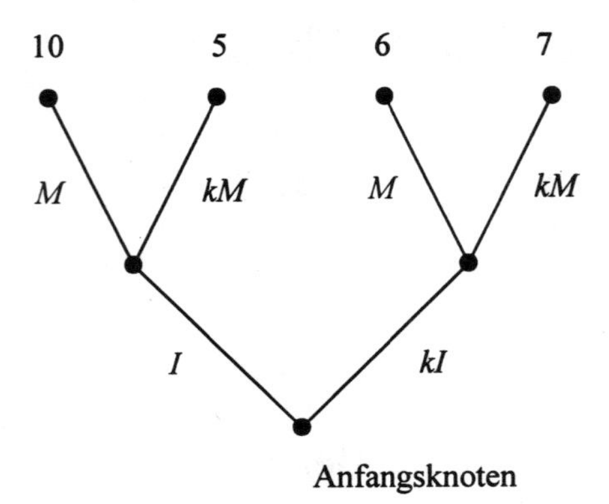


**Abbildung M.1.** Ein Entscheidungsbaum

$$u(\langle \text{I, M} \rangle) = 10,$$
$$u(\langle \text{I, kM} \rangle) = 5,$$
$$u(\langle \text{kI, M} \rangle) = 6,$$
$$u(\langle \text{kI, kM} \rangle) = 7.$$

Offenbar ist der Gewinn des Unternehmens am höchsten, wenn es sowohl investiert als auch Marketing-Aktivitäten unternimmt.

Verlaufsmengen und Auszahlungen führen wir formal in Abschnitt M.2 ein. Ein Entscheidungsbaum ist eine alternative Darstellungsform für Verläufe und Auszahlungen. Bäume betrachten wir graphentheoretisch in Abschnitt M.3 genauer.

Verlaufsmengen und Bäume entsprechen sich und man kann aus der Verlaufsmenge mit den Auszahlungen einen Entscheidungsbaum konstruieren. Dazu zeichnet man zunächst einen Knoten des Baumes, den Anfangsknoten (siehe Abbildung M.1). Von diesem gehen Zweige aus, die die hier möglichen Aktionen wiedergeben. In unserem Beispiel gibt es zunächst die zwei Aktionen I und kI. Am Ende der Zweige folgen wieder Knoten. Der Knoten am Ende der Aktion I steht also für den bisherigen Verlauf. Nach der Wahl der Aktion I lautet die Aktionsmenge {M, kM}, hier sind also zwei Zweige zu zeichnen. Wählt der Unternehmer zunächst I und dann kM, erhält er die Auszahlung 5. Dies vermerken wir. Wir sagen: Der Baum weist drei Entscheidungsknoten auf (dies sind die Knoten, von denen Zweige abgehen) und vier Endknoten (dies sind die Knoten, an denen die Auszahlungen stehen).

Etwas allgemeiner erläutern wir die Konstruktion eines Entscheidungsbaumes aus einer Verlaufsmenge und den Auszahlungen in Abschnitt M.4. Auch der umgekehrte Weg ist ohne Schwierigkeiten gangbar; er wird in Abschnitt M.5 durch ein Übungsbeispiel dargestellt.

## M.2 Definition: Menge von Verläufen

In der Einführung haben wir Folgen von Aktionen betrachtet, beispielsweise $\langle \mathrm{I}, \mathrm{M} \rangle$. Wir wollen nun mithilfe einer Menge solcher Folgen die Situation beschreiben, in der sich der Entscheider befindet. Diese so genannten Verlaufsmengen bilden in späteren Kapiteln die Grundlage für Entscheidungsprobleme mit und ohne perfekte Information, mit und ohne Züge der Natur und mit einem Entscheider oder auch mit mehreren Spielern. In diesem Kapitel beschränken wir uns jedoch auf Entscheidungssituationen mit perfekter Information ohne Züge der Natur. Dabei ist es sicherlich hilfreich, sich die einzuführenden Begriffe ständig am Beispiel der Einführung zu vergegenwärtigen.

**Definition M.2.1.** *Sei $\widetilde{A}$ eine nichtleere Menge von Aktionen $\{a^1, a^2, \ldots\}$. Seien $v$ und $w$ endliche oder unendliche Folgen mit Gliedern aus $\widetilde{A}$, die durch $\langle a^k \rangle_{k=1,2,\ldots,K}$ (endlich mit $K \geq 0$) oder $\langle a^k \rangle_{k=1,2,\ldots}$ (unendlich) näher beschrieben werden.*

- *$w$ heißt Teilverlauf oder Teilpfad oder Teilfolge von $v = \langle b^k \rangle_{k=1,2,\ldots,L} \in V$ oder von $v = \langle b^k \rangle_{k=1,2,\ldots} \in V$, falls $w = \langle a^k \rangle_{k=1,2,\ldots,K}$ endlich ist und falls $L \geq K$ und $a^k = b^k$ für $k = 1, \ldots K$ erfüllt sind.*
- *Die Folge $\langle a^k \rangle_{k=1,2,\ldots,K}$ heißt für $K = 0$ leere Folge und wird mit $\langle \rangle$ oder mit $o$ bezeichnet.*
- *Die Zusammenkettung der Folgen $v = \langle a^k \rangle_{k=1,2,\ldots,K}$ und $w = \langle a^k \rangle_{k=K+1,K+2,\ldots,K+L}$ ist definiert als $\langle a^k \rangle_{k=1,2,\ldots,K+L}$. Ist $w = \langle a^k \rangle_{k=K+1,K+2,\ldots}$ unendlich, erhält man $\langle a^k \rangle_{k=1,2,\ldots,K,K+1,\ldots}$. Diese Zusammenkettungen schreibt man als $\langle v, w \rangle$. Bestehen $v$ oder $w$ aus nur einer Aktion $a$, kann man auch $\langle v, a \rangle$ bzw. $\langle a, w \rangle$ schreiben.*

- *Die Länge einer endlichen Folge* $\langle a^k \rangle_{k=1,2,\dots,K}$ *beträgt* $K$. *Wir schreiben* $|v|$ *für die Länge einer Folge* $v$.

Der Leser mache sich klar, dass für einen Verlauf $v$ oder für eine Aktion $a$

$$\langle o, v \rangle = \langle v, o \rangle = v$$

bzw.

$$\langle o, a \rangle = \langle a, o \rangle = \langle a \rangle$$

gilt.

**Definition M.2.2 (Menge von Verläufen).** *Eine Menge von Verläufen oder Pfaden auf einer nichtleeren Menge* $\widetilde{A}$ *ist eine nichtleere Menge* $V$ *von (endlichen oder unendlichen) Folgen mit Gliedern aus* $\widetilde{A}$ *mit drei Eigenschaften:*

*(1) die leere Folge* $o$ *ist in* $V$ *enthalten,*
*(2) falls eine Folge* $v$ *in* $V$ *enthalten ist, gilt dies für alle ihre Teilfolgen,*
*(3) falls eine unendliche Folge* $\langle a^k \rangle_{k=1,2,\dots}$ *für alle endlichen* $K \in \mathbb{N}$

$$\left\langle a^k \right\rangle_{k=1,2,\dots,K} \in V$$

*erfüllt, ist sie selbst in* $V$ *enthalten.*

Die dritte Bedingung ist sicherlich am geheimnisvollsten. Sie erklärt sich daraus, dass man auch unendlichen Folgen Auszahlungen zuordnen möchte. Was könnte passieren, wenn die dritte Bedingung nicht erfüllt wäre? Dann gäbe es eine unendliche Folge $v = \langle a^k \rangle_{k=1,\dots} \notin V$ so, dass alle endlichen Teilfolgen in $V$ enthalten sind. Keiner dieser endlichen Folgen möchte man schon einen Nutzenwert zuordnen. Denn sie sind ja verlängerbar und verlangen nach Aktionen des Entscheiders. Die dritte Bedingung fordert nun, dass $v$ selbst in $V$ enthalten ist. Und $v$ kann dann die Nutzeninformation tragen.

Aus der Definition der Verlaufsmengen lassen sich folgende Definitionen gewinnen:

**Definition M.2.3.** *Für eine Verlaufsmenge* $V$ *legen wir Folgendes fest:*

- *Eine Folge $v \in V$ heißt maximal in $V$, falls sie nicht Teilfolge einer anderen Folge in $V$ ist. Maximale Folgen heißen auch Endfolgen; ihre Menge wird mit $E$ bezeichnet.*
- *Eine nicht maximale Folge heißt Entscheidungsfolge oder Entscheidungspfad oder Entscheidungsverlauf. Die Menge der Entscheidungsfolgen nennen wir $D$ (in Anlehnung an das englische „decision").*
- *Wir nennen $V$ endlich, falls es eine endliche Menge ist, und von beschränkter Länge, wenn alle Folgen in $V$ endlich sind. Ist $V$ von beschränkter Länge, so definieren wir diese durch*

$$\ell(V) := \max_{v \in V} |v| .$$

*Anmerkung M.2.1.* Maximale Folgen sind entweder endlich oder unendlich. Im endlichen Fall ist $v$ eine Folge $\langle a^k \rangle_{k=1,2,\ldots,K}$ in $V$ so, dass es keine Aktion $a^{K+1}$ gibt, dass $\langle a^k \rangle_{k=1,2,\ldots,K+1}$ ebenfalls in $V$ enthalten wäre. Alle unendlichen Folgen sind maximal. Eine endliche Folge $\langle a^k \rangle_{k=1,2,\ldots,K} \in V$ ist Entscheidungsfolge, falls es eine Aktion $a^{K+1}$ gibt, sodass $\langle a^k \rangle_{k=1,2,\ldots,K+1}$ ebenfalls in $V$ enthalten ist.

**Übung M.2.1.** Berechnen Sie $D \cap E, D \cup E$.

**Übung M.2.2.** Diskutieren Sie das Verhältnis der Aussagen:

- $V$ ist endlich.
- $E$ ist endlich.
- $V$ ist von beschränkter Länge.

**Übung M.2.3.** Ist die folgende Aussage richtig? Für zwei Teilpfade $v'$ und $v''$ von $v$ gilt, dass $v'$ Teilpfad von $v''$ oder $v''$ Teilpfad von $v'$ ist.

Für Teilpfade gilt offenbar Transitivität:

**Lemma M.2.1.** *Ist $v''$ ein Teilpfad von $v'$ und $v'$ ein Teilpfad von $v$, so ist $v''$ ein Teilpfad von $v$.*

Wir definieren nun

$$A(v) := \{a : \langle v, a \rangle \in V\} ,$$

das ist die Menge der Aktionen, aus denen der Entscheider auszusuchen hat, wenn er am Ende von $v$ steht.

Insbesondere sind die ersten Aktionen durch die Menge der Pfade der Länge 1

$$A(o) = \{a : \langle o, a \rangle \in V\}$$

gegeben. Wir definieren

$$A := \bigcup_{v \in D} A(v) = \bigcup_{v \in V} A(v).$$

**Übung M.2.4.** Bestimmen Sie $A(e)$ für ein $e$ aus $E$.

**Definition M.2.4 (Entscheidungsproblem bei Verläufen).** *Ein Entscheidungsproblem in extensiver Form bei vollkommener Information ohne Züge der Natur ist ein Tupel*

$$\Delta = (V, u),$$

*wobei $u$ eine Funktion $E \to \mathbb{R}$ darstellt.*

*Anmerkung M.2.2.* Wir verwenden hier im Gegensatz zur Definition von $\Delta$ die Nutzenfunktion $u$ anstelle der Auszahlungsfunktion $\pi$. Dies macht bei vollkommener Information im Falle von Monotonie keinen Unterschied; bei unvollkommener Information sind wir ohnehin auf $u$ angewiesen. □

Beispielsweise können wir eine Entscheidungssituation $\Delta = (V, u)$ durch

$$V = \{o\} \cup \{x : x \geq 0\}$$

und

$$u(x) = (a - bx - c)\,x, \; a, b, c > 0$$

näher betrachten. Die Menge der unendlich vielen Pfade beinhaltet $o$ und die Aktionen $x$ mit $x \geq 0$. Alle Pfade $\langle x \rangle$ sind maximal und Endfolgen.

**Übung M.2.5.** Kennen Sie die soeben beschriebene Entscheidungssituation?

## M.3 Definition: Entscheidungsbäume

Man kann ein Entscheidungsproblem in extensiver Form bei vollkommener Information ohne Züge der Natur auch als Entscheidungsbaum darstellen oder zumindest andeuten. Um einen solchen Entscheidungsbaum korrekt zu definieren, muss man einen größeren graphentheoretischen Aufwand betreiben. Das Wichtigste ist jedoch, dass man sich Knoten oder Punkte vorstellt, die zum Teil durch Pfeile verbunden sind, wobei

- es genau einen Knoten gibt, auf den kein Pfeil zeigt (der so genannte Anfangsknoten),
- alle anderen Knoten genau einen Pfeil haben, der auf sie zeigt, und
- man von jedem Knoten mit Ausnahme des Anfangsknotens entgegen der Pfeilrichtung zum Anfangsknoten gelangt.

Beispiele für Knoten und Pfeile sind in Abbildung M.2 dargestellt. Man kann nun prüfen, ob sie die drei genannten Bedingungen erfüllen.

**Übung M.3.1.** Nun?

Die Bedingungen besagen, dass man von jedem Knoten, der nicht Anfangsknoten ist, entgegen der Pfeilrichtung zum Anfangsknoten gelangt. Dabei sind die Pfeile, denen man entgegenläuft, eindeutig definiert. Dies ist die zentrale Eigenschaft von Bäumen. Diese zentrale Eigenschaft findet sich auch in den Verlaufsmengen wieder. Denn bei Pfaden $v = \langle o, v \rangle$ mit endlicher Länge gelangt man zu $o$, indem man sukzessiv die jeweils letzte Aktion streicht. Dabei ist diese letzte Aktion eindeutig definiert.

Um die Analogie zwischen Verläufen und Knoten zu betonen, verwenden wir auch für die Knoten die Symbole $v, v_1, v_2, w$ etc., die wir für die Verläufe in $V$ ebenfalls benutzen. Ein Knoten entspricht der bisherigen Folge von Aktionen, die zu ihm führen. In $V$ haben wir die Glieder der Folgen als Aktionen bezeichnet. Hier ist eine Aktion durch einen Pfeil von einem Knoten zu einem anderen Knoten dargestellt.

Wir wollen nun das bisher intuitiv erklärte graphentheoretisch beschreiben.

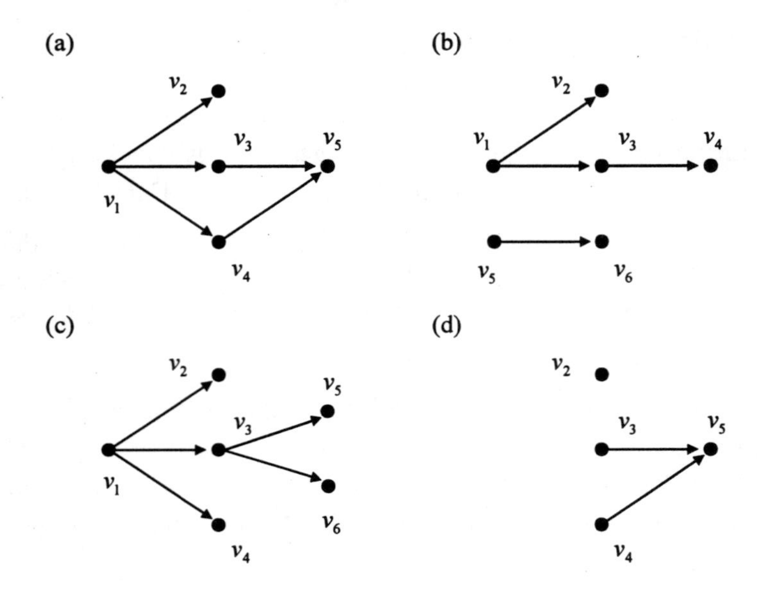


**Abbildung M.2.** Knoten und Pfeile

**Definition M.3.1 (irreflexive Relation).** *Sei $T$ eine nichtleere Menge und $<^T$ eine Menge geordneter Paare auf $T$. $<^T$ nennt man auch Relation auf $T$. Für $v, w \in T$ schreibt man anstelle von $(v, w) \in <^T$ meistens $v <^T w$. Dabei nennt man im Falle von $v <^T w$ den Knoten $v$ einen Vorgänger von $w$ und $w$ einen Nachfolger von $v$. Eine Relation $<^T$ heißt irreflexiv, falls für alle $v \in T$ das Paar $(v, v)$ nicht in ihr enthalten ist.*

Graphisch veranschaulicht man dabei die eventuell bestehende Relation zwischen den Knoten $v$ und $w$ aus $T$ durch einen Pfeil von $v$ nach $w$. Ein Pfeil verbindet dabei zwei Knoten. Falls kein Pfeil von einem Knoten auf denselben Knoten zeigt, ist die dargestellte Relation irreflexiv.

**Übung M.3.2.** Sei $T$ eine Menge von Menschen. Sind die Relationen „ist verwandt mit“ oder „ist Vater von“ irreflexiv?

**Definition M.3.2 (gerichteter Graph).** *Sei $T$ eine nichtleere Menge und $<^T$ eine irreflexive Relation auf $T$. Dann heißt dass Paar $(T, <^T)$ ein gerichteter Graph. Die Elemente in $T$ nennt man Knoten.*

Graphisch veranschaulicht man dabei die eventuell bestehende Relation zwischen den Knoten $v$ und $w$ aus $T$, wenn es einen Pfeil von $v$ nach $w$ gibt. Ein Pfeil verbindet dabei zwei Knoten. Falls kein Pfeil von einem Knoten auf denselben Knoten zeigt, ist die dargestellte Relation irreflexiv.

Damit haben wir jedoch einen Baum noch nicht definiert, sondern nur graphentheoretisch das wiedergegeben, was wir oben mit „Knoten oder Punkte ..., die zum Teil durch Pfeile verbunden sind" beschrieben haben. Die folgenden Definitionen können Sie am ehesten verdauen, wenn Sie sich die Begriffe graphisch und an Beispielen vorstellen. Im Grunde genommen geht es nur darum, den Baumbegriff graphentheoretisch exakt zu fassen.

**Definition M.3.3.** *Sei* $\left(T, <^T\right)$ *ein gerichteter Graph.*

- *Man nennt das Paar* $\left(T', <^{T'}\right)$ *einen Teilgraphen von* $\left(T, <^T\right)$*, falls* $T'$ *eine Teilmenge von* $T$ *ist und falls für alle Knoten* $v$ *und* $w$ *aus* $T'$ *die Relation* $v <^{T'} w$ *genau dann gilt, falls* $v <^T w$ *richtig ist.*
- *Eine Kette in* $T$ *ist ein Tupel von Knoten* $(v_1, v_2, ..., v_n)$ *mit* $n \geq 2$ *so, dass* $v_i <^T v_{i+1}$ *für alle* $i = 1, ..., n-1$ *gilt. In diesem Fall heißen* $v_1$ *und* $v_n$ *durch eine Kette verbunden und* $v_1$ *der indirekte Vorgänger von* $v_n$ *und* $v_n$ *der indirekte Nachfolger von* $v_1$*. Die Menge der Knoten in einer Kette kann auch unendlich sein.*
- *Einen Knoten ohne Vorgänger nennen wir einen Anfangsknoten; wir bezeichnen ihn mit* $o$*.*
- *Ein Pfad ist eine Kette, deren erster Knoten der Anfangsknoten ist. Die Menge aller Pfade bezeichnen wir mit* $V$*, die Menge der endlichen Pfade mit* $V_{end}$ *und die Menge der unendlichen Pfade mit* $V_{unend}$*.*
- $w$ *heißt Teilpfad von* $v = (o, v_2, ..., v_n) \in V_{end}$ *oder von* $v = (o, v_2, ...)$ $\in V_{unend}$*, falls* $w = (o, w_2, ..., w_m)$ *endlich ist und falls* $n \geq m$ *und* $v_i = w_i$ *für* $i = 1, \ldots m$ *erfüllt sind.*
- *Ein Pfad* $v \in V$ *heißt maximal in* $V$*, falls er nicht Teilpfad eines anderen Pfades in* $V$ *ist. Maximale Pfade heißen auch Endpfade; ihre Menge wird mit* $E$ *bezeichnet.*
- *Nichtmaximale Pfade heißen Entscheidungspfade; ihre Menge wird mit* $D$ *bezeichnet.*

- $(T, <^T)$ *heißt endlich, falls $T$ eine endliche Menge ist, und von beschränkter Länge, wenn alle Pfade in $(T, <^T)$ endlich sind.*

*Anmerkung M.3.1.* Wie im vorangehende Abschnitt sind auch hier alle unendlichen Pfade maximal. □

*Anmerkung M.3.2.* Alle endlichen Pfade (maximal oder nicht) lassen sich mit ihrem letzten Knoten identifizieren. Der letzte Knoten eines endlichen maximalen Pfades heißt Endknoten. Der letzte Knoten eines Entscheidungspfades heißt auch Entscheidungsknoten. Während man also mit $D$ auch die Menge der Entscheidungsknoten ansprechen kann, ist $E$ bei unendlichen Pfaden nicht mit der Menge der Endknoten zu identifizieren. □

**Übung M.3.3.** Bitte schauen Sie sich die obige Definition nochmals genau an. Ist hiernach ein Vorgänger ein indirekter Vorgänger?

Bevor wir die graphentheoretische Definition eines Baums geben, haben wir einige Übungen zu absolvieren.

**Übung M.3.4.** Der Leser betrachte Abbildung M.2 und beantworte die folgenden Fragen:

- Wie ist für $T := \{v_1, ..., v_5\}$ im Beispiel (a) die Relation $<^T$ definiert?
- Fasst man die Abbildung (a) bis (d) als Graphen auf, könnte dann einer dieser Graphen ein Teilgraph eines anderen sein?
- Bei welchen Beispielen gibt es mehr als einen Anfangsknoten?
- Bei welchen Beispielen bilden die Knoten $(v_1, v_3, v_4)$ oder $(v_3, v_5)$ Ketten in den jeweiligen Mengen?

Zu Beginn dieses Abschnitts haben wir die Eigenschaften eines Baums bereits dargestellt. Nach den graphentheoretischen Vorarbeiten können wir einen Baum so fassen:

**Definition M.3.4 (Baum).** *Ein Baum ist ein gerichteter Graph $(T, <^T)$, wobei $T$ eine endliche oder unendliche Menge von Knoten meint, sodass drei Eigenschaften erfüllt sind:*

*(1) es gibt genau einen Anfangsknoten $o$,*

*(2a) alle Knoten aus* $T\backslash\{o\}$ *haben genau einen Vorgänger und*
*(2b) alle Knoten aus* $T\backslash\{o\}$ *haben* $o$ *als indirekten Vorgänger.*

Der Leser beachte die Benennung der Eigenschaften in den Definitionen M.2.2 (S. 218) und M.3.4. Diese Benennung soll darauf hinweisen, dass sich die Eigenschaften (1) entsprechen und dass die Eigenschaft (2) aus der Verlaufsdefinition den Eigenschaften (2a) und (2b) aus der Baumdefinition gegenüber zu stellen ist. Für endliche Endpfade bedeutet dies, dass man von jedem Endknoten auf einem eindeutig bestimmten Pfad zum Anfangsknoten gelangt.

Allerdings fehlt in Definition M.3.4 ein Pendant zur dritten Eigenschaft in Definition M.2.2. Der Zweck dieser Eigenschaft liegt darin, dass man immer Folgen findet, denen die Nutzeninformation zugeordnet wird. Wir werden bei Bäumen die Nutzeninformation den maximalen Pfaden (auch Endpfade genannt) zuordnen. Handelt es sich dabei um einen endlichen maximalen Pfad, so können wir die Nutzeninformation an die letzten Knoten dieses Pfades schreiben.

Der Leser beachte, dass Pfade, die zu Entscheidungsknoten führen, endlich sind. Daher kann man Entscheidungsknoten und Entscheidungspfade identifizieren. Wie im vorangehenden Abschnitt gilt auch hier $V = E \cup D$.

Auch für Entscheidungsbäume können wir Aktionen an bestimmten Knoten definieren. Sei dazu $\widetilde{A}$ eine nichtleere Menge von Aktionen $\{a^1, a^2, ...\}$. Wir definieren nun eine Funktion $\alpha$, die jedem Knoten außer $o$ diejenige Aktion zuordnet, die zu diesem Knoten führt. Dabei kann diese Zuordnung nicht willkürlich erfolgen, wie Sie sich anhand der folgenden Aufgabe klarmachen können.

**Übung M.3.5.** Betrachten Sie die Entscheidungsbäume der Abbildung M.3. Sollten wir Funktionen $\alpha$ zulassen, die die Zuordnung der Aktionen $a^1, ..., a^4$ in der dargestellten Weise vornehmen?

Nach diesen Vorüberlegungen definieren wir:

**Definition M.3.5 (Aktionsfunktion).** *Sei* $\widetilde{A}$ *eine nichtleere Menge von Aktionen* $\{a^1, a^2, ...\}$ *und*

$$\alpha : T\backslash\{o\} \to \widetilde{A}$$

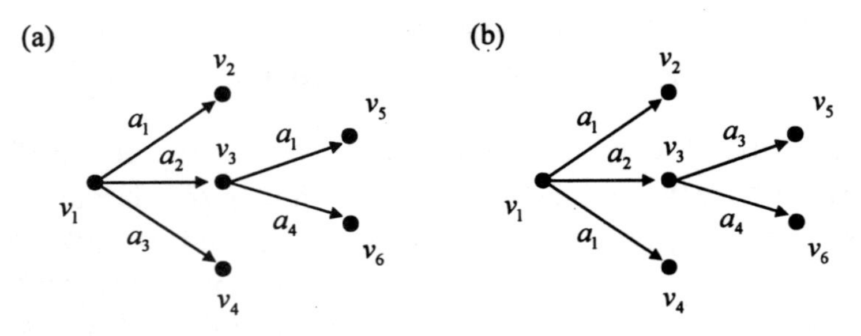


**Abbildung M.3.** Die Aktionen werden denjenigen Knoten zugeordnet, zu denen sie führen.

*eine Funktion mit der Eigenschaft: Für alle* $v, w, w' \in T$ *mit* $v <^T w$ *und* $v <^T w'$ *gilt* $\alpha(w) \neq \alpha(w')$. $\alpha$ *nennen wir Aktionsfunktion. Die Menge der bei einem Knoten* $v \in T$ *wählbaren Aktionen ist durch*

$$A(v) := \left\{\alpha(w) \in \widetilde{A} : v <^T w\right\}$$

*festgelegt.*

**Definition M.3.6 (Entscheidungsproblem bei Bäumen).** *Ein Entscheidungsproblem in extensiver Form bei vollkommener Information ohne Züge der Natur ist ein Tupel*

$$\Delta = \left(T, <^T, u, \widetilde{A}, \alpha, \right),$$

*wobei* $u$ *eine Funktion* $E \to \mathbb{R}$ *darstellt.* $\Delta$ *heißt auch Entscheidungsbaum. Wenn die Bezeichnung der Aktionen unwichtig sind, schreiben wir auch einfacher*

$$\Delta = \left(T, <^T, u\right).$$

Wir machen nochmals darauf aufmerksam, dass $E$ nicht unbedingt eine Teilmenge von $T$ ist. Denn es kann „mehr" Endpfade als Endknoten geben.

Eine letzte Bemerkung haben wir anzufügen. Da der Anfangsknoten in der Regel auch dann als solcher erkennbar ist, wenn die Verbindungen zwischen Knoten keinen Pfeil tragen, ist es üblich, Entscheidungsbäume ohne Pfeile zu zeichnen; so haben wir dies schon in der Einführung gehandhabt.

## M.4 Konstruktion von Entscheidungsbäumen aus Verlaufsmengen

Man kann die Verlaufsmengendefinition, d.h. ein Tupel $(V, u)$, in die Entscheidungsbaumdefinition, d.h. in ein Tupel $\left(T, <^T, u\right)$ , überführen. Konstruktiv geht man dabei so vor: Zunächst zeichnet man einen Anfangsknoten, der der „leeren“ Aktionsfolge $o$ aus $V$ entspricht. Für jede Aktion $a$ aus $A(o)$ zeichnet man anschließend einen Zweig, der mit einem Knoten abzuschließen ist. Alle bisher gezeichneten Knoten entsprechen Pfaden $v$ aus $V$. Diese sind entweder aus $D$ (Entscheidungsfolgen) oder aus $E$ (Endfolgen). Für Pfade bzw. Knoten $v$ aus $D$ betrachtet man die Aktionsmenge $A(v)$ und zeichnet für jede Aktion aus dieser Menge einen Zweig, der wiederum mit einem Knoten abzuschließen ist. Erreicht man einen endlichen Endpfad bzw. einen Endknoten, kann diesem die entsprechende Nutzeninformation zugeordnet werden. Endpfade aus $V_{unend}$ erreicht man nie.

Ist $V$ endlich und von beschränkter Länge, ist man nach endlicher Zeit mit der Zeichnung des zu $V$ gehörigen Entscheidungsbaums fertig.

**Übung M.4.1.** Betrachten Sie die durch die maximalen Verläufe

$$\langle a, b, c\rangle, \langle a, b, d\rangle, \langle a, c, d\rangle, \langle a, c, b\rangle, \langle b\rangle$$

gegebene Verlaufsmenge und die durch

$$\begin{aligned} u(\langle a, b, c\rangle) &= 4, \\ u(\langle a, b, d\rangle) &= 5, \\ u(\langle a, c, d\rangle) &= 2, \\ u(\langle a, c, b\rangle) &= 7, \\ u(\langle b\rangle) &= 1 \end{aligned}$$

gegebene Auszahlungsfunktion und zeichnen Sie den dazu gehörigen Entscheidungsbaum.

## M.5 Konstruktion von Verlaufsmengen aus Entscheidungsbäumen

Wir können nun auch umgekehrt vorgehen und bei perfekter Information ohne Züge der Natur aus einem Entscheidungsbaum $\left(T, <^T, u\right)$

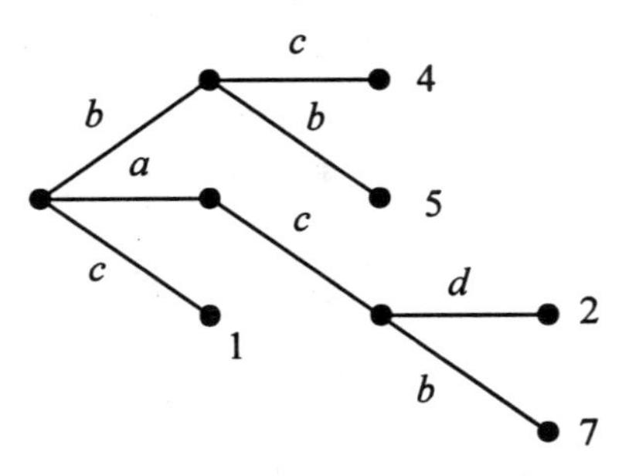


**Abbildung M.4.** Gefragt ist nach $(V, u)$.

das Objekt $(V, u)$ im Sinne der Definition M.2.2 gewinnen. Die konstruktive Vorgehensweise lässt sich am besten anhand einer Aufgabe klarmachen:

**Übung M.5.1.** Betrachten Sie den Entscheidungsbaum der Abbildung M.4. Geben Sie die Verlaufsmenge und die Auszahlungsfunktion $u$ vollständig an.

## M.6 Lösungen

**Übung M.2.1.** $D$ und $E$ partitionieren $V : D \cap E = \emptyset, V = D \cup E$.

**Übung M.2.2.** Eine endliche Verlaufsmenge hat auch von beschränkter Länge zu sein. Beachten Sie dazu bitte die zweite Eigenschaft in der Definition M.2.2. Umgekehrt kann eine Verlaufsmenge von beschränkter Länge sein und dennoch unendlich. Ein Beispiel bietet Aufgabe M.2.5. Eine endliche Verlaufsmenge kann auch nur endlich viele Endfolgen aufweisen. Umgekehrt ist bei einer einzigen unendlichen Endfolge die Verlaufsmenge unendlich.

**Übung M.2.3.** Ja, das stimmt. Man macht sich dies dadurch klar, dass man $v$ als Folge von Aktionen schreibt.

**Übung M.2.4.** Für $e$ aus $E$ gibt es kein $a$ so, dass $\langle e, a \rangle$ aus $V$ wäre. Also gilt $A(e) = \emptyset$.

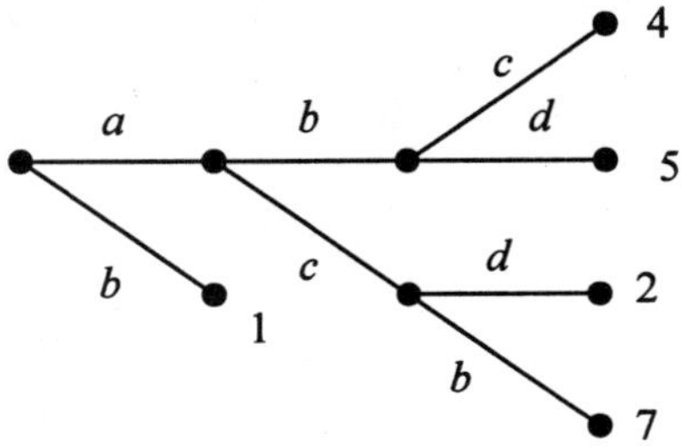

**Abbildung M.5.** Ein Entscheidungsbaum

**Übung M.2.5.** Man könnte die Entscheidungssituation als diejenige des Cournot-Monopolisten ansehen. Er wählt die Ausbringungsmenge $x$. Seine Auszahlung ist sein Gewinn, definiert als Produkt von Stückgewinn und Output. Der Stückgewinn ist gleich $a - bx - c$, wobei $a$ der Prohibitivpreis und $c$ die Stückkosten sind.

**Übung M.3.1.** Beispiele (a) und (d) verletzen die zweite Bedingung, denn es gibt einen Knoten ($v_5$), auf den zwei Pfeile zeigen. Die Beispiele (b) und (d) verletzen die erste Bedingung, denn hier gibt es zwei Anfangsknoten. Man könnte auch sagen, dass bei (b) zwei Bäume dargestellt sind. Beispiel (c) erfüllt alle drei Bedingungen.

**Übung M.3.2.** Die erste Relation ist reflexiv, die zweite irreflexiv.

**Übung M.3.3.** Ja.

**Übung M.3.4.** Mit Blick auf Abbildung M.2 ergibt sich:

- Diese Relation $<^T$ ist durch $v_1 <^T v_2$, $v_1 <^T v_3$, $v_1 <^T v_4$, $v_3 <^T v_5$ und $v_4 <^T v_5$ gegeben.
- Beispiel (d) stellt einen Teilgraph von (a) dar.
- Bei den Beispielen (b) und (d) gibt es jeweils zwei Anfangsknoten.
- Die Knoten $(v_1, v_3, v_4)$ bilden eine Kette bei (b), die Knoten $(v_3, v_5)$ bilden eine Kette bei den anderen Beispielen.

**Übung M.3.5.** In beiden Beispielen wird die Aktion $a^1$ zweimal verwandt. Dies ist in Beispiel (a) kein Problem, denn die Aktion $a^1$ ist an zwei unterschiedlichen Knoten wählbar. Im Beispiel (b) ist die Aktion $a^1$ jedoch zweimal an einem Knoten (dem Anfangsknoten) wählbar. Sie allein sagt dann noch nichts darüber aus, ob der Entscheider zum Knoten $v_2$ oder zum Knoten $v_4$ gelangen wird.

**Übung M.4.1.** Abbildung M.5 gibt den Entscheidungsbaum wieder.

**Übung M.5.1.** Die Verlaufsmenge ist

$$V = \{o, \langle b \rangle, \langle b, c \rangle, \langle b, b \rangle, \langle a \rangle, \langle a, c \rangle, \langle a, c, d \rangle, \langle a, c, b \rangle, \langle c \rangle\}.$$

Die Endfolgen sind in der Menge

$$E = \{\langle b, c \rangle, \langle b, b \rangle, \langle a, c, d \rangle, \langle a, c, b \rangle, \langle c \rangle\}$$

zusammengefasst. Die Nutzenfunktion lautet $u : E \to \mathbb{R}$,

$$\langle b, c \rangle \mapsto 4, \quad \langle b, b \rangle \mapsto 5, \quad \langle a, c, d \rangle \mapsto 2, \quad \langle a, c, b \rangle \mapsto 7, \quad \langle c \rangle \mapsto 1.$$

# N. Strategien bei perfekter Information ohne Züge der Natur

## N.1 Einführendes und ein Beispiel

Im vorangehenden Kapitel haben wir Verlaufsmengen und Bäume definiert. In diesem, recht langen und vollen Kapitel kommt die eigentliche Entscheidungstheorie wieder zu ihrem Recht. Der zentrale Begriff dieses Kapitels ist der der Strategie. Während in den ersten beiden Teilen dieses Lehrbuchs die Strategien als Teil der Beschreibung der Entscheidungssituation bzw. des Spiels vorgegeben waren, sind hier die Strategien aus den Verlaufsmengen bzw. den Bäumen zu konstruieren. Dies unternehmen wir in Abschnitt N.2, wobei wir uns weiterhin innerhalb von Entscheidungssituationen bei perfekter Information ohne Züge der Natur bewegen.

Bisweilen werden Strategien als vollständige Aktionspläne angesprochen. Sie sind jedoch für den Alltagsgebrauch „viel zu vollständig“. Ulkigerweise sind nämlich die Verläufe keine Strategien. Wir greifen dazu das Beispiel des vorangegangenen Kapitels wieder auf. Die vier maximalen Verläufe haben wir dort als

$$\langle \text{I, M} \rangle, \langle \text{I, kM} \rangle, \langle \text{kI, M} \rangle, \langle \text{kI, kM} \rangle$$

angegeben, wobei die Nutzenwerte

$$\begin{aligned} u\left(\langle \text{I, M} \rangle\right) &= 10, \\ u\left(\langle \text{I, kM} \rangle\right) &= 5, \\ u\left(\langle \text{kI, M} \rangle\right) &= 6, \\ u\left(\langle \text{kI, kM} \rangle\right) &= 7, \end{aligned}$$

angegeben waren. Es reicht für eine Strategie nicht aus, beispielsweise die zwei Aktionen I und M als Aktionsplan anzugeben. In unserem

Beispiel sind die Strategien Dreiertupel: der Entscheider hat anzugeben,

1. ob er investiert,
2. ob er Marketing-Aktivitäten unternimmt, falls er investiert hat, und
3. ob er Marketing-Aktivitäten unternimmt, falls er nicht investiert hat.

Beispielsweise sind die Tupel

$$\lfloor \text{I, M, M} \rfloor,$$
$$\lfloor \text{I, M, kM} \rfloor,$$
$$\lfloor \text{kI, M, kM} \rfloor$$

Strategien unserer Entscheidungssituation. Der Leser beachte hier die Klammern $\lfloor\rfloor$, die wir zur Kennzeichnung einer Strategie verwenden werden. Die dritte besagt, dass der Unternehmer nicht investieren möchte (erste Komponente) und in diesem Nicht-Investitions-Fall auch auf Marketing-Aktivitäten verzichten möchte (dritte Komponente), dass er jedoch Marketing-Aktivitäten unternähme, falls er investieren würde (zweite Komponente).

**Übung N.1.1.** Zu welchen Gewinnen führen die drei angegebenen Strategien?

Selbst wenn der Entscheider investieren möchte, hat seine Strategie also anzugeben, was er tun würde, falls er nicht investiert hat! Dies scheint sicherlich sehr umständlich. Niemand, der morgen nach Hamburg zu fahren gedenkt, würde detaillierte Pläne darüber entwerfen, was er statt dessen in Berlin täte. Vollkommen absurd sind solche Eventualpläne jedoch nicht; der Entscheider könnte aus Versehen in den falschen Zug steigen oder das notwendige Umsteigen verpassen. Allerdings, und hierauf weist RUBINSTEIN (1991, S. 911) hin, sollte man dann die Irrtumsmöglichkeit explizit modellieren. Ein zweiter Grund für den in der Entscheidungs- und Spieltheorie verwandten Strategiebegriff ist dessen Einfachheit: Wann immer der Entscheider vor die

Wahl zwischen Aktionen gestellt ist, hat er eine Wahl zu treffen. Dagegen könnte es bisweilen aufwendig sein zu prüfen, ob ein gegebener Plan vollständig oder zu vollständig ist. Wir werden sehr bald einen dritten Grund für den in der Entscheidungs- und Spieltheorie üblichen Strategiebegriff kennen lernen.

Wie kann man die Anzahl der Strategien in Entscheidungssituationen berechnen? Allgemein hat man für jeden Entscheidungsknoten oder -pfade die Anzahl der Aktionen zu ermitteln und diese miteinander zu multiplizieren. In der hier vorliegenden Entscheidungssituation hat der Entscheider zunächst über die Investition zu entscheiden. Für jede dieser zwei Entscheidungen gibt es zwei Entscheidungen über das Marketing, falls er nicht investiert hat: $2 \cdot 2 = 4$. Für jedes dieser vier Tupel gibt es zwei Entscheidungen über das Marketing, falls er investiert hat. Insgesamt erhält man $2 \cdot 2 \cdot 2 = 8$ Strategien.

Welche dieser acht Strategien sind beste Strategien? Offenbar zwei:

$$\lfloor \text{I, M, M} \rfloor \text{ und } \lfloor \text{I, M, kM} \rfloor .$$

Beide führen zur Auszahlung von 10. Dennoch gefällt uns die erste dieser beiden Strategien nicht so gut. Denn sie besagt, dass der Unternehmer im Nicht-Investitions-Fall Marketing-Aktivitäten entfalten würde, obwohl er dann eine Auszahlung von 6 anstelle von 7 hätte. Die Strategie ist also in einem noch genauer zu bestimmenden Sinne nicht perfekt. Dazu veranschaulichen wir uns die Verläufe zunächst in einem Entscheidungsbaum.

Ein Entscheidungsbaum kann Verläufe und Auszahlungen darstellen, wie wir bereits aus Kapitel M wissen. Eine Möglichkeit, den Baum detaillierter zu untersuchen, besteht in der Analyse von so genannten Teilbäumen. Bei perfekter Information definiert jeder Entscheidungsknoten und seine direkten und indirekten Nachfolger einen Teilbaum. Insbesondere ist der ursprüngliche Baum ein Teilbaum von sich selbst, wenn auch ein so genannter unechter Teilbaum. Offenbar weist der Entscheidungsbaum in Abbildung N.1 drei Teilbäume auf. Sie stehen für Entscheidungssituationen.

Betrachten wir den Teilbaum, der sich aufgrund des Verzichts auf die Investition ergibt. Er ist in Abbildung N.1 hervorgehoben. Die Verläufe dieses Teilbaums sind $\langle \text{M} \rangle$ und $\langle \text{kM} \rangle$, die Aktionsmen-

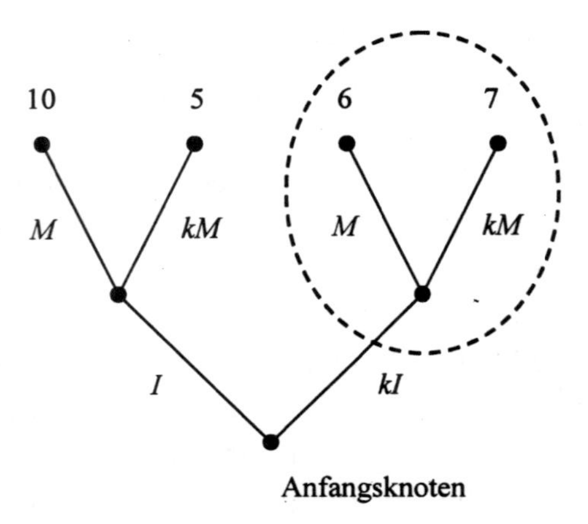


**Abbildung N.1.** Ein Entscheidungsbaum und einer seiner Teilbäume

ge lautet {M,kM} und die Strategiemenge lautet im Prinzip genauso: $\{\lfloor \text{M} \rfloor, \lfloor \text{kM} \rfloor\}$. Es hat $u(\lfloor \text{M} \rfloor) = 6$ und $u(\lfloor \text{kM} \rfloor) = 7$ zu gelten. In dieser Entscheidungssituation ist offenbar die Strategie $\lfloor \text{kM} \rfloor$ die beste. Und nun kommen wir auf die Strategie der gesamten Entscheidungssituation $\lfloor \text{I, M, M} \rfloor$ zurück. Sie ist eine beste Strategie, verlangt jedoch für den soeben betrachteten Teilbaum eine nichtbeste Strategie. Wir sagen dann, dass die Strategie $\lfloor \text{I, M, M} \rfloor$ nicht teilbaumperfekt ist.

Teilbaumperfektheit ist das Thema des Abschnitts N.3. Ganz eng mit der Teilbaumperfektheit ist die Methode der Rückwärtsinduktion verbunden, die wir in Abschnitt N.4 behandeln. In unserem Beispiel funktioniert Rückwärtsinduktion so: Zunächst betrachtet man die Teilbäume der Länge 1, von denen in unserem Beispiel zwei vorhanden sind: der erste beginnt nach der Investition, der zweite ist in Abbildung N.1 hervorgehoben. Nachdem der Entscheider investiert hat, sollte er die Aktion M wählen ($10 > 5$). Nachdem der Entscheider sich gegen die Investition entschieden hat, sollte er sich auch gegen Marketing-Aktivitäten entscheiden ($7 > 6$). Berücksichtigt man bei I bzw. kI diese dann besten Entscheidungen, wird man auf einen einfacheren Entscheidungsbaum geführt, der in Abbildung N.2 dargestellt ist.

Die die Teilbäume definierenden Entscheidungsknoten sind zu Endknoten geworden, die die maximale Auszahlung tragen. Prinzipiell könnte man nun weitere Rückwärtsinduktionsschritte unternehmen. In

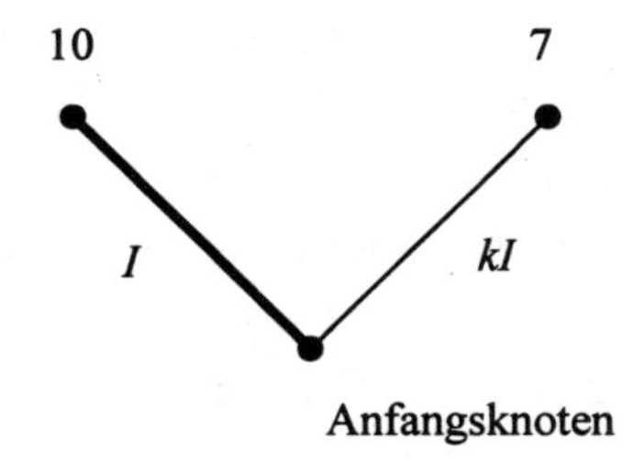


**Abbildung N.2.** Durch Rückwärtsinduktion erhält man einen einfacheren Entscheidungsbaum.

unserem Beispiel sind wir schon am Ende angelangt: Offenbar ist I die beste Aktion bzw. $\lfloor$I$\rfloor$ die beste Strategie für den kleineren Entscheidungsbaum. Auf diese Weise hat man auch eine Strategie beschrieben und es handelt sich um eine teilbaumperfekte!

Als Anwendungsbeispiel für die Rückwärtsinduktion wird in Abschnitt N.5 das Geldpumpenargument, das wir in Kapitel C zur Verteidigung des Transitivitätsaxioms kennen gelernt haben, vorgestellt und untersucht.

Man kann, so haben wir gesehen, Teilbaumperfektheit nur dadurch untersuchen, dass man übervollständige Pläne betrachtet, die wir Strategien nennen. Auch die Rückwärtsinduktion liefert Strategien und nicht lediglich Pläne. Hierin mag man einen dritten Grund für den zunächst ulkig anmutenden Strategiebegriff sehen. Diesen dritten Grund werden wir im vierten Teil des Buches (Kapitel Q) noch einmal ausführlich beleuchten.

Neben dem Strategiebegriff und der Rückwärtsinduktion behandelt dieses Kapitel in Abschnitt N.6 noch ein weiteres, nicht ganz einfaches Thema, den Zusammenhang zwischen gemischten Strategien und Verhaltensstrategien. Eine gemischte Strategie ist eine Wahrscheinlichkeitsverteilung auf der Menge der reinen Strategien. Eine gemischte Strategie könnte beispielsweise vorsehen, die Strategie $\lfloor$I, M, M$\rfloor$ mit der Wahrscheinlichkeit $\frac{1}{4}$ und die Strategie $\lfloor$kI, M, kM$\rfloor$ mit der Wahrscheinlichkeit $\frac{3}{4}$ zu wählen.

Eine Verhaltensstrategie gibt dagegen an, mit welcher Wahrscheinlichkeit der Spieler bei jedem Entscheidungsknoten die eine oder andere Aktion wählt. Ein Beispiel für eine solche Verhaltensstrategie ist diese: Investiere mit der Wahrscheinlichkeit $\frac{1}{2}$, unternehme Marketing-Aktivitäten mit der Wahrscheinlichkeit $\frac{1}{3}$, falls investiert worden ist, und mit der Wahrscheinlichkeit $\frac{1}{4}$, falls nicht investiert wurde. Wir können zeigen, dass es in Entscheidungssituationen bei perfekter Information ohne Züge der Natur irrelevant ist, ob der Entscheider Verhaltensstrategien oder gemischte Strategien wählt.

## N.2 Strategien und Verläufe

Wir erinnern an die Definition M.3.6 eines Entscheidungsproblems in extensiver Form bei vollkommener Information ohne Züge der Natur als ein Tupel $\Delta = (V, u)$, wobei $u$ eine Funktion $E \to \mathbb{R}$ darstellt.

Eine Strategie gibt an, welche Aktion der Entscheider in jedem Entscheidungsknoten wählen möchte. Dabei stehen ihm natürlich nur solche Aktionen offen, die aufgrund der Beschreibung der Entscheidungssituation (Verlaufsmenge) gewählt werden können.

**Definition N.2.1 (Strategie).** *In der Entscheidungssituation* $(V, u)$ *heißt jede Abbildung* $s$ *von der Menge* $D$ *der Entscheidungsverläufe in die Menge* $A$ *der Aktionen,*

$$s : D \to A, \quad v \mapsto s(v),$$

*mit*

$$s(v) \in A(v)$$

*eine Strategie.*

Eine Strategie ordnet also jedem Entscheidungsknoten eine der Aktionen zu, die bei diesem Knoten wählbar sind. Die Menge der Strategien bezeichnen wir mit $S$.

**Übung N.2.1.** Kann es mehrere Strategien geben, die zu ein und demselben Endknoten führen?

Wir wollen uns nun überlegen, wie der Verlauf beschreibbar ist, den eine Strategie $s$ hervorbringt. Nehmen wir zunächst an, dass diese Strategie zwei hintereinander auszuführende Aktionen bestimmt. Die erste Aktion ist $s(o)$. Sie definiert den Verlauf $\langle o, s(o)\rangle = \langle s(o)\rangle$, wobei dem Verlauf $o$ die Aktion $s(o)$ hinzugefügt wird. Die zweite Aktion ist $s(\langle o, s(o)\rangle)$, sodass sich insgesamt der Verlauf

$$\langle s(o), s(\langle o, s(o)\rangle)\rangle$$

ergibt.

**Übung N.2.2.** Sei ein Verlauf $\langle a^1, a^2, a^3\rangle$ und eine Strategie $s$ gegeben. Manche der folgenden Aussagen oder Ausdrücke sind unsinnig. Umschreiben Sie die anderen verbal:

- $a^3 \in A(\langle a^1, a^2\rangle)$,
- $s(a^1)$,
- $s(\langle a^1\rangle)$,
- $s(\langle a^1\rangle) \neq a^2$,
- $s(\langle a^1\rangle) \neq \langle a^1, a^2\rangle$.

Allgemein führt jede Strategie $s$ aus $S$ zu einem Verlauf

$$e(s) := \langle o, s(o), s(\langle o, s(o)\rangle), s(\langle o, s(o), s(\langle o, s(o)\rangle)\rangle), ...\rangle$$

der maximal oder unendlich ist. Dieser Verlauf habe mindestens die Länge $K$. Für $j = 1, \ldots, K$ sind dann iterativ durch

$$e^0(s) := o$$

und

$$e^j(s) := \langle e^{j-1}, s(e^{j-1})\rangle$$

$K+1$ Verläufe der Länge $|j|$ definiert, bei denen jeweils der nächste aus dem vorhergehenden durch eine weitere, durch $s$ bestimmte Aktion hervorgeht. Für $e^j(s)$ schreiben wir dann auch $s^j$. Beispielsweise ist $s^1 = \langle s(o)\rangle$ und $s^2 = \langle s(o), s(\langle o, s(o)\rangle)\rangle$. Ist der Pfad unendlich, so schreiben wir ihn auch als $s^\infty$.

Umgekehrt kann man für jeden Pfad $\overline{e}$ mindestens eine Strategie finden, die $e(s) = \overline{e}$ erfüllt. Können Sie diese Strategie definieren?

**Übung N.2.3.** Sei ein Verlauf $\langle a^k\rangle_{k=1,2,\ldots,K}$ gegeben. Definieren Sie eine Strategie $s$, die ihn hervorbringt.

**Definition N.2.2 (Vereinbarkeit von Strategie und Verlauf).** *Ein Verlauf $v \in V$ heißt mit einer Strategie $s$ vereinbar oder eine Strategie $s$ heißt mit einem Verlauf $v$ vereinbar, falls es ein $j$ mit $s^j = v$ gibt oder falls $s^\infty = v$.*

Häufig gibt es mehrere Strategien, die mit $v$ vereinbar sind. Die Menge dieser Strategien bezeichnen wir mit $S(v)$. Für alle Strategien $s$ aus $S(v)$ gibt es ein gemeinsames $j$, das

$$j = \left|s^j\right| = |v|$$

erfüllt.

**Übung N.2.4.** Geben Sie für das Investitions-Marketing-Beispiel der Einführung die Menge $S(\langle kI, kM\rangle)$.

Zum Abschluss dieses Kapitels beweisen wir jetzt ein Lemma:

**Lemma N.2.1.** *Sei $\langle v, v'\rangle$ ein Verlauf aus $V$ und $s$ aus $S(\langle v, v'\rangle)$. Dann ist $s$ auch aus $S(v)$.*

Dieses Lemma besagt, dass eine Strategie $s$ mit einem Verlauf nur vereinbar sein kann, wenn sie mit allen Teilverläufen (Teilpfaden) dieses Verlaufs vereinbar ist. Ansonsten gäbe es eine Folge von Aktionen (nämlich diejenige, die von $s$ im Sinne der Antwort zu Frage N.2.3 hervorgebrachte), die nicht $v$, aber $\langle v, v'\rangle$ als Teilpfad hat. Da $v$ jedoch ein Teilpfad von $\langle v, v'\rangle$ ist, wäre dies ein Widerspruch zu Lemma M.2.1 von S. 219.

Strategien führen zu Endverläufen und Endverläufe tragen Auszahlungsinformationen. Daher können wir die Auszahlungsinformation (abusing notation) auch direkt den Strategien zuordnen:

$$u(s) := u(e(s)).$$

**Definition N.2.3 (beste Strategie).** *Eine Strategie $s^*$ heißt eine beste Strategie, falls es keine andere Strategie mit einer höheren Auszahlung gibt, falls also*

$$s^* \in \arg\max_{s \in S} u(s)$$

*gilt.*

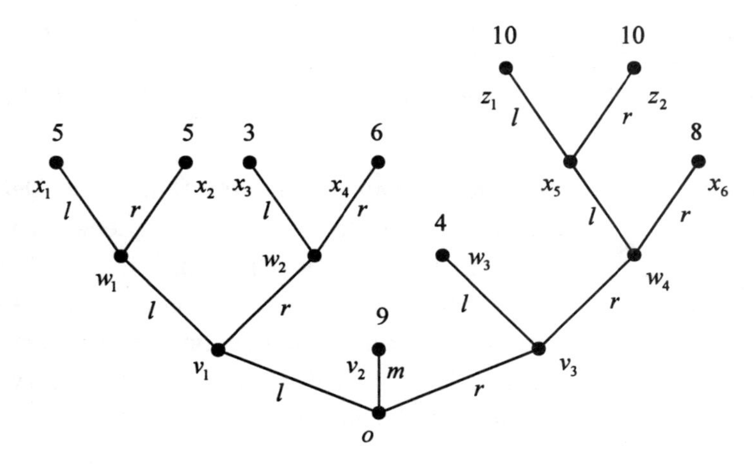


**Abbildung N.3.** Wie viele Strategien gibt es?

**Übung N.2.5.** Aus zwei unterschiedlichen Gründen können verschiedene Strategien zur Menge $\arg\max_{s\in S} u(e(s))$ gehören. Welche sind das?

**Übung N.2.6.** Der Leser betrachte die Entscheidungssituation der Abbildung N.3. Dabei besteht eine Strategie aus einem Tupel mit 7 Einträgen, einer Aktion beim Entscheidungsknoten $o$, einer Aktion beim Entscheidungsknoten $v_1$ und weiteren Aktionen bei den Knoten $v_3$, $w_1$, $w_2$, $w_4$, $x_5$ (in dieser Reihenfolge). Der Leser bearbeite folgende Aufgaben:

- Wie viele Strategien gibt es in dieser Entscheidungssituation?
- Der Leser benenne beispielhaft 5 beste Strategien.

## N.3 Teilbäume und Teilbaumperfektheit

Die Begriffe Teilbaum und Teilbaumperfektheit wollen wir nun formal definieren. Dabei kommt uns zugute, dass wir den mühsam aufgebauten formalen Apparat zur Verfügung haben.

**Definition N.3.1 (Teilbaum).** *Sei eine Verlaufsmenge $V$ gegeben. Für jedes $v$ aus $D$ definieren wir die Menge von Pfaden*

$$V|_v := \{v' : v' \textit{ ist Folge von Aktionen mit } \langle v, v' \rangle \in V\}.$$

*Diese nennen wir die Verlaufsmenge nach $v$ oder den bei $v$ beginnenden Teilbaum.*

Tatsächlich ist $V|_v$ eine Verlaufsmenge im Sinne der Definition M.2.2 auf S. 218. Denn $o$, die „leere" Aktionssequenz ist wegen $\langle v, o \rangle = v$ in $V|_v$ enthalten. (Allerdings schreiben wir zur Verdeutlichung häufig $o|_v$ für die leere Sequenz in $V|_v$). Damit ist die erste Bedingung erfüllt. Auch die anderen beiden Bedingungen übertragen sich von $V$ auf $V|_v$. Beispielhaft wollen wir uns dies an der zweiten Bedingung für endliche Verläufe klarmachen.

**Übung N.3.1.** Zeigen Sie: Ist $V$ eine Verlaufsmenge, $v$ aus $D \subset V$ und $\langle a^k \rangle_{k=1,2,\ldots,K} \in V|_v$ mit $L < K$ gegeben, folgt $\langle a^k \rangle_{k=1,2,\ldots,L} \in V|_v$.

Im vorangehenden Abschnitt haben wir die Vereinbarkeit einer Strategie mit einem Verlauf definiert. Wir können alternativ auch von der Vereinbarkeit einer Strategie mit einem Teilbaum sprechen.

**Definition N.3.2 (Vereinbarkeit von Strategie und Teilbaum).** *Ein Teilbaum $V|_v$ heißt mit einer Strategie $s$ vereinbar oder eine Strategie $s$ heißt mit einem Teilbaum $V|_v$ vereinbar, falls es ein $v'$ aus $V|_v$ gibt, sodass $s$ mit $\langle v, v' \rangle$ vereinbar ist.*

**Übung N.3.2.** Beweisen Sie für ein $v \in D$: $s$ ist mit $v$ genau dann vereinbar, wenn der Teilbaum $V|_v$ mit $s$ vereinbar ist.

Die weiteren Begriffe und Notationen übertragen sich recht einfach: Ein Pfad $v'$ in $V|_v$ ist ein Endpfad, falls $\langle v, v' \rangle$ ein Endpfad in $V$ ist. Die Menge der Endpfade in $V|_v$ bezeichnen wir mit $E|_v$. Ganz analog ist eine Folge von Aktionen ein Entscheidungspfad in $V|_v$, falls $\langle v, v' \rangle$ ein Entscheidungspfad in $V$ ist. Die Menge der Entscheidungspfade in $V|_v$ ist mit $D|_v$ zu bezeichnen.

**Definition N.3.3 (Teilentscheidungsbaum).** *Ein Teilentscheidungsbaum ist ein Tupel*

$$\Delta(v) := (V|_v, u|_v),$$

*wobei*

$$u|_v : E|_v \to \mathbb{R}, \quad v' \mapsto u|_v(v') = u(\langle v, v' \rangle)$$

*gilt.*

Aktionsräume und Strategieräume der Teilbäume ergeben sich aus den Aktions- und Strategieräumen des ursprünglichen Entscheidungsbaumes. Für $v' \in V|_v$ ergibt sich

$$A|_v(v') = \{a : \langle v', a \rangle \in V|_v\} = \{a : \langle v, v', a \rangle \in V\} = A(\langle v, v' \rangle)$$

und

$$A|_v = \bigcup_{v' \in D|_v} A|_v(v') = \bigcup_{v' \in D|_v} A(\langle v, v' \rangle).$$

Sei nun $s$ eine Strategie in $(V, u)$ . Dann ist durch

$$s|_v : D|_v \to A|_v, \quad v' \mapsto s|_v(v') = s(\langle v, v' \rangle)$$

eine Strategie in $V|_v$ definiert, die wir die Einschränkung von $s$ auf $V|_v$ nennen. Man kann sich klarmachen, dass sich alle Strategien für $V|_v$ auf diese Weise ausdrücken lassen. Die Menge der Strategien für $\Delta(v)$ heißt $S|_v$.

**Übung N.3.3.** Ist die Bedingung $s|_v(v') \in A|_v(v')$ für alle $v'$ aus $D|_v$ erfüllt?

Nach all dieser Arbeit können wir sehr kompakt Teilbaumperfektheit definieren:

**Definition N.3.4 (teilbaumperfekte Strategie).** *Eine Strategie $s^*$ in $\Delta = (V, u)$ heißt teilbaumperfekt, falls für alle $v \in D$ Folgendes gilt: $s^*|_v$ ist eine beste Strategie in $\Delta(v)$.*

**Übung N.3.4.** Der Leser betrachte nochmals die Entscheidungssituation der Abbildung N.3. Welche der folgenden Strategien sind beste Strategien und welche teilbaumperfekt?

| | beste Strategie | teilbaumperfekt |
|---|---|---|
| $\lfloor$r,r,r,r,r,l,r$\rfloor$ | ja/nein | ja/nein |
| $\lfloor$l,r,l,l,r,l,r$\rfloor$ | ja/nein | ja/nein |
| $\lfloor$r,l,r,l,l,l,l$\rfloor$ | ja/nein | ja/nein |
| $\lfloor$l,r,r,r,r,r,r$\rfloor$ | ja/nein | ja/nein |
| $\lfloor$r,l,r,l,r,l,r$\rfloor$ | ja/nein | ja/nein |
| $\lfloor$r,r,r,r,r,l,l$\rfloor$ | ja/nein | ja/nein |

Wir notieren nun zwei Ergebnisse, ein Lemma und ein Theorem.

**Lemma N.3.1.** *Sei $v$ ein Entscheidungsknoten in $\Delta = (V, u)$. Falls $s^*$ eine beste Strategie ist und falls $v$ mit $s^*$ vereinbar ist, ist $s^*|_v$ eine beste Strategie in $\Delta(v)$.*

Wir wissen aus der Einführung und aus Aufgabe N.2.6 auf S. 239, dass die Einschränkung auf einen Teilbaum, mit dem die Strategie nicht vereinbar ist, nicht eine beste Strategie für diesen Teilbaum sein muss. In einem solchen Fall nennen wir die Strategie nicht teilbaumperfekt. Anders verhält es sich laut des vorangehenden Lemmas bei Teilbäumen bzw. Verläufen, mit denen die Strategie vereinbar ist: Die Einschränkung der Strategie auf einen solchen Teilbaum, ist eine beste Strategie für diesen Teilbaum.

Das Lemma ist einfach zu beweisen. Gäbe es eine Strategie $s'$ in $\Delta(v)$ mit einer höheren Auszahlung als $s^*|_v$, so könnte diese höhere Auszahlung auch in $\Delta$ erreicht werden, indem an den Knoten des Teilbaums $V|_v$ die Aktionen entsprechend der Strategie $s'$ und nicht entsprechend $s^*|_v$ gewählt werden.

Für die Überprüfung der Teilbaumperfektheit hat man also festzustellen, ob die gegebene Strategie für alle Teilbäume Einschränkungen hervorbringt, die ihrerseits beste Strategien in diesen Teilbäumen darstellen. Dies kann sich aufwändig gestalten. Für Spiele mit ausschließlich endlichen Pfaden kann man es sich etwas einfacher machen, wie das folgende Theorem besagt.

**Theorem N.3.1.** *Sei eine Entscheidungssituation $\Delta = (V, u)$ mit $\ell(V) < \infty$ gegeben. Dann sind folgende Mengen identisch:*

- *die Menge der teilbaumperfekten Strategien,*

- *die Menge der Strategien $s^*$ mit der folgenden Eigenschaft: Für alle Entscheidungsknoten $v$ gilt*

$$u|_v (s^*|_v) \geq u|_v (s')$$

*für alle Strategien $s'$ des Teilbaums $V|_v$, die sich von $s^*|_v$ nur in der bei $v$ gewählten Aktion unterscheiden:*

$$s'(v') \begin{cases} \neq s^*|_v (v'), v' = o|_v , \\ = s^*|_v (v'), v' \in V|_v \setminus \{o|_v\} . \end{cases}$$

Die im zweiten Punkt genannte Eigenschaft heißt die „einknotige Abweichung“ (one deviation property). Es ist klar, dass teilbaumperfekte Strategien die einknotige Abweichung erfüllen müssen. Denn sonst gäbe es einen Entscheidungsknoten $v$, sodass $s^*|_v$ nicht die beste Strategie im Teilbaum $V|_v$ darstellte. Die umgekehrte Richtung ist interessanter: Zur Überprüfung der Teilbaumperfektheit genügt es zu zeigen, dass Abweichungen an genau einem Entscheidungsknoten, dem jeweils ersten des Teilbaums, nicht lohnend sind. Dies zu zeigen ist nicht sehr schwierig, aber zugleich nicht ganz leicht zu durchschauen. Man kann den Beweis beispielsweise aus OSBORNE/RUBINSTEIN (1994, S. 98f.) adaptieren. Für das Verständnis ist es sicherlich hilfreicher, wenn der Leser sich anhand einiger Beispiele klarmacht, dass diese vereinfachte Überprüfung hinlangt.

**Übung N.3.5.** Bei der Antwort zur vorangehenden Frage wurde festgehalten, dass für die Entscheidungssituation der Abbildung N.3 die Strategien

$$\lfloor \text{l,r,l,l,r,l,r} \rfloor , \lfloor \text{r,l,r,l,l,l,l} \rfloor , \lfloor \text{r,l,r,l,r,l,r} \rfloor$$

nicht teilbaumperfekt sind. Der Leser gebe für jede dieser Strategien einen Teilbaum an, für den eine Strategie mit höherer Auszahlung existiert, die sich von der Einschränkung der vorgegebenen Strategie nur beim Anfangsknoten des Teilbaums unterscheidet.

## N.4 Rückwärtsinduktion

Für Entscheidungssituationen $\Delta = (V, u)$ mit $\ell(V) < \infty$ führt die Methode der Rückwärtsinduktion genau zu den teilbaumperfekten Strategien. Bevor wir dies begründen, haben wir die Methode der Rückwärtsinduktion genau zu beschreiben:

- Wir betrachten alle Teilbäume der Länge 1. Ein Teilbaum der Länge 1 ist durch einen Entscheidungsknoten $v$ so definiert, dass für alle Aktionen $a$ aus $A(v)$ der Pfad $\langle v, a\rangle$ maximal ist. Wir notieren alle besten Aktionen bei $v$; das ist die Menge $\arg\max_{a\in A(v)} u(\langle v, a\rangle)$. Solange diese Menge nichtleer ist für alle betrachteten Entscheidungsknoten $v$, führen wir das Verfahren (siehe zweiter Punkt) weiter. Sobald für einen betrachteten Entscheidungsknoten $v$ diese Menge leer ist, brechen wir das Verfahren ab. Dies kann aus dem auf S. 61 erwähnten Grund der Fall sein.
- Die erwähnten bei $v$ beginnenden Teilbäume der Länge 1 werden durch den Knoten $v$ ersetzt, der jetzt Endknoten ist und die Nutzeninformation $\max_{a\in A(v)} u(\langle v, a\rangle)$ trägt.
- Man hat durch die vorangehenden Schritte einen Baum mit einer um 1 reduzierten Länge erhalten. Enthält dieser neue Baum noch Teilbäume der Länge 1, geht man zurück zum ersten Punkt.
- Kann das Verfahren ohne Abbruch (siehe den ersten Punkt) durchgeführt werden, besteht der schließlich reduzierte Baum nur noch aus einem einzigen Endknoten, dem ursprünglichen Anfangsknoten. Er trägt den maximal erreichbaren Nutzen.
  - Die Rückwärtsinduktions-Pfade bestehen nun aus allen denjenigen maximalen Pfaden, deren Aktionen im ersten Schritt sämtlich als beste Aktionen notiert wurden.
  - Die Rückwärtsinduktions-Strategien sind diejenigen Strategien, die eine der Aktionen aus $\arg\max_{a\in A(v)} u(\langle v, a\rangle)$ bei allen Entscheidungsknoten $v$ vorsehen.

  Muss man das Verfahren zwischendurch abbrechen (siehe den ersten Punkt), kann kein Rückwärtsinduktions-Pfad gefunden werden und die Menge der Rückwärtsinduktions-Strategien ist leer.

Der Leser bemerke die Bedingung $\ell(V) < \infty$. Bei unendlichen Pfaden gibt es keinen Teilbaum der Länge 1. Somit fehlt der Rückwärtsinduktion der Ansatzpunkt. Man beachte auch, dass Rückwärtsinduktion eventuell mehrere Lösungen erzeugt.

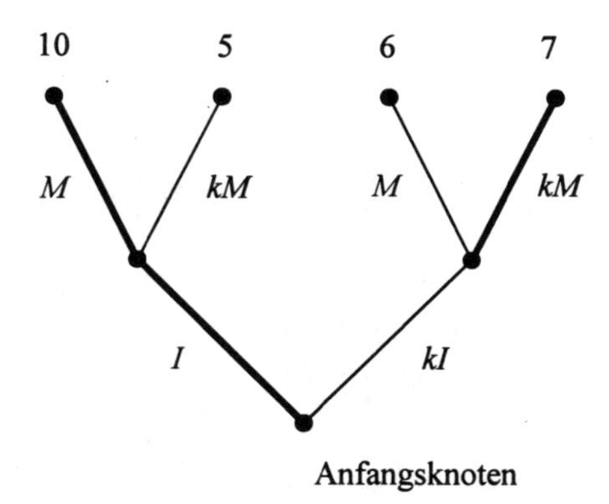


**Abbildung N.4.** Rückwärtsinduktion, graphisch

Es gibt eine elegante Möglichkeit, Rückwärtsinduktion graphisch darzustellen. Dazu betrachte der Leser Abbildung N.4, die das Beispiel der Einführung wieder aufgreift. Man nimmt sich zunächst die letzten Entscheidungsknoten vor und markiert die Aktion (oder die Aktionen), die zu einer maximalen Auszahlung führt (bzw. führen). Dann nimmt man sich die zweitletzten Entscheidungsknoten vor (hier: den Anfangsknoten) und markiert die Aktion (oder die Aktionen), die zu einer maximalen Auszahlung führt (bzw. führen) unter der Voraussetzung, dass bei den späteren Entscheidungsknoten die markierte Wahl gilt.

**Übung N.4.1.** Lösen Sie das durch den Entscheidungsbaum der Abbildung N.5 wiedergegebene Entscheidungsproblem durch Rückwärtsinduktion, indem Sie die soeben erwähnte graphische Methode anwenden. Wie viele Rückwärtsinduktions-Pfade und wie viele Rückwärtsinduktions-Strategien gibt es? Hinweis: Es gibt mehr Rückwärtsinduktions-Strategien als Rückwärtsinduktions-Pfade.

Ohne Beweis notieren wir das folgende Theorem:

**Theorem N.4.1.** *Sei eine Entscheidungssituation* $\Delta = (V, u)$ *mit* $\ell(V) < \infty$ *gegeben. Dann sind folgende Mengen identisch:*

1. *die Menge der teilbaumperfekten Strategien und*
2. *die Menge der Rückwärtsinduktions-Strategien.*

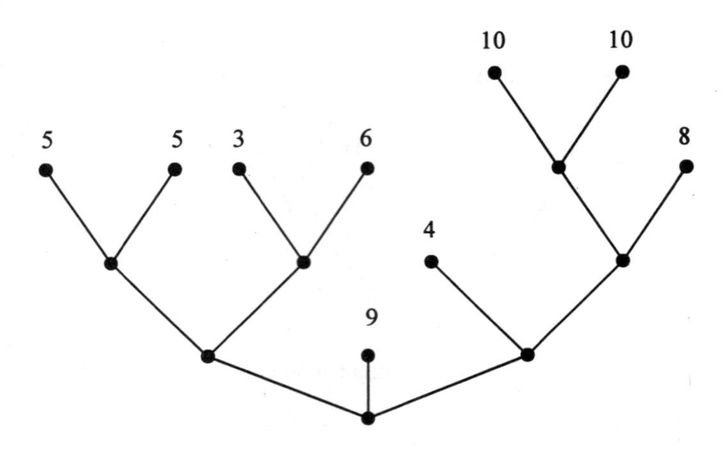


**Abbildung N.5.** Ein Entscheidungsbaum

Zusammen mit Theorem N.3.1 haben wir also drei Möglichkeiten, die Menge der teilbaumperfekten Strategien für Entscheidungssituationen mit beschränkter Länge zu charakterisieren. Für Entscheidungssituationen mit einer endlichen Anzahl von Verläufen können wir eine weitere wichtige Schlussfolgerung ziehen:

**Korollar N.4.1.** *Jede Entscheidungssituation* $\Delta = (V, u)$ *mit* $|V| < \infty$ *weist eine teilbaumperfekte Strategie auf.*

Dieses Korollar ist der Literatur als Kuhns Theorem bekannt. Es lässt sich aus dem vorangehenden Theorem leicht ableiten: Bei einer endlichen Anzahl von Verläufen bzw. einer endlichen Anzahl von Knoten ist die Anzahl der jeweils zur Auswahl stehenden Aktionen endlich und daher existiert immer eine beste Aktion. Man kann dann die Rückwärtsinduktion vollständig durchführen und die Menge der Rückwärtsinduktions-Strategien ist nichtleer. Diese Menge ist jedoch gerade die Menge der teilbaumperfekten Strategien.

## N.5 Die Geldpumpe

Als eine Anwendung der Rückwärtsinduktion betrachten wir das Geldpumpenargument, das bei der Begründung transitiver Präferenzen eine

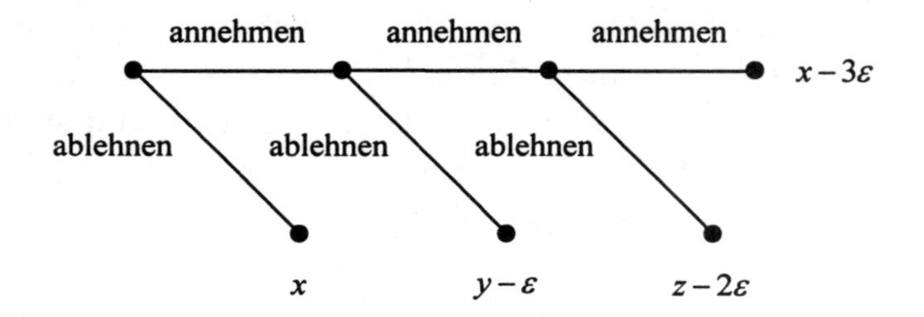


**Abbildung N.6.** Die Geldpumpe bei nichttransitiven Präferenzen

große Rolle spielt. Nehmen wir an, wir hätten ein Individuum gegeben, dessen Präferenzen nicht transitiv, ja sogar zyklisch sind. Bezüglich der Objekte $x$, $y$ und $z$ gilt nämlich

$$x \prec y \prec z \prec x.$$

Für diese Präferenzen kann man keine Nutzenfunktion verwenden. Denn eine Nutzenfunktion $u : E \to \mathbb{R}$ kann nur transitive Präferenzen wiedergeben, weil die Größer- und Kleinerrelationen auf $\mathbb{R}$ transitiv sind. Wir haben also Entscheidungssituationen

$$(V, \preceq) \quad \text{bzw.} \quad (T, <, \preceq)$$

zu betrachten. Die Präferenzrelation sei vollständig, aber nicht transitiv und auf der Menge $E$ definiert.

Zyklische Präferenzen, so wird häufig gesagt, sind irrational, weil das Individuum ausgebeutet werden kann. Wir nehmen an, der Agent verfügt über Objekt $x$. Wird dem Agenten angeboten, $x$ gegen $y$ zu tauschen, so wird er gerne dazu bereit sein und sogar noch einen kleinen (eventuell sehr kleinen) Geldbetrag hinzugeben. Anstelle von $x$ hat er dann $y - \varepsilon$. Der Leser vergleiche dazu die extensive Form in Abbildung N.6. Da ihm $z$ lieber ist als $y$, wird er auch bereit sein, $y$ gegen $z$ einzutauschen, auch wenn er wieder einen kleinen Geldbetrag $\varepsilon$ zusätzlich abgeben muss. (Der Einfachheit halber gehen wir davon aus, dass diese kleinen Geldbeträge $\varepsilon$ gleich sind. Ansonsten müsste man das Minimum über diese Beträge wählen.) Der Agent hat dann $z - 2\varepsilon$. Schließlich wird er auch den Tausch $z$ gegen $x$ unternehmen und endet mit $x - 3\varepsilon$.

Man muss das Geldpumpenargument nicht ohne Weiteres akzeptieren. Denn, so könnte man einwenden, müsste der Agent nicht die gesamte Folge der Tauschaktionen vorhersehen und sich deshalb nicht darauf einlassen? Um dieser Frage nachzugehen, wollen wir die Entscheidungssituation eingehender analysieren.

Zunächst einmal konstruieren wir die Strategien des Entscheiders. Der Entscheider ist dreimal aufgefordert zu entscheiden; es gibt also $2^3$ Strategien, zu denen u.a.

$$\lfloor \text{annehmen, annehmen, annehmen} \rfloor,$$
$$\lfloor \text{annehmen, ablehnen, annehmen} \rfloor \text{ und}$$
$$\lfloor \text{ablehnen, annehmen, ablehnen} \rfloor$$

gehören. Für die Auszahlungen ist allein relevant, wie oft sich der Entscheider auf den Tausch einlässt, keinmal, einmal, zweimal oder sogar dreimal.

**Übung N.5.1.** Notieren Sie alle Strategien, die zur Auszahlung $y - \varepsilon$ führen, die also den einmaligen Tausch bedeuten.

Fasst man alle Strategien zusammen, die jeweils dieselbe Anzahl von Tauschhandlungen ergeben, kann man die strategische Form so aufschreiben:

| | |
|---|---|
| keinmal tauschen | $x$ |
| einmal tauschen | $y - \varepsilon$ |
| zweimal tauschen | $z - 2\varepsilon$ |
| dreimal tauschen | $x - 3\varepsilon$ |

Die Entscheidungssituation lässt sich nun mithilfe iterierter strenger Dominanz „lösen“. Beispielsweise lässt sich zweimal tauschen so rechtfertigen:

- „dreimal tauschen“ wird von „keinmal tauschen“ dominiert,
- „keinmal tauschen“ wird von „einmal tauschen“ dominiert,
- „einmal tauschen“ wird von „zweimal tauschen“ dominiert.

Leider hilft dies nicht richtig weiter. Denn jede der Strategien lässt sich durch iterierte strenge Dominanz gewinnen. (Dies ist ein Argument gegen iterierte Anwendung der strengen Dominanz oder gegen zyklische Präferenzen). So kommen wir also nicht weiter.

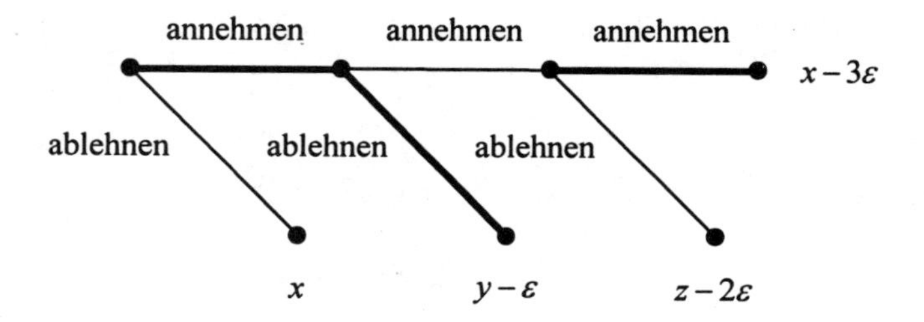


**Abbildung N.7.** Die Rückwärtsinduktion für das Geldpumpenargument

Versuchen wir es also mit Rückwärtsinduktion. Wir verabreden nun neben

$$x \prec y - \varepsilon \prec z - 2\varepsilon \prec x - 3\varepsilon$$

noch die weitere Voraussetzung

$$x - 3\varepsilon \prec y - \varepsilon.$$

Sie scheint in Anbetracht von $x \prec y$ vernünftig.

Die Anwendung der Rückwärtsinduktion ist in Abbildung N.7 dargestellt. Beim Entscheidungsverlauf ⟨annehmen, annehmen⟩ ist die Annahme der Ablehnung wegen $z - 2\varepsilon \prec x - 3\varepsilon$ vorzuziehen. Die Aktion „annehmen" ist in der Abbildung hervorgehoben. Beim Entscheidungsverlauf ⟨annehmen⟩ hat der Entscheider somit $x - 3\varepsilon$ gegen $y - \varepsilon$ abzuwägen. Aufgrund der soeben getroffenen Voraussetzung lehnt er ab. Beim Anfangsknoten hat er sich schließlich für die Aktion annehmen zu entscheiden.

**Übung N.5.2.** Der Leser schreibe den skizzierten Rückwärtsinduktions-Pfad und die Rückwärtsinduktions-Strategie auf.

Die Rückwärtsinduktion stützt das Geldpumpenargument nicht. Es gibt noch weiter gehende Überlegungen zum Thema, die uns hier allerdings nicht weiter interessieren sollen.

## N.6 Gemischte Strategien und Verhaltensstrategien

### N.6.1 Definitionen

Für eine Entscheidungssituation $\Delta = (V, u)$ ist die Menge der gemischten Strategien die Menge der Wahrscheinlichkeitsverteilungen auf der

Menge der reinen Strategien $S$,

$$\Sigma = W(S).$$

Bei Wahl der gemischten Strategie $\sigma \in \Sigma$ ergibt sich der Nutzen

$$u(\sigma) := \sum_{s \in S} \sigma(s)\, u(s).$$

Wir werden uns bald für die Wahrscheinlichkeit interessieren, mit der unter $\sigma$ ein Knoten $v$ erreicht wird. Diese Wahrscheinlichkeit wollen wir mit $\sigma(v)$ bezeichnen. Sie ist gleich der Summe der Wahrscheinlichkeiten $\sigma(s)$ für alle diejenigen Strategien $s$ aus $S$, die durch $v$ laufen. Dies gilt für diejenigen Strategien $s$, die

$$s^K = v$$

für ein geeignet gewähltes endliches $K$ oder

$$s^\infty = v$$

erfüllen. Es gilt also

$$\sigma(v) = \sum_{\substack{s \in S: \\ s^\infty = v \\ \text{oder es gibt } K \text{ mit } s^K = v}} \sigma(s).$$

**Übung N.6.1.** Berechnen Sie $\sigma(o)$!

Eine alternative Art, Wahrscheinlichkeitsverteilungen einzuführen, besteht darin, den Entscheider bei jedem Entscheidungsknoten mischen zu lassen. Dies führt zu einer so genannten Verhaltensstrategie. Eine Verhaltensstrategie ist ein Vektor von Wahrscheinlichkeitsverteilungen, für jeden Entscheidungsknoten eine.

**Definition N.6.1 (Verhaltensstrategie).** *In der Entscheidungssituation* $(V, u)$ *heißt ein Vektor*

$$\beta = (\beta^v)_{v \in D},$$

*mit* $\beta^v \in W(A(v))$ *für alle* $v \in D$ *eine Verhaltensstrategie.*

$\beta^v(a)$ ist also die Wahrscheinlichkeit für die Aktion $a \in A(v)$ nach Erreichen des Entscheidungsknotens $v$. Wie groß ist die Wahrscheinlichkeit $\beta(v)$, mit der unter $\beta$ ein beliebiger Knoten $v$ erreicht wird? Sei dazu $v$ ein beliebiger endlicher Verlauf $\langle a^k \rangle_{k=1,...,|v|}$. Zu $v$ definieren wir durch $v^0 := o$ und

$$v^j := \langle v^{j-1}, a^j \rangle = \left\langle a^k \right\rangle_{k=1,...,j}, \quad (j = 1, ..., K)$$

eine Folge von Verläufen. Die Wahrscheinlichkeit für $v$ unter $\beta$ beträgt

$$\beta(v) = \prod_{j=1}^{|v|} \beta^{v^{j-1}}\left(a^j\right).$$

Es ist im Allgemeinen nicht richtig, dass die Summation der $\beta(v)$ über alle $v$ aus $V$ Eins ergibt. Denn die verschiedenen Verläufe schließen sich nicht gegenseitig aus. Allerdings ist die Summe der $\beta(e)$ für alle Endfolgen $e$ aus $E$ gleich 1. Es wird sich schließlich genau eine Endfolge ergeben. Dies wollen wir nicht allgemein zeigen, sondern anhand einer Übungsaufgabe verdeutlichen.

**Übung N.6.2.** Ausgehend von Abbildung M.1 auf S. 216 betrachten wir die Verhaltensstrategie

$$\beta = \left[\frac{1}{2}, 0, \frac{1}{3}\right],$$

wobei die erste Zahl die Wahrscheinlichkeit für die Investition, die zweite Zahl die Wahrscheinlichkeit für Marketing im Falle der Investition und die dritte Zahl die Wahrscheinlichkeit für Marketing im Falle der Nichtinvestition darstellen. Bestätigen Sie, dass die Summe der $\beta(e)$ für alle Endfolgen $e$ aus $E$ gleich 1 ist.

Eine Verhaltensstrategie $\beta$ nennen wir mit einem Verlauf $v$ vereinbar, falls $\beta(v) > 0$ gilt.

**Übung N.6.3.** Betrachten Sie wiederum Abbildung M.1 auf S. 216 und nun die Verhaltensstrategien

$$\left[\frac{1}{2}, 0, \frac{1}{3}\right]$$

und

$$\left\lfloor 0, \frac{1}{2}, \frac{1}{3} \right\rfloor .$$

Sind sie mit dem Verlauf $\langle I, M \rangle$ vereinbar?

### N.6.2 Ergebnisäquivalenz

Man kann zeigen, dass gemischte Strategien und Verhaltensstrategien für endliche Verlaufsmengen „ergebnisäquivalent" sind. Dies bedeutet, dass man die Auszahlungslotterie, die sich aufgrund einer beliebig vorgegebenen gemischten Strategie ergibt, auch bei Wahl einer geeigneten Verhaltensstrategie erhält und dass man umgekehrt das Ergebnis einer beliebigen Verhaltensstrategie durch eine gemischte Strategie erhalten kann. In späteren Kapiteln werden wir sehen, dass es Entscheidungssituationen gibt, in denen diese Äquivalenz nicht mehr gilt. Dieser (letzte) Abschnitt ist schwer verdaulich; die Beweisschritte wird nicht jeder Leser nachvollziehen wollen.

Wir geben zunächst eine gemischte Strategie $\sigma$ vor. Um die Ergebnisäquivalenz zu zeigen, definieren wir eine Verhaltensstrategie $\beta$. Sei dazu ein Entscheidungspfad $v \in D$ beliebig vorgegeben. Wir definieren für $a \in A(v)$

$$\beta^v(a) = \begin{cases} \frac{\sigma(\langle v,a \rangle)}{\sigma(v)}, & \sigma(v) > 0, \\ \frac{1}{|A(v)|}, & \sigma(v) = 0; \end{cases} \tag{N.1}$$

$\frac{\sigma(\langle v,a \rangle)}{\sigma(v)}$ ist die Wahrscheinlichkeit dafür, dass sich unter $\sigma$ der Verlauf $\langle v, a \rangle$ ergibt, gegeben, dass sich $v$ bereits ereignet hat. Dies ist die Wahrscheinlichkeit für die Aktion $a$ unter $\sigma$. Falls unter $\sigma$ der Knoten $v$ mit Wahrscheinlichkeit Null erreicht wird, kann $\sigma$ nicht benutzt werden, um die Verhaltensstrategie festzulegen. Hier kann jede Zuordnung gewählt werden, die $\beta^v \in W(A(v))$ erfüllt.

$\beta^v \in W(A(v))$ ist für $\sigma(v) = 0$ offenbar erfüllt. Wir müssen nun noch nachrechnen, dass sich auch bei $\sigma(v) > 0$ die Wahrscheinlichkeiten $\beta^v(a)$ $(a \in A(v))$ zu Eins summieren:

$$\sum_{a \in A(v)} \beta^v(a) = \sum_{a \in A(v)} \frac{\sigma(\langle v, a \rangle)}{\sigma(v)}$$

$$= \frac{1}{\sigma(v)} \sum_{a \in A(v)} \sigma(\langle v, a \rangle) = \frac{1}{\sigma(v)} \sigma(v) = 1,$$

wobei $\sum_{a \in A(v)} \sigma(\langle v, a \rangle) = \sigma(v)$ die Wahrscheinlichkeit dafür ist, irgendeinen Nachfolger von $v$ zu erreichen. $\beta^v$ ist also tatsächlich eine Wahrscheinlichkeitsverteilung auf $A(v)$.

Wir möchten nun das Ergebnis $\sigma(e) = \beta(e)$ für jedes beliebige $e$ aus $E$ bestätigt finden. Dazu verwenden wir die Festlegung N.1. Wir machen eine Fallunterscheidung:

Ist einerseits $\sigma(e) = 0$, ist keine Strategie $s$, die $\sigma(s) > 0$ erfüllt, mit $e$ vereinbar. Wir wollen jetzt diejenige(n) Strategie(n) bestimmen, die einerseits unter $\sigma$ mit positiver Wahrscheinlichkeit gewählt wird (werden) und andererseits dem Verlauf $e$ möglichst weit folgt (folgen). Sei dazu $k_{\max}$ so gegeben, dass es eine Strategie $\overline{s}$ mit $\sigma(\overline{s}) > 0$ so gibt, dass $\overline{s}^{k_{\max}} = e^{k_{\max}}$ erfüllt ist und $s^{k_{\max}+1} \neq e^{k_{\max}+1}$ für alle Strategien $s$ mit $\sigma(s) > 0$ gilt. Dann folgt für $e = \langle a^k \rangle_{k=1,\dots,K}$

$$\begin{aligned}
\beta(e) &= \prod_{k=1}^{K} \beta^{e^{k-1}}\left(a^k\right) \\
&= \prod_{k=1}^{k_{\max}} \beta^{e^{k-1}}\left(a^k\right) \cdot \beta^{e^{k_{\max}}}\left(a^{k_{\max}+1}\right) \cdot \prod_{k=k_{\max}+2}^{K} \beta^{e^{k-1}}\left(a^k\right) \\
&= \prod_{k=1}^{k_{\max}} \beta^{e^{k-1}}\left(a^k\right) \cdot \underbrace{\frac{\sigma\left(e^{k_{\max}+1}\right)}{\sigma\left(e^{k_{\max}}\right)}}_{0} \cdot \prod_{k=k_{\max}+2}^{K} \beta^{e^{k-1}}\left(a^k\right) \\
&= 0.
\end{aligned}$$

Sei nun andererseits $\sigma(e) > 0$ und $\overline{s}$ eine der Strategien, die zu $e$ führen. Es gilt also $\overline{s}^K = e$. (Man beachte, dass auch für alle anderen Strategien $s$, die zu $e$ führen, $s^K = e$ gilt.) Damit folgt

$$\begin{aligned}
\beta(e) &= \prod_{k=1}^{K} \beta^{e^{k-1}}\left(a^k\right) \\
&= \frac{\sigma\left(\left\langle e^0, a^1 \right\rangle\right)}{\sigma\left(e^0\right)} \cdot \frac{\sigma\left(\left\langle e^1, a^2 \right\rangle\right)}{\sigma\left(e^1\right)} \cdot \frac{\sigma\left(\left\langle e^2, a^3 \right\rangle\right)}{\sigma\left(e^2\right)} \cdot \ldots \cdot \frac{\sigma\left(\left\langle e^{K-1}, a^K \right\rangle\right)}{\sigma\left(e^{K-1}\right)} \\
&= \frac{\sigma\left(\left\langle e^{K-1}, a^K \right\rangle\right)}{\sigma\left(e^0\right)} = \sigma\left(\left\langle e^{K-1}, a^K \right\rangle\right) = \sigma\left(e^K\right) = \sigma(e).
\end{aligned}$$

Damit ist $\beta(e) = \sigma(e)$ bestätigt und damit der erste Teil der Ergebnisäquivalenz gezeigt.

Nun gehen wir umgekehrt vor und nehmen eine Verhaltensstrategie $\beta$ her. Wir wollen nun eine gemischte Strategie $\sigma$ definieren, von der wir $\sigma(s) = \beta(e)$ für alle $e$ aus $E$ erhoffen. Dazu überlegen wir uns zunächst, dass es häufig mehrere Strategien gibt, die zum gleichen Pfad $e$ führen. Die Menge dieser Strategien bezeichnen wir mit $S(e)$. Wir definieren nun $\sigma$ durch

$$\sigma(s) := \frac{1}{|S(e(s))|} \prod_{k=1}^{|e(s)|} \beta^{s^{k-1}} \left( s \left( s^{k-1} \right) \right). \tag{N.2}$$

Um die Sinnhaftigkeit dieser Definition zu prüfen, haben wir

$$\sum_{s \in S} \sigma(s) = 1$$

zu bestätigen. Die Summe der Wahrscheinlichkeiten lautet

$$\sum_{s \in S} \sigma(s) = \sum_{s \in S} \frac{1}{|S(e(s))|} \prod_{k=1}^{|e(s)|} \beta^{s^{k-1}} \left( s \left( s^{k-1} \right) \right).$$

Der Ausdruck $\prod_{k=1}^{|e(s)|} \beta^{s^{k-1}} \left( s \left( s^{k-1} \right) \right)$ hängt nun nur von dem durch $s$ beschriebenen Pfad und nicht von der Strategie $s$ selbst ab. Man kann daher alle diejenigen Strategien jeweils zusammenfassen, die zu ein und demselben Pfad $e(s)$ gehören. Damit ergibt sich mit den Endfolgen $e = \left\langle a^k(e) \right\rangle_{k=1,\ldots,|e|}$ die Summe als

$$\begin{aligned}
\sum_{s \in S} \sigma(s) &= \sum_{e \in E} \frac{1}{|S(e)|} \sum_{s \in S(e)} \prod_{k=1}^{|e|} \beta^{e^{k-1}} \left( a^k(e) \right) \quad \begin{pmatrix} \text{Summation} \\ \text{über Pfade} \end{pmatrix} \\
&= \sum_{e \in E} \prod_{k=1}^{|e|} \beta^{e^{k-1}} \left( a^k(e) \right) \frac{1}{|S(e)|} \sum_{s \in S(e)} 1 \\
&= \sum_{e \in E} \prod_{k=1}^{|e|} \beta^{e^{k-1}} \left( a^k(e) \right) \\
&= \sum_{e \in E} \beta(e) = 1 \text{ (siehe Aufgabe N.6.2)}
\end{aligned}$$

und somit das erwünschte Ergebnis.

Sei nun eine Endfolge $e = \langle a^k \rangle_{k=1,\ldots,K}$ gegeben und $s$ eine Strategie aus $S(e)$:

$$e(s) = s^{|e(s)|}.$$

Unter $\beta$ beträgt ihre Wahrscheinlichkeit

$$\beta(e) = \prod_{k=1}^{K} \beta^{e^{k-1}}\left(a^k\right)$$

und unter der aufgrund von Gleichung N.2 definierten gemischten Strategie $\sigma$

$$\begin{aligned}\sigma(e) = \sum_{s \in S(e)} \sigma(s) &= \sum_{s \in S(e)} \frac{1}{|S(e(s))|} \prod_{k=1}^{|e(s)|} \beta^{s^{k-1}}\left(s\left(s^{k-1}\right)\right) \\ &= \prod_{k=1}^{|e|} \beta^{e^{k-1}}\left(a^k\right) = \beta(e).\end{aligned}$$

Damit ist die Ergebnisäquivalenz gezeigt.

## N.7 Lösungen

**Übung N.1.1.** Die ersten beiden Strategien ergeben die Auszahlung 10, die dritte die Auszahlung 7.

**Übung N.2.1.** Ja, das kann es. Solche Strategien unterscheiden sich dann bei Entscheidungsknoten, die nicht erreicht werden. Man denke beispielsweise an die beiden besten Strategien aus dem einführenden Abschnitt.

**Übung N.2.2.** Bei dieser Aufgabe kommt es darauf an, sich exakt an die formale Sprache zu halten:

- $a^3 \in A\left(\left\langle a^1, a^2 \right\rangle\right)$ bedeutet: Die Aktion $a^3$ ist eine der Aktionen, die dem Entscheider beim Entscheidungsverlauf $\left\langle a^1, a^2 \right\rangle$ offensteht.
- $s\left(a^1\right)$ ist ein undefinierter Ausdruck. Denn eine Strategie ist eine Abbildung $D \to A$. $a^1$ ist jedoch eine Aktion und kein Verlauf.

- $s\left(\left\langle a^1\right\rangle\right)$ ist die Aktion, die aufgrund der Strategie $s$ beim Entscheidungsverlauf $\left\langle a^1\right\rangle$ (d.h. nachdem der Entscheider $a^1$ gewählt hat) zu wählen ist.
- $s\left(\left\langle a^1\right\rangle\right) \neq a^2$ heißt, dass die nach $a^1$ zu wählende Aktion nicht die Aktion $a^2$ ist.
- $s\left(\left\langle a^1\right\rangle\right) \neq \left\langle a^1, a^2\right\rangle$ ist nicht definiert, denn Strategien bilden in den Aktionsraum $A$ ab. $\left\langle a^1, a^2\right\rangle$ ist jedoch ein Verlauf und keine Aktion.

**Übung N.2.3.** Man definiert $s$ durch $s : D \to A$,

$$v \mapsto \begin{cases} a^{j+1} & \text{für } v = \left\langle a^k\right\rangle_{k=1,2,\dots,j} \text{ für ein } j = 0, \dots, K-1 \\ \overline{a} \in A(v) & \text{für sonstiges } v \in D \end{cases}$$

wobei $\left\langle a^0\right\rangle = o$ und $\overline{a} \in A(v)$ eine beliebig gewählte Aktion ist. Der Leser beachte, dass $v = \left\langle a^k\right\rangle_{1,2,\dots,j} = \langle\rangle = o$ für $j = 0$ gilt.

**Übung N.2.4.** Die Menge der Strategien, die weder Investitionen noch Marketingaktivitäten vorsehen, ist $\{\lfloor kI, M, kM\rfloor, \lfloor kI, kM, kM\rfloor\}$.

**Übung N.2.5.** Zum einen kann es sein, dass die maximale Auszahlung bei unterschiedlichen Endverläufen $e_1$ und $e_2$ erreicht wird. Die Strategien, die zu $e_1$ führen, sind notwendigerweise verschiedenen von denjenigen, die zu $e_2$ führen. Zum anderen ist der Fall denkbar, dass verschiedene Strategien zum gleichen Endverlauf führen.

**Übung N.2.6.** In der Entscheidungssituation der Abbildung N.3 gibt es $3 \cdot 2^6 = 192$ Strategien. Beispiele für beste Strategien sind

$$\begin{aligned} &\lfloor \mathrm{r,r,r,r,r,l,r} \rfloor, \\ &\lfloor \mathrm{r,l,r,l,l,l,l} \rfloor, \\ &\lfloor \mathrm{r,r,r,r,r,l,l} \rfloor, \\ &\lfloor \mathrm{r,l,r,l,r,l,r} \rfloor, \\ &\lfloor \mathrm{r,r,r,r,r,l,l} \rfloor. \end{aligned}$$

**Übung N.3.1.** Wenn $\left\langle a^1, \dots, a^K\right\rangle$ aus $V|_v$ stammt, ist $\left\langle v, a^1, \dots, a^K\right\rangle$ aus $V$. Die zweite Bedingung ist für $V$ erfüllt, sodass also $\left\langle v, a^1, \dots, a^L\right\rangle$ ein Verlauf in $V$ ist. Hieraus kann man schließen, dass $\left\langle a^1, \dots, a^L\right\rangle$ ein Verlauf in $V|_v$ ist.

**Übung N.3.2.** Der Beweis hat zwei Teile. Zum einen gehen wir davon aus, dass $s$ mit $v$ vereinbar ist. Dann ist $s$ auch mit $v = \langle v, o \rangle$ vereinbar, wobei hier $o$ ein Verlauf aus $V|_v$ darstellt. Dies beschließt die eine Richtung des Beweises. Zum anderen setzen wir voraus, dass es ein $v'$ aus $V|_v$ gibt, sodass $s$ mit $\langle v, v' \rangle$ vereinbar ist. Dann ist $s$ wegen Lemma N.2.1 (S. 238) auch mit $v$ vereinbar. Dies war zu zeigen.

**Übung N.3.3.** Ja, denn es gilt $s|_v(v') = s(v, v') \in A(v, v') = A|_v(v')$.

**Übung N.3.4.**

| | beste Strategie | teilbaumperfekt |
|---|---|---|
| $\lfloor r,r,r,r,r,l,r \rfloor$ | ja | ja |
| $\lfloor l,r,l,l,r,l,r \rfloor$ | nein | nein |
| $\lfloor r,l,r,l,l,l,l \rfloor$ | ja | nein |
| $\lfloor l,r,r,r,r,r,r \rfloor$ | nein | nein |
| $\lfloor r,l,r,l,r,l,r \rfloor$ | ja | nein |
| $\lfloor r,r,r,r,r,l,l \rfloor$ | ja | ja |

**Übung N.3.5.** Eine mögliche Antwort ist aus der folgenden Tabelle zu entnehmen. Dabei deuten die Kreuze unter den Aktionen der Strategien in der ersten Spalte auf den Teilbaum hin, der mit dem in der zweiten Spalte angegebenen Knoten beginnt. Die Strategien der dritten Spalte beziehen sich jeweils auf den entsprechenden Teilbaum und erbringen eine höhere Auszahlung als die Einschränkung der Strategien der ersten Spalte auf diese Teilbäume.

| | Anfangsknoten des Teilbaums | Strategie |
|---|---|---|
| $\lfloor l,r,\underset{\times}{l},l,r,l,r \rfloor$ | $v_3$ | $\lfloor r, l, r \rfloor$ |
| $\lfloor r,l,r,l,\underset{\times}{l},l,l \rfloor$ | $w_2$ | $\lfloor r \rfloor$ |
| $\lfloor r,\underset{\times}{l},r,l,r,l,r \rfloor$ | $v_1$ | $\lfloor r,l,r \rfloor$ |

**Übung N.4.1.** Abbildung N.8 gibt die Rückwärtsinduktion graphisch wieder. Es gibt zwei Rückwärtsinduktions-Pfade; sie führen zur Auszahlung 10. Es gibt vier Rückwärtsinduktions-Strategien. Denn es gibt zwei Knoten, an denen jeweils zwei Aktionen beste Aktionen sind. An allen anderen Knoten haben alle Rückwärtsinduktions-Strategien dieselbe Aktion vorzusehen.

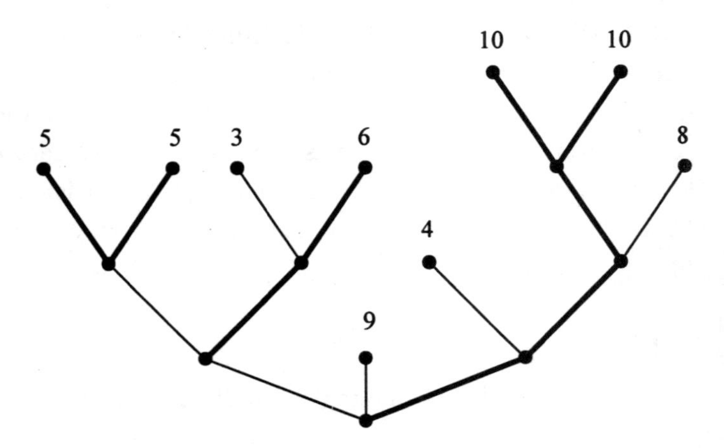


**Abbildung N.8.** Rückwärtsinduktion lässt sich graphisch darstellen.

**Übung N.5.1.** Es gibt zwei Strategien, die mit einmaligem Tausch vereinbar sind:

$$\lfloor \text{annehmen, ablehnen, annehmen} \rfloor \text{ und}$$
$$\lfloor \text{annehmen, ablehnen, ablehnen} \rfloor .$$

**Übung N.5.2.** Der Rückwärtsinduktions-Pfad ist

$$\langle \text{annehmen, ablehnen} \rangle ,$$

die Rückwärtsinduktions-Strategie lautet

$$\lfloor \text{annehmen, ablehnen, annehmen} \rfloor .$$

**Übung N.6.1.** Man erhält

$$\sigma(o) = \sum_{\substack{s \in S: \\ s^\infty = o \\ \text{oder es gibt } K \text{ mit } s^K = o}} \sigma(s) = \sum_{\substack{s \in S: \\ s^0 = o}} \sigma(s) = \sum_{s \in S} \sigma(s) = 1.$$

**Übung N.6.2.** Es gibt vier Endfolgen, $\langle \text{I, M} \rangle$ , $\langle \text{I, kM} \rangle$, $\langle \text{kI, M} \rangle$ und $\langle \text{kI, kM} \rangle$. Unter $\beta$ betragen ihre Wahrscheinlichkeiten

$$\beta(\langle \text{I, M} \rangle) = \frac{1}{2} \cdot 0 = 0,$$
$$\beta(\langle \text{I, kM} \rangle) = \frac{1}{2} \cdot 1 = \frac{1}{2},$$

$$\beta(\langle \mathrm{kI}, \mathrm{M} \rangle) = \frac{1}{2} \cdot \frac{1}{3} = \frac{1}{6},$$
$$\beta(\langle k\mathrm{I}, \mathrm{M} \rangle) = \frac{1}{2} \cdot \frac{2}{3} = \frac{1}{3};$$

die Summe ist also gleich 1.

**Übung N.6.3.** Die Verhaltensstrategie $\lfloor \frac{1}{2}, 0, \frac{1}{3} \rfloor$ ist mit $\langle \mathrm{I}, \mathrm{M} \rangle$ nicht vereinbar, weil dieser Verlauf sich mit einer Wahrscheinlichkeit von $\frac{1}{2} \cdot 0$ ergibt. Die Verhaltensstrategie $\lfloor 0, \frac{1}{2}, \frac{1}{3} \rfloor$ ist ebenfalls nicht mit $\langle \mathrm{I}, \mathrm{M} \rangle$ vereinbar.

# O. Entscheidungen bei perfekter Information mit Zügen der Natur

## O.1 Einführendes und ein Beispiel

Wir greifen das Beispiel aus Kapitel B wieder auf. Es ging dort um einen Schirmproduzenten, der die Wahl zwischen Sonnen- und Regenschirmen hat. Sein Gewinn hängt von der Witterung ab; in der folgenden Ergebnismatrix sind bereits die vNM-Nutzenwerte eingetragen.

| | | **Umweltzustand** | |
|---|---|---|---|
| | | schlechte Witterung | gute Witterung |
| **Strategie** | Regenschirm-produktion | 10 | 9 |
| | Sonnenschirm-produktion | 8 | 11 |

Zu dieser Entscheidungssituation in strategischer Form sind zunächst einmal zwei extensive Formen denkbar. Sie sind, mit den Abkürzungen R für Regenschirmproduktion, S für Sonnenschirmproduktion, g für gute Witterung und s für schlechte Witterung, in Abbildung O.1 dargestellt. Beide extensive Formen stellen Entscheidungssituationen bei perfekter Information dar. Der Entscheider weiß, wenn er am Zug ist, wo er sich befindet. Im linken Baum zieht der Entscheider zuerst und dann die Natur (der Zufall). Im rechten Baum zieht die Natur zuerst und dann erst der Entscheider. In diesem Buch wird der Zufall mit der Zahl 0 indiziert; in der Abbildung sieht man daher neben den entsprechenden Knoten eine Null.

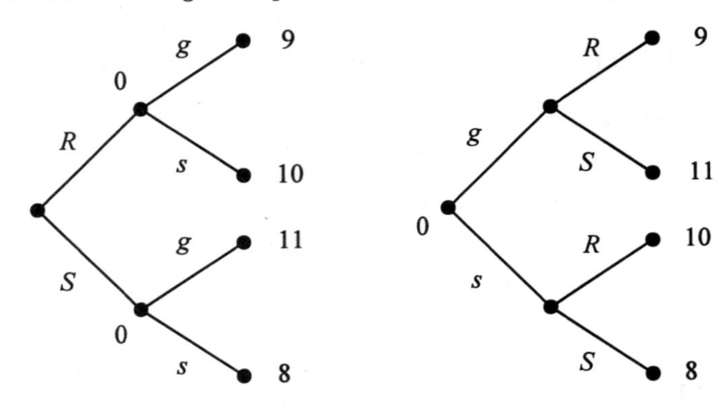


**Abbildung O.1.** Zwei extensive Entscheidungssituationen bei perfekter Information

**Übung O.1.1.** Man gebe für die linke extensive Form der Abbildung O.1 die Menge der Verläufe an.

Welche dieser beiden extensiven Formen entspricht besser der Entscheidungssituation, die wir in Kapitel B thematisiert haben? Dort ging es um Entscheidungen unter Unsicherheit. Hier haben wir jedoch die extensive Form bei perfekter Information gegeben. Kann es dabei überhaupt Unsicherheit geben?

**Übung O.1.2.** Entspricht irgendeine der beiden extensiven Formen der Abbildung O.1 einer Entscheidung bei Unsicherheit?

Wir beschreiben Entscheidungssituationen bei perfekter Information mit Zügen der Natur in Abschnitt O.2. Sodann haben wir die aus dem vorangehenden Kapitel bekannten Begriffe wieder aufzugreifen und anzupassen: Strategien, Teilbäume, teilbaumperfekte Strategien und Verhaltensstrategien. Dies unternehmen wir in den Abschnitten O.3 und O.4.

Die Lösung von Entscheidungen mit Zügen der Natur ist dabei ein wenig komplizierter als ohne solche Züge. Entscheidungen bei perfekter Information ohne Züge der Natur kann man, zumindest für endliche Verlaufsmengen, so treffen: Man ermittelt die maximale Auszahlung über alle Endpfade. Sei $e$ einer der Pfade, die zur maximalen Auszahlung führen. Man wählt dann eine Strategie aus $S(e)$ aus, die die maximale Auszahlung garantiert. Auch bei perfekter Information mit

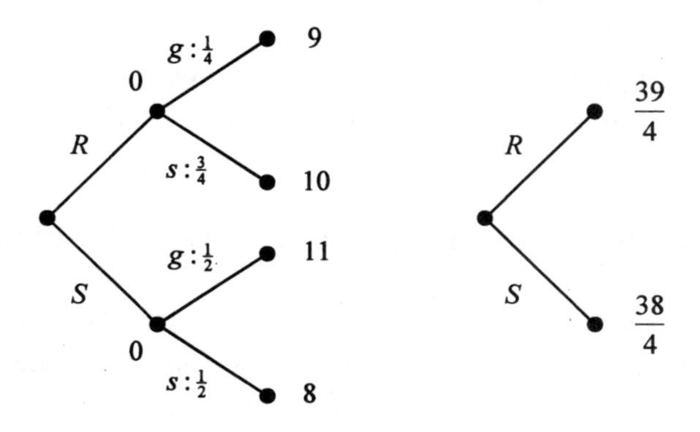


**Abbildung O.2.** Reduzierung des Entscheidungsbaumes um eine Stufe

Zügen der Natur ist die Situation recht einfach, falls es sich um eine Entscheidung bei Sicherheit handelt.

**Übung O.1.3.** Geben Sie eine nutzenmaximale Strategie für die in Abbildung O.1 rechts dargestellte extensive Form an.

Bei Entscheidungen bei perfekter Information mit Zügen der Natur und bei Risiko hat man ein wenig Arbeit zu leisten. Man kann auch diese durch Rückwärtsinduktion lösen. Der Leser betrachte dazu Abbildung O.2. Dazu muss man jedoch die Züge der Natur insofern auflösen, als man die Lotterie, die sie bewirken, durch den erwarteten Nutzen ersetzt. Wir nehmen an, dass der Entscheider die Wahrscheinlichkeitsverteilung, nach der die Natur die Aktionen bestimmt, kennt. Die Wahrscheinlichkeiten für die gute Witterung sollen $\frac{1}{4}$ beim oberen Knoten und $\frac{1}{2}$ beim unteren Knoten betragen. Ob die Annahme vernünftig ist, dass man durch die Produktion von Regenschirmen oder Sonnenschirmen Einfluss auf das Wetter haben kann, lassen wir einmal dahingestellt.

Nach der so durchgeführten Reduktion ist die beste Entscheidung klar: der Entscheider hat die Produktion von Regenschirmen zu wählen.

Wir werden sehen, dass sich Konzepte und Ergebnisse aus dem vorangehenden Kapitel, wie Strategien, Teilbäume, Teilbaumperfektheit und Ergebnisäquivalenz, ohne viel zusätzliche Arbeit auf den Fall mit

Zügen der Natur übertragen lassen. In der Hauptsache haben wir zu berücksichtigen, dass die Verläufe nun nicht mehr nur aus Aktionen des Entscheiders, sondern zusätzlich aus Aktionen der Natur bestehen.

## O.2 Definitionen und graphische Veranschaulichung

Die Definition des Entscheidungsproblems in extensiver Form bei vollkommener Information hat die Menge der Entscheidungspfade $D$ in zwei Mengen zu partitionieren, in die Menge $D_0$ der Entscheidungspfade der Natur und in die Menge $D_1$ der Entscheidungspfade des Entscheiders. Zudem hat die Definition anzugeben, mit welchen Wahrscheinlichkeiten die Natur die Aktionen wählt. Es ist dabei üblich, diese Information in Form einer Verhaltensstrategie der Natur anzugeben.

**Definition O.2.1 (Entscheidungsproblem bei Verläufen).** *Ein Entscheidungsproblem in extensiver Form bei perfekter Information mit Zügen der Natur ist ein Tupel*

$$\Delta = (V, \iota, \beta_0, u) .$$

*Hierbei bedeutet $V = D \cup E$ wie bisher eine Menge von Verläufen. $\iota$ ist eine Abbildung*

$$D \to \{0, 1\} ,$$

*die jeden Entscheidungsknoten entweder der Natur (0) oder aber dem Entscheider (1) zuordnet. $\beta_0$ ist eine Verhaltensstrategie, d.h. $\beta_0^v$ ist für alle $v$ mit $\iota(v) = 0$ eine vollständig gemischte Wahrscheinlichkeitsverteilung auf $A(v)$; $u$ ist wie bisher eine Funktion $E \to \mathbb{R}$.*

Auf der Basis dieser Definition können wir die Entscheidungspfade für die Natur durch

$$D_0 := \{v \in D : \iota(v) = 0\}$$

und die Entscheidungspfade für den Entscheider durch

$$D_1 := \{v \in D : \iota(v) = 1\}$$

angeben. Aufgrund der Definition von $\iota$ bilden $D_0$ und $D_1$ eine Partition von $D$, d.h. jeder Entscheidungspfad ist entweder einer für die Natur oder einer für den Entscheider.

Außerdem definieren wir die Menge der Aktionen

$$A_i = \{a : \text{Es gibt } v \in D_i \text{ mit } \langle v, a\rangle \in V\},$$

die der Natur ($i = 0$) bzw. dem Entscheider ($i = 1$) offenstehen. Schließlich können wir noch

$$\begin{aligned} A_i(v) \; &:= \{a : \langle v, a\rangle \in V \text{ und } v \in D_i\} \\ &= \begin{cases} \{a : \langle v, a\rangle \in V\}, & v \in D_i, \\ \emptyset, & v \notin D_i, \end{cases} \end{aligned}$$

definieren; das ist die Menge der Aktionen, die $i$ beim Knoten $v$ zur Verfügung hat.

**Übung O.2.1.** Drücken Sie $A = \bigcup_{v \in D} A(v)$ mithilfe von $A_0$ und $A_1$ aus. Hierbei ist $A(v)$ wie im vorangehenden Kapitel als $\{a : \langle v, a\rangle \in V\}$ definiert.

**Übung O.2.2.** In welchem Zusammenhang stehen $A_0(v)$, $A_1(v)$ und $A(v)$ für beliebige $v$ aus $V$?

Man kann ein Entscheidungsproblem in extensiver Form bei vollkommener Information mit Zügen der Natur auch als Entscheidungsbaum darstellen. Dieser wird so formalisiert:

**Definition O.2.2 (Entscheidungsproblem bei Bäumen).** *Ein Entscheidungsproblem in extensiver Form bei vollkommener Information mit Zügen der Natur ist ein Tupel*

$$\Delta = (T, <, \iota, \beta_0, u),$$

*wobei* $(T, <)$ *und* $u$ *wie in Kapitel M definiert sind und* $\iota$ *und* $\beta_0$ *sich direkt aus Definition O.2.1 ergeben.*

Bei der graphischen Darstellung der Entscheidungssituation hat man die Entscheidungsknoten der Natur (oder des Entscheiders) besonders zu kennzeichnen. Auch hat man an jedem Knoten $v$ aus $D_0$ die Wahrscheinlichkeitsverteilung über $A(v)$ deutlich zu machen.

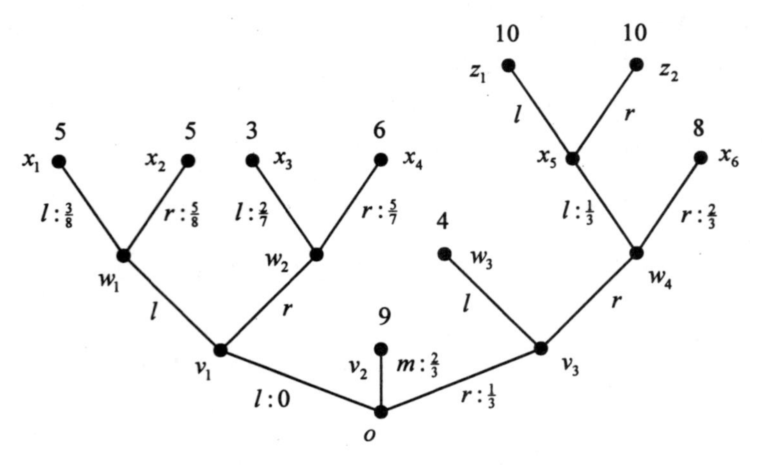


**Abbildung O.3.** Eine Entscheidungssituation

Und auch umgekehrt kann man ein Entscheidungsproblem $(T, <, \iota, \beta_0, u)$ als ein Entscheidungsproblem $(V, \iota, \beta_0, u)$ auffassen. Auch diese Übertragung birgt keine Probleme.

**Übung O.2.3.** Der Leser betrachte die Entscheidungssituation der Abbildung O.3. Aktionen mit angegebenen Wahrscheinlichkeiten sind der Natur zugeordnet.

- Welche Pfade führen zur Auszahlung 4?
- Wie viele Entscheidungsknoten gibt es insgesamt; welche entfallen auf den Entscheider?
- Erläutern Sie $\beta_0^{w_2}$!

## O.3 Strategien, Verhaltensstrategien und beste Strategien

In Erweiterung von Definition N.2.1 auf S. 236 definieren wir:

**Definition O.3.1 (Strategie).** *In der Entscheidungssituation* $\Delta = (V, \iota, \beta_0, u)$ *heißt jede Abbildung*

$$s : D_1 \to A_1, \quad v \mapsto s(v),$$

*die zudem*

$$s(v) \in A_1(v)$$

*erfüllt, eine Strategie. Die Menge der Strategien bezeichnen wir mit $S$.*

Jede Strategie $s$ aus $S$ führt zu einer Wahrscheinlichkeitsverteilung auf der Menge der Pfade $v$ aus $V$. Die Wahrscheinlichkeit für $v$ unter der Strategie $s$ und der Verhaltensstrategie (der Natur!) $\beta_0$ bezeichnen wir mit $(\beta_0, s)(v)$.

**Übung O.3.1.** Für die in Abbildung O.3 dargestellte Entscheidungssituation berechne der Leser die Wahrscheinlichkeiten für $z_2$ unter den Strategien $s = \lfloor l, r, r \rfloor$ und $s = \lfloor r, r, r \rfloor$. Hierbei bezieht sich die erste Aktion auf $v_1$, die zweite auf $v_3$ und die dritte auf $x_5$.

Es stellt sich heraus, dass wir diese Wahrscheinlichkeit kompakt ausdrücken können, wenn wir auch $s$ als Verhaltensstrategie schreiben. Eine Verhaltensstrategie des Entscheiders ist ein Vektor von Wahrscheinlichkeitsverteilungen

$$\beta = (\beta^v)_{v \in D_1},$$

wobei $\beta^v$ aus $W(A_1(v))$ stammt. Wir schreiben nun die reine Strategie $s$ als Verhaltensstrategie $\beta$, indem für alle $v$ aus $D_1$ und $a$ aus $A_1(v)$

$$\beta^v(a) := \begin{cases} 1, a = s(v), \\ 0, \text{sonst} \end{cases}$$

setzen. Offenbar ist $\beta^v$ eine entartete Wahrscheinlichkeitsverteilung auf $A_1(v)$.

Sei nun ein beliebiger Verlauf $v$ aus $V$ mit $v = \langle a^k(v) \rangle_{k=1,\dots,|v|}$ gegeben und seien für $j = 0,..,|v|$ durch

$$v^0 := o$$

und

$$v^j := \langle v^{j-1}, a^j(v) \rangle$$

iterativ $|v| + 1$ Verläufe definiert. Die Wahrscheinlichkeit für $v$ unter der Strategie $s$ bzw. der Verhaltensstrategie $\beta$ (für den Entscheider) und unter $\beta_0$ (für die Natur) nennen wir $(\beta_0, s)(v)$ bzw. $(\beta_0, \beta)(v)$; sie wird bestimmt durch

$$(\beta_0, s)(v) = (\beta_0, \beta)(v) := \prod_{j=1}^{|v|} \beta_{\iota(v^{j-1})}^{v^{j-1}}\left(a^j\right).$$

Offenbar ist diese Formel auch für beliebige Verhaltensstrategien des Entscheiders richtig.

Das Äquivalenzergebnis zwischen gemischten Strategien (hier in $\Delta = (V, \iota, \beta_0, u)$) und Verhaltensstrategien bleibt weiterhin richtig. Bei Wahl der gemischten Strategie $\sigma \in \Sigma$ ergibt sich der Nutzen

$$u(\sigma) := \sum_{s\in S} \sigma(s)\, u(s) = \sum_{s\in S} \sigma(s) \sum_{e\in E} (\beta_0, s)(e)\, u(e).$$

Man kann zeigen, dass auch hier Ergebnisäquivalenz gilt: Für eine gemischte Strategie $\sigma$ gibt es eine Verhaltensstrategie $\beta$ so, dass für alle $e$ aus $E$

$$(\beta_0, \sigma)(e) = (\beta_0, \beta)(e)$$

gilt. Und umgekehrt. Dies formal zu zeigen, wollen wir uns jedoch sparen.

**Definition O.3.2 (Vereinbarkeit von Strategie und Verlauf).** *Wir sagen, dass ein Verlauf $v$ (aus $E$ oder aus $D$) mit einer Strategie $s$ vereinbar ist oder dass eine Strategie $s$ mit einem Verlauf $v$ vereinbar ist, falls $(\beta_0, s)(v)$ größer als Null ist. Die Menge der mit $v$ vereinbaren Strategien bezeichnen wir wieder mit $S(v)$.*

**Übung O.3.2.** Bestimmen Sie $S(w_2)$!

Bei Wahl der Strategie $s$ erhält der Entscheider den erwarteten Nutzen

$$u(s) := \sum_{e\in E} (\beta_0, s)(e) \cdot u(e).$$

Eine Strategie $s^*$ heißt eine beste Strategie, falls

$$s^* \in \arg\max_{s\in S} u(s)$$

gilt.

**Übung O.3.3.** Der Leser betrachte nochmals die in Abbildung O.3 dargestellte Entscheidungssituation. Welche Strategien sind beste Strategien? (Hinweis: Es gibt vier beste Strategien.)

## O.4 Teilbaumperfektheit und Rückwärtsinduktion

Die Definition von Teilbäumen ist für Entscheidungssituationen mit Zügen der Natur,

$$\Delta = (V, \iota, \beta_0, u),$$

fast genauso wie bei Entscheidungssituationen ohne Züge der Natur, $\Delta = (V, u)$. Für einen Verlauf $v$ aus $D$ (nicht lediglich aus $D_1 = D \backslash D_0$!) definieren wir die Menge von Pfaden

$$V|_v := \left\{ v' : v' \text{ Folge von Aktionen mit } \left\langle v, v' \right\rangle \in V \right\}.$$

Man könnte sich alternativ auf Teilbäume, die bei einem Entscheidungsknoten $v$ aus $D_1$ beginnen, beschränken. Dies hätte den Vorteil, dass die Aufmerksamkeit bei der Definition der Teilbaumperfektheit gleich auf die Entscheidungsknoten gelenkt wäre. Tatsächlich sind Teilbäume, die bei Naturknoten beginnen, bei perfekter Information nicht wichtig. Allerdings hat der Einschluss der bei Knoten aus $D_0$ beginnenden Teilbäume den Vorteil, dass jeder Entscheidungsbaum mindestens einen Teilbaum, nämlich sich selbst besitzt.

Mit $E|_v$, $D_0|_v$ und $D_1|_v$ bezeichnen wir die Menge der Endpfade, der Entscheidungspfade für die Natur und der Entscheidungspfade für den Entscheider.

**Übung O.4.1.** Gilt $V|_o = V$?

**Übung O.4.2.** Wie kann man Endpfade in $V|_v$, Entscheidungspfade für den Entscheider und Entscheidungspfade für die Natur definieren?

**Definition O.4.1 (Teilentscheidungsbaum).** *Für $v \in D$ ist ein Teilentscheidungsbaum ein Tupel*

$$\Delta(v) = \left( V|_v, \iota|_v, \beta_0|_v, u|_v \right),$$

*wobei die drei Bestandteile $\iota|_v$, $\beta_0|_v$, $u|_v$ durch Einschränkung definiert sind. Für die Zuordnung auf die Natur bzw. den Entscheider gilt*

$$\iota|_v : D|_v \to \{0, 1\}, \quad v' \mapsto \iota|_v (v') = \iota \left( \left\langle v, v' \right\rangle \right),$$

*$\beta_0|_v$ ist ein Vektor von Wahrscheinlichkeitsverteilungen*

$$\beta_0|_v = \left((\beta_0|_v)^{v'}\right)_{v'\in D_0|_v} \quad mit \ (\beta_0|_v)^{v'} = \beta_0^{v'} \ für\ alle\ v' \in D_0|_v$$

*und die Nutzenfunktion ist durch*

$$u|_v : E|_v \to \mathbb{R}, \quad v' \mapsto u|_v(v') = u(\langle v, v' \rangle)$$

*erklärt.*

Auch die Aktionsräume und Strategieräume der Teilbäume sind relativ einfach anzugeben: Für $v' \in V|_v$ und $i \in \{0,1\}$ ergibt sich die Menge der $i$ bei $v'$ offenstehenden Aktionen

$$\begin{aligned} A_i|_v(v') &= \{a : v' \in D_i|_v \text{ und } \langle v', a \rangle \in V|_v\} \\ &= \{a : \langle v, v' \rangle \in D_i \text{ und } \langle v, v', a \rangle \in V\} = A_i(\langle v, v' \rangle) \end{aligned}$$

und die für $i$ insgesamt vorhandenen Aktionen

$$A_i|_v = \bigcup_{v' \in D_i|_v} A_i|_v(v') = \bigcup_{\langle v, v' \rangle \in D_i} A_i(\langle v, v' \rangle).$$

Sei nun $s$ eine Strategie in $\Delta = (V, \iota, \beta_0, u)$. Dann ist durch

$$s|_v : D_1|_v \to A_1|_v, \quad v' \mapsto s|_v(v') = s(\langle v, v' \rangle)$$

eine Strategie in $V|_v$ definiert, die wir die Einschränkung von $s$ auf $V|_v$ nennen. Man kann sich klarmachen, dass sich alle Strategien für $V|_v$ auf diese Weise ausdrücken lassen.

Eine Strategie $s^*$ in $\Delta = (V, \iota, \beta_0, u)$ heißt teilbaumperfekt, falls für alle $v \in D$ Folgendes gilt: $s^*|_v$ ist eine beste Strategie in $\Delta(v)$.

**Übung O.4.3.** Für die in Abbildung O.3 dargestellte Entscheidungssituation gebe man die teilbaumperfekten Strategien an.

Für den Rest dieses Abschnitts und Kapitels werden wir Ergebnisse des vorangehenden Kapitels, leicht modifiziert, abschreiben. Die für perfekte Information ohne Züge der Natur geltenden Sätze gelten im Wesentlichen auch mit Zügen der Natur. Wir erhalten die einknotige Abweichung als Kriterium für Teilbaumperfektheit.

**Theorem O.4.1.** *Sei eine Entscheidungssituation* $\Delta = (V, \iota, \beta_0, u)$ *mit* $\ell(V) < \infty$ *gegeben. Dann sind folgende Mengen identisch:*

- *die Menge der teilbaumperfekten Strategien,*
- *die Menge der Strategien $s^*$ mit der folgenden Eigenschaft: Für alle Knoten $v$ aus $D$ gilt*

$$u|_v\left(s^*|_v\right) \geq u|_v\left(s'\right)$$

*für alle Strategien $s'$ des Teilbaums $V|_v$, die sich von $s^*|_v$ nur in der bei $v$ gewählten Aktion unterscheiden:*

$$s'\left(v'\right)\begin{cases} \neq s^*|_v\left(v'\right), v' = o, \\ = s^*|_v\left(v'\right), v' \in V|_v \setminus \{o\}. \end{cases}$$

**Übung O.4.4.** Für die Entscheidungssituation der Abbildung O.3 sind die Strategien $\lfloor l, r, l \rfloor$ und $\lfloor l, r, r \rfloor$ nicht teilbaumperfekt. Wie kann man dies mit dem Kriterium der einknotigen Abweichung begründen?

Auch zwei weitere wichtige Ergebnisse übertragen sich ohne Schwierigkeiten:

**Theorem O.4.2.** *Sei eine Entscheidungssituation $\Delta = (V, \iota, \beta_0, u)$ mit $\ell(V) < \infty$ gegeben. Dann sind folgende Mengen identisch:*

- *die Menge der teilbaumperfekten Strategien und*
- *die Menge der Rückwärtsinduktions-Strategien.*

**Korollar O.4.1.** *Jede Entscheidungssituation $\Delta = (V, \iota, \beta_0, u)$ mit $|V| < \infty$ weist eine teilbaumperfekte Strategie auf.*

Hierbei haben wir jedoch Rückwärtsinduktion nicht genau definiert. Die Übertragung der Methode auf den Fall mit Zügen der Natur ist jedoch prinzipiell unproblematisch. Es gibt nur zwei Änderungen. Zum einen kann man jetzt nicht nur Teilspiele der Länge 1 betrachten, sondern nimmt statt dessen diejenigen Teilspiele minimaler Länge, die bei einem Entscheidungsknoten aus $D_1$ beginnen. Diese bestehen dann aus dem Entscheidungsknoten und aus eventuell nachfolgenden Zügen der Natur. Für die einzelnen Aktionen lässt sich dann der erwartete Nutzen berechnen und vergleichen. Und dies ist die zweite Änderung. Der maximale Nutzen im vorangehenden Kapitel ist jetzt zu ersetzen durch den erwarteten Nutzen. Mit diesen beiden Ausnahmen läuft das Rückwärtsinduktions-Verfahren jedoch ganz analog. Auch die graphische Möglichkeit, Rückwärtsinduktion darzustellen, besteht weiterhin.

**Übung O.4.5.** Lösen Sie das durch den Entscheidungsbaum der Abbildung O.3 wiedergegebene Entscheidungsproblem durch Rückwärtsinduktion, indem Sie die soeben erwähnte graphische Methode anwenden.

## O.5 Lösungen

**Übung O.1.1.** Die der auf der linken Seite der Abbildung O.1 dargestellte extensive Form entspricht der Menge der Verläufe

$$V = \{o, \langle R \rangle, \langle S \rangle, \langle R, g \rangle, \langle R, s \rangle, \langle S, g \rangle, \langle S, s \rangle\}.$$

**Übung O.1.2.** Die linke Seite entspricht einer Entscheidung bei Unsicherheit. Der Entscheider hat sich auf die Regenschirm- oder aber auf die Sonnenschirmproduktion in Unkenntnis der Wetterlage festzulegen. Die rechte Seite entspricht der Situation bei Sicherheit. Zunächst zieht die Natur. Und bei perfekter Information weiß der Entscheider um den Ausgang dieses Zuges. Er kann dann anschließend unter Sicherheit entscheiden.

**Übung O.1.3.** Bei schlechter Witterung ist die Regenschirmproduktion, bei guter Witterung die Sonnenschirmproduktion vorzuziehen. Es gibt zwei Entscheidungspfade, also sind Strategien Tupel mit zwei Aktionen. Die beste Strategie ist $\lfloor S, R \rfloor$ ,die also beim Zug $g$ der Natur die Aktion $S$ und beim Zug $s$ der Natur die Aktion $R$ wählt.

**Übung O.2.1.** Es gilt $A = A_0 \cup A_1$.

**Übung O.2.2.** An jedem Entscheidungsknoten ist entweder der Entscheider oder die Natur am Zuge. Bei einem Endknoten gilt $A(v) = A_0(v) = A_1(v) = \emptyset$. Insgesamt kann man für alle $v$ aus $V$ daher in kompakter Weise $A(v) = A_0(v) \cup A_1(v)$ schreiben.

**Übung O.2.3.** Nur der Pfad $\langle r, l \rangle$ führt zur Auszahlung 4. Es gibt insgesamt 7 Entscheidungsknoten. Die Entscheidungsknoten $v_1$, $v_3$ und $x_5$ entfallen auf den Entscheider. $w_2$ ist ein Entscheidungsknoten der Natur und $\beta_0^{w_2}$ eine Wahrscheinlichkeitsverteilung auf der Aktionsmenge $A(w_2)$. Speziell wählt die Natur die Aktion l mit der Wahrscheinlichkeit 2/7 und die Aktion r mit der Wahrscheinlichkeit 5/7.

**Übung O.3.1.** Die Aktion bei $v_1$ ist für die Wahrscheinlichkeit unerheblich. Beide Strategien führen mit gleicher Wahrscheinlichkeit zum Endknoten $z_2$, nämlich mit der Wahrscheinlichkeit

$$\beta_0^o(r) \cdot 1 \cdot \beta_0^{w_4}(l) \cdot 1 = \frac{1}{3} \cdot 1 \cdot \frac{1}{3} \cdot 1 = \frac{1}{9}.$$

**Übung O.3.2.** $S(w_2) = \{\lfloor r, r, r \rfloor, \lfloor r, r, l \rfloor, \lfloor r, l, r \rfloor, \lfloor r, l, l \rfloor\}$.

**Übung O.3.3.** Der Entscheidungsknoten $v_1$ wird mit der Wahrscheinlichkeit Null erreicht; für die beste Strategie spielt daher die Aktion bei $v_1$ keine Rolle. Bei $v_3$ kann man die Aktion l ausschließen, da durch r in jedem Fall ein höherer Nutzen erzielt wird. Bei $x_5$ sind schließlich beide Aktionen gleich gut. Damit erhält man vier beste Strategien: $\lfloor r, r, l \rfloor$, $\lfloor r, r, r \rfloor$, $\lfloor l, r, l \rfloor$ und $\lfloor l, r, r \rfloor$.

**Übung O.4.1.** Ja. Denn es gilt

$$\begin{aligned} V|_o &= \left\{v' : v' \text{ Folge von Aktionen mit } \langle o, v' \rangle \in V\right\} \\ &= \left\{v' : v' \text{ Folge von Aktionen mit } v' \in V\right\} \\ &= V. \end{aligned}$$

**Übung O.4.2.** Ein Pfad $v'$ in $V|_v$ ist ein Endpfad, falls $\langle v, v' \rangle$ ein Endpfad in $V$ ist. Ein Pfad $v'$ ist ein Entscheidungspfad für die Natur in $V|_v$, falls $\langle v, v' \rangle$ ein Entscheidungspfad für die Natur in $V$ ist. Ein Pfad $v'$ ist ein Entscheidungspfad für den Entscheider in $V|_v$, falls $\langle v, v' \rangle$ ein Entscheidungspfad für den Entscheider in $V$ ist. Formaler könnte man auch schreiben

$$\begin{aligned} v' \in E|_v &\Leftrightarrow \langle v, v' \rangle \in E, \\ v' \in D_0|_v &\Leftrightarrow \langle v, v' \rangle \in D_0, \\ v' \in D_1|_v &\Leftrightarrow \langle v, v' \rangle \in D_1. \end{aligned}$$

**Übung O.4.3.** Bei $v_1$ beginnt ein Teilspiel. Bei der Aktion l erhält der Entscheider den erwarteten Nutzen $\frac{3}{8} \cdot 5 + \frac{5}{8} \cdot 5 = 5$, während die Aktion r den erwarteten Nutzen $\frac{2}{7} \cdot 3 + \frac{5}{7} \cdot 6 = \frac{36}{7} > 5$ erbringt. Somit sind von den vier besten Strategien nur zwei teilbaumperfekt: $\lfloor r, r, l \rfloor$ und $\lfloor r, r, r \rfloor$.

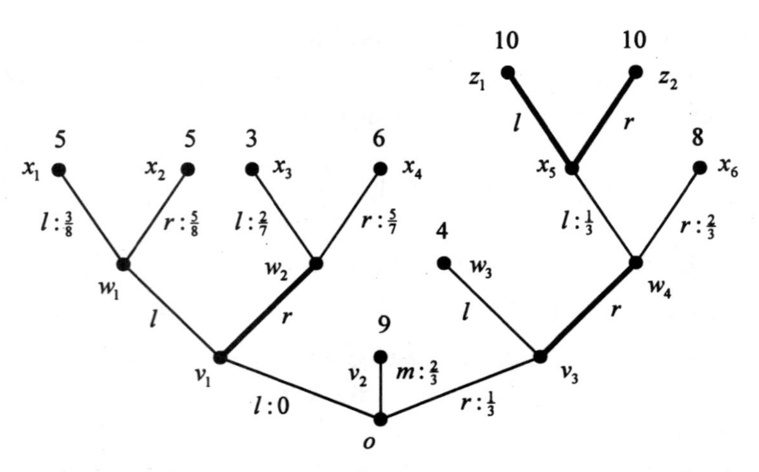


**Abbildung O.4.** Die graphische Lösung klappt auch mit Zügen der Natur.

**Übung O.4.4.** Beide Strategien sehen die Aktion l beim Entscheidungsknoten $v_1$ vor. Für dieses Teilspiel ist jedoch die Strategie $\lfloor r \rfloor$ besser.

**Übung O.4.5.** Aus den vorangehenden Lösungen ist bereits klar, welche Aktion jeweils zu wählen ist. Die Methode der Rückwärtsinduktion verlangt dabei, dass die Aktion bei $x_5$ vor derjenigen bei $v_3$ zu wählen ist. Es wird aus Abbildung O.4 klar, dass die Methode zwei Rückwärtsinduktions-Strategien hervorbringt.

# P. Entscheidungen bei imperfekter Information

## P.1 Einführendes und einige Beispiele

Die bisher behandelten Entscheidungssituationen in extensiver Form waren durch perfekte Information gekennzeichnet. Dies bedeutet, dass der Entscheider bei jedem Entscheidungsverlauf weiß, „was bisher passiert ist". Bei imperfekter Information ist der Entscheider an mindestens einem Entscheidungsknoten unsicher über den bisherigen Verlauf. Dabei kann seine Unkenntnis einerseits von Zügen der Natur herrühren, die er nicht beobachten konnte oder die er beobachtet, jedoch später wieder vergessen hat. Andererseits kann es auch vorkommen, dass ein Entscheider seine eigene frühere Aktion vergessen hat oder vergessen hat, ob er bereits eine Entscheidung gefällt hat. Den Vergessensfall bezeichnet man als imperfekte Erinnerung. Imperfekte Information kann also mit imperfekter Erinnerung einhergehen, muss es jedoch nicht. Daher ergibt sich die Klassifikation der Abbildung P.1.

Wir wollen in dieser Einführung imperfekte Information und imperfekte Erinnerung beispielhaft einführen; ihre formale Behandlung erfolgt in den folgenden Abschnitten. Der Leser betrachte zunächst

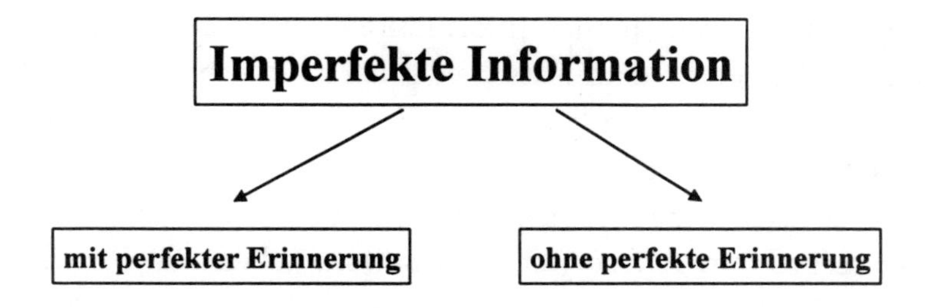


**Abbildung P.1.** Imperfekte Information kann mit perfekter Erinnerung einhergehen.

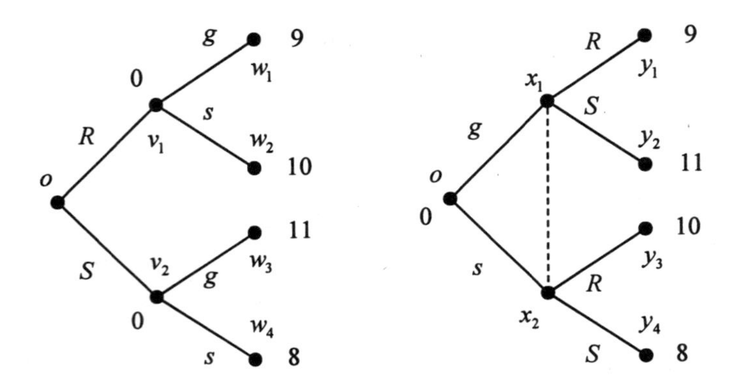


**Abbildung P.2.** Darstellung von Unsicherheit

Abbildung P.2, die in ähnlicher Form aus Kapitel O bekannt ist und das Beispiel des Schirmproduzenten wieder aufgreift. Beide Entscheidungsbäume geben eine Unsicherheitssituation wieder. Im linken Entscheidungsbaum ist der Entscheider zunächst zu einer Entscheidung über Regenschirmproduktion (R) oder Sonnenschirmproduktion (S) aufgerufen. Anschließend „wählt" die Natur, durch die Null dargestellt, gute (g) oder schlechte (s) Witterung. Der Entscheider kann bei seiner Entscheidung nicht vorhersehen, welches Wetter sich einstellen wird.

Beim rechten Entscheidungsbaum ist die Reihenfolge von Entscheider und Natur umgedreht, die Natur zieht zuerst. Allerdings weiß der Entscheider nicht, was die Natur gezogen hat. Dies drücken wir dadurch aus, dass wir die beiden Entscheidungsknoten $x_1$ und $x_2$ mittels einer gestrichelten Linie verbinden. Die Menge der Entscheidungsknoten bzw. Entscheidungsverläufe, die auf diese Weise miteinander verbunden wird, nennt man auch Informationsmenge. Der Leser beachte, dass die Aktionen, die dem Entscheider bei $x_1$ und bei $x_2$ offenstehen, dieselben sind. Ansonsten könnte der Entscheider aus seiner Aktionsmenge auf den Entscheidungsknoten rückschließen.

Beide Entscheidungsbäume, der linke mit perfekter Information und der rechte mit imperfekter Information, geben „im Prinzip" dieselbe Entscheidungssituation wieder. Informationsmengen geben uns ein Kriterium in die Hand, nach dem wir perfekte und imperfekte

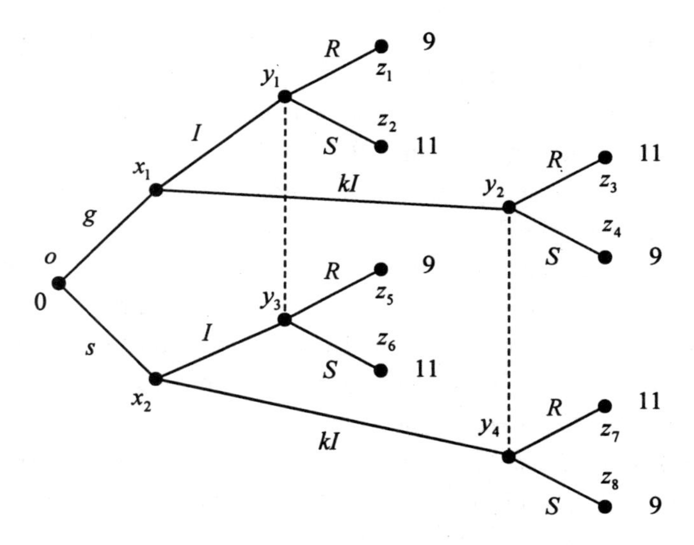


**Abbildung P.3.** Imperfekte Erinnerung

Information unterscheiden können: Bei perfekter Information sind alle Informationsmengen einelementig, bei imperfekter Information gibt es mindestens eine Informationsmenge mit mindestens zwei Entscheidungsknoten.

Auch der rechte Entscheidungsbaum ist durch perfekte Erinnerung charakterisiert. Der Entscheider hat hier nichts vergessen, was er früher einmal wusste. Abbildung P.3 gibt dagegen eine Entscheidungssituation mit imperfekter Information und imperfekter Erinnerung wieder. Nachdem die Natur die gute Witterung (Aktion g) oder die schlechte Witterung (Aktion s) gewählt hat, weiß dies der Entscheider; denn die Entscheidungsknoten $x_1$ und $x_2$ liegen nicht in einer Informationsmenge. Allerdings, nachdem der Entscheider dann investiert hat (Aktion I) bzw. nicht investiert (Aktion kI), hat er die Aktion der Natur vergessen. $y_1$ und $y_3$ einerseits und $y_2$ und $y_4$ andererseits liegen in jeweils einer Informationsmenge: Der Entscheider weiß noch, ob er investiert hat, er weiß jedoch nicht mehr, wie das Wetter ausgefallen ist.

Diese Beispiele mögen als Motivation dienen, die Beschreibung von Entscheidungssituationen bei imperfekter Information in allgemeiner Form anzugehen; dies leistet Abschnitt P.2. Der Strategiebegriff und auch der Begriff der Verhaltensstrategie werden, für imperfekte Information, in Abschnitt P.3 erläutert.

Dieser einführende Abschnitt liefert kein Beispiel für imperfekte Erinnerung ohne Züge der Natur. Dies werden wir anhand eines sehr einfachen Beispiels in Abschnitt P.4 nachholen. Dort werden wir auch zeigen können, dass die Ergebnisäquivalenz von gemischten Strategien und Verhaltensstrategien bei imperfekter Information nicht gegeben sein muss. Erst in Abschnitt P.5 definieren wir den (intuitiv einleuchtenden) Begriff der perfekten Erinnerung. Dort stellen wir auch fest, dass die angesprochene Ergebnisäquivalenz bei imperfekter Information, aber perfekter Erinnerung, weiterhin gilt.

Dieses Kapitel schließt in Abschnitt P.6 mit der Definition von Teilbäumen und Teilbaumperfektheit für die hier behandelten Entscheidungssituationen. Das Hauptproblem besteht bei imperfekter Information darin, dass nicht bei jedem Knoten aus $D$ ein Teilbaum beginnt. Beispielsweise beginnt beim Entscheidungsknoten $x_1$ der Abbildung P.3 kein Teilbaum, weil ein Nachfolgerknoten von $x_1$, der Knoten $y_1$, in einer Informationsmenge zusammen mit einem Knoten liegt, der kein direkter oder indirekter Nachfolger von $x_1$ ist. In den vorangehenden Kapiteln erhielten wir bei perfekter Information drei Charakterisierungen der Teilbaumperfektheit; bei imperfekter Information gilt das Kriterium der einknotigen Abweichung jedoch nicht mehr, während eine geeignet definierte Rückwärtsinduktion weiterhin Anwendung finden kann.

## P.2 Definitionen und graphische Veranschaulichung

Wir wollen nun in allgemeiner Form Entscheidungsprobleme in extensiver Form bei imperfekter Information mit Zügen der Natur definieren. Dabei findet der Begriff Partition einer Menge Verwendung. Ein Mengensystem (also eine Menge von Mengen) $\mathcal{P}$ ist eine Partition einer Menge $M$, wenn die Vereinigung der Mengen aus $\mathcal{P}$ gleich $M$ ist und wenn je zwei Mengen aus $\mathcal{P}$ einen leeren Schnitt besitzen. Jedes Element von $M$ ist also in einer und nur einer der Mengen aus $\mathcal{P}$ enthalten. Die $M$ partitionierenden Teilmengen nennt man auch Zellen.

Man beachte, dass die leere Menge als Element einer Partition zugelassen ist. Für ein $m$ aus $M$ ist mit $\mathcal{P}(m)$ diejenige Zelle gemeint, die $m$ enthält.

**Übung P.2.1.** Wird die Menge $\{1,2,3,4,5\}$ von den Mengensystemen $\{\{1\},\{2\},\{3\},\{4\},\{5\}\}$, $\{\{1,2\},\{3,4\},\{1,5\}\}$, $\{\{1,2,3\},\{4\}\}$, $\{\{1\},\{2\},\{3,4,5\}\}$ oder $\{\emptyset,\{1\},\{2\},\{3,4,5\}\}$ partitioniert?

**Übung P.2.2.** Sei $\mathcal{P}$ eine Partition einer Menge $M$. Was können Sie über $\mathcal{P}(m)$ und $\mathcal{P}(m')$ für zwei Elemente $m$ und $m'$ aus $M$ aussagen?

Nun können wir zur formalen Definition des in diesem Kapitel zu beschreibenden Entscheidungsproblems kommen. Dabei hat sich der Leser die Definitionen M.2.4 von S. 220 und O.2.1 von S. 264 vor Augen zu führen.

**Definition P.2.1 (Entscheidungsproblem).** *Ein Entscheidungsproblem in extensiver Form bei imperfekter Information mit Zügen der Natur ist ein Tupel*

$$\Delta = (V, \iota, \beta_0, \mathcal{P}, u).$$

*Wie bisher bedeuten dabei $V$ eine Menge von Verläufen und $\iota$ eine Abbildung*

$$D \to \{0,1\},$$

*wobei $V = D_0 \cup D_1 \cup E$ und $D_1 = \{v \in D : \iota(v) = 1\}$ erfüllt sind. $\beta_0$ ist eine Verhaltensstrategie und $u$ eine Funktion $E \to \mathbb{R}$. $\mathcal{P}$ ist eine Partition der Menge $D_1 \subset V$ mit folgender Eigenschaft: Für alle Entscheidungsknoten $v$ und $v'$ mit $\mathcal{P}(v) = \mathcal{P}(v')$ gilt $A(v) = A(v')$. Man nennt $\mathcal{P}$ auch Informationspartition und ihre Zellen Informationsmengen.*

*Anmerkung P.2.1.* Die Partition hat die Aktionsstruktur zu respektieren. Wenn also der Entscheider nicht weiß, an welchem Knoten er sich innerhalb einer Informationsmenge befindet, müssen ihm an allen diesen Knoten dieselben Aktionen offenstehen. Dies ist die Aussage der genannten Eigenschaft. □

*Anmerkung P.2.2.* Die Definition schließt nicht aus, dass alle Informationsmengen einelementig sind, d.h. $\mathcal{P}(v) = \{v\}$ für alle $v$ aus $D_1$. Dann ist eine Entscheidungssituation bei perfekter Information gegeben. □

In Entscheidungsbäumen stellt man Informationsmengen mit mehr als einem Knoten durch Kreise um diese Knoten dar oder, wie in diesem Lehrbuch, durch eine gestrichelte diese Knoten verbindende Linie.

## P.3 Strategien, gemischte Strategien und Verhaltensstrategien

Eine Strategie ist in diesem Kapitel eine Abbildung von den Entscheidungsknoten des Entscheiders in die Menge seiner (an allen Entscheidungsknoten wählbaren) Aktionen, die zwei Bedingungen erfüllt:

- Die an einem Entscheidungsknoten gewählte Aktion muss zur Verfügung stehen.
- Die gewählten Aktionen müssen identisch sein für alle Entscheidungsknoten aus ein und derselben Zelle der Informationspartition. An Knoten, die der Entscheider nicht auseinander halten kann, können nicht unterschiedliche Aktionen geplant werden.

Man erhält daher:

**Definition P.3.1 (Strategie).** *In der Entscheidungssituation* $(V, \iota, \beta_0, \mathcal{P}, u)$ *heißt jede Abbildung*

$$s : D_1 \to A_1, \quad v \mapsto s(v),$$

*mit*

$$s(v) \in A_1(v),$$

*die zudem*

$$s(v) = s(v') \text{ für alle } v, v' \text{ mit } \mathcal{P}(v) = \mathcal{P}(v')$$

*erfüllt, eine Strategie.*

Zur Illustration betrachte der Leser Abbildung P.3. Obwohl es sechs Entscheidungsknoten gibt und an jedem Entscheidungsknoten zwei Strategien zur Wahl stehen, gibt es nur $2^4$ verschiedene Strategien.

**Übung P.3.1.** Welche der folgenden (formal oder verbal beschriebenen) Tupel stellen Strategien der in Abbildung P.3 dargestellten Entscheidungssituation dar? Dabei ist das Tupel $\lfloor$I,kI,R,R,S,S$\rfloor$ so zu verstehen: bei $x_1$ wird die Aktion I, bei $x_2$ die Aktion kI, bei $y_1$ und $y_2$ die Aktion R und bei $y_3$ und $y_4$ die Aktion S gewählt.

- Bei guter Witterung wird investiert, bei schlechter Witterung wird nicht investiert. In jedem Fall, auch bei umgekehrten Investitionsentscheidungen, wird im Anschluss an die Investitionsentscheidung die Produktion von Regenschirmen aufgenommen.
- Es wird nicht investiert und es werden Sonnenschirme produziert. Für den Investitionsfall (Entscheidungsknoten $y_1$ und $y_3$) sind keine Teilpläne notwendig.
- Weder bei guter, noch bei schlechter Witterung wird investiert. Bei guter Witterung werden Sonnenschirme, bei schlechter Witterung Regenschirme hergestellt.
- Unabhängig vom Wetter wird keine Investition durchgeführt und die Produktion weder von Regen- noch von Sonnenschirmen aufgenommen.
- $\lfloor$kI,I,R,R,S,S$\rfloor$,
- $\lfloor$I,I,R,R,R,S$\rfloor$,
- $\lfloor$R,R,R,R,R,R$\rfloor$,
- $\lfloor$kI,kI,R,S,R,S$\rfloor$.

**Übung P.3.2.** Der Leser betrachte die Entscheidungssituation der Abbildung P.4 und gebe alle Strategien an.

Die Menge der Strategien bezeichnen wir mit $S$. Wie im vorangehenden Kapitel können wir gemischte Strategien und Verhaltensstrategien unterscheiden. Gemischte Strategien sind Wahrscheinlichkeitsverteilungen auf $S$.

**Definition P.3.2 (Verhaltensstrategie).** *In der Entscheidungssituation* $(V, \iota, \beta_0, \mathcal{P}, u)$ *heißt ein Vektor*

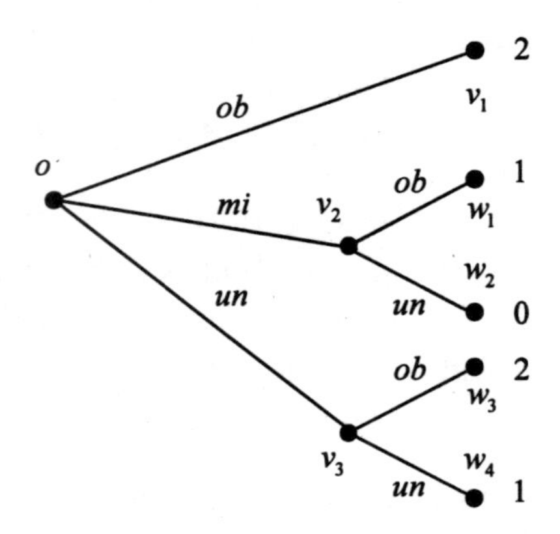


**Abbildung P.4.** Eine Entscheidungssituation bei imperfekter Information

$$\beta = (\beta^v)_{v \in D_1},$$

*mit* $\beta^v \in W(A(v))$ *für alle* $v \in D_1$*, der zudem*

$$\beta^v = \beta^{v'} \text{ für alle } v, v' \text{ aus } D_1 \text{ mit } \mathcal{P}(v) = \mathcal{P}(v')$$

*erfüllt, eine Verhaltensstrategie.*

Man hat hier also zusätzlich zu beachten, dass bei Entscheidungsknoten, die nicht unterschieden werden können, dieselbe Wahrscheinlichkeitsverteilung auf der Aktionsmenge gewählt wird. Wir werden im nächsten Abschnitt zeigen, dass bei imperfekter Information die Ergebnisäquivalenz zwischen gemischten Strategien und Verhaltensstrategien nicht mehr bestehen muss.

## P.4 Der vergessliche Autofahrer

Wir präsentieren in diesem Abschnitt ein Beispiel, entnommen aus PICCIONE/RUBINSTEIN (1997), für imperfekte Erinnerung in einer Entscheidungssituation ohne Züge der Natur $(V, \mathcal{P}, u)$. Ein müder Autofahrer plant an einer Autobahnraststätte seinen weiteren Weg. Er wird an zwei Abfahrten vorbeikommen. Optimal wäre die zweite. Nun ist er so wenig zur Aufmerksamkeit fähig, dass er bei beiden Abfahrten nicht wissen wird, ob er sich nun an der ersten oder an der zweiten

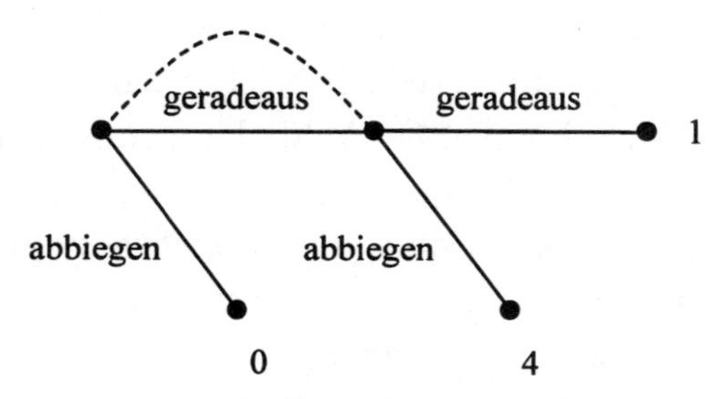


**Abbildung P.5.** Abfahren oder nicht?

befindet. Diese mangelnde Aufmerksamkeit sieht er voraus, während er in der Autobahnraststätte weilt. Abbildung P.5 gibt die möglichen Verläufe wieder und auch die Unwissenheit des Autofahrers, bei welcher der zwei Abfahrtmöglichkeiten er sich konkret befindet.

Man beachte wieder, dass die Aktionen bei den Knoten, die der Autofahrer nicht unterscheiden kann, dieselben sind. Dies muss deshalb so sein, weil der Autofahrer sonst aus den Aktionen, die er wählen kann, auf den Knoten schließen könnte, an dem er sich befindet.

In dieser Entscheidungssituation gibt es zwei Entscheidungsknoten. Da er diese jedoch nicht unterscheiden kann, hat er in beiden dieselbe Aktion zu wählen oder dieselbe Wahrscheinlichkeitsverteilung über die beiden Aktionen. Die Menge der reinen Strategien kann man als

$$S = \{\lfloor \text{abf, abf} \rfloor, \lfloor \text{ger, ger} \rfloor\}$$

schreiben, wobei abf als Abkürzung für „abfahren" und ger als Abkürzung für „geradeaus fahren" stehen. Wäre der Autofahrer auf reine Strategien beschränkt, so würde er optimalerweise die Strategie $\lfloor \text{ger, ger} \rfloor$ wählen.

**Übung P.4.1.** In der Entscheidungssituation $(V, u)$ gibt es zu jedem Pfad eine mit ihm vereinbare Strategie. Ist dies in Entscheidungssituationen $(V, u, \mathcal{P})$ auch der Fall? Überlegen Sie sich dies am Beispiel des gedankenverlorenen Autofahrers.

Eine gemischte Strategie $\sigma$ ist eine Wahrscheinlichkeitsverteilung auf $S$. Sie beinhaltet, mit der Wahrscheinlichkeit $\sigma(\lfloor \text{abf, abf} \rfloor)$ die Strategie $\lfloor \text{abf, abf} \rfloor$ und mit der Gegenwahrscheinlichkeit $\sigma(\lfloor \text{ger, ger} \rfloor)$

die Strategie $\lfloor \text{ger}, \text{ger} \rfloor$ zu wählen. Dabei wird der Würfel vor Antritt der Reise geworfen, nicht jedoch bei Erreichen der Knoten. Wir wissen, dass die Auszahlung bei Wahl der gemischten Strategie $\sigma$ gleich dem arithmetischen Mittel der Auszahlungen $u(\lfloor \text{abf}, \text{abf} \rfloor) = 0$ und $u(\lfloor \text{ger}, \text{ger} \rfloor) = 1$ ist, wobei die Gewichte $\sigma(\lfloor \text{abf}, \text{abf} \rfloor)$ bzw. $\sigma(\lfloor \text{ger}, \text{ger} \rfloor)$ betragen. Gemischte Strategien führen also zu erwarteten Auszahlungen zwischen 0 und 1.

Interessanterweise kann der Entscheider bei Wahl einer Verhaltensstrategie mehr erreichen. Eine Verhaltensstrategie $\beta$ verlangt, dass der Entscheider Wahrscheinlichkeitsverteilungen auf der Menge der Aktionen wählt. Aufgrund der Unmöglichkeit, die beiden Knoten zu unterscheiden, hat in unserem Beispiel der Entscheider nur **eine** Wahrscheinlichkeitsverteilung zu bestimmen. Sei $\beta(\text{abf})$ die Wahrscheinlichkeit dafür, dass der Entscheider bei Erreichen des ersten oder des zweiten Knotens die Autobahn verlässt.

**Übung P.4.2.** Bestimmen Sie die optimale Verhaltensstrategie $\beta$. Wie hoch ist bei ihr der erwartete Nutzen?

Verhaltensstrategien können in unserem Beispiel deshalb besser abschneiden, weil sie mit einer positiven Wahrscheinlichkeit erlauben, die hohe Auszahlung 4 zu realisieren. Unser Beispiel zeigt, dass bei imperfekter Information die Ergebnisäquivalenz zwischen gemischten und Verhaltensstrategien nicht mehr richtig sein muss. Tatsächlich ist nicht die imperfekte Information allein der Grund für die mangelnde Ergebnisäquivalenz, sondern die imperfekte Erinnerung, die wir im nächsten Abschnitt noch formal zu definieren haben.

## P.5 Perfekte Erinnerung und Ergebnisäquivalenz

Die formale Definition perfekter bzw. imperfekter Erinnerung entnehmen wir im Wesentlichen PICCIONE/RUBINSTEIN (1997). Sie baut auf der Definition der Erfahrung auf.

**Definition P.5.1 (Erfahrung).** *In der Entscheidungssituation* $(V, \iota, \beta_0, \mathcal{P}, u)$ *ist für den Entscheider bei* $v \in D_1$ *die Erfahrung* $X(v)$ *eine*

*Sequenz von Informationsmengen und Aktionen bei diesen Informationsmengen, die mit der Informationsmenge* $\mathcal{P}(v)$ *abschließt. Dabei werden die Informationsmengen und die Aktionen in der Reihenfolge aufgeschrieben, in der sie zu* $v$ *führen.*

Wir wollen diese Definition zunächst anhand des vergesslichen Autofahrers veranschaulichen. Zwei mögliche Verläufe aus $D_1$, die dem vergesslichen Autofahrer passieren können, sind

$$o \text{ und } \langle \text{ger} \rangle .$$

Die Erfahrung $X(o)$ ist die Sequenz mit einem Eintrag

$$(\mathcal{P}(o)),$$

die Erfahrung $X(\langle \text{ger} \rangle)$ dagegen das Tupel mit drei Einträgen

$$(\mathcal{P}(o), \text{ ger}, \mathcal{P}(\langle \text{ger} \rangle)).$$

**Übung P.5.1.** Was unterscheidet $\mathcal{P}(o)$, $\mathcal{P}(\langle \text{ger} \rangle)$ und $\mathcal{P}(\langle \text{ger,ger} \rangle)$?

In dieser Entscheidungssituation liegt imperfekte Erinnerung vor, denn obwohl $o$ und $\langle \text{ger} \rangle$ in der selben Informationsmenge liegen, sind die dazugehörigen Erfahrungen unterschiedlich.

**Definition P.5.2 (perfekte Erinnerung).** *Eine Entscheidungssituation* $(V, \iota, \beta_0, \mathcal{P}, u)$ *weist perfekte Erinnerung auf, falls für alle* $v$ *und* $v'$ *aus* $D_1$ *mit* $\mathcal{P}(v) = \mathcal{P}(v')$ *die Erfahrungen identisch sind:*

$$X(v) = X(v').$$

Instruktiv ist auch die Kontraposition: Wenn zwei Erfahrungen unterschiedlich sind, können die Verläufe bei perfekter Erinnerung nicht in einer Informationsmenge liegen.

**Übung P.5.2.** Können Sie begründen, warum bei perfekter Information immer perfekte Erinnerung gegeben sein muss?

**Übung P.5.3.** Der Leser betrachte nochmals Abbildung P.3 auf S. 277 und zeige anhand der Entscheidungsknoten $y_1$ und $y_3$, dass diese Entscheidungssituation nicht durch perfekte Erinnerung charakterisiert ist.

Nun notieren wir ohne Beweis ein wichtiges Ergebnis.

**Theorem P.5.1.** *Für Entscheidungssituationen* $(V, \iota, \beta_0, \mathcal{P}, u)$ *mit perfekter Erinnerung gilt Ergebnisäquivalenz zwischen gemischten Strategien und Verhaltensstrategien.*

Im Beispiel des vergesslichen Autofahrers ist es also nicht die imperfekte Information, die für sich genommen für die fehlende Ergebnisäquivalenz verantwortlich wäre, sondern die imperfekte Erinnerung.

## P.6 Teilbaumperfektheit

Die Definition von Teilbäumen ist für Entscheidungssituationen $(V, \iota, \beta_0, \mathcal{P}, u)$ komplizierter als für Entscheidungssituationen bei perfekter Information. Das Hauptproblem besteht bei imperfekter Information darin, dass Knoten $v$ aus $D$ kein Teilspiel definieren, falls es zwei Verläufe $w_1$ und $w_2$ aus einer gemeinsamen Informationsmenge gibt, sodass $v$ Teilverlauf von $w_1$ ist, aber kein Teilverlauf von $w_2$. Anschaulich gesprochen sollten Teilspiele die durch $\mathcal{P}$ gegebenen Informationsmengen nicht zerschneiden.

Für einen Verlauf $v$ aus $D$ der Entscheidungssituation $(V, \iota, \beta_0, \mathcal{P}, u)$ sei die Menge

$$V|_v := \{v' : v' \text{ Folge von Aktionen mit } \langle v, v' \rangle \in V\}$$

gegeben. Falls für alle $v' \in V|_v$

$$\mathcal{P}(\langle v, v' \rangle) \subset \{w \in V : w = \langle v, v'' \rangle \text{ für ein } v'' \in V|_v\}$$

erfüllt ist, beginnt bei $v$ ein Teilbaum. Diese $v$ fassen wir in der Menge $V_{TB}$ zusammen.

Mit einigem Nachdenken können Sie folgende zwei Behauptungen beweisen:

- $V$ selbst ist ein Teilbaum von $V$.
- Es gibt Entscheidungssituationen ohne echte Teilbäume, d.h. Entscheidungssituationen mit $V$ als einzigem Teilbaum.

**Übung P.6.1.** Beweisen Sie $o \in V_{TB}$.

**Übung P.6.2.** Geben Sie für die Entscheidungssituationen der Abbildungen P.2, P.3 und P.5 an, welche Knoten aus $D$ jeweils einen Teilbaum beginnen lassen!

Jedes $v$ aus $V_{TB}$ definiert nun einen Teilbaum

$$\Delta(v) = \left(V|_v, \iota|_v, \beta_0|_v, \mathcal{P}|_v, u|_v\right).$$

Hier gilt, wie in Kapitel O, für die Zuordnung auf die Natur bzw. den Entscheider

$$\iota|_v : D|_v \to \{0,1\}, \quad v' \mapsto \iota|_v(v') = \iota(\langle v, v' \rangle),$$

$\beta_0|_v$ ist wiederum ein Vektor von Wahrscheinlichkeitsverteilungen

$$\beta_0|_v = \left((\beta_0|_v)^{v'}\right)_{v' \in D_0|_v} \text{ mit } (\beta_0|_v)^{v'} = \beta_0^{v'} \text{ für alle } v' \in D_0|_v$$

und die Nutzenfunktion ist wie bisher durch

$$u|_v : E|_v \to \mathbb{R}, \quad v' \mapsto u|_v(v') = u(\langle v, v' \rangle)$$

erklärt.

$\mathcal{P}|_v$ ist die Partition der Menge $D_1|_v \subset V|_v$, die sich für $v' \in V|_v$ aus $\mathcal{P}$ durch

$$\mathcal{P}|_v(v') = \left\{v'' \in V|_v : \langle v, v'' \rangle \in \mathcal{P}(\langle v, v' \rangle)\right\}$$

ableitet. $v'$ ist also bezüglich $\mathcal{P}|_v$ in derselben Informationsmenge wie $v''$, falls $\langle v, v' \rangle$ bezüglich $\mathcal{P}$ in derselben Informationsmenge wie $\langle v, v'' \rangle$ ist. Da die Aktionen in $V|_v$ bei $v'$ dieselben sind wie die Aktionen in $V$ bei $\langle v, v' \rangle$, ist die in Definition P.2.1 auf S. 279 genannte Eigenschaft erfüllt.

Die übrigen Definitionen übertragen sich nun recht einfach. Aktionsmengen $A_i|_v(v')$ und $A_i|_v$ sind so wie in Kapitel O definiert. Auch ergibt sich aus einer Strategie $s$ in $\Delta = (V, \iota, \beta_0, \mathcal{P}, u)$ eine Strategie

$$s|_v : D_1|_v \to A_1|_v, \quad v' \mapsto s|_v(v') = s(v, v')$$

in $V|_v$, die Einschränkung von $s$ auf $V|_v$. Mit $S|_v$ ist wiederum die Menge der Strategien in $\Delta(v)$ gemeint.

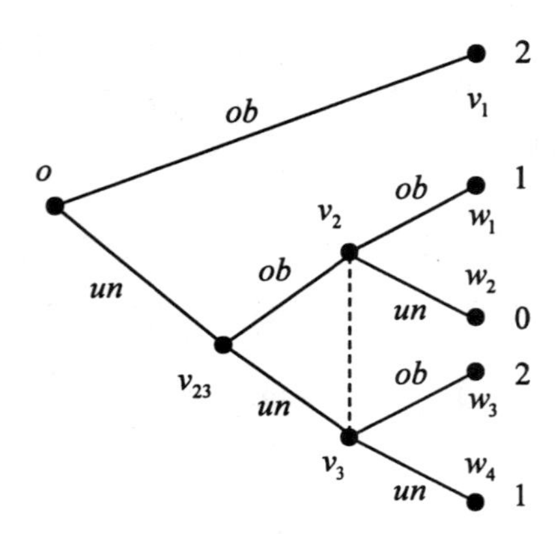


**Abbildung P.6.** Wie viele teilbaumperfekte Strategien gibt es hier?

Auch der Begriff der Teilbaumperfektheit kann fast unverändert aus den vorangehenden Kapiteln übernommen werden: Eine Strategie $s^*$ in $\Delta = (V, \iota, \beta_0, \mathcal{P}, u)$ heißt teilbaumperfekt, falls für alle $v \in V_{TB}$ Folgendes gilt: $s^*|_v$ ist eine beste Strategie in $\Delta(v)$.

**Übung P.6.3.** Für die in Abbildung P.4 auf S. 282 dargestellte Entscheidungssituation gebe man die teilbaumperfekten Strategien an.

Die Idee der Teilbaumperfektheit besteht darin, auch an Entscheidungsknoten, die nicht erreicht werden, eine optimale Entscheidung vorzusehen. Wie man am Beispiel der Entscheidungssituation der vorangehenden Aufgabe sieht, wird diese Idee nicht vollständig umgesetzt. Denn in dieser Entscheidungssituation (die aus Osborne/Rubinstein (1994, S. 219) adaptiert ist) sollte der Entscheider, so möchte man meinen, die Aktion ob wählen, sobald er sich in der Informationsmenge $\mathcal{P}(v_2)$ wähnt. Denn sowohl in $v_2$ als auch in $v_3$ erhält er bei der Aktion ob eine größere Auszahlung als bei der Aktion un. Teilbaumperfektheit kann die Aktion ob bei $\mathcal{P}(v_2)$ jedoch nicht erzwingen, weil Teilbäume definitionsgemäß nicht bei einer Informationsmenge mit mehr als einem Knoten beginnen.

Man kann sich diesen Punkt auch dadurch klarmachen, dass man die in Abbildung P.6 dargestellte Variation des Entscheidungsbaums betrachtet, die intuitiv dieselbe Entscheidungssituation wie Abbildung P.4 darstellt. Über die Äquivalenz von Entscheidungssituationen bzw.

Spielen in extensiver Form kann der Leser beispielsweise in OSBORNE/RUBINSTEIN (1994, S. 204 ff.) nachlesen. Die Strategien der hier beschriebenen Entscheidungssituation sind Dreiertupel, nämlich Aktionen an den Informationsmengen $\{o\}$, $\{v_{23}\}$ und $\{v_2, v_3\}$. In diesem Entscheidungsbaum gibt es nur zwei teilbaumperfekte Strategien, nämlich $\lfloor$ob, un, ob$\rfloor$ und $\lfloor$un, un, ob$\rfloor$. Denn bei $v_{23}$ beginnt ein Teilbaum und die Strategien $\lfloor$ob, un, un$\rfloor$ , $\lfloor$ob, ob, un$\rfloor$ und $\lfloor$ob, ob, ob$\rfloor$ sind zwar optimal, aber nicht teilbaumperfekt.

## P.7 Rückwärtsinduktion

Für den Rest dieses Abschnitts und Kapitels haben wir zu prüfen, ob es wiederum neben der Definition der Teilbaumperfektheit zwei weitere Charakterisierungen gibt, die einknotige Abweichung und die Rückwärtsinduktion. Zunächst haben wir das Kriterium der einknotigen Abweichung auf Entscheidungssituationen mit imperfekter Information zu übertragen. Insbesondere kann es also nicht um die Abweichung an einem Knoten, sondern allgemeiner um die Abweichung an einer Informationsmenge gehen.

Ist also die folgende Vermutung richtig?

*Hypothese P.7.1.* Sei eine Entscheidungssituation $\Delta = (V, \iota, \beta_0, \mathcal{P}, u)$ mit $\ell(V) < \infty$ gegeben. Dann sind folgende Mengen identisch:

- die Menge der teilbaumperfekten Strategien,
- die Menge der Strategien $s^*$ mit der folgenden Eigenschaft: Für alle Knoten $v$ aus $T$ gilt

$$u|_v\left(s^*|_v\right) \geq u|_v\left(s'\right)$$

für alle Strategien $s'$ des Teilbaums $V|_v$, die sich von $s^*|_v$ nur bei einer Informationsmenge unterscheiden.

Die Vermutung ist für Entscheidungssituationen ohne perfekte Erinnerung nicht richtig. Dazu betrachte der Leser Abbildung P.7 und die Strategie $\lfloor$ob, ob, un$\rfloor$. Sie ist optimal, aber nicht teilbaumperfekt. Wenn ein einknotiges Abweichungskriterium greifen würde, könnte man im bei $v_{23}$ beginnenden Teilbaum durch Wahl der Aktion un

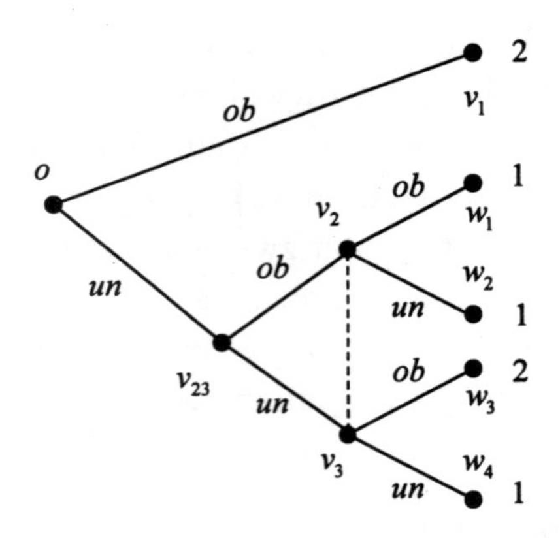


**Abbildung P.7.** Einknotige Abweichung als Kriterium für Teilbaumperfektheit

bei $v_{23}$ und Wahl von un bei $\mathcal{P}(v_2)$ (wie bei $\lfloor$ob, ob, un$\rfloor$) die Auszahlung erhöhen oder aber durch Wahl der Aktion ob bei $v_{23}$ (wie bei $\lfloor$ob, ob, un$\rfloor$) und Wahl der Aktion ob bei $\mathcal{P}(v_2)$ die Auszahlung erhöhen. Beides klappt nicht, obwohl die Teilbaumperfektheit verletzt ist.

Auch bei imperfekter Information und perfekter Erinnerung kann man mit der Abweichung bei nur einer Informationsmenge nicht in jedem Fall die Verletzung der Teilbaumperfektheit feststellen, wie der Leser anhand der folgenden Aufgabe überprüfen kann.

**Übung P.7.1.** Der Leser betrachte Abbildung P.8. Der Entscheider hat an drei Informationsmengen eine Aktion zu wählen. Beispielsweise meint $\lfloor$I, R, S$\rfloor$ die Strategie mit der Aktion I bei der Informationsmenge $\{x_1, x_2\}$, der Aktion R bei $\{y_1, y_3\}$ und der Aktion S bei $\{y_2, y_4\}$. Es handelt sich hier um eine Entscheidungssituation bei imperfekter Information, aber perfekter Erinnerung. Es gibt nur einen Teilbaum, den gesamten Entscheidungsbaum. Der Leser betrachte die Strategie $\lfloor$kI, S, S$\rfloor$ und zeige, dass sie keine optimale Strategie ist und das eine Abweichung an nur einer Informationsmenge dennoch keine höhere Auszahlung bewirkt.

Die Methode der Rückwärtsinduktion ist jedoch, wenn sie für die hier betrachteten Entscheidungssituationen entsprechend angepasst wird, geeignet alle teilbaumperfekten Strategien ausfindig zu

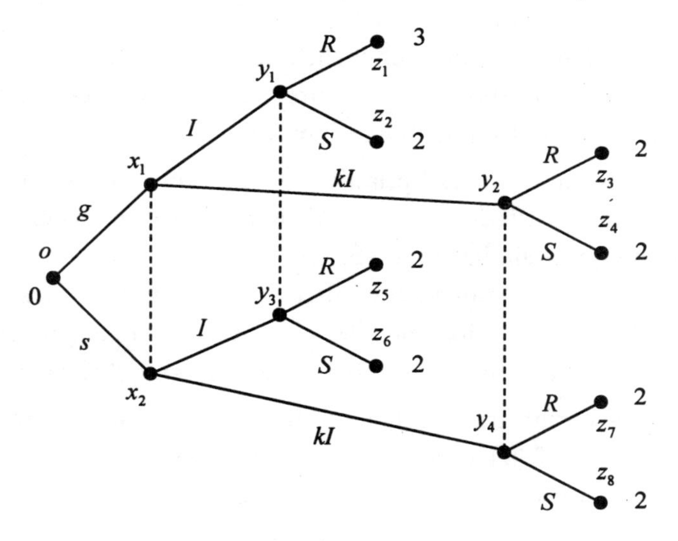


**Abbildung P.8.** Perfekte Erinnerung

machen. Dabei hat Rückwärtsinduktion für Entscheidungssituationen $(V, \iota, \beta_0, \mathcal{P}, u)$ so zu erfolgen:

- Wir betrachten alle Teilbäume der Länge 1. Wenn solche Teilbäume nicht existieren, nehmen wir uns die Teilbäume der Länge 2 vor. Schließlich werden wir eine minimale Länge finden, für die ein oder mehrere Teilbäume existieren. Diese Teilbäume sind durch Knoten $v$ aus $T$ definiert. Wir notieren alle besten Strategien der Teilbäume. Diese sind für $v \in T$ in der Menge $\arg\max_{s' \in S|_v} u|_v(s')$ zusammengefasst. Jede Strategie $s'$ aus dieser Menge führt zu einer maximalen Aktionssequenz in $V|_v$, die wir ebenfalls notieren. Solange alle Mengen $\arg\max_{s' \in S|_v} u|_v(s')$ nichtleer sind, führen wir das Verfahren (siehe zweiter Punkt) weiter. Sobald für einen betrachteten Knoten diese Menge leer ist, brechen wir das Verfahren ab.
- Die erwähnten bei $v$ beginnenden Teilbäume werden durch den Knoten $v$ ersetzt, der jetzt Endknoten ist und die Nutzeninformation $\max_{s' \in S|_v} u|_v(s')$ trägt.
- Man hat durch die vorangehenden Schritte einen reduzierten Baum erhalten. Enthält dieser neue Baum noch echte Teilbäume, geht man zurück zum ersten Punkt.

- Kann das Verfahren ohne Abbruch (siehe den ersten Punkt) durchgeführt werden, besteht der schließlich reduzierte Baum nur noch aus einem einzigen Endknoten, dem ursprünglichen Anfangsknoten. Er trägt den maximal erreichbaren Nutzen.
  - Die Rückwärtsinduktions-Verläufe bestehen nun aus allen denjenigen maximalen Pfaden, die aus Aktionssequenzen zusammengesetzt werden, wie sie im ersten Schritt bestimmt wurden.
  - Die Rückwärtsinduktions-Strategien sind diejenigen Strategien, die bei allen Informationsmengen eine Aktion vorsehen, wie sie sich aus den jeweils besten Strategien des ersten Schritts ergeben.

  Muss man das Verfahren zwischendurch abbrechen (siehe den ersten Punkt), kann kein Rückwärtsinduktions-Pfad gefunden werden und die Menge der Rückwärtsinduktions-Strategien ist leer.

Der Leser bemerke die auch hier notwendige Bedingung $\ell(V) < \infty$. Bei unendlichen Pfaden gibt es keinen Teilbaum minimaler Länge.

Wir notieren wieder ohne Beweis:

**Theorem P.7.1.** *Sei eine Entscheidungssituation $\Delta = (V, \iota, \beta_0, \mathcal{P}, u)$ mit $\ell(V) < \infty$ gegeben. Dann sind folgende Mengen identisch:*

1. *die Menge der teilbaumperfekten Strategien und*
2. *die Menge der Rückwärtsinduktions-Strategien.*

Bei endlichen Entscheidungssituationen haben wir wiederum ein Existenzergebnis:

**Korollar P.7.1.** *Jede Entscheidungssituation $\Delta = (V, \iota, \beta_0, \mathcal{P}, u)$ mit $|V| < \infty$ weist eine teilbaumperfekte Strategie auf.*

Die in vorangehenden Kapiteln verwendete graphische Darstellung der Rückwärtsinduktion funktioniert für $\Delta = (V, \iota, \beta_0, \mathcal{P}, u)$ allerdings nicht ganz so unproblematisch. Denn man müsste bei den zu markierenden Aktionen unterscheiden, ob sie in Teilbäumen der Länge 1 oder in längeren Teilbäumen ausgesucht wurden. Dazu betrachte der Leser Abbildung P.9. Bei $x_1$ beginnt ein Teilspiel mit besten Strategien $\lfloor \text{I, S} \rfloor$ und $\lfloor \text{kI, R} \rfloor$. Entsprechend sind Aktionssequenzen $\langle \text{I, S} \rangle$ und $\langle \text{kI, R} \rangle$ zu notieren. Die Rückwärtsinduktions-Strategien

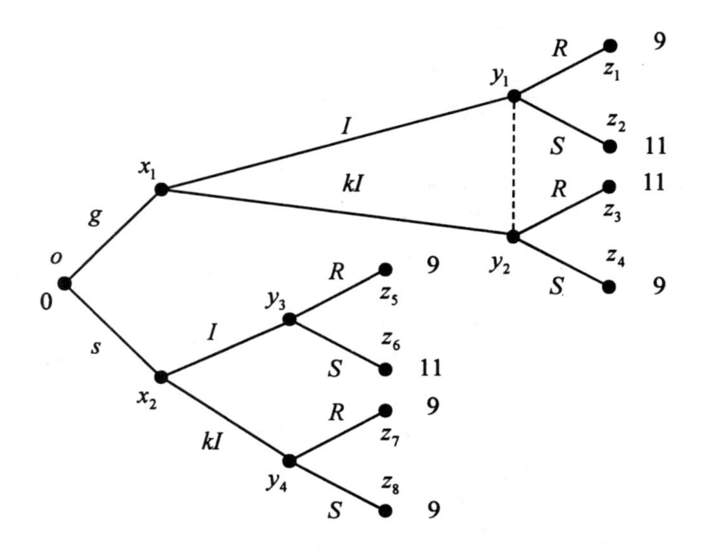


**Abbildung P.9.** Rückwärtsinduktion

und Rückwärtsinduktions-Verläufe haben nun die gesamten Strategiesequenzen $\lfloor$I, S$\rfloor$ oder $\lfloor$kI, R$\rfloor$ bzw. die gesamten Aktionssequenzen $\langle$I, S$\rangle$ oder $\langle$kI, R$\rangle$ zu verwenden. Eine Mischung ist nicht erlaubt.

Im Gegensatz dazu ist die Strategie $\lfloor$S$\rfloor$ bzw. die Aktion S des bei $y_3$ beginnenden Teilbaums Bestandteil jeder Rückwärtsinduktions-Strategie bzw. jedes Rückwärtsinduktions-Verlaufes. Eine Markierung des Astes von $y_1$ nach $z_2$ hat daher eine andere Bedeutung als eine Markierung des Astes von $y_3$ nach $z_6$.

## P.8 Lösungen

**Übung P.2.1.** Die Menge $\{1,2,3,4,5\}$ wird vom Mengensystem $\{\{1\}, \{2\}, \{3\}, \{4\}, \{5\}\}$ partitioniert. Dabei sind alle Mengen einelementig. Sie wird jedoch nicht vom Mengensystem $\{\{1,2\}, \{3,4\}, \{1,5\}\}$ partitioniert, weil das Element 1 sowohl in $\{1,2\}$ als auch in $\{1,5\}$ enthalten ist. Auch wird sie nicht von $\{\{1,2,3\}, \{4\}\}$ partitioniert, weil die 5 in keiner der Teilmengen enthalten ist. Schließlich wird die Menge von $\{\{1\}, \{2\}, \{3,4,5\}\}$ und von $\{\emptyset, \{1\}, \{2\}, \{3,4,5\}\}$ partitioniert.

**Übung P.2.2.** Entweder gilt $m \in \mathcal{P}(m')$. Dann gilt auch $m' \in \mathcal{P}(m)$, und $\mathcal{P}(m)$ und $\mathcal{P}(m')$ sind identisch. Oder aber es gilt $m \notin \mathcal{P}(m')$. Dann sind $\mathcal{P}(m)$ und $\mathcal{P}(m')$ nicht identisch und es gilt sogar $\mathcal{P}(m) \cap \mathcal{P}(m') = \emptyset$.

**Übung P.3.1.** Nur das erste und das letzte Tupel beschreiben Strategien.

**Übung P.3.2.** Da der Entscheider die Entscheidungsknoten $v_2$ und $v_3$ nicht unterscheiden kann, sind Strategien in dieser Entscheidungssituation ein Paar, wobei der erste Eintrag die Aktion beim Anfangsknoten $o$ und der zweite die Aktion bei der Informationsmenge $\mathcal{P}(v_2) = \mathcal{P}(v_3)$ angibt. Man erhält also die $3 \cdot 2 = 6$ Strategien

$$\begin{gathered}\lfloor \text{ob}, \text{ob} \rfloor, \quad \lfloor \text{ob}, \text{un} \rfloor, \\ \lfloor \text{mi}, \text{ob} \rfloor, \quad \lfloor \text{mi}, \text{un} \rfloor, \\ \lfloor \text{un}, \text{ob} \rfloor, \quad \lfloor \text{un}, \text{un} \rfloor.\end{gathered}$$

**Übung P.4.1.** Ein Verlauf aus der Menge der Verläufe beim gedankenverlorenen Autofahrer ist

$$\langle \text{ger}, \text{abf} \rangle.$$

Dieser Verlauf ist für den Autofahrer nicht erreichbar, weil er bei beiden Knoten dieselbe Aktion zu wählen hat.

**Übung P.4.2.** Der erwartete Nutzen der Verhaltensstrategie $\beta$ beträgt

$$\begin{aligned}&\beta(\text{abf}) \cdot 0 + (1 - \beta(\text{abf})) \cdot \beta(\text{abf}) \cdot 4 + (1 - \beta(\text{abf}))(1 - \beta(\text{abf})) \cdot 1 \\ &\qquad = 2\beta(\text{abf}) - 3(\beta(\text{abf}))^2 + 1.\end{aligned}$$

Durch Differenzieren und Nullsetzen erhält man die optimale Verhaltensstrategie $\beta^*$ durch

$$\beta^*(\text{abf}) = \frac{1}{3}.$$

Mit dieser Verhaltensstrategie beträgt der erwartete Nutzen

$$2 \cdot \frac{1}{3} - 3 \cdot \frac{1}{9} + 1 = \frac{4}{3} > 1.$$

**Übung P.5.1.** Es gilt $\mathcal{P}(o) = \mathcal{P}(\langle \text{ger} \rangle)$. $\mathcal{P}(\langle \text{ger, ger} \rangle)$ ist dagegen nicht definiert, weil $\langle \text{ger, ger} \rangle$ ein Endverlauf ist und die Partition $\mathcal{P}$ nur für Entscheidungsverläufe definiert ist.

**Übung P.5.2.** Bei perfekter Information sind alle Informationsmengen einelementig. Hat man nun zwei Entscheidungsknoten $v$ und $v'$ aus $D_1$ mit $\mathcal{P}(v) = \mathcal{P}(v')$, so folgt daraus bereits $v = v'$ und somit $X(v) = X(v')$.

**Übung P.5.3.** Obwohl $y_1$ und $y_3$ in derselben Zelle der Partition liegen, sind die Erfahrungen, die dazu geführt haben, unterschiedlich. Die zu $y_1$ passende Erfahrung ist

$$X(y_1) = X(\langle \text{g,I} \rangle) = (\{x_1\}, \text{ I}, \{y_1, y_3\}),$$

während die zu $y_3$ passende Erfahrung

$$X(y_3) = X(\langle \text{s,I} \rangle) = (\{x_2\}, \text{ I}, \{y_1, y_3\})$$

lautet.

**Übung P.6.1.** $o$ ist der Anfangsknoten bzw. die leere Aktionssequenz. Wir haben

$$\mathcal{P}(\langle o, v' \rangle) \subset \{w \in V : w = \langle o, v'' \rangle \text{ für ein } v'' \in V|_o\}$$

für alle $v'$ aus $V|_o$ zu zeigen. Dies ist jedoch wegen $\langle o, v' \rangle = v'$, $\langle o, v'' \rangle = v''$ und $V|_o = V$ direkt einsichtig, denn dann hat man für ein beliebig vorgegebenes $v' \in V$

$$\mathcal{P}(v') \subset \{w \in V : w = v'' \text{ für ein } v'' \in V\} = V$$

zu zeigen. $\mathcal{P}$ ist jedoch eine Partition von $D_1$, so dass $\mathcal{P}(v')$ eine Teilmenge von $D_1$ und damit erst recht eine Teilmenge von $V$ ist.

**Übung P.6.2.** Entscheidungssituationen mit $T = \{o\}$ haben nur $V$ selbst als Teilbaum:

- Abbildung P.2 links: $o$, $v_1$, $v_2$
- Abbildung P.2 rechts: $o$
- Abbildung P.3: $o$
- Abbildung P.5: nur der Anfangsknoten

**Übung P.6.3.** Der Entscheider kann maximal die Auszahlung 2 erreichen. Also sind alle Strategien optimal, die diese Auszahlung bewirken. Dies sind die Strategien ⌊ob, ob⌋ , ⌊ob, un⌋ und ⌊un, ob⌋. Alle diese Strategien sind teilbaumperfekt, weil die Entscheidungssituation nur einen Teilbaum aufweist, den Entscheidungsbaum selbst.

**Übung P.7.1.** Die Strategie ⌊kI, S, S⌋ ist nicht optimal, denn die Strategie $\lfloor I, R, S \rfloor$ erbringt die höhere Auszahlung von $3 > 2$. Abweichung von ⌊kI, S, S⌋ an jeweils nur einer Informationsmenge führt zu den Strategien ⌊I, S, S⌋ , ⌊kI, R, S⌋ oder ⌊kI, S, R⌋ und somit auch nur zur Auszahlung 2.

Teil IV

# Spiele in extensiver Form

Dieser letzte Teil des Lehrbuchs behandelt Spiele in extensiver Form. Die Analyse der Entscheidungssituationen in extensiver Form hat bereits viele wichtige Konzepte eingeführt, die wir hier nun benötigen: Verläufe, Entscheidungs- und Endverläufe und die Funktion $\iota$, die Entscheidungsverläufe der Natur oder dem Entscheider bzw. hier den Spielern zuordnet. Zudem überträgt sich der Begriff der Strategie recht einfach von Entscheidungssituationen auf Spiele. Gleiches gilt für Teilbäume (in Spielen: Teilspiele) und in etwas abgewandelter Form für Teilbaumperfektheit (in Spielen: Teilspielperfektheit). Auch werden uns Konzepte aus Teil II des Lehrbuchs wieder begegnen: beste Antworten, Strategiekombinationen und Gleichgewicht.

Dieser Teil weist vier Kapitel auf. In Kapitel Q behandeln wir Spiele bei perfekter Information ohne Züge der Natur. In den beiden folgenden Kapiteln besteht imperfekte Information über Züge der Natur. Kapitel R widmet sich den so genannten Bayes'schen Spielen und Kapitel S erläutert das Konzept des korrelierten Gleichgewichts. Dieser Teil und dasLehrbuch schließen mit Kapitel T. Hier gibt es keine Zufallszüge. Imperfekte Information wird in minimaler Dosis eingeführt: Das Spiel ist in so genannte Stufen eingeteilt. Während jeder Stufe ziehen die Spieler ohne Kenntnis dessen, was die anderen Spieler ziehen. Nach jeder Stufe sind jedoch alle bisher gewählten Aktionskombinationen bekannt. Noch spezieller konzentrieren wir uns auf wiederholte Spiele. Dabei sind die Stufenspiele jeweils dieselben.

# Q. Spiele bei perfekter Information ohne Züge der Natur

## Q.1 Einführendes und zwei Beispiele

Ähnlich wie bei Entscheidungssituationen lässt sich die extensive Form eines Spieles häufig als Baum darstellen oder andeuten. Ein Spielbaum besteht aus Knoten und Ästen. Die Knoten des Spielbaums sind Entscheidungs- oder Endknoten. Entscheidungsknoten sind mit einem Spieler, der zwischen Aktionen zu wählen hat, gekennzeichnet (die Natur kommt in diesem Kapitel nicht vor). Die formale Definition eines Spiels in extensiver Form bei perfekter Information folgt ganz wesentlich den Definitionen, die wir in Teil III dieses Lehrbuchs kennen gelernt haben. Diesen recht formalen Teil findet der Leser in Abschnitt Q.2. Auch die nächsten beiden Abschnitte über den Strategiebegriff (Abschnitt Q.3) und über Teilspiele und Teilspielperfektheit (Abschnitt Q.4) variieren nur Bekanntes. Allerdings ergibt sich bei der Rückwärtsinduktion (Abschnitt Q.5) eine Komplikation, die in der Entscheidungstheorie nicht auftauchen konnte.

Zur Illustration des Themas dieses Kapitels greifen wir das Verhandlungsspiel aus Abschnitt H.6.2 (S. 127) wieder auf. Wir nehmen an, eine bestimmte Geldsumme sei aufzuteilen. Einigen sich die Spieler, so wird die Geldsumme entsprechend der Einigung aufgeteilt; einigen sie sich nicht, so verfällt sie. Wir nehmen der Einfachheit halber an, dass die Geldsumme aus drei unteilbaren Talern besteht und dass die Nutzenfunktion linear in Geld ist. Spieler 1 bestimmt auf der ersten Stufe des Spiels die Anzahl der Taler, die er dem anderen Spieler anbietet. Spieler 2 entscheidet dann über Annahme bzw. Ablehnung des Angebots. Abbildung Q.1 gibt den Spielbaum für dieses einfache Verhandlungsspiel wieder.

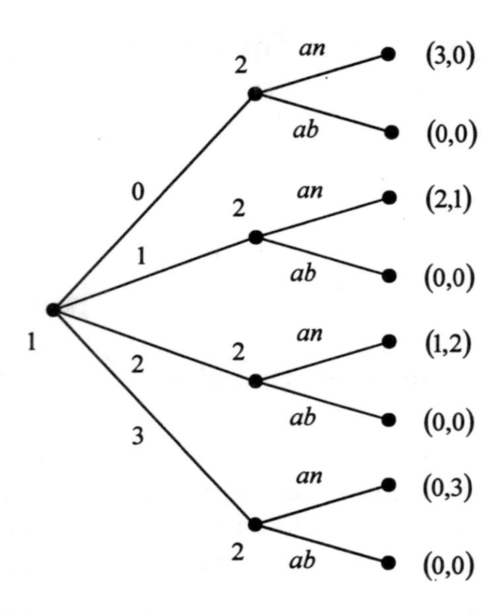


**Abbildung Q.1.** Ein einfaches Verhandlungsspiel

Der Anfangsknoten des Spielbaums ist zugleich der einzige Entscheidungsknoten für Spieler 1; dieser muss die Anzahl der anzubietenden Taler festlegen. Je nach der Wahl der Aktion 0, 1, 2 oder 3 wird man auf einen der vier Entscheidungsknoten für Spieler 2 und zugleich zu einem der vier echten Teilspiele des Spiels geführt. Spieler 2 hat nun die Wahl zwischen zwei Aktionen, das Angebot anzunehmen (an) oder das Angebot abzulehnen (ab). Nachdem Spieler 2 eine dieser Aktionen durchgeführt hat, landet man in einem Endknoten, an dem die Auszahlungen abgetragen sind. Hierbei ist die erste Zahl die Auszahlung für Spieler 1 und die zweite diejenige für Spieler 2.

Für Spieler 1 entspricht die Aktion 0 der Strategie $\lfloor 0 \rfloor$ und die Aktion 1 der Strategie $\lfloor 1 \rfloor$. Die Strategiemenge für Spieler 2 lautet dagegen nicht $\{\lfloor \text{an} \rfloor, \lfloor \text{ab} \rfloor\}$; sie muss vielmehr für jede Aktion von Spieler 1 bzw. für jeden Entscheidungsknoten von Spieler 2 angeben, ob abgelehnt oder angenommen werden soll. Beispielsweise ist mit $\lfloor \text{an, ab, ab, an} \rfloor$ diejenige Strategie gemeint, die nach den Aktionen 0 und 3 durch Spieler 1 die Annahme des Angebots vorsieht und nach den Aktionen 1 und 2 die Ablehnung.

**Übung Q.1.1.** Wieviele Elemente enthält $S_2$?

Hat man für die Spieler die Strategieräume in dieser Weise gewonnen, kann man das Spiel als Matrixspiel darstellen. In unserem Fall erhält man folgende Matrix:

| | | Spieler 2 | | | | |
|---|---|---|---|---|---|---|
| | | $\begin{bmatrix}\text{an, an,}\\ \text{an, an}\end{bmatrix}$ | $\begin{bmatrix}\text{an, an,}\\ \text{an, ab}\end{bmatrix}$ | $\begin{bmatrix}\text{an, an,}\\ \text{ab, an}\end{bmatrix}$ | $\cdots$ | $\begin{bmatrix}\text{ab, ab,}\\ \text{ab, ab}\end{bmatrix}$ |
| | $\lfloor 0 \rfloor$ | $(3,0)$ | $(3,0)$ | $(3,0)$ | | $(0,0)$ |
| **Spie-** | $\lfloor 1 \rfloor$ | $(2,1)$ | $(2,1)$ | $(2,1)$ | | $(0,0)$ |
| **ler 1** | $\lfloor 2 \rfloor$ | $(1,2)$ | $(1,2)$ | $(0,0)$ | | $(0,0)$ |
| | $\lfloor 3 \rfloor$ | $(0,3)$ | $(0,0)$ | $(0,3)$ | | $(0,0)$ |

**Übung Q.1.2.** Wie lässt sich die Strategie „Spieler 2 nimmt nicht an“ in der Tupelschreibweise ausdrücken?

Den Teilbäumen der Entscheidungstheorie in extensiver Form entsprechen die Teilspiele in der Spieltheorie. Ein Teilspiel ist durch einen Teil eines Spielbaumes gegeben; dabei wird ein Knoten des Gesamtspiels zu einem Anfangsknoten des Teilspiels erkoren, zu dem neben diesem alle Nachfolgerknoten gehören.

**Übung Q.1.3.** Wieviele Teilspiele hat die in Abbildung Q.1 dargestellte extensive Form?

Das Spiel der Abbildung Q.1 kann man durch Rückwärtsinduktion lösen. Im durch die Aktion 0 definierten Teilspiel ist Spieler 2 indifferent, in den anderen echten Teilspielen nimmt der Spieler das Angebot lieber an. Nehmen wir an, dass Spieler 2 nach der Aktion 0 durch Spieler 1 das Angebot annimmt. Dann ist die Aktion (bzw. die Strategie) 0 besser als die Aktionen 1 bis 3. Dies ist eine Lösung des Spiels. Die andere ergibt sich, wenn wir annehmen, dass Spieler 2 nach der Aktion 0 durch Spieler 1 das Angebot ablehnt. Dann ist 1 die beste Aktion, die Spieler 1 wählen könnte.

Diesen zwei Lösungen entsprechen zwei Nash-Gleichgewichte. Eines lautet

$$(\lfloor 0 \rfloor, \lfloor \text{an, an, an, an} \rfloor).$$

**Übung Q.1.4.** Wie lautet das andere?

Neben diesen beiden Gleichgewichten gibt es weitere. Die beiden, durch Rückwärtsinduktion gewonnenen sind teilspielperfekt. Sie definieren für die Teilspiele (die in unserem Beispiel tatsächlich nur Entscheidungssituationen sind) Strategien (die Aktion von Spieler 2), die sich im Gleichgewicht befinden. Solche Gleichgewichte nennt man teilspielperfekt. Ein Beispiel eines nichtteilspielperfekten Gleichgewichts ist dieses:

$$(\lfloor 3 \rfloor, \lfloor \text{ab, ab, ab, an} \rfloor).$$

**Übung Q.1.5.** Drücken Sie das obige Gleichgewicht in Worten aus.

Man könnte die Strategie von Spieler 2 als Drohung interpretieren: Spieler 2 droht damit, jedes Angebot unter drei Talern abzulehnen. Zwar würde Spieler 2 diese Drohung nicht wahrmachen wollen, falls ihm tatsächlich nur 1 oder nur 2 Taler angeboten würden; gerade deshalb ist das Gleichgewicht nicht teilspielperfekt. Auf dem Gleichgewichtspfad wird die Entschlossenheit von Spieler 2, seine Drohung wahrzumachen, jedoch nicht auf die Probe gestellt.

Wir haben in Kapitel N auf S. 232 darüber gesprochen, dass Strategien übervollständige Pläne darstellen. Strategien verlangen bisweilen, dass Entscheider oder Spieler auch für solche Entscheidungsknoten Aktionen angeben, die sie aufgrund vorheriger Entscheidungen gar nicht erreichen können. Aus Sicht der Entscheidungstheorie gibt es für diesen Strategiebegriff drei Gründe. Zum einen ist er insofern einfach, als er keine Prüfung darüber verlangt, welche Aktionen bei welchen Entscheidungsknoten dazu führen, dass die Wahl bei anderen Entscheidungsknoten nicht angegeben werden braucht. Zum anderen könnte ein Eventualplan dadurch notwendig werden, dass Entscheider oder

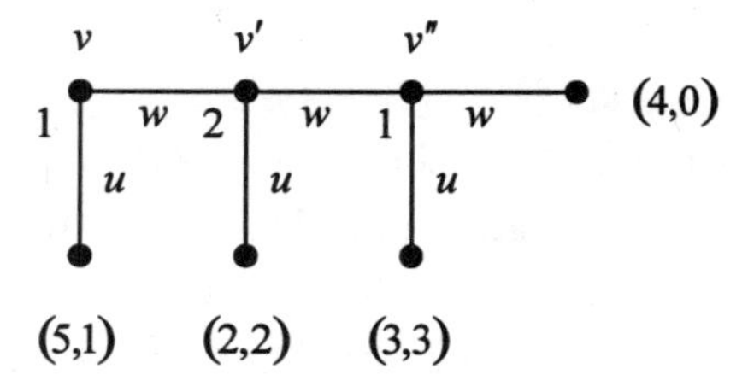


**Abbildung Q.2.** Welche Aktion wählt Spieler 1 im dritten Knoten, wenn er im Anfangsknoten u (ge)wählt (hat)?

Spieler „sich vertun", also Aktionen wählen, die gar nicht ihrem ursprünglichen Plan entsprechen. Diese zwei Gründe sind für die Spieltheorie ebenfalls anzuführen.

Und drittens sind zur Überprüfung der Teilbaumperfektheit Strategien notwendig. Allerdings ist Teilbaumperfektheit in der Entscheidungstheorie weniger relevant als die Teilspielperfektheit in der Spieltheorie. Daher wollen wir diesen Grund für die Notwendigkeit von Strategien hier nochmals aufgreifen. Der Leser betrachte dazu Abbildung Q.2, die RUBINSTEIN (1991, S. 911) entnommen ist. (Die Auszahlungen wurden allerdings hinzugefügt.) Wie Rubinstein ausführt, verlangt ein Plan im umgangsprachlichen Sinne nicht, dass Spieler 1, wenn er im Anfangsknoten die Aktion u plant, angibt, welche Aktion er im dritten Knoten durchführen möchte. Denn bei Wahl der Aktion u im Anfangsknoten wird er kein zweites Mal entscheiden müssen. Im Gegensatz zu diesem Begriff des Plans sind alle Strategien für Spieler 1 Zweiertupel.

**Übung Q.1.6.** Geben Sie, bitte, die Menge der Strategien für Spieler 1 an!

Für die Feststellung von Gleichgewichten genügen Pläne im Sinne der Umgangssprache. So ist es für die beste Antwort von Spieler 2 auf eine Strategie von Spieler 1 irrelevant, ob Spieler 1, der im Entscheidungsknoten die Aktion u wählt, im dritten Knoten u oder w wählt. Falls Spieler 1 jedoch zunächst die Aktion w wählt, möchte Spieler 2 natürlich wissen, wie Spieler 1 beim dritten Entscheidungsknoten wählen würde. Und für Spieler 1 ist die Strategie $\lfloor u, u \rfloor$ genau dann eine beste Antwort auf eine Strategie von Spieler 2, wenn $\lfloor u, w \rfloor$ eine beste Antwort darstellt.

Allerdings ist es für die Untersuchung der Teilspielperfektheit unabdingbar, dass die Spieler Strategien und nicht die weniger vollständigen Pläne „angeben". Beispielsweise ist in unserem Beispiel die Strategie $\lfloor u, u \rfloor$, gewählt von Spieler 1, eine beste Antwort auf die Strategie $\lfloor w \rfloor$ des Spielers 2. Es liegt sogar ein Gleichgewicht vor. Dieses ist jedoch nicht teilspielperfekt. Denn die Strategiekombination

$$(\lfloor u, u \rfloor, \lfloor w \rfloor)$$

führt für das bei $v''$ beginnende Teilspiel (eine Entscheidungssituation) zur Strategiekombination

$$(\lfloor u \rfloor)$$

und diese ist kein Gleichgewicht für das Teilspiel.

**Übung Q.1.7.** Warum nicht?

Ebenfalls interessant ist ein Blick auf die Strategiekombination

$$(\lfloor u, w \rfloor, \lfloor w \rfloor).$$

Auch sie ist ein Gleichgewicht, jedoch nicht teilspielperfekt. Denn für das bei $v'$ beginnende Teilspiel erhält man aus dieser Strategiekombination die Einschränkung

$$(\lfloor w \rfloor, \lfloor w \rfloor).$$

Spieler 2 würde also bei $v'$ die Aktion w (die zweite Strategie der obigen Strategiekombination) wählen, obwohl er nach Wahl von w durch Spieler 1, dann nur die Auszahlung 0 anstelle der durch die Aktion u bei $v'$ erreichbaren Auszahlung 2 erhält.

Zur Überprüfung der Teilspielperfektheit bzw. hier der Rationalität der Strategie von Spieler 2 benötigt man also den übervollständigen Plan, den eine Strategie bietet. Rubinstein (1991, S. 911) schreibt: „... a strategy encompasses not only the player's plan but also his opponents' beliefs in the event that he does not follow that plan."

Schließlich, und mit dieser Ankündigung beenden wir diese Einführung, ist dieses Kapitel reich an netten Beispielen, die in Abschnitt

Q.6 vorgestellt werden. Dabei geht es um das Stackelberg-Modell, den Rosenthal'schen Hundertfüßler, das Polizeispiel und schließlich als Höhepunkt das Rubinstein'sche Verhandlungsspiel.

## Q.2 Definitionen und graphische Veranschaulichung

Wie im Teil II dieses Lehrbuchs bezeichnen wir die Spielermenge mit $I$ und die Anzahl der Spieler mit $n := |I|$. Da die Natur in diesem Kapitel keine Rolle spielt, ist die Menge der Entscheidungspfade $D$ in $n$ Mengen $D_1$ bis $D_n$ zu partitionieren, für jeden Spieler eine Menge von Entscheidungspfaden.

**Definition Q.2.1 (Spiel).** *Ein Spiel in extensiver Form bei perfekter Information ohne Züge der Natur ist ein Tupel*

$$\Gamma = (V, I, \iota, u).$$

*Hierbei bedeuten $V = D \cup E$ die Vereinigung von Entscheidungs- und Endverläufen (siehe Kapitel M), $I = \{1, 2, ..., n\}$ die Spielermenge der $n$ Spieler und $\iota$ eine Abbildung*

$$D \to I,$$

*die jeden Entscheidungsknoten genau einem der Spieler $i = 1, ..., n$ zuordnet. $u = (u_i)_{i \in I}$ ist eine Funktion $E \to \mathbb{R}^n$.*

Kapitel O entnehmen wir die folgenden Definitionen. Die Entscheidungspfade für jeden Spieler $i$ aus $I$ sind durch

$$D_i := \{v \in D : \iota(v) = i\}$$

gegeben. Die Menge der Aktionen für Spieler $i$ ist gleich

$$A_i := \{a : \text{Es gibt ein } v \in D_i \text{ mit } \langle v, a \rangle \in V\}$$

und die Mengen der Aktionen, unter denen Spieler $i$ bei $v$ zu wählen hat,

$$A_i(v) := \begin{cases} \{a : \langle v, a \rangle \in V\}, & v \in D_i, \\ \emptyset, & v \notin D_i. \end{cases}$$

Die Darstellung eines Spiels in extensiver Form als Baum ist auch hier nicht schwierig. Wir definieren:

**Definition Q.2.2 (Spielbaum).** *Ein Spielbaum in extensiver Form bei vollkommener Information ohne Züge der Natur ist ein Tupel*

$$\Gamma = (T, <, I, \iota, u),$$

*wobei $(T, <)$ wie in Kapitel M definiert ist und $I$, $\iota$ und $u$ sich direkt aus Definition Q.2.1 ergeben.*

Bei der graphischen Darstellung des Spiels hat man jeden Entscheidungsknoten $v$ mit dem Spieler $\iota(v)$ zu kennzeichnen. Der umgekehrte Weg, vom Spiel in Baumform zum Spiel in Verlaufsmengenform, ist ebenfalls leicht gangbar.

## Q.3 Strategien und Gleichgewichte

Ähnlich wie auf S. 236 bzw. S. 266 legen wir fest:

**Definition Q.3.1 (Strategie).** *Sei ein Spiel in extensiver Form $\Gamma = (V, I, \iota, u)$ und ein Spieler $i$ aus $I$ gegeben. Jede Abbildung*

$$s_i : D_i \to A_i, \quad v \mapsto s_i(v),$$

*die zudem*

$$s_i(v) \in A_i(v)$$

*erfüllt, ist eine Strategie für Spieler $i$. Die Menge seiner Strategien bezeichnen wir mit $S_i$.*

Wie in Definition G.3.1 auf S. 110 setzen wir

$$S := \bigtimes_{i \in I} S_i.$$

Die Elemente von $S$ sind Strategiekombinationen

$$(s_1, s_2, ..., s_n)$$

und für $K \subset I$ mit $K \neq \emptyset$ legen wir $s_K := (s_i)_{i \in K}$ fest, woraus sich speziell

$$s := s_I = (s_i)_{i \in I}$$

und

$$s_{-i} = (s_1, s_2, ..., s_{i-1}, s_{i+1}, ..., s_n) \quad (i \in I)$$

ergeben.

Man kann sich nun überlegen, dass jede Strategiekombination $s = (s_1, ..., s_n)$ zu einem Endverlauf $e \in E$ führt, so dass für Spieler $i$ die Auszahlung $u_i(e(s))$ auch als $u_i(s)$ geschrieben werden kann. Aus dem Spiel in extensiver Form

$$(V, I, \iota, u)$$

ergibt sich daher ein Spiel in strategischer Form

$$(I, S, u).$$

**Übung Q.3.1.** Geben Sie den Definitionsbereich für $u$ in $(V, I, \iota, u)$ bzw. $(I, S, u)$ an.

Ein Gleichgewicht ist auch hier eine Strategiekombination $s^*$, sodass für jeden Spieler $i$ aus $I$ seine Strategie $s_i^*$ eine beste Antwort auf die Strategiekombination $s_{-i}^*$ ist:

$$s_i^* \in \arg\max_{s_i \in S_i} u\left(s_i, s_{-i}^*\right).$$

**Übung Q.3.2.** Begründen Sie, warum im Beispiel des einführenden Abschnitts

$$(\lfloor 2 \rfloor, \lfloor \text{ab, ab, an, an} \rfloor)$$

eine gleichgewichtige Strategiekombination darstellt.

Obwohl wir in diesem Kapitel nur reine Strategien betrachten werden, kann man wie in Kap. N und O gemischte Strategien und Verhaltensstrategien definieren. Mit

$$\Sigma_i = W(S_i)$$

bezeichnen wir für Spieler $i$ dessen gemischte Strategien.

**Definition Q.3.2 (Verhaltensstrategie).** *Im Spiel $(V, I, \iota, u)$ heißt ein Vektor*

$$\beta_i = (\beta_i^v)_{v \in D_i},$$

*der $\beta_i^v \in W(A_i(v))$ für alle $v \in D_i$ erfüllt, eine Verhaltensstrategie für Spieler $i$.*

Wir merken ohne Beweis das Ergebnis an:

**Theorem Q.3.1.** *Für Spiele bei perfekter Information besteht Ergebnisäquivalenz zwischen gemischten und Verhaltensstrategien.*

## Q.4 Teilspiele und Teilspielperfektheit

Recht analog zum Vorgehen in Kapitel N (S. 239 ff.) können wir nun Teilspiele und Teilspielperfektheit in der Spieltheorie klären.

**Definition Q.4.1 (Teilspiel).** *Sei* $v$ *ein Entscheidungsknoten in* $(V, I, \iota, u)$ *und für* $v \in D$ *die Menge*

$$V|_v := \left\{v' : v' \text{ Folge von Aktionen mit } \left\langle v, v'\right\rangle \in V\right\}$$

*gegeben. Das Tupel*

$$\Gamma(v) = \left(V|_v, I|_v, \iota|_v, u|_v\right)$$

*ist ein Teilspiel von* $\Gamma$*, wobei die drei Bestandteile* $I|_v$, $\iota|_v$ *und* $u|_v$ *durch Einschränkung definiert sind. Die Spielermenge* $I|_v$ *ist die Menge derjenigen Spieler, für die es ein* $v' \in V|_v$ *mit* $\langle v, v'\rangle \in D_i$ *gibt. Für die Spielerzuordnung gilt*

$$\iota|_v : D|_v \to I|_v, \quad v' \mapsto \iota|_v\left(v'\right) = \iota\left(\left\langle v, v'\right\rangle\right)$$

*und die Nutzenfunktion ist durch*

$$u|_v : E|_v \to \mathbb{R}^{|I|_v|} \quad v' \mapsto u|_v\left(v'\right) = \left(u_i\left(\left\langle v, v'\right\rangle\right)\right)_{i \in I|_v}$$

*erklärt. Für* $\left(u|_v\right)_{\iota(v)}$ *schreiben wir auch* $u_{\iota(v)}\big|_v$.

**Übung Q.4.1.** Gilt $I|_v = \{1, 2, ..., |I|_v|\}$?

Wieder sind die Aktionsräume und Strategieräume der Teilspiele leicht zu ermitteln: Für $v' \in V|_v$ und $i \in I|_v$ ergeben sich die Menge der $i$ bei $v'$ offenstehenden Aktionen

$$\begin{aligned} A_i|_v\left(v'\right) &= \left\{a : \left\langle v', a\right\rangle \in V|_v \text{ und } v' \in D_i|_v\right\} \\ &= \left\{a : \left\langle v, v', a\right\rangle \in V \text{ und } \left\langle v, v'\right\rangle \in D_i\right\} = A_i\left(\left\langle v, v'\right\rangle\right) \end{aligned}$$

und die Menge der für $i$ insgesamt vorhandenen Aktionen

$$A_i|_v = \bigcup_{v' \in D_i|_v} A_i|_v (v') = \bigcup_{\langle v,v' \rangle \in D_i} A_i (\langle v, v' \rangle) .$$

Sei nun $s$ eine Strategiekombination in $\Gamma = (V, I, \iota, u)$. Dann ist durch Angabe von

$$s_i|_v : D_i|_v \to A_i|_v , \quad v' \mapsto s_i|_v (v') = s_i (\langle v, v' \rangle)$$

für jeden Spieler $i$ aus $I|_v$ eine Strategiekombination in $V|_v$ definiert, die wir die Einschränkung von $s_i$ auf $V|_v$ nennen. Man kann sich klarmachen, dass sich alle Strategien für $V|_v$ auf diese Weise ausdrücken lassen. Man kann auch Strategiekombinationen einschränken. $s|_v = (s_1, ..., s_n)|_v$ soll die Strategiekombination der Spieler aus $I|_v$ sein, bei der jeder dieser Spieler als Strategie die Einschränkung von $s_i$ auf $V|_v$ wählt:

$$s|_v = (s_i|_v)_{i \in I|_v} .$$

Nun können wir Teilspielperfektheit definieren:

**Definition Q.4.2 (teilspielperfekte Strategiekombination).** *Eine Strategiekombination $s^*$ in $\Gamma = (V, I, \iota, u)$ heißt teilspielperfekt, falls für alle $v \in D$ Folgendes gilt: $s^*|_v$ ist ein Gleichgewicht in $\Gamma(v)$.*

**Übung Q.4.2.** Begründen Sie, warum im Beispiel des einführenden Abschnitts $(\lfloor 2 \rfloor, \lfloor \text{ab, ab, an, an} \rfloor)$ keine teilspielperfekte Strategiekombination darstellt.

Für die Überprüfung der Teilspielperfektheit hat man festzustellen, ob die gegebene Strategiekombination für alle Teilspiele Einschränkungen hervorbringt, die ihrerseits gleichgewichtige Strategiekombinationen in diesen Teilspielen darstellen. Glücklicherweise gilt auch für Spiele mit perfekter Information das Kriterium der „einknotigen Abweichung“.

**Theorem Q.4.1.** *Sei ein Spiel $(V, I, \iota, u)$ mit $\ell(V) < \infty$ gegeben. Dann sind folgende Mengen identisch:*

- *die Menge der teilspielperfekten Gleichgewichte,*

- *die Menge der Strategiekombinationen $s^*$ mit der folgenden Eigenschaft: Für alle Entscheidungsknoten $v$ gilt*

$$u_{\iota(v)}\big|_v \left(s^*|_v\right) \geq u_{\iota(v)}\big|_v \left(\left(s^*|_v\right)_{-\iota(v)}, s'_{\iota(v)}\right)$$

*für alle Strategien $s'_{\iota(v)}$ aus $S_{\iota(v)}\big|_v$, die sich von $s^*_{\iota(v)}\big|_v$ nur in der bei $v$ gewählten Aktion unterscheiden:*

$$s'_{\iota(v)}\left(v'\right) \begin{cases} \neq s^*_{\iota(v)}\big|_v \left(v'\right), v' = o|_v\,, \\ = s^*_{\iota(v)}\big|_v \left(v'\right), v' \in D_{\iota(v)}\big|_v \setminus \{o|_v\}\,. \end{cases}$$

In Worten: Zur Bestätigung der Teilspielperfektheit genügt es zu zeigen, dass kein Spieler an nur einem seiner Entscheidungsknoten eine andere Aktion wählen möchte. Für den Beweis verweisen wir wiederum auf OSBORNE/RUBINSTEIN (1994, S. 98f.).

## Q.5 Rückwärtsinduktion

Das Prinzip der Rückwärtsinduktion funktioniert nicht nur für Entscheidungssituationen $\Delta = (V, u)$ mit $\ell(V) < \infty$, sondern auch für Spiele $\Gamma = (V, I, \iota, u)$ mit $\ell(V) < \infty$. Dabei ist die allgemeine Beschreibung des Verfahrens dann einfach, wenn es bei der Reduktion für keinen Spieler dazu kommt, dass er zwischen mehreren optimalen Aktionen wählen kann. Dann funktioniert auch die graphische Umsetzung der Rückwärtsinduktion, wie wir sie das erste Mal in Kapitel N kennen gelernt haben, ohne Probleme. Gibt es jedoch einmal oder mehrmals Spieler, denen mehrere optimale Aktionen offenstehen, können damit für die jeweils anderen Spieler durchaus unterschiedliche Auszahlungen bewirkt werden. Dann kann man das graphische Verfahren der Rückwärtsinduktion auch nur dann anwenden, wenn man bei mehrfachen besten Aktionen jeweils alle bisher erhaltenen reduzierten Spielbäume entsprechend mehrfach kopiert. Der Leser wird dies wohl am ehesten anhand von konkreten Beispielen einsehen.

Wir greifen das Beispiel der Einführung wieder auf. Spieler 2 hat hier beim Angebot 0 zwei beste Antworten. Entsprechend kopieren wir den Spielbaum und markieren in Abbildung Q.3 (links) die Annahme

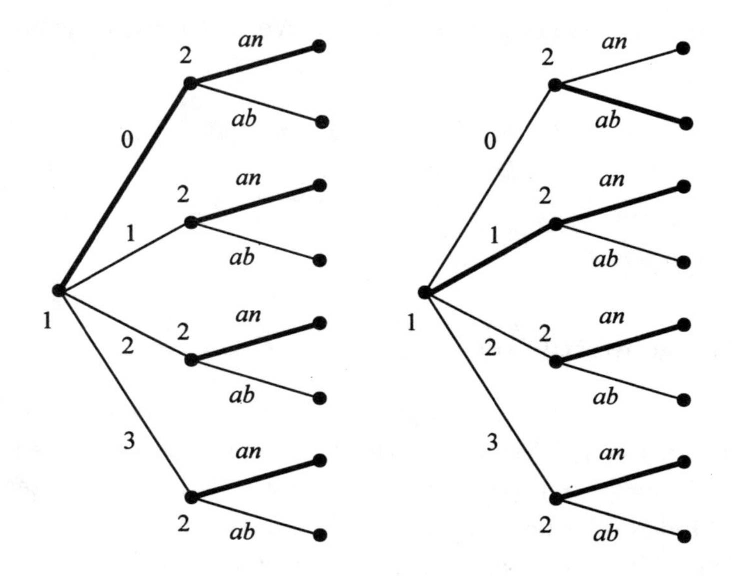


**Abbildung Q.3.** Annahme und Ablehnung

und (rechts) die Ablehnung durch Spieler 2. Die Auszahlungen sind dabei diejenigen von Abbildung Q.1 auf S. 302. Bei allen anderen Angeboten gibt es eine eindeutig beste Aktion für Spieler 2. Spieler 1 wird nun im ersten Fall das Angebot 0 und im zweiten das Angebot 1 unterbreiten. Somit haben wir zwei unterschiedliche Rückwärtsinduktions-Pfade und zwei unterschiedliche Rückwärtsinduktions-Strategietupel für dieses Spiel erhalten.

**Übung Q.5.1.** Können Sie diese aufschreiben?

Ohne Beweis notieren wir das folgende Theorem:

**Theorem Q.5.1.** *Sei ein Spiel* $\Gamma = (V, I, \iota, u)$ *mit* $\ell(V) < \infty$ *gegeben. Dann sind folgende Mengen identisch:*

- *die Menge der teilspielperfekten Gleichgewichte und*
- *die Menge der Rückwärtsinduktions-Strategietupel.*

Zusammen mit Theorem Q.4.1 haben wir also drei Möglichkeiten, die Menge der teilspielperfekten Strategien für Spiele mit beschränkter Länge zu charakterisieren. Ganz analog zur Entscheidungstheorie erhalten wir für eine endliche Anzahl von Verläufen die folgende Existenzaussage.

**Korollar Q.5.1.** *Jedes Spiel $\Gamma = (V, I, \iota, u)$ mit $|V| < \infty$ weist eine teilspielperfekte Strategiekombination auf.*

## Q.6 Beispiele

### Q.6.1 Mengenwettbewerb

Das zuerst zu behandelnde Beispiel ist der Mengenwettbewerb. Zwei Unternehmen $i = 1, 2$ legen ihre Angebotsmengen $x_1 \in X_1 := [0, \infty)$ bzw. $x_2 \in X_2 := [0, \infty)$ fest. Der Mengenwettbewerb wird meistens als Cournot-Modell oder als Stackelberg-Modell dargestellt. Im Cournot-Modell, so könnte man sagen, legen die Unternehmen ihre Ausbringungsmengen simultan fest und im Stackelberg-Modell erfolgen die Mengenentscheidungen sequentiell. In den Kapiteln H und K des Teils II dieses Lehrbuchs haben wir das Cournot'sche Gleichgewicht bereits bestimmt; hierfür genügt die strategische Form.

Das Stackelberg-Modell kann nur im Rahmen der extensiven Form angemessen modelliert werden. Es ist in Abbildung Q.4 auf der linken Seite skizziert. Zuerst zieht Spieler 1 und dann Spieler 2. Dabei ist perfekte Information gegeben, Spieler 2 kennt also die Aktion von Spieler 1, wenn er an der Reihe ist. Aus der Menge der unendlichen Zugmöglichkeiten sind jeweils nur wenige angedeutet. Als Auszahlung erhalten die Spieler bei der linearen inversen Nachfragefunktion $p(x_1 + x_2) = a - b(x_1 + x_2)$ und den identischen und konstanten Grenz- und Durchschnittskosten $c$ (siehe Abschnitt H.2.2)

$$u_1(\langle x_1, x_2 \rangle) = (a - b(x_1 + x_2) - c)\, x_1$$

bzw.

$$u_2(\langle x_1, x_2 \rangle) = (a - b(x_1 + x_2) - c)\, x_2.$$

**Übung Q.6.1.** Warum schreiben wir hier $u_1(\langle x_1, x_2 \rangle)$, während wir in Kap. H die Schreibweise $u_1(x_1, x_2)$ verwendet haben?

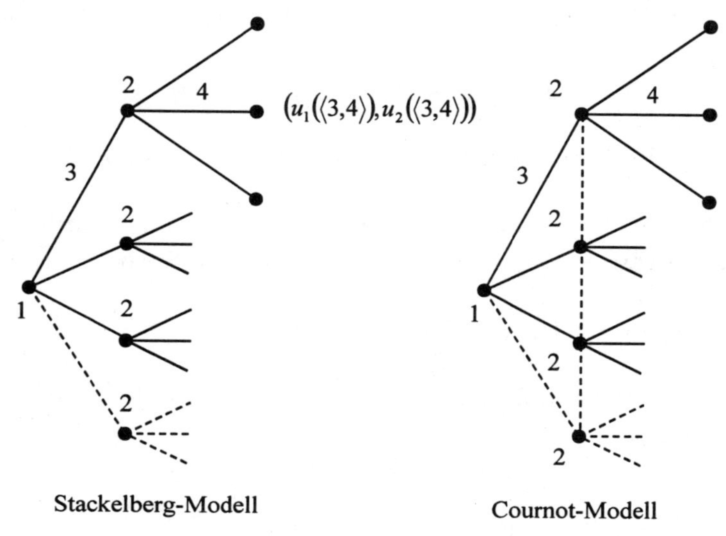


**Abbildung Q.4.** Stackelberg- und Cournot-Modell

Abbildung Q.4 stellt auch das Cournot-Modell in extensiver Form vor. Dies ist insofern voreilig, als wir erst im nächsten Kapitel Informationsmengen für Spiele einführen werden. Der Leser des dritten Teils dieses Lehrbuchs wird die gestrichelte Linie, die die Entscheidungsknoten von Spieler 2 verbindet, jedoch richtig deuten können: Spieler 2 weiß nicht, welche Aktion Spieler 1 gewählt hat. Und damit modelliert dieses extensive Spiel „im Grunde genommen" die simultane Mengenfestlegung. Denn da Spieler 2 die Aktion von Spieler 1 nicht kennt, kann er seine Aktion nicht von der Aktion des ersten Spielers abhängig machen. Anders ausgedrückt, er hat bei jedem Entscheidungsknoten in der einen Informationsmenge dieselbe Aktion zu wählen. Damit ist sein Strategieraum gleich demjenigen von Spieler 1 und die strategische Form gerade diejenige, die wir in Teil II kennen gelernt haben.

Doch nun zurück zum Stackelberg-Modell. Als Spiel $(V, I, \iota, u)$ lässt es sich für $a$, $b$, $c \geq 0$ so definieren:

1. $V = \{o\} \cup \{\langle x_1 \rangle : x_1 \geq 0\} \cup \{\langle x_1, x_2 \rangle : x_1, x_2 \geq 0\}$,
2. $I = \{1, 2\}$,

3. $\iota : \{o\} \cup \{\langle x_1 \rangle : x_1 \geq 0\} \to \{1,2\}$ mit $o \mapsto 1$, $\langle x_1 \rangle \mapsto 2$ für alle $x_1 \geq 0$,
4. $u : \{\langle x_1, x_2 \rangle : x_1, x_2 \geq 0\} \to \mathbb{R}^2$,

$$\langle x_1, x_2 \rangle \mapsto ((a - b(x_1 + x_2) - c)\, x_1, (a - b(x_1 + x_2) - c)\, x_2) .$$

Für Spieler 1 gilt somit $D_1 = \{o\}$ und Spieler 2 hat die Entscheidungsknoten $D_2 = \{\langle x_1 \rangle : x_1 \geq 0\}$. Damit ist die Strategiemenge für Spieler 1 gleich

$$S_1 = \{\lfloor x_1 \rfloor : x_1 \geq 0\} ,$$

also im Wesentlichen die Menge $X_1$. Eine Strategie für Spieler 2 ist eine Abbildung

$$s_2 : \{\langle x_1 \rangle : x_1 \geq 0\} \to X_2,$$

also im Wesentlichen eine Funktion $X_1 \to X_2$.

**Übung Q.6.2.** Sind die folgenden Aktionsbeschreibungen für Spieler 1 bzw. Spieler 2 Strategien im Stackelberg-Spiel?

- Spieler 1 bringt die Menge 5 aus.
- Spieler 1 bringt die Menge $\frac{a-c}{2b}$ aus, falls Spieler 2 gar nicht produziert, und die Menge $\frac{a-c}{3b}$ bei jeder positiven Ausbringungsmenge von Spieler 2.
- Spieler 2 bringt die Menge $\frac{a-c}{2b}$ aus, falls Spieler 1 gar nicht produziert, und die Menge $\frac{a-c}{3b}$, falls Spieler 1 die Menge $\frac{a-c}{3b}$ ausbringt.
- Spieler 2 bringt unabhängig von der durch Spieler 1 gewählten Menge die Menge $\frac{a-c}{3b}$ aus.

Um Gleichgewichte des extensiven Stackelberg- oder Cournotspiels zu untersuchen, erinnern wir daran, dass die (!) beste Antwort von Unternehmen 1 auf eine vorgegebene Ausbringungsmenge von Unternehmen 2 formal durch

$$B_1 : X_2 \to X_1, \quad x_2 \mapsto \operatorname*{argmax}_{x_1 \geq 0} u_1(x_1, x_2)$$

gegeben ist. Die analoge Reaktionsfunktion für Unternehmen 2 lautet

$$B_2 : X_1 \to X_2, \quad x_1 \mapsto \operatorname*{argmax}_{x_2 \geq 0} u_2(x_1, x_2) .$$

Wie aus Kapitel K erinnerlich, ist das Cournot-Gleichgewicht ein Paar

$$\left(x_1^C, x_2^C\right)$$

mit $x_1^C = B_1\left(x_2^C\right)$ und $x_2^C = B_2\left(x_1^C\right)$. Das Stackelberg-Gleichgewicht erhalten wir durch Rückwärtsinduktion. Da an jedem Entscheidungsknoten von Unternehmen 2 ein Teilspiel beginnt, sieht Rückwärtsinduktion vor, dass bei diesen Teilspielen die dort beteiligten Spieler (nur Spieler 2) eine Strategiekombination im Gleichgewicht (d.h. eine beste Strategie) wählen. Für $x_1 \geq 0$ ist im bei $\langle x_1 \rangle$ beginnenden Teilspiel die Strategie $B_2(x_1)$ die eindeutig beste Strategie. Diese Reaktion von Spieler 2 vorausschauend, kann Spieler 1 durch die Wahl von

$$x_1^S := \underset{x_1}{\operatorname{argmax}}\, u_1\left(\langle x_1, B_2(x_1)\rangle\right)$$

seinen Nutzen maximieren.

Der Rückwärtsinduktions-Verlauf ist dann $\left\langle x_1^S, B_2\left(x_1^S\right)\right\rangle$ und die Rückwärtsinduktions-Strategiekombination und damit die teilspielperfekte Strategiekombination

$$\left(x_1^S, B_2\right).$$

Im Modell mit linearer inverser Nachfragefunktion $p(x_1 + x_2) = a - b(x_1 + x_2)$ und identischen und konstanten Grenz- und Durchschnittskosten $c$ kann man die beste Antwort von beispielsweise Unternehmen 1 so zusammenfassen:

$$B_1(x_2) = \begin{cases} \frac{a-c}{2b} - \frac{1}{2}x_2, & \text{falls } x_2 < \frac{a-c}{b}, \\ 0, & \text{falls } x_2 \geq \frac{a-c}{b}. \end{cases}$$

Das Cournot-Gleichgewicht kann man dann als

$$\left(x_1^C, x_2^C\right) = \left(\frac{a-c}{3b}, \frac{a-c}{3b}\right)$$

und das Stackelberg-Gleichgewicht als

$$\left(x_1^S, B_2\right) = \left(\frac{a-c}{2b}, B_2\right)$$

ermitteln. Spieler 2 wählt im Stackelberg-Gleichgewicht die Aktion (!)

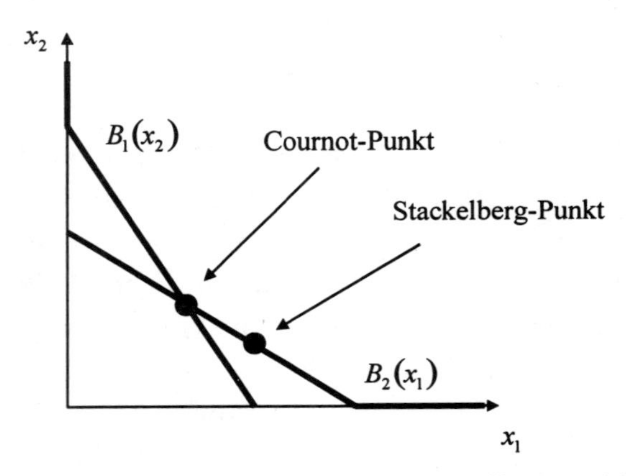


**Abbildung Q.5.** Ausbringungsmengen im Cournot-Gleichgewicht und im Stackelberg-Gleichgewicht

$$B_2\left(\frac{a-c}{2b}\right) = \frac{a-c}{4b}.$$

Die sich ergebenden Ausbringungsmengen sind in Abbildung Q.5 eingetragen.

**Übung Q.6.3.** Können Sie das Stackelberg-Gleichgewicht für den linearen Fall bestätigen?

Im einfachen linearen Fall weist das Cournot-Modell nur das eine Gleichgewicht auf. Beim Stackelberg-Modell ist dies anders.

**Übung Q.6.4.** Welche der folgenden Tupel sind Gleichgewichte im Stackelberg-Modell? Welche sind teilspielperfekte Gleichgewichte?

1. $\left(x_1^C, x_2^C\right)$
2. $\left(x_1^S, B_2\left(x_1^S\right)\right) = \left(\frac{1}{2}\frac{a-c}{b}, \frac{1}{4}\frac{a-c}{b}\right)$
3. $\left(\frac{1}{4}\frac{a-c}{b}, \frac{1}{2}\frac{a-c}{b}\right)$
4. $\left(\frac{1}{4}\frac{a-c}{b}, s_2 : X_1 \to X_2\right)$ mit $s_2\left(x_1\right) = \begin{cases} \frac{3}{8}\frac{a-c}{b}, & \text{falls } x_1 = \frac{1}{4}\frac{a-c}{b}, \\ \frac{a-c}{b}, & \text{falls } x_1 \neq \frac{1}{4}\frac{a-c}{b}, \end{cases}$
5. $\left(0, s_2 : X_1 \to X_2\right)$ mit $s_2\left(x_1\right) = \begin{cases} \frac{1}{2}\frac{a-c}{b}, & \text{falls } x_1 = 0, \\ \frac{a-c}{b}, & \text{falls } x_1 > 0. \end{cases}$

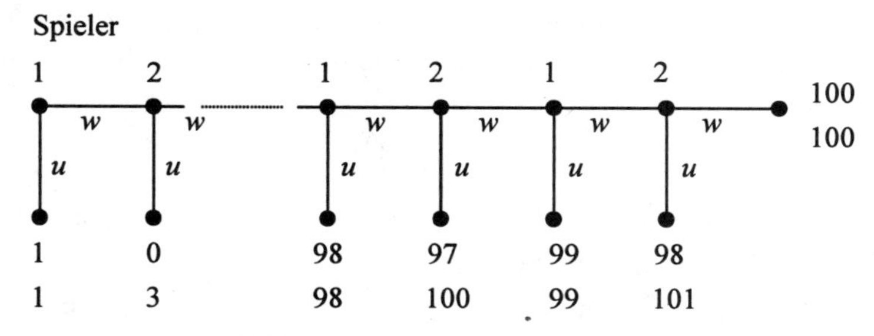


**Abbildung Q.6.** Das Hundertfüßlerspiel

Da wir das Stackelberg'sche Gleichgewicht $\left(x_1^S, B_2\right)$ durch Rückwärtsinduktion gewonnen haben, wissen wir, dass es das einzige teilspielperfekte Gleichgewicht ist. Diese Einsicht hätte man als Begründung dafür nehmen können, dass keine der Strategiekombinationen der vorangehenden Aufgabe teilspielperfekt sein kann.

### Q.6.2 Das Hundertfüßlerspiel

Das Hundertfüßlerspiel von Rosenthal ist ein bemerkenswertes Spiel. Abbildung Q.6 skizziert den Spielbaum. Spieler 1 beginnt. Er hat die Wahl zwischen u (für unten) und w (für weiter). Beendet er das Spiel mit u, so bekommen beide die Auszahlung 1. Spielt er w und beendet Spieler 2 anschließend, bekommt Spieler 1 die Auszahlung 0 und Spieler 2 die Auszahlung 3. Spieler 1 (und auch Spieler 2) wird maximal 99-mal aufgefordert, sich für u oder w zu entscheiden.

Eine Strategie der Spieler gibt an, wie er sich bei jedem Entscheidungsknoten, bei dem er eine Aktion zu wählen hat, entscheidet. Eine Strategie ist daher ein 99–Tupel, z.B. das Tupel

$$\lfloor \text{w, w, w, w, u, ..., u} \rfloor ,$$

das besagt, dass der Spieler an den ersten vier Knoten weiterzieht und dass er das Spiel an jedem weiteren Knoten, an dem er sich befinden könnte, beendet.

**Übung Q.6.5.** Welche Strategie würden Sie als Spieler 1 verwenden?

**Übung Q.6.6.** Bestimmen Sie das teilspielperfekte Ergebnis durch die Technik des Von-hinten-Lösens.

Im Hundertfüßlerspiel wird tatsächlich in jedem Gleichgewicht das Spiel sofort beendet. Zum Beweis betrachte man eine Strategie von Spieler 2 der Form

$$\lfloor a_2^1, a_2^2, ..., a_2^{99} \rfloor.$$

Jetzt gilt entweder $a_2^1$ =u oder $a_2^1$ =w. Im Fall von $a_2^1$ =u muss die beste Antwort von Spieler 1 vorsehen, dass Spieler 1 seinerseits sofort das Spiel beendet. Im Fall von $a_2^1$ =w zeigen wir, dass kein Gleichgewicht existiert. Dabei argumentieren wir mit einem Widerspruchsbeweis wie folgt:

Wir nehmen an, dass $\lfloor a_2^1, a_2^2, ..., a_2^{99} \rfloor$ Bestandteil eines Gleichgewichtes ist und dass $a_2^1$ =w gilt. Dann gibt es ein maximales $j \in \{1, 2, ..., 99\}$ so, dass

$$a_2^{j'} = w \text{ für alle } j' \leq j.$$

Die Strategie von Spieler 2 hat also diese Form:

$$\lfloor \text{w, w,..., w} \underbrace{\text{u}}_{j+1-\text{te Informationsmenge}}, a_2^{j+2}, ..., a_2^{99} \rfloor.$$

Die Strategie von Spieler 1 muss eine beste Antwort auf diese Strategie von Spieler 2 sein. Sie besteht darin, dass Spieler 1 Spieler 2 in der Beendung des Spiels zuvorkommt. Beste Antworten sind also von der Form

$$\lfloor \text{w, w,..., w} \underbrace{\text{u}}_{j+1-\text{te Informationsmenge}}, a_1^{j+2}, ..., a_1^{99} \rfloor,$$

wobei die Aktionen $a_1^{j+2}, ..., a_1^{99}$ unerheblich sind. Nun betrachten wir beste Antworten von Spieler 2 auf solche Strategien von Spieler 1. Sie müssen vorsehen, dass Spieler 2 seinerseits Spieler 1 um einen Zug zuvorkommt:

$$\lfloor \text{w, w,..., w} \underbrace{\text{u}}_{j+1-\text{te Informationsmenge}}, a_2^{j+2}, ..., a_2^{99} \rfloor.$$

Da diese Strategie von Spieler 2 mit der obigen offenbar nicht übereinstimmt, kann die obige nicht Bestandteil eines Gleichgewichts sein. Dies beschließt den Widerspruchsbeweis.

**Übung Q.6.7.** Welche der folgenden Tupel sind Gleichgewichte des Hundertfüßlerspiels?

1. $(\lfloor u, u, u, w..., w \rfloor, \lfloor u, u, u, w..., w \rfloor)$
2. $(\lfloor u, w, w, ..., w \rfloor, \lfloor u, w, ..., w \rfloor)$
3. $(\lfloor w, w, ..., w \rfloor, \lfloor w, w, ..., w \rfloor)$

Eine Frage haben wir bisher nicht beantwortet. Wie lautet das teilspielperfekte Gleichgewicht? Jedes teilspielperfekte Gleichgewicht muss vorsehen, dass Spieler 2 wegen 101 > 100 an seinem letzten Entscheidungsknoten

$$a_2^{99} = u$$

wählt. Tatsächlich kann man sich durch Rückwärtsinduktion klarmachen, dass das einzige teilspielperfekte Gleichgewicht die Strategiekombination

$$(\lfloor u, u, ..., u \rfloor, \lfloor u, u, ..., u \rfloor)$$

ist.

Eine Begründung für die Aktion u von Spieler 1 ganz zu Anfang kann in allgemeinem Wissen von Rationalität bestehen. Betrachten wir ein einfacheres Hundertfüßler-Spiel (siehe Abbildung Q.7), ein Teilspiel des Hundertfüßler-Spiels. Ist Spieler 2 rational, wird er beim letzten Knoten u wählen (101 > 100). Weiß Spieler 1 um die Rationalität von Spieler 2 und ist Spieler 1 seinerseits rational, so wird Spieler 1 beim zweitletzten Knoten u wählen (99 > 98). Spieler 2 wird nun beim ersten Knoten u wählen, weil 100 > 99 und er um die Rationalität von Spieler 1 weiß und ebenfalls weiß, dass Spieler 1 ihn, Spieler 2, für rational hält. Diese Begründungsketten über Wissen um das Wissen von Rationalität werden länger, je länger das betrachtete Teilspiel ist.

**Übung Q.6.8.** Würden Sie im Hundertfüßler-Spiel als Spieler 1 das Spiel durch die Aktion u beenden?

### Q.6.3 Das Polizeispiel

In Kapitel L haben wir das Polizeispiel als simultanes Spiel kennengelernt. Die Matrix des simultanen Spiels lautet

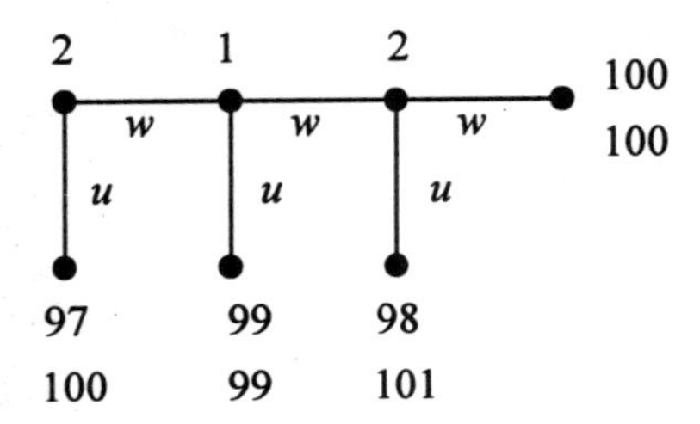


**Abbildung Q.7.** Ein Teilspiel des Hundertfüßler-Spiels

| | | **Straftäter** | |
|---|---|---|---|
| | | Betrug | kein Betrug |
| **Behörde** | Kontrolle | $4-C, 1-F$ | $4-C, 0$ |
| | keine Kontrolle | $0, 1$ | $4, 0$ |

Hier wollen wir nun eine sequentielle Variante betrachten. Zunächst legt die Behörde die Überwachungswahrscheinlichkeit $w$ fest. Anschließend entscheidet der potentielle Straftäter darüber, ob er die Straftat begehen wird oder nicht.

Für den Straftäter ist seine Strategie eine Funktion

$$[0,1] \to \{\text{B, kB}\}\,;$$

er muss sich entscheiden, bei welcher Überwachungswahrscheinlichkeit er die Aktion „Betrug“ (B) oder die Aktion „kein Betrug“ (kB) wählen möchte.

**Übung Q.6.9.** Wenn man einen ganz pedantischen Standpunkt einnimmt, kann man kritisch anmerken, dass die Strategie für den Straftäter der Definition auf S. 308 nicht genau entspricht. Denn eine Strategie hat als Definitionsbereich die Entscheidungspfade des betreffenden Spielers vorzusehen. Was müsste man also anstelle von $[0,1]$ schreiben?

Gesetzeskonformes Verhalten ist lohnend, solange die Wahrscheinlichkeit der Kontrolle hinreichend groß ist:

$$w \cdot 0 + (1-w) \cdot 0 \geq w \cdot (1-F) + (1-w) \cdot 1 \Leftrightarrow w \geq \frac{1}{F}.$$

**Übung Q.6.10.** Drücken Sie die optimale Strategie des potentiellen Straftäters formal oder verbal aus!

Weiß die Behörde um die beste Antwort des Straftäters, kann sie über die optimale Wahrscheinlichkeit entscheiden. Wir gehen davon aus, dass ihr durch die Kontrolle Kosten in Höhe von $wC$ entstehen und dass der potentielle Straftäter bei Indifferenz von der Straftat absieht. Da die Abschreckung bereits bei $w = \frac{1}{F}$ erfolgt, hat die Behörde lediglich zwischen Wahrscheinlichkeiten im Intervall $\left[0, \frac{1}{F}\right]$ zu wählen. Bei $w = \frac{1}{F}$ beträgt der Nutzen der Behörde

$$4 - \frac{1}{F}C,$$

während ihr Nutzen bei $w < \frac{1}{F}$ gleich

$$w\,(4 - C) + (1 - w) \cdot 0$$

ist. Wegen $4 - C > 0$ ist in diesem Bereich eine möglichst hohe Wahrscheinlichkeit anzustreben. Wegen $4 - \frac{1}{F}C > \frac{1}{F}\,(4 - C)$ ist die Kontrollwahrscheinlichkeit

$$\frac{1}{F}$$

für die Behörde günstiger als jede darunter (und auch darüber) liegende. Damit haben wir die Rückwärtsinduktion durchgeführt.

### Q.6.4 Das Rubinstein'sche Verhandlungsspiel

**Spielbeschreibung.** Das Verhandlungsspiel von RUBINSTEIN (1982) unterscheidet sich von dem einfachen „Friss oder stirb"-Verhandlungsspiel (siehe Abschnitt H.6.2) dadurch, dass nach dem Angebot von Spieler 1 Spieler 2 ein Gegenangebot unterbreiten kann. Und auf dieses Gegenangebot kann wiederum Spieler 1 mit einem Gegen-Gegenangebot reagieren. Prinzipiell haben wir es mit einer unendlichen Folge von Angeboten und Gegenangeboten zu tun.

Die beiden Verhandelnden werden jedoch dadurch unter Druck gesetzt, sich schnell zu einigen, dass der „Kuchen" in jeder Verhandlungsrunde schrumpft. Der Kuchen ist auf die Größe 1 normiert. Die Schrumpfung des Kuchens ist geometrisch. Kommen die Spieler sofort

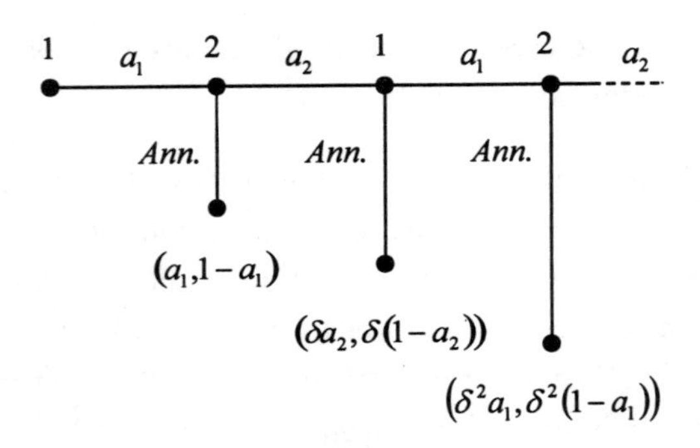


**Abbildung Q.8.** Das unendliche Rubinsteinspiel

zum Vertragsabschluss, beträgt die Größe des Kuchens 1, nach der ersten Runde schrumpft er auf $0 < \delta < 1$ und nach der zweiten Runde auf $\delta^2 < \delta$.

Alternativ kann man sich vorstellen, dass es nicht der Kuchen selbst ist, der einer Schrumpfung unterliegt, sondern, dass der spätere Zeitpunkt des Konsums zu einer Nutzenreduktion führt. Dann würde man $\delta$ als Diskontsatz bezeichnen und bei einem Zinssatz $r$ mit $\frac{1}{1+r}$ gleichsetzen. Man kann $\delta$ als einen Maßstab für die Geduld der Verhandelnden interpretieren.

Abbildung Q.8 skizziert die Abfolge der Züge: Spieler 1 macht zunächst auf Stufe 1 ein Angebot $a_1$. Dies bedeutet, er verlangt für sich $a_1$ und bietet Spieler 2 den Betrag $1 - a_1$ an. Nimmt Spieler 2 das Angebot an, so sind die Auszahlungen entsprechend des Angebotes. Lehnt Spieler 2 das Angebot ab, so macht er auf Stufe 2 ein Gegenangebot $a_2$. Dies bedeutet, er verlangt für sich $1-a_2$ und bietet Spieler 1 den Betrag $a_2$ an. Aufgrund der Ungeduld betragen die Auszahlungen, falls Spieler 1 nun akzeptiert, jedoch nur

$$\delta a_2 \text{ für Spieler 1 und } \delta (1 - a_2) \text{ für Spieler 2.}$$

Falls jedoch Spieler 1 das Gegenangebot ablehnt, ist es an ihm, ein Gegen-Gegenangebot $a_1$ auf Stufe 3 zu unterbreiten. Bei Annahme ist der Kuchen noch kleiner. Die Auszahlungen sind

$$\delta^2 a_1 \text{ für Spieler 1 und } \delta^2 (1 - a_1) \text{ für Spieler 2.}$$

Lehnt Spieler 2 jedoch ab, macht er wiederum ein Angebot, und so weiter und so fort.

Der Leser beachte, dass die auf verschiedenen Stufen unterbreiteten Angebote $a_1$ sich natürlich unterscheiden dürfen. Nur aus Gründen der Schreibökonomie wird hier auf die eigentlich notwendige Indizierung verzichtet.

**Viele Gleichgewichte.** Es gibt im Rubinsteinspiel (wie typischerweise in Verhandlungsspielen) sehr viele Gleichgewichte. Das sollten Sie sich anhand der nächsten Aufgabe klarmachen. Überlegen Sie sich, dass die Strategien der Spieler sehr komplizierte Objekte darstellen. Sie müssen für jeden Spieler angeben, in welcher Situation er ein gegebenes Angebot ablehnen oder annehmen soll und welches Gegenangebot er jeweils unterbreiten soll. Die Annahme- bzw. Ablehnungsentscheidung und auch das selbstgemachte Angebot können dabei im Allgemeinen von der gesamten bisherigen „Geschichte“ abhängen.

**Übung Q.6.11.** Betrachten Sie für ein $\alpha$ mit $0 \leq \alpha \leq 1$ die folgenden Strategien der beiden Spieler: Spieler 1 verlangt jedes Mal $a_1 = \alpha$ und lehnt jedes Angebot, mit $a_2 < \alpha$ ab, während er Angebote mit $a_2 \geq \alpha$ annimmt. Spieler 2 nimmt jedes Angebot mit $a_1 \leq \alpha$ an, lehnt Angebote mit $a_1 > \alpha$ ab. Das Angebot von Spieler 2 lautet durchgängig $a_2 = \alpha$. Bilden diese beiden Strategien ein Gleichgewicht, oder kann sich ein Spieler besser stellen, falls er eine andere Strategie wählt?

Die Strategienkombinationen der vorangehenden Frage machen deutlich, dass es in diesem unendlichen Spiel unendlich viele Gleichgewichte gibt. Diese Gleichgewichte sind jedoch nicht teilspielperfekt.

Dazu machen wir uns erst einmal klar, dass Abbildung Q.8 keinen Spielbaum skizziert. Die unendlichen vielen Aktionsmöglichkeiten der Spieler werden nicht einmal angedeutet. Dies geschieht dagegen in Abbildung Q.9. Man sieht jedoch, dass diese Darstellungsweise viel unübersichtlicher ist und nur wenige Äste beispielhaft angegeben werden können.

Wenn nämlich Spieler 1 anstelle von $\alpha$ (beispielsweise 0,6 in Abbildung Q.9) die etwas höhere Forderung $a_1$ (zum Beispiel 0,7) mit

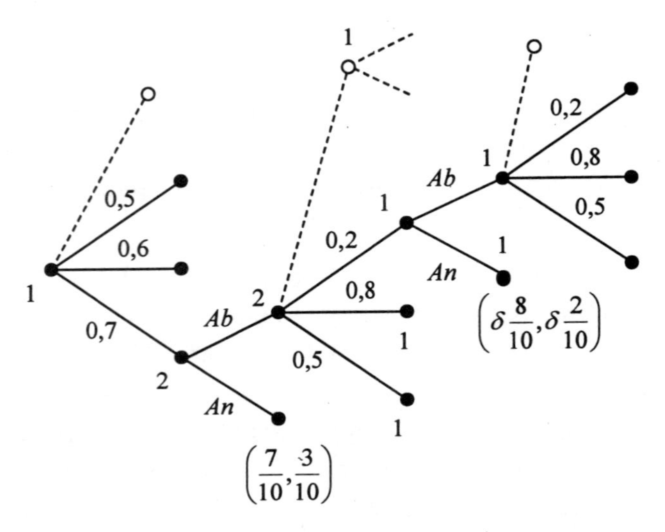


**Abbildung Q.9.** Der Spielbaum des Rubinstein-Spiels

$\alpha < a_1 < 1 - \delta(1-\alpha)$ erhebt, so müsste Spieler 2 diese ablehnen, obwohl er durch die Annahme

$$1 - a_1$$

erhält, während ihm die Ablehnung und das Gegenangebot $\alpha$ lediglich

$$\delta(1-\alpha) < 1 - a_1$$

einbringt.

Die Strategien der obigen Frage schlagen also ein Verhalten vor, das, falls das Gleichgewicht aus irgendeinem Grund verfehlt wird, von dem dann erreichten Knoten kein Gleichgewicht konstituiert. Das $\alpha$-Gleichgewicht wird somit durch leere Drohungen, d.h. durch Drohungen, deren Wahrmachung nicht im Interesse des Drohenden liegt, aufrechterhalten: Spieler 1 hält sich im Gleichgewicht an die Forderung $\alpha$, weil er bei einer etwas höheren Forderung mit Ablehnung rechnet, obwohl die Ablehnung, falls das etwas höhere Angebot einmal vorliegt, nicht im Interesse von Spieler 2 ist. Solche Gleichgewichte sind nicht teilspielperfekt.

Zur Ermittlung teilspielperfekter Gleichgewichte haben wir die Technik der Rückwärtsinduktion kennen gelernt. Allerdings gibt es

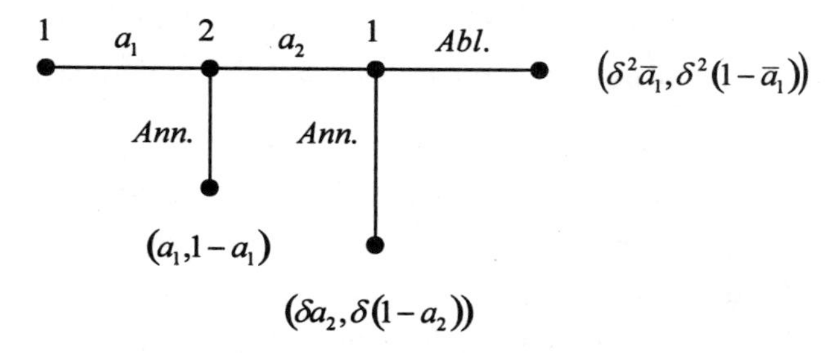


**Abbildung Q.10.** Das endliche Rubinsteinspiel

beim Rubinstein-Spiel unendlich lange Pfade. Ob auch in einem solchen Fall Rückwärtsinduktion möglich ist, werden wir in den nächsten Abschnitten untersuchen.

**Das Rückwärtsinduktions-Gleichgewicht für eine dreistufige Variante des Rubinsteinspiels.** Es liegt nach dem Gesagten nahe, die Strategien der Spieler nicht durch eine Zahl $\alpha$ zu beschreiben, sondern durch zwei Zahlen: Die erste gibt an, welches Angebot ein Spieler macht ($a_1$ bzw. $a_2$), und die zweite gibt an, wie viel er mindestens für sich fordert, um ein Angebot anzunehmen. Auf der Grundlage dieser Idee versuchen wir, ein Gleichgewicht in diesem unendlichen Spiel zu ermitteln. Wir gehen dabei in zwei Schritten vor. Zunächst lösen wir das Gleichgewicht für ein vereinfachtes Spiel. Dieses lösen wir „von hinten", d.h. durch Rückwärtsinduktion.

Das einfachere Spiel ist in Abbildung Q.10 dargestellt. Spieler 1 macht ein Angebot, das Spieler 2 mit einem Gegenangebot kontern kann. Lehnt Spieler 1 dieses Gegenangebot ab, wird ein bestimmtes Ergebnis, das beispielsweise durch Schlichtung entsteht, gewählt. Dieses Ergebnis besteht in den Auszahlungen $\overline{a}_1$ für Spieler 1 und $1 - \overline{a}_1$ für Spieler 2. Aufgrund der Diskontierung ist der Wert allerdings entsprechend geschrumpft.

Dieses Spiel lässt sich von hinten lösen. Dazu treffen wir jedoch eine Vereinbarung:

> Ist ein Spieler indifferent
> zwischen Annahme oder Ablehnung eines Angebotes,
> nimmt er es an.

Gerade bei kontinuierlichen Angeboten ist diese Annahme aus technischen Gründen wichtig, wie Sie sich anhand der nächsten Aufgabe überlegen sollten.

**Übung Q.6.12.** Betrachten Sie ein „Friss oder stirb"-Spiel, bei dem Spieler 1 für sich den Bruchteil $a_1$ mit $0 \leq a_1 \leq 1$ verlangt und dem Spieler 2 den Rest in Höhe von $1 - a_1$ anbietet. Nimmt Spieler 2 an, erfolgt die Aufteilung entsprechend des Vorschlages von Spieler 1; lehnt Spieler 2 ab, erhalten beide die Auszahlung Null. Welche Forderung sollte Spieler 1 stellen, falls Spieler 2 bei Indifferenz ablehnt?

Jetzt können wir das Spiel von hinten lösen:

- Lehnt Spieler 1 das Gegen-Angebot von Spieler 2 ab, erhält er $\delta^2 \overline{a}_1$, bei Annahme des Gegen-Angebots von Spieler 2 dagegen $\delta a_2$. Die Annahme ist für Spieler 1 daher im Falle

$$a_2 \geq \delta \overline{a}_1$$

lohnend.
- Spieler 2 hat auf Stufe 2 zum einen über die Annahme oder Ablehnung des Angebotes durch Spieler 1 zu entscheiden. Lehnt er das Angebot durch Spieler 1 ab, sind zwei Fälle relevant. Entweder bietet Spieler 2 mindestens $a_2 \geq \delta \overline{a}_1$ an und erreicht damit die Annahme durch Spieler 1. Oder Spieler 2 bietet weniger als $\delta \overline{a}_1$ an, was zur Ablehnung durch Spieler 1 führen wird. Möchte Spieler 2 die Annahme des Angebots durch Spieler 1 erreichen, hat er aufgrund der auf Seite 327 erläuterten Voraussetzung keinen Grund, mehr als $\delta \overline{a}_1$ anzubieten. Er wählt dann also

$$a_2 = \delta \overline{a}_1$$

und erhält für sich selbst $\delta (1 - \delta \overline{a}_1)$. Dies ist für Spieler 2 aufgrund von

$$\delta (1 - \delta \overline{a}_1) > \delta^2 (1 - \overline{a}_1)$$

attraktiver als ein Angebot mit $a_2 < \delta \overline{a}_1$.
Nun haben wir noch zu klären, unter welchen Umständen Spieler 2 das Angebot durch Spieler 1 annehmen möchte. Spieler 2 wird die Forderung $a_1$ durch Spieler 1 akzeptieren, falls

$$1 - a_1 \geq \delta (1 - \delta \overline{a}_1) \quad \Leftrightarrow \quad a_1 \leq 1 - \delta (1 - \delta \overline{a}_1)$$

gegeben ist.

- Spieler 1 hat also auf der ersten Stufe die Wahl, das Angebot

$$a_1 = 1 - \delta (1 - \delta \overline{a}_1)$$

zu machen, das Spieler 2 annehmen wird, oder aber für sich selbst mehr zu verlangen, um nach der Ablehnung durch Spieler 2 seinerseits das Angebot $a_2 = \delta \overline{a}_1$ zu akzeptieren. Dieses hat aufgrund der Schrumpfung einen Wert von $\delta^2 \overline{a}_1$. Wegen

$$\delta^2 \overline{a}_1 < 1 - \delta (1 - \delta \overline{a}_1) \Leftrightarrow 0 < 1 - \delta$$

zieht Spieler 1 vor, ein Angebot zu unterbreiten, dessen Annahme sich für Spieler 2 lohnt.

**Die Rückwärtsinduktion für das Rubinsteinspiel.** Für das dreistufige Spiel haben wir ermittelt, dass die auf Stufe 1 von Spieler 1 gestellte Forderung

$$a_1 = 1 - \delta (1 - \delta \overline{a}_1)$$

von Spieler 2 sofort zu akzeptieren ist. Nach dieser Vorarbeit können wir uns an das unendliche Spiel wagen. Dabei benutzen wir wiederum die Idee des Von-hinten-Lösens. Direkt anzuwenden ist das Verfahren jedoch nicht, weil es keine letzte Stufe des (unendlichen!) Spiels gibt.

Ein Trick hilft uns jetzt weiter: Wir überlegen uns, dass Spieler 1 auf Stufe 3 in der gleichen Lage ist wie auf Stufe 1: er sieht sich einer unendlichen Folge von Geboten und Gegengeboten gegenüber. Er kann also in der dritten Stufe soviel erwarten, wie er selbst im Gleichgewicht auf der ersten Stufe fordert. Denn schließlich muss er im Gleichgewicht eine Forderung erheben, die der andere Spieler akzeptiert. Aus dieser Überlegung heraus ersetzen wir $\overline{a}_1$ durch $a_1$ und erhalten zunächst

$$a_1 = 1 - \delta (1 - \delta a_1)$$

und nach einigen leichten Umformungen

$$a_1 = \frac{1 - \delta}{1 - \delta^2} = \frac{1 - \delta}{(1 - \delta)(1 + \delta)} = \frac{1}{1 + \delta}.$$

Falls Sie diesem Trick nicht trauen, können Sie sich vielleicht folgender Argumentation eher anschließen. Die Idee besteht darin, den Schlichterspruch von der 3. Stufe in die 5. Stufe zu verschieben. Und dann in die 7. Stufe. Lautet der Schlichterspruch der 5. Stufe $\overline{a}_1$, kann Spieler 1 in der dritten Stufe

$$1-\delta\left(1-\delta\overline{a}_1\right)$$

verlangen, und dies wird von Spieler 2 akzeptiert. Daher kann Spieler 1 in der ersten Stufe

$$1-\delta\left(1-\delta\left(1-\delta\left(1-\delta\overline{a}_1\right)\right)\right)=1-\delta+\delta^2-\delta^3+\delta^4\overline{a}_1$$

verlangen. Verschieben wir den Schlichterspruch in die 7. Stufe, kann Spieler 1 in der ersten Stufe somit

$$\begin{aligned}1-\delta\left(1-\delta\left(1-\delta\left(1-\delta\left(1-\delta\left(1-\delta\overline{a}_1\right)\right)\right)\right)\right)&=1-\delta+\delta^2-\delta^3+\\&\quad+\delta^4-\delta^5+\delta^6\overline{a}_1\end{aligned}$$

verlangen. Man sieht (und kann nun mit Hilfe der vollständigen Induktion zeigen), dass mit der Verschiebung des Schlichterspruches in spätere Stufen dieser immer weniger Einfluss auf die Lösung hat. Lässt man die Stufe des Schlichterspruches gegen unendlich gehen, erhält man die Forderung von Spieler 1 als Grenzwert der unendlichen geometrischen Reihe

$$\begin{aligned}&1-\delta+\delta^2-\delta^3+\delta^4-\delta^5+\delta^6-\delta^7+\delta^8-+\ldots\\&\qquad=\frac{1}{1-(-\delta)}=\frac{1}{1+\delta}\end{aligned}$$

und somit das bekannte Ergebnis. Bei der Berechnung der unendlichen geometrischen Reihe kann man für Faktoren, die im Betrag kleiner als 1 sind, so vorgehen:

$$\text{unendliche geometrische Reihe}=\frac{\text{Anfangsglied}}{1-\mathit{Faktor}}.$$

Mit $a_1$ haben wir noch nicht die Strategie von Spieler 1 ermittelt. Diese muss nicht nur besagen, was Spieler 1 verlangt, wenn er ein Angebot macht, sondern auch, unter welchen Bedingungen er ein Angebot annimmt. Da ein Angebot von Spieler 2 in Höhe von $\delta a_1$ „heute" ihm genauso viel wert ist, wie $a_1$ „morgen", lautet die Strategie für Spieler 1 ausführlich:

| Mache immer das Angebot $\frac{1}{1+\delta}$, nimm jedes Angebot an, das mindestens $\delta\frac{1}{1+\delta}$ beträgt, lehne jedes Angebot ab, das weniger als $\delta\frac{1}{1+\delta}$ beträgt! |
|---|

Die Strategie von Spieler 2 lautet dagegen:

| Mache immer das Angebot $\delta\frac{1}{1+\delta}$, nimm jedes Angebot an, das höchstens $\frac{1}{1+\delta}$ beträgt, lehne jedes Angebot ab, das mehr als $\frac{1}{1+\delta}$ beträgt! |
|---|

Es bleibt noch zu prüfen, ob diese Strategien der Spieler tatsächlich ein Gleichgewicht bilden. In Anbetracht der Strategie von Spieler 1 kann Spieler 2 sofort

$$1 - \frac{1}{1+\delta}$$

erhalten, indem er auf das Angebot eingeht, oder aber in der nächsten Runde selbst ein Angebot macht und, bestenfalls,

$$\delta\left(1 - \delta\frac{1}{1+\delta}\right)$$

realisieren. Verzögert sich die Einigung weiter, sind die Auszahlungen aufgrund der Diskontierung noch geringer. Die beiden genannten Auszahlungen sind jedoch gleich (es gilt nämlich $\delta\left(1 - \delta\frac{1}{1+\delta}\right) - \left(1 - \frac{1}{1+\delta}\right) = 0$) , so dass Spieler 2 akzeptieren kann; dies schlägt ihm seine Strategie vor. Die Strategie des Spielers 2 ist also eine beste Antwort auf die Strategie des Spielers 1.

**Übung Q.6.13.** Ist die Strategie von Spieler 1 eine beste Antwort auf die Strategie von Spieler 2?

Schließlich haben wir die Frage zu stellen, ob nicht das obige Gleichgewicht in ähnlicher Weise wie das $\alpha$-Gleichgewicht auf Drohungen, deren Wahrmachung nicht im Interesse der Drohenden liegt, beruht.

Wäre es, beispielsweise, im Interesse von Spieler 1, Angebote anzunehmen, die geringfügig unter $\delta\frac{1}{1+\delta}$ liegen? Nein. Falls sich im Widerspruch zu den gegebenen Strategien die Situation ergeben sollte, dass Spieler 2 ein Angebot

$$a_2 < \delta\frac{1}{1+\delta}$$

macht, so lohnt sich für Spieler 1 die Ablehnung, denn sein Gegenangebot entsprechend seiner Strategie bringt ihm, durch die Schrumpfung,

$$\delta\frac{1}{1+\delta}.$$

Nach diesen Rechnereien können wir die ökonomische Interpretation des Ergebnisses ernten: Der Anteil von Spieler 1 ist umso größer, je ungeduldiger die Spieler sind. Ist Spieler 2 sehr ungeduldig, wird er auch ein „schlechtes" Angebot von Spieler 1 akzeptieren. Sind die Spieler sehr geduldig, verschwindet der Anfangsvorteil von Spieler 1; beide bekommen dann die Hälfte des Kuchens.

Das Modell wäre noch schöner, wenn man mit unterschiedlichen Diskontsätzen bzw. Ungeduldigkeitswerten, $\delta_1$ für Spieler 1 und $\delta_2$ für Spieler 2, arbeiten könnte. Tatsächlich ist diese Erweiterung gar nicht schwer. Bearbeiten Sie dazu die beiden folgenden Aufgaben.

**Übung Q.6.14.** Ersetzen Sie in Abbildung Q.10 $\delta$ durch $\delta_1$ bzw. $\delta_2$ und ermitteln Sie die Forderung von Spieler 1 für dieses modifizierte Spiel! Wenden Sie dann wiederum den Trick $\overline{a}_1 = a_1$ an und ermitteln Sie das Angebot von Spieler 1, das Spieler 2 nicht ablehnen wird!

**Übung Q.6.15.** Interpretieren Sie die Ergebnisse der vorangegangenen Frage für die beiden Fälle (a) $\delta_1 > 0$, $\delta_2 = 0$ bzw. (b) $\delta_1 = 0$, $\delta_2 > 0$!

## Q.7 Lösungen

**Übung Q.1.1.** $S_2$ enthält $2^4 = 16$ Elemente.

**Übung Q.1.2.** Diese Strategie entspricht dem Tupel $\lfloor$ab, ab, ab, ab$\rfloor$.

**Übung Q.1.3.** Das Spiel hat fünf Teilspiele, das Gesamtspiel und vier echte Teilspiele.

**Übung Q.1.4.** Das zweite, durch Rückwärtsinduktion gewonnene Gleichgewicht lautet $(\lfloor 1 \rfloor, \lfloor \text{ab, an, an, an} \rfloor)$.

**Übung Q.1.5.** Spieler 1 bietet Spieler 2 drei Taler an. Dieser lehnt jedes Angebot ab, das ihm nicht drei Taler lässt.

**Übung Q.1.6.** Spieler 1 verfügt über vier Strategien: Seine Strategiemenge lautet $\{\lfloor \text{u, u} \rfloor, \lfloor \text{u, w} \rfloor, \lfloor \text{w, u} \rfloor, \lfloor \text{w, w} \rfloor\}$.

**Übung Q.1.7.** Spieler 1 kann sich verbessern (von 3 auf 4), indem er die Aktion w bzw. die Strategie $\lfloor \text{w} \rfloor$ wählt.

**Übung Q.3.1.** Der Definitionsbereich für $u$ in $(V, I, \iota, u)$ ist die Menge der Endverläufe $E \subset V$. In $(I, S, u)$ ist er gleich der Menge der Strategiekombinationen $S$.

**Übung Q.3.2.** Spieler 1 kann keine profitable Abweichungsmöglichkeit finden, weil Spieler 2 nur annimmt, falls ihm mindestens 2 angeboten wird. Spieler 1 würde sich bei jeder anderen Strategie von 1 auf 0 verschlechtern. Spieler 2 erhält bei der angegebenen Strategiekombination die Auszahlung 2. Diese Auszahlung erhält er bei jeder Strategie, die die Aktion an beim Angebot von 2 vorsieht. Bei jeder Strategie, die die Aktion ab beim Angebot von 2 vorsieht, verschlechtert sich Spieler 2 auf 0.

**Übung Q.4.1.** Nein, das gilt nicht. Im Teilspiel heißen die Spieler so, wie sie im gesamten Spiel hießen. Durch Umbenennung ließe sich $I|_v = \{1, 2, ..., |I|_v|\}$ herstellen, aber dies wäre wohl kein Vorteil.

**Übung Q.4.2.** Wir hatten in einer vorangehenden Aufgabe festgestellt, dass diese Strategiekombination ein Gleichgewicht darstellt. Sie ist jedoch nicht teilspielperfekt. Denn sie sieht vor, dass Spieler 2 beim Angebot 1 ablehnt, obwohl die Annahme für ihn vorteilhaft wäre.

Dies können wir auch formaler ausdrücken. Sei $v = \langle 1 \rangle$ der Entscheidungsknoten aus $D_2$, der sich ergibt, wenn Spieler 1 die Aktion 1 gewählt hat. $v$ definiert ein Teilspiel. Für dieses Teilspiel gilt

1. $V|_v = \{o|_v, \langle \text{an} \rangle, \langle \text{ab} \rangle\}$ mit $D|_v = o|_v$,
2. $I|_v = \{2\}$,
3. $\iota|_v(o|_v) = 2$,
4. $u|_v(\langle \text{an} \rangle) = 1$, $u|_v(\langle \text{ab} \rangle) = 0$.

Die Einschränkung von $\lfloor$ab, ab, an, an$\rfloor$ auf dieses Teilspiel ist $\lfloor$ab,ab,an,an$\rfloor|_v = \lfloor$ab$\rfloor$. Diese Strategie ist kein Gleichgewicht in $\Gamma(v)$, weil sich Spieler 2 durch einseitiges Abweichen verbessern kann; er erhält dann nämlich die Auszahlung 1 anstelle von 0.

**Übung Q.5.1.** Im ersten Fall (Annahme) ergibt sich der Rückwärtsinduktions-Pfad $\langle 0, \text{an} \rangle$ mit der Strategie $\lfloor 0 \rfloor$ vom Spieler 1 und der Strategie $\lfloor$an, an, an, an$\rfloor$ vom Spieler 2, während im zweiten Fall (Ablehnung) der Rückwärtsinduktions-Pfad $\langle 1, \text{an} \rangle$ mit der Strategie $\lfloor 1 \rfloor$ vom Spieler 1 und der Strategie $\lfloor$ab, an, an, an$\rfloor$ vom Spieler 2 resultiert.

**Übung Q.6.1.** Im Teil II dieses Buches waren mit $x_1$ und $x_2$ Strategien gemeint und $u_1(x_1, x_2)$ die Auszahlung für Spieler 1 bei der Strategiekombination $(x_1, x_2)$. Hier ist $\langle x_1, x_2 \rangle$ ein Endverlauf und $u_1$ die Auszahlung für Spieler 1 bei diesem Verlauf.

**Übung Q.6.2.** Man muss zum einen berücksichtigen, dass nur Spieler 2 seine Ausbringungsmenge von derjenigen von Spieler 1 abhängig machen kann. Zum anderen muss eine Strategie von Spieler 2 für jede Ausbringungsmenge von Spieler 1 eine Aktion vorsehen. Daraus ergibt sich: (a) ja, (b) nein, (c) nein, (d) ja.

**Übung Q.6.3.** Um die gewinnmaximale Ausbringungsmenge $x_1^S$ im Stackelberg-Fall berechnen zu können, muss sich Unternehmen 1 im Zuge der Rückwertsinduktion zunächst überlegen, wie das Unternehmen 2 auf jede Ausbringungsmenge $x_1 \in [0, \infty)$ seinerseits reagieren wird:

$$B_2(x_1) = \arg\max_{x_2}(a - b(x_1 + x_2) - c)x_2 = \frac{a-c}{2b} - \frac{1}{2}x_1$$

Diese Reaktionsfunktion von Unternehmen 2 setzt nun Unternehmen 1 in seine Gewinnfunktion ein und berechnet

$$\begin{aligned} x_1^S &= \arg\max_{x_1}\left(a - b\left(x_1 + \frac{a-c}{2b} - \frac{1}{2}x_1\right) - c\right)x_1 \\ &= \arg\max_{x_1}\frac{1}{2}(a - x_1 b - c)\,x_1 \\ &= \frac{a-c}{2b} \end{aligned}$$

Durch Einsetzen von $x_1^S$ in die Reaktionsfunktion von Unternehmen 2 ergibt sich die Ausbringungsmenge von Unternehmen 2 im Stackelberg-Modell:

$$x_2^S = B_2\left(x_1^S\right) = \frac{1}{4}\frac{a-c}{b}.$$

**Übung Q.6.4.** Das erste, vierte und fünfte Tupel sind Gleichgewichte, das zweite und dritte nicht:

1. $\left(x_1^C, x_2^C\right)$ stellt ein Gleichgewicht dar; Spieler 2 wählt eine konstante Strategie: unabhängig von der Wahl von Spieler 1 wählt er die Ausbringungsmenge $x_2^C$. Es ist jedoch nicht teilspielperfekt, weil Spieler 2 bei einer Ausbringungsmenge ungleich $x_1^C$ nicht $x_2^C$ als beste Antwort hat.
2. Das Strategiepaar $\left(x_1^S, B_2\left(x_1^S\right)\right)$ führt zu denselben Aktionen wie das Strategiepaar $\left(x_1^S, B_2\right)$. Letzteres ist jedoch ein Gleichgewicht, während bei ersterem Spieler 1 keine beste Antwort gibt. Eine beste Antwort auf $B_2\left(x_1^S\right) = \frac{1}{4}\frac{a-c}{b}$ ist nämlich $B_1\left(\frac{1}{4}\frac{a-c}{b}\right) = \frac{1}{2}\frac{a-c}{b} - \frac{1}{2}\left(\frac{1}{4}\frac{a-c}{b}\right) = \frac{3}{8}\frac{a-c}{b}$.
3. Beim dritten Tupel gibt Spieler 2 keine beste Antwort.
4. Das vierte Tupel ist ein Gleichgewicht! In Anbetracht der Drohung von Spieler 2, die Ausbringungsmenge auf $\frac{a-c}{b}$ zu setzen (was allein den Preis bis auf die Durchschnittskosten sinken ließe), ist es am besten für Spieler 1, die Ausbringungsmenge $\frac{1}{4}\frac{a-c}{b}$ zu wählen, um einen positiven Gewinn realisieren zu können. Die gewinnmaximale Ausbringungsmenge bei $x_1 = \frac{1}{4}\frac{a-c}{b}$ ist für Spieler 2 gleich $x_2 = \frac{3}{8}\frac{a-c}{b}$; die angegebene Strategie leistet dies, falls Spieler 1 der Drohung Glauben schenkt. Die Strategiekombination ist nicht teilspielperfekt.
5. Auch das fünfte Tupel ist ein Gleichgewicht, wenngleich auch nicht teilspielperfekt. Hier realisiert Spieler 2 die Monopolmenge und den Monopolgewinn. Er erreicht dies durch die Drohung, die Menge $\frac{a-c}{b}$ auszubringen, falls Spieler 1 eine positive Ausbringungsmenge wählt. Spieler 1 hat somit die Wahl zwischen dem Gewinn von Null (bei Wahl der Aktion 0) und einem Verlust (bei Wahl einer positiven Ausbringungsmenge).

**Übung Q.6.5.** Tja, ich weiß nicht, ob Ihre Strategie „vernünftig" ist; leider ist nicht einmal klar, ob die folgenden Ausführungen hilfreich für eine vernünftige Entscheidung sind.

**Übung Q.6.6.** Das teilspielperfekte Ergebnis sieht vor, dass Spieler 1 an seinem ersten Knoten nach unten zieht.

**Übung Q.6.7.** Die ersten beiden Tupel sind Gleichgewichte, das letzte nicht.

**Übung Q.6.8.** Bei allen Nash-Gleichgewichten beendet Spieler 1 das Spiel sofort. Natürlich kann man diese Aktion durch die Tatsache, dass sie in allen Gleichgewichten und auch im teilspielperfekten Gleichgewicht erfolgt, begründen. Allerdings könnte Spieler 1 den Glauben von Spieler 2 an das allgemeine Wissen von Rationalität erschüttern. Und dann würden beiden Spieler „eine Zeitlang" die Aktion w wählen. Klar ist auch, dass der rationale Spieler 2, wenn er denn an den letzten Knoten gelangt die Aktion $u$ zu wählen hat. Und falls Spieler 1 dies voraussieht, ... .

**Übung Q.6.9.** Man müsste $[0,1]$ durch $\{\langle w\rangle : w \in [0,1]\}$ ersetzen.

**Übung Q.6.10.** Der potentielle Straftäter wird (sollte?) die Straftat begehen, falls die Wahrscheinlichkeit der Kontrolle geringer als $\frac{1}{F}$ ist; er sollte sich gesetzteskonform verhalten, falls die Wahrscheinlichkeit der Kontrolle größer als $\frac{1}{F}$ ist; er ist indifferent, falls die Wahrscheinlichkeit der Kontrolle genau gleich $\frac{1}{F}$ ist. Also lässt sich seine beste Antwort so schreiben:

$$\begin{cases} \{\lfloor \text{B} \rfloor\}, & \text{falls } w < \frac{1}{F}, \\ \{\lfloor \text{B} \rfloor, \lfloor \text{kB} \rfloor\}, & \text{falls } w = \frac{1}{F}, \\ \{\lfloor \text{kB} \rfloor\}, & \text{falls } w > \frac{1}{F}. \end{cases}$$

**Übung Q.6.11.** Diese beiden Strategien bilden ein Gleichgewicht. Spieler 1 wird in diesem Gleichgewicht sein Angebot $a_1 = \alpha$ sofort angenommen finden. Da Spieler 1 mindestens $\alpha$ für sich fordert und Spieler 2 höchstens $\alpha$ zu akzeptieren bereit ist (so dass er dann $1-\alpha$ für sich erhält), wird ein anderes Angebot Spieler 1 entweder sofort weniger bringen ($a_1 < \alpha$) oder aber zu einer Ablehnung und damit zu einer Schrumpfung des Kuchens führen. Auch in späteren Perioden kann Spieler 1 auf maximal $\alpha$ hoffen, dann jedoch entsprechend reduziert. In ähnlicher Weise macht man sich klar, dass auch Spieler 2 nichts durch eine andere Strategie gewinnen kann.

**Übung Q.6.12.** Falls der Spieler 2 das Angebot auch dann akzeptiert, falls ihm gar nichts verbleibt ($a_1 = 1$), kann Spieler 1 im Gleichgewicht alles für sich fordern. Falls jedoch Spieler 2 die Strategie hat, nur bei einem Betrag von $1 - a_1 > 0$ anzunehmen, wird die Analyse mathematisch kompliziert. Denn dann ist es für Spieler 1 optimal, einen maximalen Betrag für sich zu fordern, der jedoch kleiner als Eins sein muss. In der üblichen Mathematik reeller Zahlen gibt es einen solchen Betrag nicht. Man kann jedoch einen sehr kleinen Betrag wählen, der Spieler 2 zur Annahme bewegt. Und aus dieser Perspektive ist es dann verständlich, dass man bei Indifferenz des Spielers annimmt, er nähme das Angebot an.

**Übung Q.6.13.** Spieler 1 kann das Angebot $\frac{1}{1+\delta}$ machen und sofort diese Auszahlung erhalten. Macht er ein niedrigeres Angebot, erhält er entsprechend weniger. Macht er ein höheres Angebot, lehnt Spieler 2 ab. Dann unterbreitet Spieler 2 das Angebot $\delta\frac{1}{1+\delta}$. Dieses Angebot ist aufgrund des Faktors $\delta < 1$ weniger attraktiv als das, was Spieler 1 durch das Angebot von $\frac{1}{1+\delta}$ hätte erreichen können. Eine Ablehnung führt ihn auch nicht weiter, weil er dann wiederum selbst ein Angebot zu machen hat und der Schrumpfungsprozess mittlerweile fortgeschritten ist. Die Strategie von Spieler 1 ist also eine beste Antwort auf die Strategie von Spieler 2.

**Übung Q.6.14.** Nach Ersetzen von $\delta$ durch $\delta_1$ bzw. $\delta_2$ erhält man Abbildung Q.11. Wir können dieses Spiel wiederum von hinten lösen und erhalten:

- Lehnt Spieler 1 das Gegen-Angebot von Spieler 2 ab, so lauten die Auszahlungen
$$\left(\delta_1^2\overline{a}_1, \delta_2^2\left(1 - \overline{a}_1\right)\right).$$
- Wegen
$$\delta_1 a_2 \geq \delta_1^2\overline{a}_1 \Leftrightarrow a_2 \geq \delta_1\overline{a}_1$$
wird Spieler 2 auf Stufe 2 genau $\delta_1\overline{a}_1$ anbieten, um Spieler 1 zur Annahme zu bewegen. Die Auszahlungen betragen dann auf Stufe 2

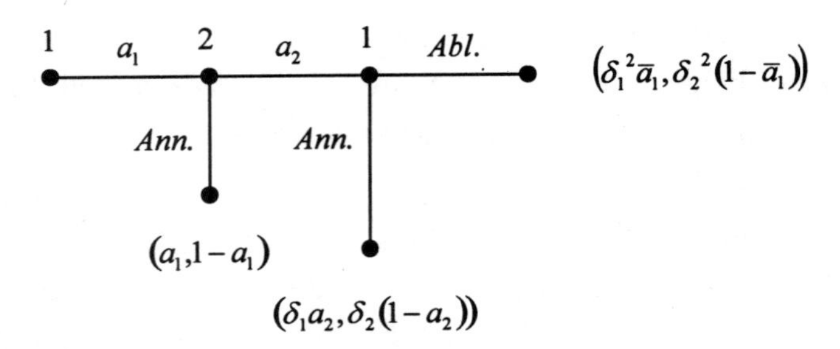


**Abbildung Q.11.** Das endliche Rubinsteinspiel mit unterschiedlicher Geduld

$$\left(\delta_1^2\overline{a}_1, \delta_2\left(1-\delta_1\overline{a}_1\right)\right).$$

- Spieler 1 wird nun seinerseits ein Angebot $(1-a_1)$ unterbreiten, so dass Spieler 2 anzunehmen gewillt ist:

$$1-a_1 \geq \delta_2\left(1-\delta_1\overline{a}_1\right) \Leftrightarrow a_1 \leq 1-\delta_2\left(1-\delta_1\overline{a}_1\right).$$

Das Angebot $1-a_1 = \delta_2\left(1-\delta_1\overline{a}_1\right)$ kann Spieler 2 akzeptieren, und auf diese Weise wird das erste Angebot von Spieler 1 von Spieler 2 sofort akzeptiert.

Setzt man wiederum im unendlichen Rubinsteinspiel $a_1 = \overline{a}_1$, so ergibt sich

$$a_1 = 1-\delta_2\left(1-\delta_1 a_1\right) \Leftrightarrow a_1 = \frac{1-\delta_2}{1-\delta_1\delta_2}.$$

Für $\delta_1 = \delta_2$ ergibt sich wiederum das im Lehrtext angegebene Ergebnis. Offenbar wächst der Anteil $a_1$ von Spieler 1 mit dessen Geduld. Nicht ganz so leicht zu sehen, aber mit Hilfe der Ableitung von $a_1$ nach $\delta_2$ ermittelbar, ergibt sich, dass der Anteil von Spieler 1 umso höher ist, je größer die Ungeduld des anderen Spielers ist.

**Übung Q.6.15.** Ist Spieler 2 so ungeduldig, dass das betreffende Gut ihm nichts bringt, wenn er es nicht sofort konsumieren kann, so muss er auf jedes Angebot von Spieler 1 eingehen. Er erhält dann im Extremfall

$$1-a_1 = 1-\frac{1-\delta_2}{1-\delta_1\delta_2} = 1-\frac{1}{1} = 0.$$

Ist umgekehrt Spieler 1 sehr ungeduldig, so weiß er, dass er jedes Gegenangebot von Spieler 2 wird annehmen müssen. Er unterbreitet daher die sehr bescheidene Forderung von lediglich

$$a_1 = \frac{1 - \delta_2}{1 - \delta_1\delta_2} = 1 - \delta_2.$$

# R. Spiele bei imperfekter Information mit Zügen der Natur

## R.1 Einführendes und ein Beispiel

In diesem Kapitel geht es um die Modellierung imperfekter Information in Spielen. Die imperfekte Information rührt dabei von Zügen der Natur, Zügen der anderen Spieler oder eigenen Zügen her. Hauptsächlich behandeln wir Unsicherheit, die die Natur auslöst.

Dazu betrachte man ein einfaches Beispiel, eine Variante einer Übungsaufgabe in OSBORNE/RUBINSTEIN (1994, S. 28). Zwei Spieler 1 und 2 erhalten jeweils ein Ticket, auf dem ein Geldbetrag 1 oder 2 steht, den sie sich auszahlen lassen können. Der Zufall entscheidet, welches Ticket sie erhalten. Dabei ist den Spielern lediglich die Zahl auf dem eigenen Ticket bekannt, gleichzeitig wissen sie allerdings, dass die a-priori-Wahrscheinlichkeiten für die Zahlen für jeden von ihnen durch $\overline{w}(1) > 0, \overline{w}(2) > 0$ mit $\overline{w}(1) + \overline{w}(2) = 1$ gegeben sind. Man sagt dann, dass die Spieler vom Typ 1 (bei Erhalt des Tickets mit dem Geldbetrag 1) oder vom Typ 2 (Geldbetrag 2) sind. Die Spieler haben vor der Auszahlung die Möglichkeit, ihr Ticket mit dem des anderen Spielers zu tauschen. Ihnen stehen Aktionen b für Behalten des eigenen Tickets oder a für Austauschen gegen das andere Ticket zur Verfügung. Zu einem Tausch kommt es nur dann, wenn beide Spieler die Aktion a wählen. Sie erhalten dann die Auszahlung, die auf dem Ticket des anderen Spielers steht. Eine Strategie in diesem Spiel ist eine Abbildung, die jedem Typ aus $\{1, 2\}$ eine Aktion aus $\{\text{a, b}\}$ zuordnet.

**Übung R.1.1.** Geben Sie die Strategienmenge für Spieler 1 an!

Auf der Suche nach dem Gleichgewicht betrachte man Abbildung R.1, die die erwarteten Auszahlungen der Spieler in Abhängigkeit

| | | Spieler 2 | | | |
|---|---|---|---|---|---|
| | | $\lfloor$a, a$\rfloor$ | $\lfloor$a, b$\rfloor$ | $\lfloor$b, a$\rfloor$ | $\lfloor$b, b$\rfloor$ |
| | $\lfloor$a, a$\rfloor$ | $(1,5;1,5)$ | $(1,25;1,75)$ | $(1,75;1,25)$ | $(1,5;1,5)$ |
| Spie- | $\lfloor$a, b$\rfloor$ | $(1,75;1,25)$ | $(1,5;1,5)$ | (?, ?) | (?, ?) |
| ler 1 | $\lfloor$b, a$\rfloor$ | $(1,25;1,75)$ | (?, ?) | (?, ?) | (?, ?) |
| | $\lfloor$b, b$\rfloor$ | $(1,5;1,5)$ | (?, ?) | (?, ?) | (?, ?) |

**Abbildung R.1.** Erwartete Auszahlungen

von allen möglichen Strategiekombinationen darstellt. Dabei wurde $\overline{w}(1) = \overline{w}(2) = \frac{1}{2}$ vorausgesetzt. So errechnet man beispielsweise die erwartete Auszahlung von Spieler 1 bei der Strategiekombination $(\lfloor \text{a, b} \rfloor, \lfloor \text{a, a} \rfloor)$ als

$$0,5 \underbrace{(0,5 \cdot 1 + 0,5 \cdot 2)}_{\substack{\text{Erwartete Auszahlung} \\ \text{für Typ 1 des Spielers 1}}} + 0,5 \cdot \underbrace{2}_{\substack{\text{Auszahlung} \\ \text{für Typ 2 des Spielers 1}}} = 1,75.$$

Spieler 1 ist bereit zu tauschen, wenn er vom Typ 1 ist. Dann erhält er entweder die 1 vom Spieler 2, wenn dieser, mit der Wahrscheinlichkeit 0, 5, ebenfalls vom Typ 1 ist, oder die 2 vom Spieler 2, wenn dieser, mit der Wahrscheinlichkeit 0, 5, vom Typ 2 ist. Spieler 1 ist nicht bereit zu tauschen, wenn er vom Typ 2 ist.

**Übung R.1.2.** Vervollständigen Sie bitte Abbildung R.1 und finden Sie die Gleichgewichte.

In diesem Kapitel definieren wir in Abschnitt R.2 in allgemeiner Form extensive Spiele bei imperfekter Information mit Zügen der Natur. Erst im folgenden Abschnitt R.3 schränken wir die betrachtete Spielklasse auf die Bayes'schen Spiele ein: Hier zieht die Natur zuerst (die Typenfestlegung) und anschließend legen die Spieler simultan ihre Aktionen fest. Das soeben diskutierte Austauschspiel ist ein Bayes'sches Spiel. Ökonomisch relevante Beispiele für Bayes'sche Spiele liefert Abschnitt R.4. Schließlich können wir in Abschnitt R.5 Bayes'-sche Spiele dazu nutzen, um gemischte Gleichgewichte in Matrixspielen (siehe Kapitel L) aus einem anderen Blickwinkel zu betrachten.

Wir schließen diese Einführung mit einem kurzen Ausblick auf das nächste Kapitel, das eng an dieses anschließt. Dort nehmen wir an, dass die Spieler durch einen Kommunikationsmechanismus bestimmte Signale erhalten und dass Unsicherheit über die Signale, die den jeweils anderen Spielern gesandt werden, besteht. Die Signalkombinationen sind gerade die Typenkombinationen dieses Kapitels; insofern handelt es sich um eine weitere Anwendung Bayes'scher Spiele.

## R.2 Definitionen und Theoreme

Die formalen Bestandteile für ein Spiel in extensiver Form bei imperfekter Information mit Zügen der Natur haben wir bereits in vorangehenden Kapiteln kennen gelernt. Wir haben sie hier lediglich zusammenzufügen. Die Menge der Entscheidungspfade $D$ ist in $n+1$ Mengen zu partitionieren, in die Menge $D_0$ der Entscheidungspfade der Natur und in die $n$ Mengen $D_i$ der Entscheidungspfade der Spieler $i = 1, ..., n$. Wie bei den Entscheidungssituationen in extensiver Form mit Zügen der Natur (siehe Kapitel O) ist anzugeben, mit welchen Wahrscheinlichkeiten die Natur die Aktionen wählt.

**Definition R.2.1 (Spiel).** *Ein Spiel in extensiver Form bei imperfekter Information mit Zügen der Natur ist ein Tupel*

$$\Gamma = \left(V, I, \iota, \beta_0, u, (\mathcal{P}_i)_{i \in I}\right).$$

*Hierbei ist $V$ eine Menge von Verläufen, die als disjunkte Vereinigung der Entscheidungspfade ($D$) und der Endpfade ($E$) geschrieben werden kann. $I$ ist die Menge der Spieler und $\iota$ ist eine Abbildung*

$$D \to \{0\} \cup I,$$

*die jeden Entscheidungsknoten entweder der Natur (0) oder aber einem der Spieler zuordnet. $\beta_0$ ist eine Verhaltensstrategie der Natur, d.h. $\beta_0^v$ ist für alle $v$ mit $\iota(v) = 0$ eine Wahrscheinlichkeitsverteilung auf*

*$A(v)$. $u$ ist eine Funktion $E \to \mathbb{R}^n$. Für jeden Spieler $i$ aus $I$ ist $\mathcal{P}_i$ eine Partition der Menge $D_i \subset V$ mit folgender Eigenschaft: Für alle Entscheidungsknoten $v$ und $v'$ aus $D_i$ mit $\mathcal{P}_i(v) = \mathcal{P}_i(v')$ gilt $A(v) = A(v')$.*

Die Definition für Strategien muss nun zusätzlich den Informationsstand der Spieler berücksichtigen.

**Definition R.2.2 (Strategie).** *Im Spiel $\Gamma = \left(V, I, \iota, \beta_0, u, (\mathcal{P}_i)_{i\in I}\right)$ sind Strategien für Spieler $i \in I$ Abbildungen der Form*

$$s_i : D_i \to A_i, \quad v \mapsto s_i(v),$$

*mit*

$$s_i(v) \in A_i(v),$$

*die zudem*

$$s_i(v) = s_i\left(v'\right) \text{ für alle } v, v' \text{ aus } D_i \text{ mit } \mathcal{P}_i(v) = \mathcal{P}_i\left(v'\right)$$

*erfüllen.*

Auch in diesem Kapitel können wir gemischte Strategien und Verhaltensstrategien definieren. Bei der Definition von Verhaltensstrategien hat man Obacht zu geben, dass die Wahrscheinlichkeitsverteilungen bei Entscheidungsknoten, die die Spieler nicht unterscheiden können, identisch zu sein haben. Man erhält also:

**Definition R.2.3 (Verhaltensstrategie).** *Im Spiel $\Gamma = (V, I, \iota, \beta_0, u, (\mathcal{P}_i)_{i\in I})$ heißt ein Vektor*

$$\beta_i = (\beta_i^v)_{v\in D_i},$$

*der $\beta_i^v \in W(A_i(v))$ für alle $v \in D_i$ und zudem*

$$\beta_i^v = \beta_i^{v'} \text{ für alle } v, v' \text{ aus } D_i \text{ mit } \mathcal{P}_i(v) = \mathcal{P}_i\left(v'\right)$$

*erfüllt, eine Verhaltensstrategie für Spieler $i$.*

Wir merken ohne Beweis das Ergebnis an:

**Theorem R.2.1.** *Für Spiele* $\Gamma = \left(V, I, \iota, \beta_0, u, (\mathcal{P}_i)_{i\in I}\right)$ *mit* $|V| < \infty$ *und perfekter Erinnerung besteht Ergebnisäquivalenz zwischen gemischten und Verhaltensstrategien.*

Dabei hat man perfekte Erinnerung ganz ähnlich wie in Kapitel P zu definieren. Allerdings nimmt man für jeden der Spieler dessen eigene Informationsmengen und dessen eigene Aktionen.

## R.3 Bayes'sche Spiele

### R.3.1 Definition

Wir befassen uns nun mit einer speziellen Variante von Spielen in extensiver Form bei imperfekter Information mit Zügen der Natur, den so genannten Bayes'schen Spielen. Dies sind Spiele, bei denen die Natur zunächst die so genannten „Typen" festlegt.

Jeder Spieler $i$ hat einen oder mehrere Typen; die Menge der Typen für Spieler $i$ bezeichnen wir mit $T_i$ und die Menge der Kombinationen der Typen mit $T = \times_{i\in I} T_i$. Jeder Spieler $i$ kennt seinen eigenen Typ, $t_i$, ist jedoch unsicher über die Typen der anderen Spieler, d.h. über $t_{-i} \in T_{-i}$. Die Verhaltensstrategie $\beta_0$ belegt jede Typenkombination $t$ aus $T$ mit einer Wahrscheinlichkeit, die mit $\beta_0(t)$ bezeichnet wird.

In allen Spielen, die wir in diesem Kapitel betrachten werden, zieht die Natur genau einmal und die Spieler ebenfalls. Die Spieler ziehen dabei „simultan", nachdem sie dem Zug der Natur die Information entnehmen konnten, die sie selbst betreffen. Für die Züge der Natur gilt demnach

$$A(o) = A_0(o) = A_0 = T$$

und für die Züge der Spieler $i \in I$ an einem Knoten $v$ aus $D_i$

$$A_i(v) = A_i.$$

Auch in den Bayes'schen Spielen ist der Begriff der Strategie von dem der Aktion genau zu trennen. Mit $A_i$ ist die Aktionsmenge von Spieler $i$ und mit $A = \times_{i\in I} A_i$ die Menge der Aktionenkombinationen der Spieler aus $I$ gemeint. Man beachte, dass $A_i$ für jeden Spieler und nicht etwa für jeden Typ eines Spielers definiert ist. Unzulässigen Aktionen für einen Spielertyp kann man wieder hohe negative Auszahlungen zuordnen.

Der Nutzen $u_i(e)$ in Abhängigkeit vom Endverlauf $e$ hängt in Bayes'schen Spielen von den gewählten Aktionen aller Spieler und der Typkombination ab. Wir können also den Nutzen von Spieler $i$ durch die Auszahlungsfunktion $u_i$ mit

$$u_i : A \times T \to \mathbb{R}$$

angeben. Damit erhalten wir anstelle von

$$\Gamma = (V, I, \iota, \beta_0, u, \mathcal{P})$$

vereinfachend das Bayes'sche Spiel

$$\begin{aligned} \Gamma^B &= \left(I, (T_i)_{i\in I}, (A_i)_{i\in I}, \beta_0, (u_i)_{i\in I}\right) \\ &= \left(I, T, A, \beta_0, (u_i)_{i\in I}\right), \end{aligned}$$

wobei $T = \bigtimes_{i\in I} T_i$ und $A = \bigtimes_{i\in I} A_i$. Bayesspiele heißen endlich, falls $I$ und alle $A_i$ und $T_i$ endlich sind.

Häufig wird die Auszahlung nicht von den Typen der anderen Spieler, sondern nur vom eigenen Typ bestimmt. Dann kann man sich auf Auszahlungsfunktionen

$$u_i : A \times T_i \to \mathbb{R}$$

beschränken.

In Abbildung R.2 ist ein einfaches Bayes'sches Spiel in extensiver Form wiedergegeben. Es gibt zwei Spieler, 1 und 2, und jeweils zwei Typen, die Typen $t_1^1$ und $t_1^2$ für Spieler 1 und die Typen $t_2^1$ und $t_2^2$ für Spieler. Jeder der Spieler kann zwei Aktionen wählen: Spieler 1 die Aktionen $a$ und $b$, Spieler 2 die Aktionen $c$ und $d$. Die Auszahlungen und die Wahrscheinlichkeiten der Züge der Natur werden nicht spezifiziert.

Zunächst, im Wurzelknoten, wählt die Natur eine Typkombination. Danach ist Spieler 1 am Zug. Da dieser nur seinen eigenen Typ kennt, gibt es für ihn zwei Informationsmengen. Schließlich trifft Spieler 2 seine Entscheidung. Auch Spieler 2 hat lediglich zwei Informationsmengen, denn dieser weiß weder von welchem Typ Spieler 1 ist, noch welche Aktion dieser gewählt hat.

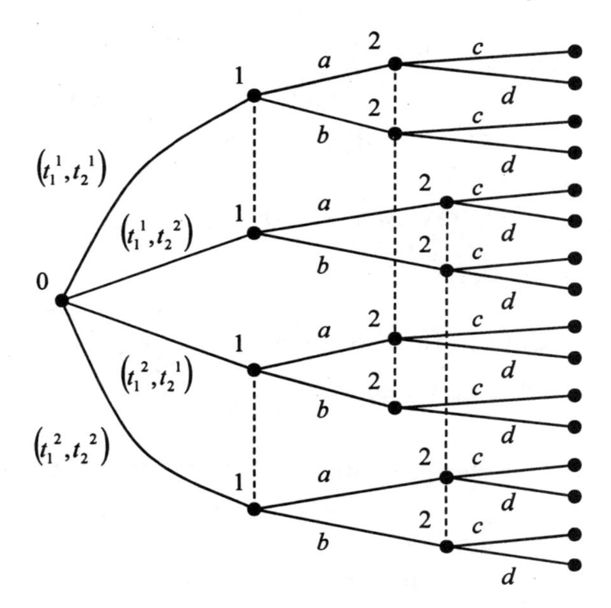


**Abbildung R.2.** Ein Bayes'sches Spiel in extensiver Form

## R.3.2 Strategien und Auszahlungen

Allgemein (vgl. Definition R.2.2) sind Strategien in Spielen $(V, I, \iota, \beta_0, u, (\mathcal{P}_i)_{i \in I})$ für Spieler $i$ Abbildungen der Form

$$s_i : D_i \to A_i, \quad v \mapsto s_i(v),$$

mit

$$s_i(v) \in A_i(v),$$

die zudem

$$s_i(v) = s_i(v') \text{ für alle } v, v' \text{ aus } D_i \text{ mit } \mathcal{P}_i(v) = \mathcal{P}_i(v')$$

erfüllen. In unserem einfachen Beispiel sind alle Verläufe $v$ aus $D_i$, bei denen ein Typ $t_i$ für Spieler $i$ vorgegeben ist, in einer Zelle der Partition $\mathcal{P}_i$ enthalten; der Spieler weiß nicht, welche Typen den anderen Spielern zugeordnet wurden, und er weiß nicht, welche Aktionen die anderen Spieler gewählt haben (wenn sie bereits gezogen haben). Daher können wir vereinfachend die Menge der Strategien für Spieler $i$ durch

$$S_i = \{s_i : T_i \to A_i\}$$

ausdrücken. Eine Strategie beschreibt demnach die Aktionen der Spieler in Abhängigkeit von deren Typ. Für einen bestimmten Typ $t_i$ des Spielers $i$ ist mit $s_i(t_i)$ demnach eine Aktion für Spieler $i$ gemeint. Als eingängige Schreibweisen verwenden wir

$$s(t) := (s_1(t_1), ..., s_n(t_n))$$

für die bei $t$ gewählte Aktionskombination aller Spieler und

$$s_{-i}(t_{-i}) := s(t)_{-i}$$

für die bei $t_{-i}$ gewählte Aktionskombination der Spieler mit Ausnahme von Spieler $i$.

Aufgrund der oben vorgenommenen Vereinfachungen können wir den Nutzen als Funktion der Strategiekombination für jeden Spieler durch

$$\begin{aligned} u_i(s) &= \sum_{t \in T} \beta_0(t)\, u_i(s(t), t) \\ &= \sum_{t_i \in T_i} \sum_{t_{-i} \in T_{-i}} \beta_0(t_i, t_{-i})\, u_i(s_i(t_i), s_{-i}(t_{-i}), t) \end{aligned}$$

wiedergeben. Hierbei ist die Auszahlungsfunktion $u_i$ auf der rechten Seite die Funktion

$$u_i : A \times T \to \mathbb{R}.$$

Die Auszahlung hängt für Spieler $i$ also von der Aktionenkombination aller Spieler und von den Typkombinationen aller Spieler ab. Die $u_i(s)$ nennen wir den ex-ante-Nutzen für Spieler $i$. Der so genannte ex-post-Nutzen für Spieler $i$ vom Typ $t_i$ ist durch

$$u_i(s, t_i) := \sum_{t_{-i} \in T_{-i}} \beta_0(t_{-i} | t_i)\, u_i(s_i(t_i), s_{-i}(t_{-i}), t)$$

definiert. Er ist Spieler $i$'s erwarteter Nutzen, nachdem $i$ seinen Typ erfahren hat.

Häufig ist für die Auszahlungen nur der eigene Typ relevant. Wir benutzen auch $u_i$ für diese Nutzenfunktion $A \times T_i \to \mathbb{R}$.

Man kann Bayes'sche Spiele als übliche Matrixspiele ansehen. Dazu definieren wir auf der Basis von $\Gamma^B$ das Spiel

$$\mathfrak{G} = \left(\mathfrak{I}, \mathfrak{S}, (\mathfrak{u}_i)_{i\in\mathfrak{I}}\right).$$

Hierbei sind die drei Objekte $\mathfrak{I}$, $\mathfrak{S}$ und $\mathfrak{u}_i$ so definiert:

- Die Menge der Spieler sind $\mathfrak{I} = \{(i, t_i) : i \in I \text{ und } t_i \in T_i\}$. Hat ein Spieler $i \in I$ aus $\Gamma^B$ drei verschiedene Typen, so zählt jeder dieser drei Typen als ein Spieler in $\mathfrak{G}$. $(-i, t_{-i})$ ist die Menge der Spieler in $\mathfrak{G}$, wobei Spieler $(j, t_j) \in (-i, t_{-i})$ natürlich $j \neq i$ erfüllt.
- Jeder Spieler $(i, t_i)$ hat die Strategiemenge $\mathfrak{S}_{(i,t_i)} = A_i$. Verschiedene Typen eines Spielers aus $I$ in $\Gamma^B$ haben also dieselben Strategiemengen. Eine Strategiekombination $\mathfrak{s}$ aus $\mathfrak{S}$ hat $\sum_{i\in I} |T_i|$ Einträge. Die Strategie $s \in S$ in $\Gamma^B$ überträgt sich so in $\mathfrak{G}$: $\mathfrak{s}_{(i,t_i)} := s_i(t_i)$ und $\mathfrak{s}_{(-i,t_{-i})} := s_{-i}(t_{-i})$.
- Mit dieser Übertragung gilt bei einer posteriori-Wahrscheinlichkeitsverteilung $\beta_0(t_{-i} | t_i)$ für die anderen Typen

$$\begin{aligned}\mathfrak{u}_{(i,t_i)}(\mathfrak{s}) &= \sum_{t_{-i}\in T_{-i}} \beta_0(t_{-i} | t_i)\, u_i\left(\mathfrak{s}_{(i,t_i)}, \mathfrak{s}_{(-i,t_{-i})}, t\right) \\ &= \sum_{t_{-i}\in T_{-i}} \beta_0(t_{-i} | t_i)\, u_i\left(s_i(t_i), s_{-i}(t_{-i}), t\right).\end{aligned}$$

  für jeden Spieler $(i, t_i)$ aus $\mathfrak{I}$.

Diese Umformulierung zeigt, dass die Analyse Bayes'scher Spiele in üblicher Weise vorgenommen werden kann. Dies bringt jedoch keinen großen Vorteil. Wir werden in Zukunft bei der Analyse auf das Spiel $\Gamma^B$ und nicht das Spiel $\mathfrak{G}$ rekurrieren.

### R.3.3 Bayes'sches Gleichgewicht

Bayes'sche Gleichgewichte können auf zweierlei äquivalente Art definiert werden: ex ante und ex post. Ex ante ist den Spielern der eigene Typ unbekannt. Ihre Information besteht aus $\beta_0 \in W(T)$. Ex post kennt Spieler $i$ den eigenen Typ $t_i$ und hat die Wahrscheinlichkeitsinformation $\beta_0(t_{-i} | t_i)$ über die Typen der anderen Spieler.

Wir beginnen mit der „ex ante"-Definition:

**Definition R.3.1 (Bayes'sches Gleichgewicht, ex-ante).** *Für ein Spiel*

$$\Gamma^B = \left(I, (T_i)_{i\in I}, (A_i)_{i\in I}, \beta_0, (u_i)_{i\in I}\right)$$

*ist eine Strategiekombination*

$$s^* = (s_1^*, s_2^*, ..., s_n^*)$$

*ein Nash-Gleichgewicht (in der ex-ante-Formulierung), falls für jeden Spieler*

$$s_i^* \in \underset{s_i\in S_i}{\operatorname{argmax}} \sum_{t_i\in T_i} \sum_{t_{-i}\in T_{-i}} \beta_0 (t_i, t_{-i})\, u_i \left(s_i (t_i), s_{-i}^* (t_{-i}), t\right)$$

*gilt.*

In Anbetracht von $s_{-i}^*$ maximiert $s_i^*$ somit den erwarteten Nutzen für Spieler $i$ bei gegebener Wahrscheinlichkeitsverteilung $\beta_0 \in W(T)$. Dabei sind die Aktionen, die $s_i^*$ für einen Typ $t_i$ vorsieht, der mit der Wahrscheinlichkeit 0 realisiert wird, ($\sum_{t'_{-i}} \beta_0 \left(t_i, t'_{-i}\right) = 0$), beliebig.

Nun zur ex-post-Formulierung. Nachdem Spieler 1 seinen Typ erfährt, wird er in Anbetracht seiner Wahrscheinlichkeitseinschätzung $\beta_0 (t_{-i} | t_i) \in W(T_{-i})$ den erwarteten Nutzen maximieren, indem er eine geeignete Aktion auswählt. $\beta_0 (t_{-i} | t_i)$ steht für die bedingte Wahrscheinlichkeit für das Auftreten der Typkombination $t_{-i}$, falls Spieler $i$ vom Typ $t_i$ ist. Die Agenten $i$ aus $I$ berechnen die Wahrscheinlichkeit für das Eintreten einer bestimmten Kombination von Typen $t_{-i} \in T_{-i}$ aufgrund der Formel von Bayes:

$$\beta_0 (t_{-i} | t_i) = \frac{\text{Wahrscheinlichkeit für } t}{\text{Wahrscheinlichkeit für } t_i} = \frac{\beta_0 (t)}{\sum_{t'_{-i}\in T_{-i}} \beta_0 \left(t'_{-i}, t_i\right)}.$$

Hierbei bedeutet $\beta_0 (t)$ die Wahrscheinlichkeit für die Typkombination $t$. $\beta_0 (t_{-i}, t_i)$ ist die Wahrscheinlichkeit dafür, dass die Spieler aus $I \backslash \{i\}$ vom Typ $t_{-i}$ sind und dass Spieler $i$ vom Typ $t_i$ ist. Damit ist $\beta_0 (t) = \beta_0 (t_{-i}, t_i)$. $\sum_{t'_{-i}\in T_{-i}} \beta_0 \left(t'_{-i}, t_i\right)$ ist die Summe der Wahrscheinlichkeiten dafür, dass die Spieler aus $I \backslash \{i\}$ vom Typ $t'_{-i}$ sind, während Spieler $i$ vom Typ $t_i$ ist. Dies ist gerade die Wahrscheinlichkeit dafür, dass Spieler $i$ vom Typ $t_i$ ist.

**Definition R.3.2 (Bayes'sches Gleichgewicht, ex-post).** *Für ein Spiel*

$$\Gamma^B = \left(I, (T_i)_{i \in I}, (A_i)_{i \in I}, \beta_0, (u_i)_{i \in I}\right)$$

*in reinen Strategien ist eine Strategiekombination*

$$s^* = (s_1^*, s_2^*, ..., s_n^*)$$

*ein Nash-Gleichgewicht (in der ex-post-Formulierung), falls für jeden Spieler $i$ aus $I$ und für jeden Typen $t_i \in T_i$ die Aktion $s_i^*(t_i)$ den erwarteten Nutzen maximiert. Im Falle eines endlichen Bayesspiels muss demnach für jeden Spieler $i$ aus $I$ und für jeden Typen $t_i \in T_i$ mit $\beta_0(t_i) := \sum_{t'_{-i} \in T_{-i}} \beta_0\left(t'_{-i}, t_i\right) > 0$*

$$s_i^*(t_i) \in \underset{a_i \in A_i}{\operatorname{argmax}} \sum_{t_{-i} \in T_{-i}} \beta_0(t_{-i} | t_i) \, u_i\left(a_i, s_{-i}^*(t_{-i}), t_i\right)$$

*gelten.*

Jeder Spieler hat also eine Strategie so, dass die Aktion, die aufgrund seines tatsächlichen Typs gewählt wird, seinen erwarteten Nutzen in Anbetracht der Unsicherheit über die Typenkombination der anderen Spieler maximiert. Dabei interessieren uns nur die Aktionen derjenigen Typen, die mit positiver Wahrscheinlichkeit auftreten. Dies ist der Sinn der Bedingung $\beta_0(t_i) > 0$. Für $\beta_0(t_i) = 0$ ist die bedingte Wahrscheinlichkeit $\beta_0(t_{-i}|t_i)$ nicht definiert.

## R.4 Beispiele

### R.4.1 Das Austauschspiel

Wir wollen nun das Austauschspiel, das wir im einführenden Abschnitt kennen gelernt haben, wieder aufgreifen. Die zwei Spieler 1 und 2 erhalten jeweils ein Ticket auf dem eine von $m \geq 2$ Zahlen $1, 2, ..., m$ steht. Die Zahl auf dem Ticket bedeutet einen Geldbetrag, den sich die Spieler auszahlen lassen können. Sie haben jedoch die Möglichkeit, zuvor ihr Ticket mit dem des anderen Spielers zu tauschen. Die Spieler können die Zahl auf dem eigenen Ticket lesen, wissen aber nicht um die Zahl auf dem Ticket des anderen Spielers. Beide Spieler wissen jedoch, dass die a-priori-Wahrscheinlichkeiten für die Zahlen für jeden von ihnen durch $\overline{w}(1) > 0, ..., \overline{w}(m) > 0$ mit $\sum_{j=1}^{m} \overline{w}(j) = 1$ gegeben sind. Insbesondere können beide dieselbe Zahl vorfinden. Die Aktionen der Spieler sind $b$ für Behalten des eigenen Tickets oder $a$ für Austauschen gegen das andere Ticket. Wählen beide Spieler $a$, so werden die Tickets getauscht und die Spieler erhalten die Auszahlung, die auf dem Ticket des anderen Spielers steht. Wählt nur einer der beiden Spieler $a$ oder wählen beide $b$, behält jeder sein eigenes Ticket und bekommt die entsprechende Auszahlung.

Zunächst müssen wir das Spiel formal beschreiben, das dieser Situation entspricht. Die Menge der Spieler ist

$$I = \{1, 2\}$$

und die Mengen der dazugehörigen Typen sind

$$T_1 = T_2 = \{1, 2, ..., m\}.$$

**Übung R.4.1.** Ein wichtiger Bestandteil der Definition Bayes'scher Spiele ist die Wahrscheinlichkeitsverteilung auf $T$ (nicht auf $T_1$ oder $T_2$!), $\beta_0 \in W(T)$. Bestimmen Sie dies aus den obigen Angaben über $\overline{w}$.

Jeder der Spieler (egal welchen Typs) wählt eine Aktion aus

$$A_1 = A_2 = \{a, b\}.$$

Die Strategien von Spieler $i$ sind in der Menge

$$S_i = \{s_i : T_i \to A_i\}$$

zusammengefasst. Eine Strategie ist demnach eine Abbildung, die jedem Typ aus $\{z_1, z_2, ..., z_m\}$ eine Aktion aus $\{a, b\}$ zuordnet.

**Übung R.4.2.** Prüfen Sie, ob es sich bei den folgenden Beschreibungen um Strategien $s_1 : T_1 \to A_1$ für Spieler 1 handelt!

1. Spieler 1 wählt bei jedem seiner Typen die Aktion $a$.

2. Spieler 1 wählt genau dann die Aktion $a \in A_1$, wenn Spieler 2 die Aktion $a \in A_2$ wählt.
3. Die Strategie von Spieler 1 ist durch

$$s_1(t_1) = a \text{ , falls } t_1 \leq 5$$
$$s_1(t_1) = b \text{ , falls } t_1 > 5$$

gegeben.
4. Spieler 1 wählt genau dann die Aktion $a \in A_1$, falls er selbst von einem Typ $t_1 < 4$ ist und falls Spieler 2 vom Typ $t_2 > 4$ ist.

Wie sind die Bayes'schen Gleichgewichte zu charakterisieren? Wir überlegen uns zunächst, ob vielleicht $(s_1, s_2)$ mit den konstanten Strategien $s_1 = s_2 = a$ ein Gleichgewicht sein kann. Gegenüber $s_2 = a$ ergeben $s_1 = a$ und $s_1 = b$ die gleiche erwartete Auszahlung, nämlich den Erwartungswert

$$EW := \sum_{j=1}^{m} \beta_0(j)\, j.$$

Eine höhere Auszahlung kann Spieler 1 jedoch durch die Strategie

$$s_1(t_1) = \begin{cases} a, \text{ falls } t_1 = 1, \\ b, \text{ falls } t_1 \in \{2, ..., m\} \end{cases}$$

erreichen. Denn dann erhält er $\sum_{j=1}^{m} \beta_0(j)\, j$ (in der ex-post-Formulierung), falls er selbst vom Typ $t_1 = 1$ ist, oder $j$, falls er selbst vom Typ $t_1$ mit $t_1 > 1$ ist. In der ex-ante–Formulierung sieht man dies ebenfalls klar durch

$$\underbrace{\beta_0(1)\left(\sum_{j=1}^{m} \beta_0(j)\, j\right)}_{\substack{\text{Spieler 1 tauscht 1 und} \\ \text{erhält den Erwartungswert} \\ \text{von Spieler 2}}} + \underbrace{\sum_{j=2}^{m} \beta_0(j)\, j}_{\substack{\text{Spieler 1} \\ \text{tauscht nicht}}} > \beta_0(1)\, 1 + \sum_{j=2}^{m} \beta_0(j)\, j$$

$$= \sum_{j=1}^{m} \beta_0(j)\, j.$$

Daher ist $s_1 = a$ keine beste Antwort auf $s_2 = a$ und $(s_1, s_2)$ ist kein Gleichgewicht.

Versuchen Sie sich, bitte, an folgender Aufgabe:

**Übung R.4.3.** Für welche Strategien $s_1$ und $s_2$ ist die Strategiekombination $(s_1, s_2)$ ein Gleichgewicht? Geben Sie jeweils eine Begründung.

1. $s_1 = b$, $s_2 = b$;
2. $s_1 = a$, $s_2 = b$;
3. $s_1(t_1) = \begin{cases} a, \text{ falls } t_1 = 1, \\ b, \text{ falls } t_1 \in \{2, ..., m\}, \end{cases}$
   $s_2(t_2) = \begin{cases} a, \text{ falls } t_2 = 1, \\ b, \text{ falls } t_2 \in \{2, ..., m\}; \end{cases}$
4. $s_1(t_1) = \begin{cases} a, \text{ falls } t_1 = 1, \\ b, \text{ falls } t_1 \in \{2, ..., m\}, \end{cases}$
   $s_2(t_2) = \begin{cases} a, \text{ falls } t_2 \in \{1, 2\}, \\ b, \text{ falls } t_2 \in \{3, ..., m\}. \end{cases}$

Wir wollen uns jetzt allgemein überlegen, dass es im Gleichgewicht nicht möglich ist, dass ein Spieler eines Typs aus $\{2, ..., m\}$ dem Austausch zustimmt. Dazu überlegen wir uns zunächst, dass es sich hier um ein Spiel mit konstanter Summe handelt. Ein Tausch ist nämlich in unserem Spiel genau dann für einen Spieler gut, wenn er für den anderen Spieler unvorteilhaft ist. Die Summe der Auszahlungen beträgt

$$2 \cdot EW;$$

und jeder Spieler kann durch die konstante Strategie $b$ sich der Hälfte davon vergewissern. Wir nehmen an, dass die Strategie $s_2$ von Spieler 2 vorsieht, dass dieser einem Austausch nur bei einer vorgegebenen Zahl $k$ mit $k \geq 2$ zustimmt:

$$s_2(t_2) = \begin{cases} a, \text{ falls } t_2 = k \\ b, \text{ falls } t_2 \neq k \end{cases}.$$

Dann kann Spieler 1 durch die Strategie $s_1$, die durch

$$s_1(t_1) = \begin{cases} a, \text{ falls } t_1 = 1 \\ b, \text{ falls } t_1 \in \{2, ..., m\} \end{cases}$$

gegeben ist, sich selbst mindestens den Erwartungswert

$$\underbrace{\beta_0(1)\left(\sum_{\substack{j=1,\\ j\neq k}}^{m}\beta_0(j)\,1+w(k)\,k\right)}_{\substack{\text{Spieler 1 tauscht 1 und}\\ \text{erhält eventuell}\\ k\text{ von Spieler 2}}}+\underbrace{\sum_{j=2}^{m}\beta_0(j)\,j}_{\substack{\text{Spieler 1}\\ \text{tauscht nicht}}}>\beta_0(1)\,1+\sum_{j=2}^{m}\beta_0(j)\,j$$

$$=\sum_{j=1}^{m}\beta_0(j)\,j=EW$$

verschaffen. Stimmt Spieler 2 einem Austausch nicht nur bei $k$ zu, erhöht sich der Erwartungswert für Spieler 1 zusätzlich.

Aus dem Gesagten kann man entnehmen, dass die angenommene Strategie $s_2$ von Spieler 2 nicht Teil eines Gleichgewichts sein kann. Denn die beste Antwort von Spieler 1 (das muss nicht die angegebene Strategie sein!) bringt diesem mehr als den Erwartungswert $EW$ und daher Spieler 2 weniger als $EW$. Spieler 2 könnte sich durch die konstante Strategie $b$ jedoch $EW$ verschaffen. $s_2$ kann daher keine beste Antwort auf die beste Antwort von Spieler 1 auf $s_2$ sein.

Aufgrund der vorangehenden Überlegung und aufgrund von Aufgabe R.4.3 gibt es somit vier Bayes'sche Gleichgewichte dieses Spiels:

1. $(s_1, s_2) = (b, b)$,
2. $(s_1, s_2) = (s_1, b)$ mit $s_1 = \begin{cases} a, \text{ falls } t_1 = 1, \\ b, \text{ falls } t_1 \in \{2, ..., m\}; \end{cases}$
3. $(s_1, s_2) = (b, s_2)$ mit $s_2 = \begin{cases} a, \text{ falls } t_2 = 1, \\ b, \text{ falls } t_2 \in \{2, ..., m\}; \end{cases}$
4. $(s_1, s_2)$ mit $s_1 = \begin{cases} a, \text{ falls } t_1 = 1, \\ b, \text{ falls } t_1 \in \{2, ..., m\}, \end{cases}$

   und $s_2 = \begin{cases} a, \text{ falls } t_2 = 1, \\ b, \text{ falls } t_2 \in \{2, ..., m\}. \end{cases}$

### R.4.2 Das Cournot-Modell mit einseitiger Kostenunsicherheit

**Modellbeschreibung.** Wir greifen das Cournot-Dyopol wieder auf, wobei wir eine einseitige Kostenunsicherheit modellieren. Die resultierende Situation beschreiben wir dann aus der Sicht der Bayes'schen

Spiele. Als Lösungskonzept verwenden wir das Bayes'sche Gleichgewicht in der ex-post-Formulierung.

Die Spielbeschreibung ist diese: Zwei Unternehmen - 1 und 2 - bedienen einen Markt mit dem selben Gut. Die Gesamtnachfrage nach diesem Gut ist durch die indirekte Nachfragefunktion $p$ mit $p(X) = 80 - X$ gegeben, wobei $X$ die gesamte am Markt angebotene Menge des Gutes und $p(X)$ den resultierenden Preis bezeichnet. Die Unternehmen produzieren das Gut jeweils mit konstanten Durchschnittskosten. Die Durchschnittskosten $c_2$ des Unternehmens 2 betragen 20 und sind beiden Unternehmen bekannt. Die Durchschnittskosten des Unternehmens 1 hingegen sind nur dem Unternehmen 1 selbst bekannt und sind entweder niedrig, $c_1^n = 15$, oder hoch, $c_1^h = 25$. Das Unternehmen 2 weiß lediglich, dass die Durchschnittskosten des Unternehmens 1 jeweils mit der Wahrscheinlichkeit $\frac{1}{2}$ den Wert $c_1^n$ oder $c_1^h$ annehmen. Beide Unternehmen legen ihre Mengen simultan fest und maximieren den erwarteten Gewinn.

Allgemein ist das Bayes'sche Matrixspiel ein Tupel

$$\Gamma^B = \left(I, (T_i)_{i\in I}, (A_i)_{i\in I}, \beta_0, (u_i)_{i\in I}\right).$$

In unserem Fall ist $I = \{1, 2\}$ die Menge der beiden Unternehmen. Die Typenräume sind $T_1 = \left\{c_1^n, c_1^h\right\}$ und $T_2 = \{20\}$. Die Aktionen für Spieler 2 bestehen darin, eine Menge $x_2 \in [0, \infty)$ festzulegen. Nur für Spieler 1 unterscheidet sich die Menge der Aktionen von der Menge der Strategien. Für ihn ist eine Strategie eine Funktion aus

$$S_1 = \left\{s_1 : \left\{c_1^n, c_1^h\right\} \to [0, \infty)\right\},$$

und $s_1(c_1^n)$ ist die Ausbringungsmenge, falls er vom Typ $c_1^n$ ist, während $s_1\left(c_1^h\right)$ seine Ausbringungsmenge bei hohen Durchschnittskosten $c_1^h$ meint. Für Spieler 2 gilt dagegen

$$S_2 = \{s_2 : \{20\} \to [0, \infty)\} \cong [0, \infty).$$

Die Wahrscheinlichkeitsverteilung $w$ auf $T_1 \times T_2$ lässt sich durch

$$\beta_0(c_1^n, 20) = \frac{1}{2} \text{ und } \beta_0\left(c_1^h, 20\right) = \frac{1}{2}$$

wiedergeben. Im Allgemeinen können die Spieler aufgrund der Kenntnis des eigenen Typs die Wahrscheinlichkeit für den Typ der anderen Spieler genauer einschätzen. In unserem Beispiel gilt jedoch für Spieler 1

$$\beta_0 \left(t_2 = 20 \,| t_1 = c_1^n\right) = \beta_0 \left(t_2 = 20 \middle| t_1 = c_1^h\right) = 1$$

und für Spieler 2

$$\beta_0 \left(t_1 = c_1^n \,| t_2 = 20\right) = \beta_0 \left(t_1 = c_1^h \,| t_2 = 20\right) = \frac{1}{2}.$$

Schließlich haben wir die Auszahlungsfunktionen zu definieren. Dabei müssen wir bei Spieler 1 aufgrund des Typs unterscheiden. Wir erhalten für Spieler 2 die Auszahlungsfunktion

$$u_2 \left(x_1, x_2, 20\right) = \left(80 - x_1 - x_2 - 20\right) x_2$$

und für Spieler 1 die Auszahlungsfunktionen

$$u_1 \left(x_1, x_2, c_1^n\right) = \left(80 - x_1 - x_2 - c_1^n\right) x_1$$

bzw.

$$u_1 \left(x_1, x_2, c_1^h\right) = \left(80 - x_1 - x_2 - c_1^h\right) x_1.$$

**Gleichgewicht.** Allgemein ist für ein Spiel

$$\Gamma^B = \left(I, (T_i)_{i \in I}, (A_i)_{i \in I}, w, (u_i)_{i \in I}\right)$$

in reinen Strategien eine Strategiekombination

$$s^* = \left(s_1^*, s_2^*, ..., s_n^*\right)$$

ein Nash-Gleichgewicht in der ex-post-Formulierung, falls für jeden Spieler $i$ aus $I$ und für jeden Typen $t_i \in T_i$ mit $\sum_{t'_{-i}} w\left(t'_{-i}, t_i\right) > 0$

$$s_i^* \left(t_i\right) \in \underset{a_i \in A_i}{\operatorname{argmax}} \sum_{t_{-i} \in T_{-i}} \beta_0 \left(t_{-i} \,| t_i\right) u_i \left(a_i, s_{-i}^* \left(t_{-i}\right), t_i\right)$$

gelten.

Für Spieler 2 bedeutet dies, dass er eine Ausbringungsmenge

$$x_2^* = s_2^*(20) \in \underset{x_2 \in [0,\infty)}{\operatorname{argmax}} \left( \frac{1}{2}(80 - s_1^*(c_1^n) - x_2 - 20)\, x_2 + \right. \tag{R.1}$$

$$\left. + \frac{1}{2}\left(\left(80 - s_1^*\left(c_1^h\right) - x_2 - 20\right) x_2\right)\right)$$

zu wählen hat. Ist Spieler 1 vom Typ $c_1^n$ wählt er eine Ausbringungsmenge

$$s_1^*(c_1^n) \in \underset{x_1 \in [0,\infty)}{\operatorname{argmax}} \left((80 - x_1 - x_2^* - c_1^n)\, x_1\right);$$

ist er dagegen vom Typ $c_1^h$ wählt er eine Ausbringungsmenge

$$s_1^*\left(c_1^h\right) \in \underset{x_1 \in [0,\infty)}{\operatorname{argmax}} \left(\left(80 - x_1 - x_2^* - c_1^h\right) x_1\right).$$

Durch Differenzieren und Nullsetzen der ersten Ableitungen erhält man für Spieler 1

$$s_1^*(c_1^n) = \frac{65}{2} - \frac{1}{2}x_2^*,$$
$$s_1^*\left(c_1^h\right) = \frac{55}{2} - \frac{1}{2}x_2^*.$$

Für Spieler 2 ergibt sich durch das selbe Verfahren

$$x_2^* = 30 - \frac{1}{4}s_1^*(c_1^n) - \frac{1}{4}s_1^*\left(c_1^h\right).$$

Damit sind drei Gleichungen mit drei Unbekannten gegeben, die sich durch Standardverfahren leicht lösen lassen. Beispielsweise könnte man $x_2^*$ in die anderen beiden Gleichungen einsetzen und erhielte dann

$$s_1^*(c_1^n) = \frac{65}{2} - \frac{1}{2}\left(30 - \frac{1}{4}s_1^*(c_1^n) - \frac{1}{4}s_1^*\left(c_1^h\right)\right),$$
$$s_1^*\left(c_1^h\right) = \frac{55}{2} - \frac{1}{2}\left(30 - \frac{1}{4}s_1^*(c_1^n) - \frac{1}{4}s_1^*\left(c_1^h\right)\right).$$

Die erste dieser beiden Gleichungen ist äquivalent zu

$$s_1^*(c_1^n) = 20 + \frac{1}{7}s_1^*\left(c_1^h\right).$$

Einsetzen in die zweite Gleichung ergibt

$$s_1^*\left(c_1^h\right) = \frac{35}{2},$$

woraus sich durch Einsetzen zunächst

$$s_1^*(c_1^n) = \frac{45}{2}$$

und schließlich

$$x_2^* = 20$$

ergeben.

### R.4.3 Erstpreisauktion

**Modellbeschreibung.** In Abschnitt H.4.3 haben wir die Zweitpreisauktion untersucht. Bei dieser Auktion bekommt der Agent mit dem höchsten Gebot das Objekt, muss jedoch nur in Höhe des zweithöchsten Gebotes zahlen. Wir hatten gezeigt, dass die Strategie „Biete in Höhe des Reservationspreises" alle anderen Strategien schwach dominiert. Bei der Erstpreisauktion ist der vom Sieger zu zahlende Preis gleich dessen Gebot. Bei einer gegebenen Gebotsstruktur erzielt die Erstpreisauktion einen höheren Preis als die Zweitpreisauktion, jedoch besteht für die Bieter der Anreiz, das Gebot unter die Zahlungsbereitschaft sinken zu lassen. Welche Auktionsform sollte ein Auktionator wählen? Die Bieter sind sich unsicher über das Gebot der anderen Spieler. Man könnte also versuchen, die Auktionen als Bayes'sches Spiel zu modellieren.

Wir nehmen vereinfachend an, dass wir es nur mit zwei Bietern zu tun haben. Die Aktionen sind Gebote für das Objekt und werden durch eine nichtnegative Zahl dargestellt. Die Typen der Spieler $(t_1, t_2)$ spiegeln die Zahlungsbereitschaften wider; sie liegen jeweils im abgeschlossenen Intervall zwischen Null und Eins und sind unabhängig und gleichmäßig verteilt. Für jeden Spieler gibt es also eine Wahrscheinlichkeitsfunktion $\overline{w}$, die einem Intervall $[a, b]$ mit $0 \leq a < b \leq 1$ den Wert

$$\overline{w}([a, b]) = b - a$$

zuweist. Zur Verdeutlichung betrachte der Leser Abbildung R.3. Die Fläche des Rechtecks muss 1 betragen („Summe" der Wahrscheinlichkeiten) und daher die (konstante) Dichte auf dem Intervall $[0, 1]$ ebenfalls.

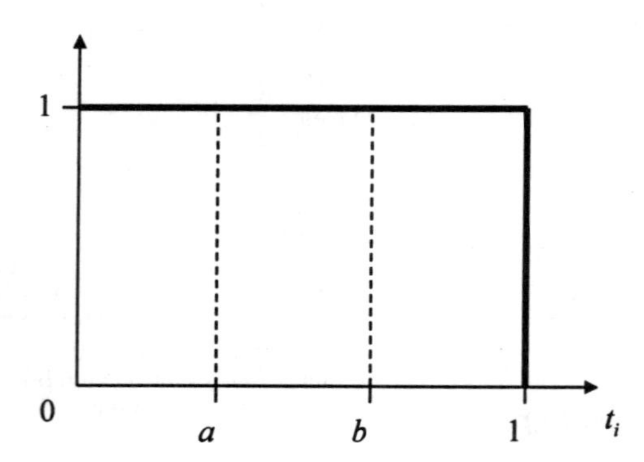


**Abbildung R.3.** Die Gesamtfläche muss 1 betragen.

**Übung R.4.4.** Berechnen Sie $\overline{w}\left(\left[\frac{1}{2}, \frac{3}{4}\right]\right)$ und $\overline{w}\left(\left[\frac{3}{4}, \frac{3}{4}\right]\right)$.

Der jeweils anfallende Nutzen ist für die risikoneutralen Agenten gleich Null, falls sie nicht das höchste Gebot abgeben. Falls ein Agent das höchste Gebot macht und den Zuschlag erhält, wird der Nutzen als Differenz von Zahlungsbereitschaft und Gebot berechnet. Falls beide Agenten dasselbe Gebot abgeben, erhält jeder die Hälfte des Objektes bzw. das Objekt mit der Wahrscheinlichkeit $\frac{1}{2}$.

Formal geht es also um das Bayes'sche Spiel

$$\Gamma^B = \left(I, (A_i)_{i \in I}, (T_i)_{i \in I}, \beta_0, (u_i)_{i \in I}\right)$$

mit

$$\begin{aligned}
I &= \{1, 2\}, \\
A_i &= \mathbb{R}_+ = \{a_i \in \mathbb{R} : a_i \geq 0\} \\
T_1 &= T_2 = [0, 1] \\
\beta_0 &\in W([0,1] \times [0,1]) \text{ mit } \beta_0([a,b], [c,d]) = \overline{w}([a,b]) \cdot \overline{w}([c,d])
\end{aligned}$$

$$u_1(a,t) = \begin{cases} t_1 - a_1 & \text{für } a_1 > a_2, \\ \frac{t_1 - a_1}{2} & \text{für } a_1 = a_2, \\ 0 & \text{für } a_1 < a_2, \end{cases} \qquad u_2(a,t) = \begin{cases} t_2 - a_2 & \text{für } a_2 > a_1, \\ \frac{t_2 - a_2}{2} & \text{für } a_1 = a_2, \\ 0 & \text{für } a_2 < a_1. \end{cases}$$

**Lösung des Modells.** Die Strategienkombination $s^* = (s_1^*, s_2^*)$ ist ein Gleichgewicht, falls für alle $t_1 \in [0, 1]$ die Aktion $s_1^*(t_1)$ den erwarteten

Nutzen von Spieler 1 maximiert und falls für alle $t_2 \in [0,1]$ die Aktion $s_2^*(t_2)$ den erwarteten Nutzen von Spieler 2 maximiert. In der ex-post-Formulierung lässt sich dies für Spieler 1 durch

$$s_1^*(t_1) \in \underset{a_1 \in A_1}{\operatorname{argmax}} \left( \underbrace{(t_1 - a_1)\,\overline{w}\left(\{t_2 : a_1 > s_2^*(t_2)\}\right)}_{\substack{\text{erwarteter Nutzen, falls} \\ \text{Spieler 1 ein höheres Angebot} \\ \text{als Spieler 2 macht}}} + \underbrace{\frac{1}{2}(t_1 - a_1)\,\overline{w}\left(\{t_2 : a_1 = s_2^*(t_2)\}\right)}_{\substack{\text{erwarteter Nutzen, falls} \\ \text{die Angebote gleich} \\ \text{hoch sind}}} \right)$$

für alle $t_1 \in [0,1]$ ausdrücken.

Wir machen uns die Gleichgewichtssuche jetzt in starker Anlehnung an GIBBONS (1992, S. 155 ff.) ein bisschen leichter und suchen nur nach Gleichgewichten in linearen Strategien

$$\begin{aligned} s_1^*(t_1) &= b_1 + d_1 t_1 \ (d_1 > 0), \\ s_2^*(t_2) &= b_2 + d_2 t_2 \ (d_2 > 0). \end{aligned}$$

Wenn es ein solches gibt, haben wir für Spieler 1 das Maximierungsproblem

$$\begin{aligned} &\max_{a_1 \in A_1} (t_1 - a_1)\,\overline{w}\left(\{t_2 : a_1 > b_2 + d_2 t_2\}\right) + \\ &\qquad + \frac{1}{2}(t_1 - a_1)\,\overline{w}\left(\{t_2 : a_1 = b_2 + d_2 t_2\}\right) \\ &= \max_{a_1 \in A_1} (t_1 - a_1)\,\overline{w}\left(\{t_2 : a_1 > b_2 + d_2 t_2\}\right) \end{aligned}$$

zu betrachten. Dabei fällt der zweite Summand weg. Denn die Wahrscheinlichkeit, dass Spieler 2 vom Typ $t_2 = \frac{a_1 - b_2}{d_2}$ ist, ist gleich Null (Punktwahrscheinlichkeit, siehe auch Aufgabe R.4.4).

Als nächsten Schritt begründen wir, dass das gesuchte $a_1$ auf

$$b_2 \leq a_1 \leq b_2 + d_2 \qquad \text{(R.2)}$$

eingeschränkt werden kann:

- Ein Gebot unter $b_2$ kann nicht besser sein als das Gebot $a_1 = b_2$: Agent 1 bekommt das Objekt ohnehin mit der Wahrscheinlichkeit Null.
- Ein Gebot über $b_2 + d_2$ erhöht nur den Preis, den Agent 1 zu zahlen hat, der das Objekt (wegen $b_2 + d_2 \geq b_2 + t_2 d_2$ für alle $t_2 \in [0,1]$) mit der Wahrscheinlichkeit von Eins bekommt.

Damit können wir die Wahrscheinlichkeit für Spieler 1, den Zuschlag zu erhalten, ausrechnen:

$$\begin{aligned}\overline{w}\left(\{t_2 : a_1 > b_2 + d_2 t_2\}\right) &= \overline{w}\left(\left\{t_2 : t_2 < \frac{a_1 - b_2}{d_2}\right\}\right)\\ &= \frac{a_1 - b_2}{d_2} \in [0,1],\end{aligned}$$

wobei $\frac{a_1-b_2}{d_2} \in [0,1]$ direkt aus $b_2 \leq a_1 \leq b_2 + d_2$ folgt.

Aufgrund dieser Vorüberlegungen beträgt die erwartete Auszahlung $(t_1 - a_1)\frac{a_1-b_2}{d_2}$. Durch Differentiation nach $a_1$ erhält man zunächst

$$\begin{aligned}\frac{d}{da_1}(t_1 - a_1)\frac{a_1 - b_2}{d_2} &= \frac{d}{da_1}\left(-\frac{1}{d_2}a_1^2 + \frac{t_1 + b_2}{d_2}a_1 - \frac{1}{d_2}t_1 b_2\right)\\ &= \frac{-2a_1 + t_1 + b_2}{d_2}.\end{aligned}$$

Für den Fall $t_1 - 2d_2 \leq b_2 \leq t_1$ ergibt Nullsetzen und Auflösen nach $a_1$ eine Lösung, nämlich $\frac{t_1+b_2}{2}$, innerhalb des durch Gleichung R.2 gegebenen Intervalls. Denn dann gelten für die Aktion $\frac{t_1+b_2}{2}$ sowohl $\frac{t_1+b_2}{2} \geq \frac{b_2+b_2}{2} = b_2$ als auch $\frac{t_1+b_2}{2} \leq \frac{(b_2+2d_2)+b_2}{2} = b_2 + d_2$. Man beachte, dass die Lösung ein linearer Zusammenhang zwischen dem Typ von Spieler 1 und dessen optimaler Aktion ist.

**Übung R.4.5.** Formulieren Sie für Spieler 2 das analoge Ergebnis!

Wenn es nun ein Gleichgewicht in linearen Strategien gibt und die obigen Ungleichungen dabei erfüllt sein sollen, dann haben für Spieler 1

$$b_1 + d_1 t_1 = \frac{b_2}{2} + \frac{1}{2}t_1,\ t_1 \in [0,1]$$

und für Spieler 2

$$b_2 + d_2 t_2 = \frac{b_1}{2} + \frac{1}{2} t_2,\ t_2 \in [0,1]$$

zu gelten. Für $t_1 = t_2 = 0$ folgt hieraus $b_1 = \frac{b_2}{2}$ und $b_2 = \frac{b_1}{2}$ und damit $b_1 = b_2 = 0$. Somit erhalten wir $d_1 = d_2 = \frac{1}{2}$.

Ein Kandidat für ein Nash-Gleichgewicht ist dann schließlich die Strategiekombination

$$s^* = (s_1^*, s_2^*)$$

mit

$$s_1^* : [0,1] \to \mathbb{R}_+, \quad t_1 \mapsto s_1^*(t_1) = \frac{t_1}{2}$$

und

$$s_2^* : [0,1] \to \mathbb{R}_+, \quad t_2 \mapsto s_2^*(t_2) = \frac{t_2}{2}.$$

Wir haben bisher nicht begründet, dass diese Strategiekombination tatsächlich ein Gleichgewicht ist. Wir haben gewisse Anforderungen (Linearität) gestellt und abgeleitet, wie ein Gleichgewicht auszusehen hat, das diese Anforderungen erfüllt.

Tatsächlich bildet die angegebene Strategiekombination ein Gleichgewicht. Denn sie erfüllen die Bedingungen $t_1 - 2d_2 \leq b_2 \leq t_1$ und $t_1 - 2d_2 \leq b_2 \leq t_1$ und für diese Parameterbereiche bestehen die besten Antworten aus linearen Strategien. Wir haben also eine beste Antwort auf eine lineare Bietstrategie gesucht und hatten als Ergebnis eine lineare Bietstrategie erhalten. Die linearen Bietstrategien bilden daher ein Gleichgewicht. Es ist jedoch nicht ausgeschlossen, dass es noch weitere Gleichgewichte in nichtlinearen Bietstrategien gibt.

**Erstpreis- oder Zweitpreisauktion.** Für einen Auktionator ist es relevant zu wissen, welche Auktionsform für ihn besser ist, die Zweitpreisauktion oder die Erstpreisauktion. Von vornherein ist dies unklar: Bei gegebenen Geboten ist die Erstpreisauktion besser als die Zweitpreisauktion. Die Gebote sind jedoch bei der Erstpreisauktion geringer als bei der Zweitpreisauktion. Erstaunlicherweise ist es für einen risikoneutralen Auktionator egal, welche der beiden Formen er wählt. Wir untersuchen den erwarteten Preis bei der Zweitpreisauktion, bei der Erstpreisauktion mit „wahrheitsgemäßen" Geboten und bei der Erstpreisauktion mit Geboten entsprechend dem vorangegangenen Abschnitt.

Der vom Auktionator bei den Typen $t_1$ bzw. $t_2$ erzielte Preis beträgt bei

- der Zweitpreisauktion $\min(t_1, t_2)$,
- der Erstpreisauktion mit „wahrheitsgemäßen" Geboten $\max(t_1, t_2)$ und
- der Erstpreisauktion mit strategischen Geboten $\max\left(\frac{1}{2}t_1, \frac{1}{2}t_2\right)$.

Sei $t_1$ ein Punkt des abgeschlossenen Intervalls $[0, 1]$. Um den erwarteten Preis für die Zweitpreisauktion zu errechnen, machen wir uns klar, dass

$$\int_0^{t_1} 1dt_2 = t_1$$

das Integral über all diejenigen $t_2$ meint, die kleiner oder gleich $t_1$ sind, während mit

$$\int_{t_1}^1 1dt_2 = 1 - t_1$$

das Integral über all diejenigen $t_2$ angesprochen ist, die größer oder gleich $t_1$ sind. Nach diesen Vorbemerkungen erhalten wir den erwarteten Auktionserlös für die Zweitpreisauktion:

$$\begin{aligned}
&\int_{t_1\in[0,1]} \left( \int_{t_2\in[0,1]} \min(t_1, t_2)\, dt_2 \right) dt_1 = \\
&= \int_{t_1\in[0,1]} \left( \int_0^{t_1} t_2 dt_2 + \int_{t_1}^1 t_1 dt_2 \right) dt_1 \quad \begin{pmatrix} \text{durch Integral-} \\ \text{aufspaltung} \end{pmatrix} \\
&= \int_{t_1\in[0,1]} \left( \frac{1}{2}t_1^2 + t_1 - t_1^2 \right) dt_1 \\
&= \int_{t_1\in[0,1]} \left( -\frac{1}{2}t_1^2 + t_1 \right) dt_1 \\
&= -\frac{1}{3}\frac{1}{2}t_1^3 + \frac{1}{2}t_1^2 \Big|_0^1 = -\frac{1}{6} + \frac{1}{2} - 0 = \frac{1}{3}
\end{aligned}$$

**Übung R.4.6.** Berechnen Sie den erwarteten Preis, den der Auktionator erhält, falls er die Erstpreisauktion wählt und die Bieter sich unstrategisch verhalten.

Die Antwort zur vorangegangenen Frage lautet: Der erwartete Preis beträgt $\frac{2}{3}$ bei der Erstpreisauktion, falls sich die Bieter nicht strategisch verhalten. Wir haben jedoch bereits bestimmt, in genau welcher Weise, sie sich strategisch verhalten: Sie bieten jeweils die Hälfte des Reservationspreises. Daher ist auch der erwartete Preis gleich der Hälfte von $\frac{2}{3}$. Bei der Erstpreisauktion ergibt sich somit derselbe erwartete Preis wie bei der Zweitpreisauktion! Für den Auktionator ist es also im Erwartungswert unerheblich, welche Auktionsform er wählt. Dies ist das Äquivalenztheorem für Auktionen.

## R.5 Rückblick auf Gleichgewichte in gemischten Strategien

Es gibt einen engen Bezug zwischen Bayes'schen Matrixspielen in reinen Strategien und „normalen" Matrixspielen mit gemischten Strategien. Die in Abschnitt S.2.2 gegebene „ex post"-Gleichgewichtsdefinition verlangt, dass Spieler $i$ eine beste Antwort bezüglich $W(S_{-i})$ gibt (siehe Abschnitt J.2), wobei die Wahrscheinlichkeitsverteilung, die konkret zu wählen ist, sich als bedingte Wahrscheinlichkeit ergibt.

Umgekehrt kann man „fast jedes" Gleichgewicht in gemischten Strategien eines Matrixspiels $\Gamma$ durch eine Folge von Gleichgewichten in reinen Strategien annähern, indem man das Matrixspiel $\Gamma$ durch geringfügige Änderungen in eine Folge von Bayes'schen Spielen ändert. Aus dieser Perspektive muss man sich über die Frage, ob Spieler „tatsächlich" randomisieren, nicht den Kopf zerbrechen: Die Spieler randomisieren nicht, aber sie wählen aus der Sicht der anderen Spieler die reinen Strategien mit einer Wahrscheinlichkeit, die annäherungsweise derjenigen der gemischten Strategien entspricht.

Man kann ein Matrixspiel als Idealisierung ansehen, bei der von unvollständiger Information vollkommen abgesehen wird. Realistischerweise wird ein wenig unvollständige Information immer vorhanden sein. Die Wahrscheinlichkeiten, mit der die Spieler die einzelnen reinen Strategien wählen, lassen sich dann als abkürzendes Verfahren an den gemischten Strategien des idealisierten, von unvollständiger Information abstrahierenden Matrixspieles ablesen.

| | | **Peter** | |
|---|---|---|---|
| | | Theater | Fußball |
| **Christiane** | Theater | $2+t_C, 1$ | $0, 0$ |
| | Fußball | $0, 0$ | $1, 2+t_P$ |

**Abbildung R.4.** Kampf der Geschlechter mit Unsicherheit über die Auszahlungen

Zur Illustration dieses von Harsanyi (1973) ersonnenen Vorgehens betrachten wir den Kampf der Geschlechter in Abbildung R.4 mit Zahlenwerten, die Gibbons (1992, S. 153) entnommen sind.

**Übung R.5.1.** Bestimmen Sie alle drei Gleichgewichte im obigen Matrixspiel, wobei Sie $t_C = t_P = 0$ voraussetzen.

Zur angegebenen Matrix konstruieren wir ein Bayes'sches Spiel. Christiane kennt ihre eigene Auszahlung genau, über Peters ist sie unsicher. Wir nehmen dabei an, dass der Bereich, in dem die Typen $t_C$ bzw. $t_P$ liegen können, das Intervall $[0, x]$ mit $x > 0$ ist. Innerhalb des Intervalls $[0, x]$ gehen wir von Gleichverteilung aus: Für ein Intervall $[a, b]$ mit $0 \leq a < b \leq x$ soll also die Wahrscheinlichkeit für $t_C$ und für $t_P$ durch

$$\overline{w}_x\left([a, b]\right) = \frac{b-a}{x}$$

gegeben sein.

Für ein vorgegebenes $x > 0$ können wir das Bayes'sche Spiel, das die obige Matrix andeutet, durch

$$\Gamma_x^B = \left(I, T_C\left(x\right) \times T_P\left(x\right), A_C \times A_P, \beta_0^x, \left(u_C, u_P\right)\right)$$

mit

$$\begin{aligned} I &= \{1, 2\}, \\ A_C = A_P &= \{\text{Theater, Fußball}\}, \\ T_C\left(x\right) = T_P\left(x\right) &= [0, x], \\ \beta_0^x &\in W\left([0, x] \times [0, x]\right) \text{ mit } \beta_0^x\left([a, b], [c, d]\right) = \overline{w}_x\left([a, b]\right) \cdot \overline{w}_x\left([c, d]\right), \\ &\left(u_C\left(a, t_C\right), u_P\left(a, t_P\right)\right) \text{ (siehe obige Matrix)} \end{aligned}$$

beschreiben.

**Übung R.5.2.** Welche Form haben Peters Strategien?

Welche Strategie Peter auch immer wählen mag, sie führt zu einer Wahrscheinlichkeit $w_F$, mit der er Fußball wählt. Daher ist für Christiane, die vom Typ $t_C$ ist, Theater besser als Fußball, falls

$$\begin{aligned}(2+t_C)(1-w_F)+0\cdot w_F &\geq 0\cdot(1-w_F)+1\cdot w_F\\ \Leftrightarrow t_C &\geq \frac{3w_F-2}{1-w_F}.\end{aligned}$$

Wir erhalten also für Christiane eine „Schwellenwertstrategie" der Form

$$t_C \mapsto \begin{cases}\text{Theater, falls } t_C \geq \frac{3w_F-2}{1-w_F}.\\ \text{Fußball, falls } t_C < \frac{3w_F-2}{1-w_F}.\end{cases}$$

Diese ist noch keine Strategie im strengen Sinne, weil hier die Wahl davon abhängig gemacht wird, mit welcher Wahrscheinlichkeit Peter Fußball wählt. Eine Strategie verlangt dagegen, dass die Wahl vom eigenen Typ abhängt. Entscheidend ist jedoch, dass wir mit GIBBONS (1992, S. 153) Gleichgewichtsstrategien für Christiane so suchen können, dass sie Theater wählt, falls $t_C$ einen bestimmten Schwellenwert $\bar{t}_C$ erreicht. Für Peter gilt Analoges: Er wird Fußball wählen, falls $t_P$ mindestens $\bar{t}_P$ beträgt.

Wie determiniert $\bar{t}_P$ die Wahrscheinlichkeit dafür, dass Peter Fußball wählt? Dazu erinnere man sich daran, dass die Typen $t_P$ auf $[0,x]$ gleichverteilt sind, und werfe einen Blick auf Abbildung R.5. Bei der Schwellenwertstrategie $\bar{t}_P$ beträgt die Wahrscheinlichkeit für Fußball $\frac{x-\bar{t}_P}{x}$.

**Übung R.5.3.** Wir haben oben den Schwellenwert für Christiane mit $\frac{3w_F-2}{1-w_F}$ angegeben. Wie lautet er, ausgedrückt durch $\bar{t}_P$ und $x$?

Wir suchen also Strategien mit $\bar{t}_C$ bzw. $\bar{t}_P$ so, dass

$$s_C : [0,x] \to \{\text{Theater, Fußball}\}, \quad t_C \mapsto \begin{cases}\text{Theater, falls } t_C \geq \bar{t}_C\\ \text{Fußball, falls } t_C < \bar{t}_C\end{cases}$$

und

$$s_P : [0,x] \to \{\text{Theater, Fußball}\}, \quad t_P \mapsto \begin{cases}\text{Theater, falls } t_P < \bar{t}_C\\ \text{Fußball, falls } t_P \geq \bar{t}_P\end{cases}.$$

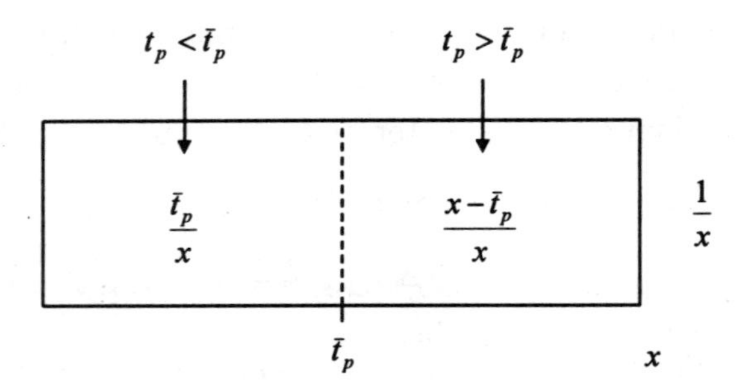


**Abbildung R.5.** Die Ermittlung der Wahrscheinlichkeiten bei der Schwellenwertstrategie

Da wir uns für gemischte Strategien des zugrundeliegenden Spieles $\Gamma$ interessieren, werden wir nur solche Werte $\bar{t}_C$ und $\bar{t}_P$ betrachten, die größer als Null und kleiner als $x$ sind.

**Übung R.5.4.** Können Sie ein Gleichgewicht des Bayes'schen Spieles $\Gamma_x^B$ (ausgedrückt durch $\bar{t}_C$ und $\bar{t}_P$) angeben, das den reinen Strategien des zugrundeliegenden Spieles $\Gamma$ entspricht?

Christianes erwarteter Nutzen bei Theater lautet

$$\begin{aligned}\left(1-\frac{x-\bar{t}_P}{x}\right)(2+t_C)+\frac{x-\bar{t}_P}{x}\cdot 0 &= \left(1-\frac{x-\bar{t}_P}{x}\right)(2+t_C)\\ &= \frac{\bar{t}_P}{x}(2+t_C)\end{aligned}$$

und bei Fußball

$$\left(1-\frac{x-\bar{t}_P}{x}\right)0+\frac{x-\bar{t}_P}{x}1=\frac{x-\bar{t}_P}{x},$$

so dass die Aktion Theater der Aktion Fußball vorzuziehen ist, falls

$$\frac{\bar{t}_P}{x}(2+t_C)\geq\frac{x-\bar{t}_P}{x}\Leftrightarrow t_C\geq\frac{x-3\bar{t}_P}{\bar{t}_P}.$$

Somit hat man den Schwellenwert $\bar{t}_C$ für Christiane gefunden.

**Übung R.5.5.** Ermitteln Sie die beste Antwort von Peter auf eine Schwellenwert-Strategie von Christiane.

Hat man die besten Antworten

$$\bar{t}_C = \frac{x - 3\bar{t}_P}{\bar{t}_P}$$

und

$$\bar{t}_P = \frac{x - 3\bar{t}_C}{\bar{t}_C}$$

gegeben, so ergibt sich zunächst im Gleichgewicht $x - 3\bar{t}_P = \overline{t_C}\bar{t}_P = x - 3\overline{t_C}$, woraus $\overline{t_C} = \bar{t}_P$ und schließlich

$$\bar{t}_C = \frac{x - 3\bar{t}_P}{\bar{t}_P} = \frac{x - 3\bar{t}_C}{\bar{t}_C}$$

folgt. Hieraus ermittelt man $\overline{t_C}$ zunächst als

$$\bar{t}_C^2 + 3\bar{t}_C - x = 0 \Leftrightarrow \bar{t}_C = -\frac{3}{2} \pm \frac{1}{2}\sqrt{(9 + 4x)}.$$

Da wir jedoch ein $\bar{t}_C$ in $[0, x]$ suchen, können wir uns auf

$$\bar{t}_C = \bar{t}_P = -\frac{3}{2} + \frac{1}{2}\sqrt{(9 + 4x)}$$

beschränken.

Sind solche Gleichgewichtsstrategien mit $\bar{t}_C$ bzw. $\bar{t}_P$ gegeben, kann man die Wahrscheinlichkeit, mit der Christiane und Peter die Strategien Theater oder Fußball wählen, bestimmen. Da die Typen auf dem Intervall $[0, x]$ gleichmäßig verteilt sind, wird Christiane Theater mit der Wahrscheinlichkeit

$$\frac{x - \bar{t}_C}{x}$$

und Peter Fußball mit der Wahrscheinlichkeit

$$\frac{x - \bar{t}_P}{x}$$

wählen.

Die Wahrscheinlichkeit für die Theaterwahl von Christiane ist damit durch

$$\frac{x - \bar{t}_C}{x} = \frac{x - \left(-\frac{3}{2} + \frac{1}{2}\sqrt{(9 + 4x)}\right)}{x} = 1 - \frac{-3 + \sqrt{(9 + 4x)}}{2x}$$

gegeben. Wir reduzieren jetzt die Unsicherheit, indem wir $x$ gegen Null gehen lassen und erhalten aufgrund der Regel von de l'Hospital[1]

$$\begin{aligned}
\lim_{x\to 0} \frac{x-\bar{t}_C}{x} &= \lim_{x\to 0}\left(1-\frac{-3+\sqrt{(9+4x)}}{2x}\right)\\
&= \lim_{x\to 0} 1 - \lim_{x\to 0}\frac{-3+\sqrt{(9+4x)}}{2x}\\
&= 1-\lim_{x\to 0}\frac{\frac{1}{2\sqrt{(9+4x)}}\cdot 4}{2} \quad \text{(Regel von de l'Hospital)}\\
&= 1-\lim_{x\to 0}\frac{1}{\sqrt{(9+4x)}}\\
&= \frac{2}{3}.
\end{aligned}$$

**Übung R.5.6.** Bestimmen Sie die Wahrscheinlichkeit für die Fußballwahl durch Peter.

Die Wahrscheinlichkeiten, mit der die Spieler in den Spielen $\Gamma_x^B$ die reinen Strategien Theater bzw. Fußball wählen, konvergieren also gegen die gemischte Strategie des Spiels $\Gamma$.

In ähnlicher Weise kann man bei „fast allen" Matrixspielen vorgehen, die Gleichgewichte in gemischten Strategien aufweisen. Die Verwandlung eines gemischten Gleichgewichtes in ein Gleichgewicht eines dazugehörigen Bayes'schen Spiels, bei dem die Spieler reine Aktionen nach Kennenlernen ihres Typs wählen, nennt man Purifikation.

## R.6 Lösungen

**Übung R.1.1.** Die Strategienmenge für Spieler 1 (und auch für Spieler 2) ist $\{\lfloor a, a\rfloor, \lfloor a, b\rfloor, \lfloor b, a\rfloor, \lfloor b, b\rfloor\}$.

**Übung R.1.2.** Abbildung R.6 gibt die strategische Form des Austauschspiels wieder. Das Spiel weist 4 Gleichgewichte auf:

[1] Die Regel von de l'Hospital gilt für Grenzwertaufgaben, bei denen sowohl Nenner als auch Zähler gegen Null gehen. Falls dann nach Differentiation von jeweils Nenner und Zähler der Grenzwert existiert, ist dies der Grenzwert des ursprünglichen Problems.

| | | Spieler 2 | | | |
|---|---|---|---|---|---|
| | | ⌊a, a⌋ | ⌊a, b⌋ | ⌊b, a⌋ | ⌊b, b⌋ |
| | ⌊a, a⌋ | (1,5; 1,5) | (1,25; 1,75) | (1,75; 1,25) | (1,5; 1,5) |
| Spie- | ⌊a, b⌋ | (1,75; 1,25) | (1,5; 1,5)* | (1,75; 1,25) | (1,5; 1,5)* |
| ler 1 | ⌊b, a⌋ | (1,25; 1,75) | (1,25; 1,75) | (1,5; 1,5) | (1,5; 1,5) |
| | ⌊b, b⌋ | (1,5; 1,5) | (1,5; 1,5)* | (1,5; 1,5) | (1,5; 1,5)* |

**Abbildung R.6.** Austauschspiel

$$(\lfloor a,b\rfloor, \lfloor a,b\rfloor), (\lfloor a,b\rfloor, \lfloor b,b\rfloor), (\lfloor b,b\rfloor, \lfloor a,b\rfloor), (\lfloor b,b\rfloor, \lfloor b,b\rfloor).$$

Die Spieler sind im Gleichgewicht nur dann bereit zu tauschen, wenn sie vom Typ 1 sind.

**Übung R.4.1.** Wir suchen eine Wahrscheinlichkeitsverteilung $\beta_0 \in W(T)$, die $\beta_0(t_1) = \overline{w}(t_1)$ und $\beta_0(t_2) = \overline{w}(t_2)$ erfüllt. Offenbar hängt die Wahrscheinlichkeit für Spieler 2, eine bestimmte Zahl vorzufinden, nicht davon ob, welche Zahl Spieler 1 erhält. Die gesuchte Wahrscheinlichkeitsverteilung $\beta_0 \in W(T)$ gehorcht also stochastischer Unabhängigkeit. Daher gilt

$$\begin{aligned}
\beta_0(t_1, t_2) &= \beta_0(t_1 | t_2)\, w(t_2) \quad \text{(Definition bedingte Wahrsch.)} \\
&= \beta_0(t_1)\, w(t_2) \\
&= \overline{w}(t_1)\, \overline{w}(t_2).
\end{aligned}$$

Der Leser sei auch an Theorem I.3.1 auf S. 148 erinnert.

**Übung R.4.2.** Man muss jeweils genau prüfen, ob Spieler 1 seine Aktionen tatsächlich nur von eigenen Aktionen abhängig macht. Man erhält:

1. Spieler 1 hat die konstante Abbildung $s_1 : T_1 \to A_1$ mit $s_1(t_1) = a$ für alle $t_1 \in T_1$ gewählt. Dies ist eine Strategie.
2. Spieler 1 macht hier die Wahl seiner Aktion von der Aktionswahl des anderen Spielers abhängig. Das ist nicht möglich.

3. Die angegebene Vorschrift ist eine Abbildung $T_1 \to A_1$, also eine Strategie.
4. Spieler 1 macht die Wahl seiner Aktion vom Typ des anderen Spielers abhängig. Diese Information besitzt er jedoch nicht. Es handelt sich nicht um eine Strategie.

**Übung R.4.3.** Versuchen Sie es zunächst selbst!

1. Falls Spieler 2 die konstante Strategie $b$ wählt, wird es unter keinen Umständen zum Austausch kommen. Dann ist jede Strategie, die Spieler 1 wählt, eine beste Antwort, insbesondere auch die Strategie $s_1 = b$. Da Analoges für Spieler 2 gilt, ist die angegebene Kombination ein Gleichgewicht.
2. Spieler 1 wählt hier eine beste Antwort auf die Strategie $b$ von Spieler 2. Aber Spieler 2 wählt keine beste Antwort auf $s_1 = a$. Dies hatten wir uns soeben im Lehrtext überlegt.
3. Gegenüber der Strategie $s_2 = \begin{cases} a, \text{ falls } t_2 = 1, \\ b, \text{ falls } t_2 \in \{2, ..., m\} \end{cases}$ ergeben für Spieler 1 vom Typ $t_1 = 1$ die Aktionen $a$ und $b$ gleichen erwarteten Nutzen in Höhe von
$$\sum_{j=1}^{m} \beta_0(j)\, j.$$
Ist Spieler 1 vom Typ $t_1 > 1$, sollte er die Aktion $b$ wählen. Denn ein Austausch mit Spieler 2 kommt entsprechend dessen Strategie nur bei $t_2 = 1$ zustande. Ein solcher Austausch lohnt sich für Spieler 1 jedoch nicht. Somit ist die angegebene Strategie $s_1$ eine beste Antwort auf die angegebene Strategie $s_2$, und aus Symmetriegründen ist die Kombination $(s_1, s_2)$ ein Bayes'sches Gleichgewicht.
4. Gegenüber
$$s_1 = \begin{cases} a, \text{ falls } t_1 = 1, \\ b, \text{ falls } t_1 \in \{2, ..., m\} \end{cases}$$
ist
$$s_2 = \begin{cases} a, \text{ falls } t_2 \in \{1, 2\}, \\ b, \text{ falls } t_2 \in \{3, ..., m\} \end{cases}$$
keine beste Antwort. Denn Spieler 2 erhält bei dieser Strategiekombination

$$\underbrace{\beta_0(1)\,1}_{\substack{\text{Bei Tausch}\\\text{(gegen 1)}\\\text{und bei}\\\text{Nichttausch}\\\text{gleiche}\\\text{Auszahlung}}} + \underbrace{\beta_0(2)\left(\beta_0(1)\,1+(1-\beta_0(1))\,2\right)}_{\substack{\text{Spieler 1}\\\text{tauscht 2 gegen 1}\\\text{oder tauscht nicht}}} + \underbrace{\sum_{j=3}^{m}\beta_0(j)\,j}_{\substack{\text{Spieler 2}\\\text{tauscht}\\\text{nicht}}}$$

$$< \beta_0(1)(1) + \beta_0(2)\,2 + \sum_{j=3}^{m}\beta_0(j)\,j = \sum_{j=1}^{m}\beta_0(j)\,j$$

und damit weniger als bei der konstanten Strategie $s_2 = b$.

**Übung R.4.4.** Man erhält $\overline{w}\left(\left[\frac{1}{2},\frac{3}{4}\right]\right) = \frac{1}{4}$ und $\overline{w}\left(\left[\frac{3}{4},\frac{3}{4}\right]\right) = 0$. Die Wahrscheinlichkeit, dass ein Spieler genau von einem bestimmten Typ ist, nennt man Punktwahrscheinlichkeit. Sie ist bei gleichmäßiger Verteilung auf einem Intervall immer Null.

**Übung R.4.5.** Für den Fall $t_2 - 2d_1 \leq b_1 \leq t_2$ maximiert $\frac{t_2+b_1}{2}$ die erwartete Auszahlung $(t_2 - a_2)\frac{a_2-b_1}{d_1}$ und diese Aktion liegt im Intervall $[b_1, b_1 + d_1]$.

**Übung R.4.6.** Bei der unstrategischen Erstpreisauktion beträgt der Preis bei gegebenen Typen $t_1$ und $t_2$ $\max(t_1, t_2)$ und man erhält

$$\begin{aligned}
\int_{t_1\in[0,1]}\int_{t_2\in[0,1]} \max(t_1,t_2)\,dt_2dt_1 &= \int_{t_1\in[0,1]}\left(\int_0^{t_1} t_1dt_2 + \int_{t_1}^{1} t_2dt_2\right)dt_1\\
&= \int_{t_1\in[0,1]}\left(t_1^2 + \frac{1}{2} - \frac{1}{2}t_1^2\right)dt_1\\
&= \int_{t_1\in[0,1]}\left(\frac{1}{2}t_1^2 + \frac{1}{2}\right)dt_1\\
&= \frac{1}{3}\frac{1}{2}t_1^3 + \frac{1}{2}t_1\Big|_0^1\\
&= \frac{1}{6} + \frac{1}{2} - 0\\
&= \frac{2}{3}.
\end{aligned}$$

**Übung R.5.1.** Das Spiel hat drei Gleichgewichte, wovon zwei in reinen Strategien sind: {Theater, Theater} und {Fußball,Fußball}. Das gemischte Gleichgewicht lautet $\left(\left(\frac{2}{3},\frac{1}{3}\right),\left(\frac{1}{3},\frac{2}{3}\right)\right)$; es sieht also vor, dass sie Theater mit der Wahrscheinlichkeit $\frac{2}{3}$ und er Theater mit der Wahrscheinlichkeit $\frac{1}{3}$ wählt.

**Übung R.5.2.** Peters Strategien sind Abbildungen

$$T_P(x) \to \{\text{Theater, Fußball}\}.$$

Er wählt eine Strategie, nach der er bei bestimmten Werten aus $T_P(x)$ Fußball wählt und bei den anderen Theater.

**Übung R.5.3.** Setzt man für $w_F$ den Wert $\frac{x-\bar{t}_P}{x}$, so erhält man $\frac{x-3\bar{t}_P}{\bar{t}_P}$.

**Übung R.5.4.** Falls Christiane $\bar{t}_C = 0$ wählt, lautet ihre Aktion bei jedem ihrer Typen $t_C \in [0, x]$ Theater. Peter wird dann eine Strategie wählen, die ihn bei jedem seiner Typen ebenfalls Theater als Aktion wählen lässt. Dies erreicht er durch $\bar{t}_P = x$. Man macht sich umgekehrt klar, dass $\bar{t}_C = 0$ eine beste Antwort auf $\bar{t}_P = x$ ist.

**Übung R.5.5.** Bei der Schwellenwert-Strategie $\bar{t}_C$ von Christiane beträgt Peters erwarteter Nutzen bei Theater

$$\frac{x-\bar{t}_C}{x}1 + \left(1 - \frac{x-\bar{t}_C}{x}\right)0 = \frac{x-\bar{t}_C}{x}$$

und bei Fußball

$$\frac{x-\bar{t}_C}{x}0 + \left(1 - \frac{x-\bar{t}_C}{x}\right)(2+t_P) = \frac{\bar{t}_C}{x}(2+t_P),$$

so dass die Aktion Fußball der Aktion Theater vorzuziehen ist, falls

$$\frac{\bar{t}_C}{x}(2+t_P) \geq \frac{x-\bar{t}_C}{x} \Leftrightarrow t_P \geq \frac{x-3\bar{t}_C}{\bar{t}_C}.$$

Peters beste Antwort auf die Schwellenwert-Strategie $\bar{t}_C$ von Christiane ist demnach wieder eine Schwellenwert-Strategie. Sie wird durch den Schwellenwert $\bar{t}_P = \frac{x-3\bar{t}_C}{\bar{t}_C}$ ausgedrückt.

**Übung R.5.6.** Die Wahrscheinlichkeit, mit der Peter Fußball wählt, ist ganz analog zu der Theaterwahl von Christiane durch

$$\frac{x-\bar{t}_P}{x} = \frac{x - \left(-\frac{3}{2} + \frac{1}{2}\sqrt{9+4x}\right)}{x} = 1 - \frac{-3+\sqrt{9+4x}}{2x}$$

gegeben. Man lässt $x$ wieder gegen Null laufen und erhält aufgrund der Regel von de l'Hospital

$$\begin{aligned}
\lim_{x\to 0} \frac{x-\bar{t}_P}{x} &= \lim_{x\to 0} \left(1 - \frac{-3+\sqrt{9+4x}}{2x}\right) \\
&= \lim_{x\to 0} 1 - \lim_{x\to 0} \frac{-3+\sqrt{9+4x}}{2x} \\
&= 1 - \lim_{x\to 0} \frac{\frac{1}{2\sqrt{9+4x}} \cdot 4}{2} \qquad \left(\begin{array}{c}\text{Regel von} \\ \text{de l'Hospital}\end{array}\right) \\
&= 1 - \lim_{x\to 0} \frac{1}{\sqrt{9+4x}} \\
&= \frac{2}{3}.
\end{aligned}$$

# S. Bayes'sche Spiele mit Kommunikation

## S.1 Einführendes und Beispiele

Bisher haben wir angenommen, dass die Spieler unabhängig von einander und ohne Kommunikation ihre Aktionen wählen. In diesem Kapitel wollen wir untersuchen, welche Gleichgewichte möglich sind, wenn sich die Spieler auf ein Kommunikationsmittel einigen, das ihnen vor der Wahl ihrer Aktion ein Signal gibt bzw. spezieller eine Aktion vorschlägt. Wie sich die Spieler auf den speziellen Mechanismus einigen, könnte dabei im Prinzip mithilfe der Verhandlungstheorie untersucht werden. Dies wollen wir jedoch unterlassen und den Verhandlungsprozess, der zu dem einen oder anderen Kommunikationsmechanismus führt, nicht darstellen.

Es liegt vielleicht nahe, diese Idee auf das Gefangenen-Dilemma anzuwenden. Der Kommunikationsmechanismus könnte beiden Spielern die kooperative Aktion vorschlagen. Das Problem besteht dabei darin, dass auch mithilfe eines solchen Mechanismus keiner der Spieler einen Grund hat, tatsächlich die kooperative Aktion zu wählen. Wir werden uns daher für solche Kommunikationsmechanismen interessieren, die so gestaltet sind, dass es im Interesse jedes einzelnen Spielers ist, dem jeweils unterbreiteten Vorschlag zu folgen.

Beispielsweise könnten sich die Spieler bei der Hasenjagd auf einen Mechanismus einigen, der beiden die Aktion Hirsch vorschlägt. Geht Spieler 1 davon aus, dass Spieler 2 dem Vorschlag der Aktionskombination folgt, ist es in seinem Interesse, dies auch zu tun. Dieser Kommunikationsmechanismus hilft den Spielern, das für sie bessere Gleichgewicht des zugrunde liegenden Spiels zu erreichen.

Der Vorschlag, den die Kommunikationsmechanismen hervorbringen, kann allerdings auch zufallsgesteuert sein. So könnte er beispielsweise beim Kampf der Geschlechter mit der Wahrscheinlichkeit $\frac{1}{3}$ die Aktionskombination (Fußball,Fußball) und mit der Gegenwahrscheinlichkeit von $\frac{2}{3}$ die Aktionskombination (Theater,Theater) auswählen. Erhalten die Spieler eines dieser Signale, werden sie dem darin enthaltenen Vorschlag folgen, wenn sie annehmen, der jeweils andere tue dies ebenfalls. Der angegebene Mechanismus ist in formaler Hinsicht eine Wahrscheinlichkeitsverteilung auf der Menge der Aktionskombinationen.

**Übung S.1.1.** Wie hoch sind die erwarteten Auszahlungen beim Kampf der Geschlechter, das durch die Matrix

| | | **Er** | |
|---|---|---|---|
| | | Theater | Fußball |
| **Sie** | Theater | $4,3$ | $2,2$ |
| | Fußball | $1,1$ | $3,4$ |

gegeben ist, falls

- beide Spieler Theater wählen,
- beide Spieler Fußball wählen,
- beide Spieler sich entsprechend dem gemischten Gleichgewicht verhalten oder
- beide Spieler den soeben beschriebenen Kommunikationsmechanismus anwenden.

Bei den bisherigen Beispielen war es unerheblich, ob das für Spieler 1 gedachte Signal auch Spieler 2 bekannt wird. Tatsächlich konnte Spieler 1 aus seinem Signal bei Kenntnis des Kommunikationsmechanismus auf das Signal für Spieler 2 schließen. Bisweilen ist es jedoch wichtig, dass die Spieler nur die eigene Empfehlung, nicht jedoch die den anderen Spielern gegebenen Empfehlungen kennen. Dies hat AUMANN (1974, S. 72) mithilfe des folgenden Matrixspiels gezeigt:

| | | Spieler 2 | |
|---|---|---|---|
| | | $a_2^1$ | $a_2^2$ |
| Spieler 1 | $a_1^1$ | 6,6 | 2,7 |
| | $a_1^2$ | 7,2 | 0,0 |

Dieses Spiel hat zwei Gleichgewichte in reinen Strategien, $\left(a_1^1, a_2^2\right)$ mit Auszahlungen $(2, 7)$ und $\left(a_1^2, a_2^1\right)$ mit Auszahlungen $(7, 2)$. Da fast alle endlichen Matrixspiele eine ungerade Anzahl von Gleichgewichten aufweisen (siehe Theorem L.4.2 auf S. 205), ist es sinnvoll, nach einem Gleichgewicht in gemischten Strategien zu suchen. Es lautet $\left(\left(\frac{2}{3}, \frac{1}{3}\right), \left(\frac{2}{3}, \frac{1}{3}\right)\right)$ mit Auszahlungen $\left(\frac{14}{3}, \frac{14}{3}\right)$. Wie beim Kampf der Geschlechter ist es möglich, dass sich die Spieler, die bezüglich der Gleichgewichte in reinen Strategien konfligierende Interessen haben, auf einen Kommunikationsmechanismus stützen, der das erste Gleichgewicht mit der Wahrscheinlichkeit $\frac{1}{2}$ und das zweite mit der selben Wahrscheinlichkeit vorschlägt. Die erwartete Auszahlung lautet für beide Spieler $\frac{1}{2} \cdot 2 + \frac{1}{2} \cdot 7 = \frac{9}{2} < \frac{14}{3}$. Sie erhalten hier, im Gegensatz zum obigen Beispiel, sogar weniger als beim gemischten Gleichgewicht. Im Allgemeinen ist es bei solchen Spielen unklar, ob das gemischte Gleichgewicht besser als der Kommunikationsmechanismus abschneidet: Im gemischten Gleichgewicht wird bisweilen (mit der Wahrscheinlichkeit $\frac{4}{9}$) die Auszahlung $(6, 6)$ erreicht; es besteht jedoch die Gefahr (mit der Wahrscheinlichkeit $\frac{1}{9}$), dass beide Null erhalten.

Leider wird dem Vorschlag, entsprechend der Aktionskombination $\left(a_1^1, a_2^1\right)$ zu handeln, im Gleichgewicht nicht gefolgt. Jeder Spieler hätte einen Anreiz abzuweichen, wenn er annimmt, der jeweils andere verhielt sich dem erhaltenen Signal entsprechend. Und nun kommt die schlaue Idee von Aumann: Schön wäre es, wenn man neben den Auszahlungspaaren $(7, 2)$ und $(2, 7)$ das Paar $(6, 6)$ erreichen und $(0, 0)$ vermeiden könnte. Dies wird beispielsweise durch den Kommunikationsmechanismus erreicht, der die Aktionskombinationen $\left(a_1^1, a_2^1\right)$, $\left(a_1^1, a_2^2\right)$ und $\left(a_1^2, a_2^1\right)$ mit jeweils der Wahrscheinlichkeit $\frac{1}{3}$ auswählt. Das Signal, das er den Spielern gibt, besteht jedoch nicht in der Aktionskombination, sondern lediglich in seiner eigenen Aktion aus der jeweiligen Aktionskombination.

**Übung S.1.2.** Stellen sie sich vor, der Kommunikationsmechanismus informierte die Spieler über die jeweilige Aktionskombination, also auch über die Aktion für den anderen Spieler. Würde ihm dann im Gleichgewicht gefolgt werden?

Falls sich beide Spieler entsprechend ihrer Signale verhalten, betragen ihre erwarteten Auszahlungen

$$\frac{1}{3} \cdot 6 + \frac{1}{3} \cdot 2 + \frac{1}{3} \cdot 7 = 5 > \frac{14}{3} > \frac{9}{2}$$

und somit mehr als die Spieler im gemischten Gleichgewicht oder bei Mischung der beiden Gleichgewichte erhielten.

Nun haben wir noch zu klären, dass diesem Mechanismus tatsächlich im Gleichgewicht Folge geleistet wird. Ist es also für die Spieler eine beste Antwort, wenn sie nach Erhalt des Signals tatsächlich die ihnen zugedachte Aktion wählen?

Nehmen wir Spieler 1. Erhält er das Signal $a_1^1$, so muss er davon ausgehen, dass die durch den Zufall bestimmte Aktionskombination entweder $(a_1^1, a_2^1)$ oder $(a_1^1, a_2^2)$ lautet. Die Wahrscheinlichkeit für das Signal beträgt $\frac{2}{3}$. Nachdem Spieler 1 das Signal $a_1^1$ erhalten hat, ist die (bedingte) Wahrscheinlichkeit für die Aktionskombination $(a_1^1, a_2^1)$

$$\frac{\text{Wahrscheinlichkeit für Signal } a_1^1 \text{ und Aktionskombination } (a_1^1, a_2^1)}{\text{Wahrscheinlichkeit für Signal } a_1^1}$$

$$= \frac{\frac{1}{3}}{\frac{2}{3}} = \frac{1}{2}.$$

Er vergleicht jetzt den erwarteten Nutzen bei Wahl der ersten Aktion,

$$\frac{1}{2} \cdot 6 + \frac{1}{2} \cdot 2 = 4,$$

mit dem erwarteten Nutzen bei Wahl der zweiten Aktion,

$$\frac{1}{2} \cdot 7 + \frac{1}{2} \cdot 0 = \frac{7}{2}.$$

Bei Erhalt des Signals $a_1^1$ ist es also vorteilhaft für Spieler 1, gerade diese Strategie zu wählen.

**Übung S.1.3.** Begründen Sie, warum Spieler 1 nach Erhalt des Signals $a_1^2$ die Aktion $a_1^2$ wählen möchte, wenn er davon ausgeht, dass sich Spieler 2 so verhält, wie ihm durch sein Signal vorgegeben ist.

Für Spieler 2 ergeben sich ganz analoge Überlegungen. Der von Aumann erdachte Kommunikationsmechanismus führt also zu Aktionsvorschlägen für die Spieler, deren Kombination ein Gleichgewicht darstellt. Die vom Kommunikationsmechanismus vorgesehene Wahrscheinlichkeitsverteilung auf der Menge der Aktionskombinationen nennt man korreliertes Gleichgewicht. Dieses definieren wir formal mithilfe eines geeigneten Bayes'schen Spiels in Abschnitt S.2. Der dritte und letzte Abschnitt bietet eine Einführung in die Theorie korrelierter Gleichgewichte.

Schließlich wollen wir noch darauf hinweisen, dass der Kommunikationsmechanismus auch andere Formen annehmen kann. Beispielsweise könnten die Spieler das an unterschiedlichen Orten herrschende Wetter beobachten und darauf ihre Aktionen konditionieren. Der Leser konsultiere AUMANN (1987) oder OSBORNE/RUBINSTEIN (1994).

## S.2 Definition

### S.2.1 Formalisierung des Kommunikationsmechanismus

Wir gehen wie in unseren Vorüberlegungen von einem Spiel

$$\Gamma = \left(I, A, (u_i)_{i \in I}\right)$$

aus, wobei $A$ die Menge der Strategiekombinationen darstellt. Beispiele sind der Kampf der Geschlechter oder das Aumann'sche Matrixspiel aus dem einführenden Abschnitt. Für dieses Spiel definieren wir ein Bayes'sches Spiel

$$\Gamma^B = \left(I, T, A, \beta_0, (u_i)_{i \in I}\right),$$

bei dem für jeden Spieler sein Typenraum gleich seinem Aktionsraum ist. Für Spieler $i \in I$ gilt also $T_i = A_i$. Aufgrund dieser Vereinfachung können wir in Zukunft ein Bayes'sches Spiel mit Kommunikation durch

$$\Gamma^K = (I, \underset{T}{\underset{\parallel}{A}}, \beta_0, (u_i)_{i \in I})$$

beschreiben.

Nun zu den Nutzenfunktionen $u_i$. Da die durch den Kommunikationsmechanismus zugeordneten Typen die Nutzenwerte nicht direkt beeinflussen, ist die Nutzenfunktion $u_i$ für Spieler $i$ eine Funktion $A \to \mathbb{R}$ und kann damit direkt aus der Definition des zugrunde liegenden Spiels $\Gamma$ entnommen werden.

Schließlich haben wir noch $\beta_0$ zu erklären. Wie in Bayes'schen Spielen allgemein ist $\beta_0$ ein Element aus $W(T)$, also eine Wahrscheinlichkeitsverteilung auf der Menge der Typenkombinationen. In unserem Fall ist $\beta_0$ somit ein Element aus $W(A)$, gibt also Wahrscheinlichkeiten für alle Aktionskombinationen aus $\Gamma^K$ bzw. Strategiekombinationen aus $\Gamma$ an.

Spieler $i$, so unsere Vorstellung, erfährt seinen Typ, also die Aktion in $\Gamma$, die ihm durch den Kommunikationsmechanismus zugedacht ist. Diese Aktion kann er wählen, er darf natürlich auch abweichen. Während für Spieler $i$ in $\Gamma$ der Strategieraum $A_i$ lautet, ist der Strategieraum in $\Gamma^K$ durch die Menge der Funktionen von $T_i = A_i$ nach $A_i$,

$$S_i = \{s_i : T_i \to A_i\},$$

gegeben.

**Übung S.2.1.** Drücken Sie den schlauen Kommunikationsmechanismus von Aumann, den wir auf S. 379 beschrieben haben, als Bayessches Spiel aus.

Natürlich werden wir uns besonders für Aktionen in Übereinstimmung mit dem Kommunikationsmechanismus interessieren. Der Kommunikationsmechanismus ist mit der Wahrscheinlichkeitsverteilung $\beta_0 \in W(T) = W(A)$ zu identifizieren.

**Übung S.2.2.** Welche Strategien aus $S_i$ verlangen von Spieler $i$, dass er eine Aktion in $\Gamma^K$ bzw. eine Strategie in $\Gamma$ entsprechend dem Kommunikationsmechanismus $\beta_0$ wählt?

Wie in Bayes'schen Spielen allgemein nehmen wir an,

- dass die Wahrscheinlichkeitsverteilung $\beta_0 \in W(T) = W(A)$ allgemeines Wissen ist und
- dass jeder Agent $i$ die Wahrscheinlichkeit für das Eintreten einer bestimmten Kombination von Typen $t_{-i} = a_{-i}$ aufgrund von

$$\beta_0(t_{-i} | t_i) = \frac{\beta_0(t)}{\sum_{t'_{-i}} \beta_0(t'_{-i}, t_i)}$$

bestimmt, falls $\sum_{t'_{-i}} \beta_0(t'_{-i}, t_i) > 0$ gilt.

### S.2.2 Korreliertes Gleichgewicht

Wir wiederholen zunächst die ex-ante-Definition und die ex-post-Definition von Bayes'schen Gleichgewichten, um anschließend den Begriff des korrelierten Gleichgewichts zu klären. Ex ante ist den Spielern die ihnen übermittelte Empfehlung unbekannt. Ihre Information besteht aus $\beta_0 \in W(A)$. Ex post kennt Spieler $i$ die ihm vorgegebene Strategie $t_i$ und hat die Wahrscheinlichkeitsinformation $\beta_0(t_{-i} | t_i)$ über die empfohlenen Strategien der anderen Spieler.

Wir beginnen mit der „ex ante"-Definition:

**Definition S.2.1 (Bayes'sches Gleichgewicht mit Kommunikation, ex-ante).** *Für ein Bayes'sches Spiel mit Kommunikation*

$$\Gamma^K = (I, \underset{\substack{\shortparallel \\ T}}{A}, \beta_0, (u_i)_{i \in I})$$

*ist eine Strategiekombination*

$$s^* = (s_1^*, s_2^*, ..., s_n^*)$$

*ein Nash-Gleichgewicht (in der ex-ante-Formulierung), falls für jeden Spieler*

$$s_i^* \in \underset{s'_i \in S_i}{\operatorname{argmax}} \sum_{t_i \in T_i} \sum_{t_{-i} \in T_{-i}} \beta_0(t_i, t_{-i}) \, u_i\left(s'_i(t_i), s^*_{-i}(t_{-i})\right)$$

*gilt.*

In Anbetracht von $s_{-i}^*$ maximiert $s_i^*$ somit den erwarteten Nutzen für Spieler $i$ bei gegebener Wahrscheinlichkeitsverteilung $\beta_0 \in W(T)$. Dabei sind die Aktionen, die $s_i^*$ für einen Typ $t_i$ vorsieht, der mit der Wahrscheinlichkeit Null realisiert wird $\left(\sum_{t'_{-i}} \beta_0\left(t'_{-i}, t_i\right) = 0\right)$, beliebig.

Nun zur ex-post-Formulierung. Nachdem Spieler 1 seine Strategieempfehlung erfährt, wird er in Anbetracht seiner Wahrscheinlichkeitseinschätzung $\beta_0\left(t_{-i}\,|t_i\right) \in W\left(T_{-i}\right)$ den erwarteten Nutzen maximieren, indem er eine geeignete Aktion auswählt.

**Definition S.2.2 (Bayes'sches Gleichgewicht mit Kommunikation, ex-post).** *Für ein Bayes'sches Spiel mit Kommunikation*

$$\Gamma^K = \left(I, T = A, \beta_0, (u_i)_{i\in I}\right)$$

*ist eine Strategiekombination*

$$s^* = \left(s_1^*, s_2^*, ..., s_n^*\right)$$

*ein Nash-Gleichgewicht (in der ex-post-Formulierung), falls für jeden Spieler $i$ aus $I$ und für jede Empfehlung $t_i \in T_i = S_i$ die Aktion $s_i^*\left(t_i\right)$ den erwarteten Nutzen maximiert. Im Falle eines endlichen Bayesspiels muss demnach für jeden Spieler $i$ aus $I$ und für jedes Signal $t_i \in T_i$ mit $\sum_{t'_{-i}} \beta_0\left(t'_{-i}, t_i\right) > 0$*

$$s_i^*\left(t_i\right) \in \underset{a_i\in A_i}{\operatorname{argmax}} \sum_{t_{-i}\in T_{-i}} \beta_0\left(t_{-i}\,|t_i\right) u_i\left(a_i, s_{-i}^*\left(t_{-i}\right)\right)$$

*gelten.*

Wir kommen nun zum Begriff des korrelierten Gleichgewichts.

**Definition S.2.3 (korreliertes Gleichgewicht).** *Sei ein Matrixspiel $\Gamma = \left(I, A, (u_i)_{i\in I}\right)$ und das dazu gehörige Bayes'sche Spiel mit Kommunikation*

$$\Gamma^K = (I, \underset{T}{\underset{\shortparallel}{A}}, \beta_0, (u_i)_{i\in I})$$

*gegeben. Für alle Spieler $i \in I$ wird durch*

$$s_i^*\left(a_i\right) = a_i$$

*eine Strategie in $\Gamma^K$ erklärt. Ist die dadurch gegebene Strategiekombination*

$$s^* = (s_1^*, s_2^*, ..., s_n^*)$$

*ein Gleichgewicht (in der ex-ante- oder der ex-post-Formulierung) des Bayes'schen Spiels $\Gamma^K$, nennt man $\beta_0$ ein korreliertes Gleichgewicht von $\Gamma = \left(I, A, (u_i)_{i \in I}\right)$.*

Die in der Definition spezifizierten Strategien kann man auch mit $id_i$ und die dazu gehörigen Strategiekombination mit $id = (id_1, id_2, ..., id_n)$ bezeichnen. Ein korreliertes Gleichgewicht von $\Gamma = \left(I, A, (u_i)_{i \in I}\right)$ ist also eine Wahrscheinlichkeitsverteilung $\beta_0$ auf $A$ derart, dass ein Gleichgewicht des durch $\Gamma$ und $\beta_0$ definierten Bayes'schen Spiels mit Kommunikation $\Gamma^K = \left(I, T = A, \beta_0, (u_i)_{i \in I}\right)$ existiert, das für jeden Spieler $i$ vorsieht, dass er den Empfehlungen (Signalen) des durch $\beta_0$ definierten Kommunikationsmechanismus immer folgt, das er also die Strategie $id_i$ wählt. Nochmal, noch kürzer: Ein korreliertes Gleichgewicht von $\Gamma$ ist eine Wahrscheinlichkeitsverteilung $\beta_0$ auf der Menge der Strategiekombinationen von $\Gamma$, so dass die Strategiekombination $id$ ein Gleichgewicht des durch $\Gamma$ und $\beta_0$ definierten Bayes'schen Spiels mit Kommunikation ist.

## S.3 Gleichgewichte und korrelierte Gleichgewichte

Die im ersten Abschnitt erläuterten Beispiele haben bereits gezeigt, dass es zwischen Gleichgewichten eines Spiels und seinen korrelierten Gleichgewichten enge Beziehungen geben muss. Wir werden zeigen: Weist ein Spiel $\Gamma$ Gleichgewichte in reinen oder gemischten Strategien auf, so entsprechen diesen Gleichgewichten korrelierte Gleichgewichte.

Nehmen wir eine Strategiekombination

$$(a_1^*, a_2^*, ..., a_n^*)$$

reiner Strategien in $A$. Sie entspricht genau einer Wahrscheinlichkeitsverteilung $\beta_0$ auf $A$: derjenigen, die dieser Kombination die Wahrscheinlichkeit 1 und allen anderen Kombinationen die Wahrscheinlichkeit Null zuordnet.

Ist $(a_1^*, a_2^*, ..., a_n^*)$ zudem ein Gleichgewicht in $\Gamma$, so ist $\beta_0$ ein korreliertes Gleichgewicht in $\Gamma$. Der Kommunikationsmechanismus $\beta_0$ lässt es für jeden Spieler $i$, der die Information $a_i^*$ erhält, lohnend scheinen, der Empfehlung zu folgen, wenn die übrigen Spieler dies ebenfalls tun. Umgekehrt: Ist $\beta_0$ ein korreliertes Gleichgewicht in $\Gamma$ und verteilt $\beta_0$ die gesamte Wahrscheinlichkeitsmasse auf eine Strategiekombination, so muss diese ein Gleichgewicht sein. Denn dann gibt es eine Strategiekombination in $\Gamma^K$ derart, dass keiner der Spieler von der durch $\beta_0$ gegebenen Empfehlung abweichen möchte.

Gehen wir nun zu Gleichgewichten in gemischten Strategien über. Die Strategiekombination

$$(\alpha_1^*, \alpha_2^*, ..., \alpha_n^*)$$

gemischter Strategien in $\Gamma$ entspricht ebenfalls genau einer Wahrscheinlichkeitsverteilung $\beta_0$ auf $A$.

**Übung S.3.1.** Welche Wahrscheinlichkeit ordnet $\beta_0$ der Strategiekombination $\left(a_1^1, a_2^1, ..., a_n^1\right)$ zu?

Ist $(\alpha_1^*, \alpha_2^*, ..., \alpha_n^*)$ ein Gleichgewicht, so ist $\beta_0$ ein korreliertes Gleichgewicht. Denn $\beta_0$ schlägt jedem Spieler $i$ eine reine Strategie in Übereinstimmung mit der durch $\alpha_i^*$ gegebenen Wahrscheinlichkeitsverteilung vor. Halten sich die anderen Spieler an die durch $\beta_0$ gegebene Empfehlung, randomisieren sie entsprechend ihren gemischten Strategien. Daher kann sich Spieler $i$ nicht verbessern, wenn er der Empfehlung nicht folgt.

Sei nun umgekehrt $\beta_0$ so beschaffen, dass es durch eine Strategiekombination gemischter Strategien erzeugt werden kann (siehe Abschnitt I.3 über stochastische Unabhängigkeit). Falls nun $\beta_0$ ein korreliertes Gleichgewicht darstellt, gibt es eine Strategiekombination in $\Gamma^K$ so, dass die Spieler sich nicht verbessern können, wenn sie den $\beta_0$ entsprechenden Empfehlungen nicht folgen. $\beta_0$ gibt jedem Spieler $i$ die Information über die gemischten Strategien $\alpha_{-i}$ der anderen Spieler. Falls nun $i$ die ihm durch $\beta_0$ zugedachte gemischte Strategie $\alpha_i$ spielen will, ist diese offenbar eine beste Antwort auf $\alpha_{-i}$. Die Strategiekombination gemischter Strategien, die $\beta_0$ erzeugt, ist also ein Gleichgewicht, falls $\beta_0$ ein korreliertes Gleichgewicht darstellt.

Wir fassen diese Erkenntnisse zusammen:

**Theorem S.3.1.** *Sei $\Gamma = \left(I, A, (u_i)_{i \in I}\right)$ ein Spiel in strategischer Form.*

1. *Eine Strategiekombination*

$$a^* = (a_1^*, a_2^*, ..., a_n^*)$$

*reiner Strategien in $A$ ist genau dann ein Gleichgewicht in $\Gamma$, falls $\beta_0$ mit $\beta_0 (a^*) = 1$ ein korreliertes Gleichgewicht von $\Gamma$ ist.*

2. *Eine Strategiekombination*

$$\alpha^* = (\alpha_1^*, \alpha_2^*, ..., \alpha_n^*)$$

*gemischter Strategien in $\Gamma$ ist genau dann ein Gleichgewicht in $\Gamma$, falls die durch $\alpha^*$ erzeugte Wahrscheinlichkeitsverteilung $\beta_0 \in W(A)$ ein korreliertes Gleichgewicht von $\Gamma$ ist.*

Wir haben dieses Theorem ausführlich bewiesen. Man kann sich von ihm auch auf andere Weise überzeugen. Gleichgewichte in reinen oder gemischten Strategien können allein deshalb nicht verloren gehen, weil es den Spielern frei steht, die Signale zu ignorieren. Dann ist das Spiel mit Kommunikation auch eines ohne Kommunikation.

Gleichgewichte in reinen oder gemischten Strategien können also mit korrelierten Gleichgewichten identifiziert werden. Darüber hinaus gibt es jedoch korrelierte Gleichgewichte, die keinem Gleichgewicht in reinen oder gemischten Strategien entsprechen. Die genannten Beispiele weisen auf zwei Klassen von korrelierten Gleichgewichten hin, die über die Gleichgewichte hinaus gehen: Mischungen reiner Gleichgewichte (siehe Kampf der Geschlechter, S. 378) und schlaue Aumannsche Kommunikationsmechanismen (siehe S. 379).

## S.4 Lösungen

**Übung S.1.1.** Nur die Auszahlungen beim gemischten Gleichgewicht erfordern einen geringen Rechenaufwand. Wir haben als Vorüberlegung das gemischte Gleichgewicht zu bestimmen. Wir erhalten aufgrund der in Kapitel L gelernten Methoden das Gleichgewicht $\left(\left(\frac{3}{4}, \frac{1}{4}\right),\right.$

$\left(\frac{1}{4}, \frac{3}{4}\right)$); Sie wählt Theater mit der Wahrscheinlichkeit $\frac{3}{4}$ und Er wählt Theater mit der Wahrscheinlichkeit $\frac{1}{4}$. Ihre erwartete Auszahlung lautet in diesem Gleichgewicht

$$\frac{1}{4} \cdot 4 + \frac{3}{4} \cdot 2 = \frac{5}{2} = \frac{1}{4} \cdot 1 + \frac{3}{4} \cdot 3,$$

und seine ebenfalls

$$\frac{3}{4} \cdot 3 + \frac{1}{4} \cdot 1 = \frac{5}{2} = \frac{3}{4} \cdot 2 + \frac{1}{4} \cdot 4.$$

Die Auszahlungen für die Spieler 1 (Sie) und 2 (Er) lauten

- $(4, 3)$, falls beide Spieler Theater wählen,
- $(3, 4)$, falls beide Spieler Fußball wählen,
- $\left(\frac{5}{2}, \frac{5}{2}\right)$, falls die Spieler sich entsprechend dem gemischten Gleichgewicht verhalten oder
- $\left(\frac{2}{3} \cdot 4 + \frac{1}{3} \cdot 3, \frac{2}{3} \cdot 3 + \frac{1}{3} \cdot 4\right) = \left(\frac{11}{3}, \frac{10}{3}\right)$, falls die Spieler den soeben beschriebenen Kommunikationsmechanismus anwenden.

**Übung S.1.2.** Nein, denn beim Signal $\left(s_1^1, s_2^1\right)$ ist es für jeden der Spieler lohnend, von seiner Empfehlung abzuweichen, um die Auszahlung 7 anstelle von 6 zu erhalten.

**Übung S.1.3.** Erhält Spieler 1 das Signal $a_1^2$, kann er sicher davon ausgehen, dass die zufällig ausgewählte Aktionskombination $\left(a_1^2, a_2^1\right)$ lautet. Falls sich Spieler 2 entsprechend seines Signals $a_2^1$ verhält, ist es für Spieler 1 optimal, dem Signal zu folgen, um die Auszahlung 7 anstelle von 6 zu erhalten.

**Übung S.2.1.** Das Bayes'sche Spiel, das wir für den Aumann'schen Kommunikationsmechanismus zu beschreiben haben, enthält die Elemente

- $I = \{1, 2\}$,
- $T_i = A_i = \left\{s_i^1, s_i^2\right\}$ für $i = 1, 2$,
- $\beta_0 \in W(T) = W(A)$ mit $\beta_0\left(s_1^1, s_2^1\right) = \beta_0\left(s_1^1, s_2^2\right) = \beta_0\left(s_1^2, s_2^1\right) = \frac{1}{3}$ und
- $u_1\left(\left(s_1^1, s_2^1\right)\right) = 6$, $u_1\left(\left(s_1^1, s_2^2\right)\right) = 2$, ... .

**Übung S.2.2.** Wenn Spieler $i$ immer das tut, was ihm signalisiert wird, wählt er aufgrund des Signals $t_i = a_i$ die Aktion $a_i$ aus. Dies leistet die Identität

$$id_i : T_i \to A_i, \quad a_i \mapsto id(a_i) = a_i.$$

**Übung S.3.1.** Die gemischten Strategien $\alpha_i^*$, $i \in I$ definieren eine Wahrscheinlichkeitsverteilung $\beta_0$ auf $W(A)$. Es gilt beispielsweise

$$\beta_0\left(\left(a_1^1, a_2^1, ..., a_n^1\right)\right) = \alpha_1^*\left(a_1^1\right) \cdot \alpha_2^*\left(a_2^1\right) \cdot ... \cdot \alpha_n^*\left(a_n^1\right).$$

Wenn Ihnen dieser Zusammenhang nicht klar ist, sollten Sie nochmals Kapitel I studieren.

# T. Wiederholte Spiele

## T.1 Einführendes und zwei Beispiele

Wiederholte Spiele sind besonders einfache dynamische Spiele: Ein gegebenes Spiel, das so genannte Stufenspiel, wird mehrmals hintereinander von den selben Personen gespielt. Die Wiederholungen nennt man Stufen oder Perioden. Die Strategien des Stufenspiels heißen im wiederholten Spiel Aktionen, um den Strategiebegriff für das wiederholte Spiel selbst zur Verfügung zu haben. Man nimmt bei wiederholten Spielen an, dass die Spieler nach jeder Periode erfahren, welche Aktionen in der Vorperiode gewählt wurden. Als Stufenspiele betrachten wir nur endliche Matrixspiele und lassen nur reine Strategien bzw. Aktionen zu.

Abbildung T.1 gibt ein zweistufiges Spiel wieder. Auf der ersten zieht zunächst Spieler 1. Er wählt eine der Aktionen k oder nk, die die Strategien des Stufenspiels sind. Spieler 2 erfährt diese Aktion nicht, sodass im Grunde genommen die Aktionen auf der ersten (und auch auf der zweiten) Stufe simultan erfolgen. Das vorliegende wiederholte Spiel verfügt über fünf Teilspiele, die jeweils bei den Entscheidungsknoten von Spieler 1 beginnen.

Sei nun ein Gleichgewicht $a^* = (a_1^*, a_2^*, ..., a_n^*)$ eines Stufenspiels gegeben. Eine naheliegende Strategiekombination des wiederholten Spiels ist diese: Jeder Spieler $i$ wählt auf jeder Stufe die Aktion $a_i^*$, unabhängig von den bisher gewählten Aktionen. Die so beschriebene Strategiekombination ist ein Gleichgewicht: In Anbetracht der Aktionskombination $a_{-i}^*$ auf jeder Stufe kann Spieler $i$ nichts Besseres unternehmen, als die Aktion $a_i^*$ zu wählen. Die spannende Frage ist, ob noch weitere Aktionskombinationen des Stufenspiels (eventuell in einer bestimmten Reihenfolge) im Gleichgewicht des wiederholten Spiels

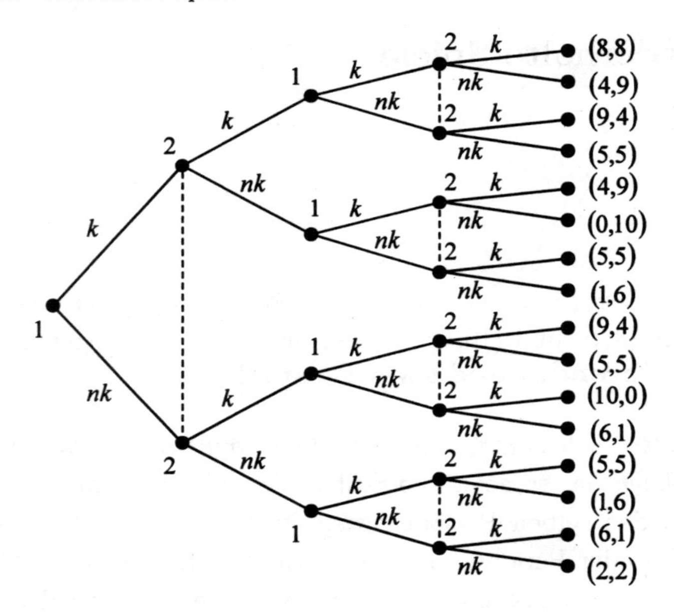


**Abbildung T.1.** Das zweistufige Gefangenendilemma

„vorkommen" können. Diese Frage ist besonders häufig anhand des Gefangenen-Dilemmas untersucht worden:

| | | Spieler 2 | |
|---|---|---|---|
| | | k | nk |
| Spieler 1 | k | 4, 4 | 0, 5 |
| | nk | 5, 0 | 1, 1 |

Wir wissen, dass das einzige Gleichgewicht dieses Spiels die Aktionskombination

$$(\text{nk}, \text{nk})$$

ist, bei der jeder Spieler seine streng dominante Aktion wählt. Wäre es, so mag man hoffen, möglich, eine kooperative Spielweise durch Wiederholung zu erreichen? Vielleicht führt die so genannte tit-for-tat-Strategie zum Ziel: Man beginnt mit der Aktion k in der ersten

Periode und wiederholt ansonsten die Aktion des anderen Spielers aus der jeweiligen Vorperiode. Wenn beide Spieler diese Strategie wählen, erhalten sie in jeder Periode die Auszahlung 4, in zwei Perioden bei Verzicht auf Diskontierung also die Auszahlung 8.

**Übung T.1.1.** Der Leser betrachte Abbildung T.1. Sie gibt das zweistufige Gefangenendilemma wieder, wobei die Auszahlungen sich auf die obige Matrix zurückführen lassen. Wie erklären sich die Auszahlungspaare $(4, 9)$ und $(10, 0)$? Geben Sie auch die dazugehörigen Verläufe an.

Kann man das kooperative Verhalten in einem Gleichgewicht des wiederholten Spiels erhalten? Bei der zweifachen Wiederholung des Gefangenendilemmas sind die Strategien für Spieler 1 ein Fünfertupel. Sie haben anzugeben, welche Aktion er auf der ersten Stufe wählt und welche zu Beginn der zweiten Stufe in jedem der vier Teilspiele.

**Übung T.1.2.** Beschreiben Sie die tit-for-tat-Strategie als ein Fünfertupel der Form

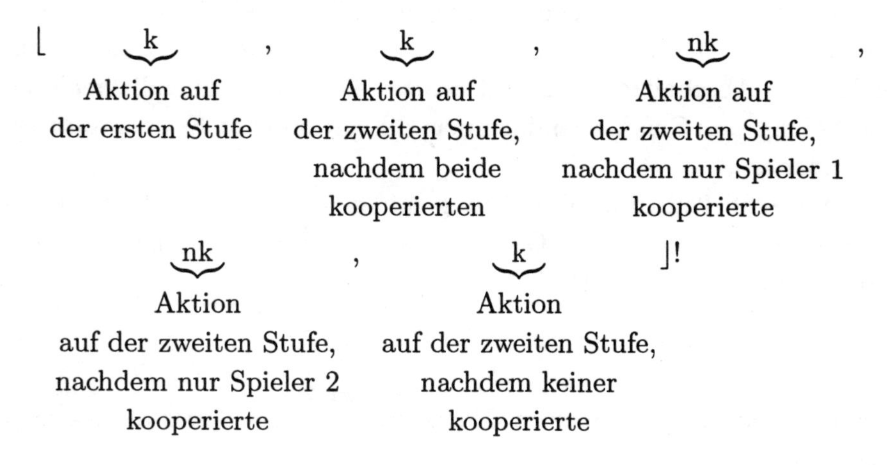


Die Strategiekombination, nach der beide Spieler die tit-for-tat-Strategien wählen, ist kein Gleichgewicht: Für Spieler 1 lohnt es sich, auf der zweiten Stufe auch dann die Aktion nk zu wählen, falls Spieler 2 auf der ersten Stufe die Aktion k gewählt hat. Insbesondere beträgt seine Auszahlung bei Kooperation auf der ersten Stufe und Nichtkooperation auf der zweiten $4 + 5 = 9 > 8$.

Diese Aussage lässt sich auf jede endliche Anzahl von Wiederholungen verallgemeinern. Aufgrund der Dominanz der nichtkooperativen Strategie im Gefangenendilemma gibt es kein Gleichgewicht, bei dem einer der Spieler auf der letzten Stufe die kooperative Aktion wählt. Dies hat Auswirkungen auf die zweitletzte Stufe. Wenn nämlich in jedem Gleichgewicht sich beide Spieler auf der letzten Stufe nichtkooperativ verhalten, ist dies auch für die zweitletzte Stufe richtig. Auf diese Weise erhält man folgendes Ergebnis: Bei endlicher Wiederholung des Gefangenendilemmas agieren beide Spieler in jedem Gleichgewicht nichtkooperativ. Dies bedeutet jedoch nicht, dass es nur ein einziges Gleichgewicht im endlich wiederholten Gefangenendilemma gäbe.

**Übung T.1.3.** Welche der folgenden Strategiekombinationen sind Gleichgewichte des zweifach wiederholten Gefangenendilemmas?

- $(\lfloor \text{nk}, \text{nk}, \text{nk}, \text{nk}, \text{nk} \rfloor, \lfloor \text{nk}, \text{nk}, \text{nk}, \text{nk}, \text{nk} \rfloor)$,
- $(\lfloor \text{nk}, \text{k}, \text{k}, \text{k}, \text{nk} \rfloor, \lfloor \text{nk}, \text{k}, \text{k}, \text{k}, \text{nk} \rfloor)$,
- $(\lfloor \text{nk}, \text{k}, \text{k}, \text{nk}, \text{nk} \rfloor, \lfloor \text{nk}, \text{k}, \text{nk}, \text{k}, \text{nk} \rfloor)$.

Wiederholte Spiele (endlich oder unendlich) definieren wir in Abschnitt T.2. Die Theorie wiederholter Spiele präsentieren die darauf folgenden Abschnitte. Dort wird sich zeigen, dass bei unendlicher Wiederholung des Gefangenendilemmas die gewünschte Kooperation erreichbar ist.

Wir schließen diese Einführung mit einer kurzen Diskussion des zweistufigen Kampfes der Geschlechter. Das Stufenspiel ist durch die folgende Matrix definiert:

| | | Spieler 2 | |
|---|---|---|---|
| | | T | F |
| **Spieler 1** | T | 4, 3 | 2, 2 |
| | F | 1, 1 | 3, 4 |

Es hat zwei Gleichgewichte in (reinen) Aktionen: (T, T) und (F, F).

Nun wollen wir die gleichgewichtigen Strategiekombinationen des wiederholten Spiels betrachten. Eine Strategie im zweifach wiederholten Kampf der Geschlechter ist ein Fünfertupel der Form

$$\lfloor a, a_{TT}, a_{TF}, a_{FT}, a_{FF} \rfloor ,$$

wobei $a$ die Aktion der ersten Stufe ist, $a_{TT}$ die Aktion nach beiderseitiger Theaterwahl bedeutet, $a_{TF}$ die Aktion ist, die ein Spieler wählt, falls Spieler 1 auf der ersten Stufe T und Spieler 2 auf der ersten Stufe F gewählt hat, etc.

**Übung T.1.4.** Welche der folgenden Strategiekombinationen sind Gleichgewichte des zweistufigen Kampfes der Geschlechter? Welche sind teilspielperfekt?

1. $(\lfloor \text{T, T, T, T, T} \rfloor , \lfloor \text{T, T, T, T, T} \rfloor)$,
2. $(\lfloor \text{T, T, T, T, T} \rfloor , \lfloor \text{F, F, F, F, F} \rfloor)$,
3. $(\lfloor \text{T, F, T, T, T} \rfloor , \lfloor \text{T, F, F, F, F} \rfloor)$,
4. $(\lfloor \text{T, F, T, F, F} \rfloor , \lfloor \text{T, F, T, F, F} \rfloor)$.

Die vorangehende Aufgabe lehrt ein verallgemeinerungsfähiges Ergebnis: Wiederholte Spiele können alle Gleichgewichte des zugrunde liegenden Stufenspiels in beliebiger Reihenfolge replizieren.

## T.2 Definition wiederholter Spiele

### T.2.1 Definition endlich wiederholter Spiele

Wir definieren in diesem Abschnitt endlich wiederholte Spiele, wobei wir diese auf Stufenspiele mit einer endlichen Anzahl von Spielern und einer endlichen oder unendlichen Anzahl von Aktionen basieren. Sei $\Gamma = (I, A, g)$ ein solches Stufenspiel, in dem also $A = \times_{i \in I} A_i$ die Menge aller Aktionskombinationen und $g = (g_i)_{i \in I}$ die Auszahlungsfunktionen der Spieler sind.

**Übung T.2.1.** Der Leser definiere das durch Abbildung T.1 definierte Spiel in der extensiven Form $\left(V, I, \iota, u, (\mathcal{P}_i)_{i \in I}\right)$.

Man kann auf der Basis von $\left(V, I, \iota, u, (\mathcal{P}_i)_{i\in I}\right)$ in gewohnter Manier Strategien beschreiben und gelangt so zum Spiel in strategischer Form $\Gamma^T = (I, S, u)$.

Die Spieler können die Aktionen der ersten Stufe von keiner der bisher gewählten Aktion abhängig machen und sie können die Aktionen späterer Stufen nur von den Aktionen der vorherigen Stufen abhängig machen. Daher macht es für wiederholte Spiele keinen substantiellen Unterschied, in welcher Reihenfolge die Spieler auf jeder Stufe ziehen. Insbesondere werden die Strategien, die Teilbäume oder die strategische Form nicht „wesentlich" von der Reihenfolge beeinflusst. (Was hier „wesentlich" genau heißt, wollen wir nicht definieren; es ist hoffentlich intuitiv klar bzw. wird aus dem Folgenden noch klarer werden.) Diese Überlegung legt es nahe, alle extensiven Formen wiederholter Spiele zusammenzufassen, die sich lediglich in der Reihenfolge der Aktionen innerhalb der Stufen unterscheiden. An die Stelle der Verläufe würden dann, in etwas gröberer Art, Aktionstupel treten.

Dann können wir die so vergröberte extensive Form in alternativer Weise kompakter aufschreiben: Sei dazu $a_i^t \in A_i$ die im Zeitpunkt $t$ mit $1 \leq t \leq T$ von Spieler $i \in I$ durchgeführte Aktion und $a^t := \left(a_i^t\right)_{i\in I} = \left(a_1^t, a_2^t, ..., a_n^t\right) \in A$ die Aktionskombination im Zeitpunkt $t$. Die Spieler kennen die in der Vergangenheit durchgeführten Aktionskombinationen. Für $t$ mit $1 < t \leq T$ bezeichnet $h^t$ die „Geschichte" bis zum Zeitpunkt $t-1$. Dies ist für $t \geq 2$ der Vektor der Aktionstupel

$$h^t = \left\langle a^1, a^2, ..., a^{t-1}\right\rangle .$$

Im Zeitpunkt 1 gibt es noch keine Geschichte und wir setzen $h^1 := \langle\rangle$. Für $2 \leq t \leq T$ bezeichnet $H^t$ die Menge der Aktionstupel $h^t$, für $t\,(1)$ ergibt sich $H^1 = \{\langle\rangle\}$.

An die Stelle der Verlaufsmenge in

$$\left(V, I, \iota, u, (\mathcal{P}_i)_{i\in I}\right)$$

sind also die Geschichten für $t = 1, ..., T$ gerückt. Eine Alternative für die Funktion $\iota$ benötigen wir nicht: Jeder Spieler $i$ aus $I$ hat auf jeder der $T$ Stufen einmal eine Aktion aus $A_i$ zu wählen. Auch die Informationspartitionen sind implizit klar: Auf der Stufe $t$ kennt jeder

Spieler die Geschichte $h^t$. Schließlich haben wir die Nutzenfunktionen zu klären.

Während wir in der Einführung auf Diskontierung verzichtet haben, wollen wir diese nun berücksichtigen. Wir definieren die Auszahlung für Spieler $i$ bei

$$\langle a^1, a^2, ..., a^T \rangle$$

wie folgt:

$$u_i \left( \langle a^1, a^2, ..., a^T \rangle \right) = \frac{\sum_{t=1}^T \delta^{t-1} g_i \left( a^t \right)}{\sum_{t=1}^T \delta^{t-1}}.$$

Hierbei ist $\delta$ der Diskontfaktor, der $\delta \in [0,1]$ erfüllt. Bei einem Zinssatz $r$ gilt $\delta = \frac{1}{1+r}$ oder $r = \frac{1-\delta}{\delta}$. Die Division durch $\sum_{t=1}^T \delta^{t-1}$ ist eine Normierung, die den Vergleich mit dem Gewinn des Stufenspiels erlaubt. Sind nämlich die $g_i \left( a^t \right)$ für alle Perioden gleich, ergibt sich

$$\begin{aligned} u_i \left( \langle a^1, a^2, ..., a^{t-1} \rangle \right) &= \frac{\sum_{t=1}^T \delta^{t-1} g_i \left( a^t \right)}{\sum_{t=1}^T \delta^{t-1}} \\ &= \frac{\sum_{t=1}^T \delta^{t-1} g_i \left( a^1 \right)}{\sum_{t=1}^T \delta^{t-1}} \\ &= g_i \left( a^1 \right). \end{aligned}$$

Für die gewählten Strategien ist diese Normierung unerheblich: Die Auszahlungen werden lediglich mit einem Faktor $\frac{1}{\sum_{t=1}^T \delta^{t-1}}$ versehen.

Im Falle $\delta = 1$ bzw. $r = 0$ werden zukünftige Gewinne nicht diskontiert, und man erhält die durchschnittliche Auszahlung

$$u_i \left( \langle a^1, a^2, ..., a^{t-1} \rangle \right) = \frac{\sum_{t=1}^T g_i \left( a^t \right)}{T}.$$

Bei $\delta = 0$ bzw. $r$ gleich unendlich, sind wegen $0^0 = 1$ nur die Auszahlungen der ersten Periode relevant:

$$u_i \left( \langle a^1, a^2, ..., a^{t-1} \rangle \right) = g_i \left( a^1 \right).$$

Allein aufgrund des Stufenspiels $\Gamma = (I, A, g)$ und aufgrund der Anzahl der Wiederholungen $T$ ist somit die vergröberte extensive Form des wiederholten Spiels definiert.

Nun wollen wir die strategische Form eines $T$-fach wiederholten Stufenspiels $\Gamma = (I, A, g)$ definieren. Wir bezeichnen es mit $\Gamma^T = (I, S, u)$, wobei die drei Bestandteile wie in Kapitel G aufzufassen sind. Speziell ergeben sich $S$ und $u$ aus $\Gamma$ und $T$ wie folgt:

Eine Strategie für Spieler $i$ im $T$-fach wiederholten Stufenspiel $\Gamma$ gibt an, welche Aktion er in $t$ in Abhängigkeit von allen bisherigen Geschichten wählt. Eine Strategie $s_i \in S_i$ eines Spielers $i$ ist also ein $T$-Tupel von Funktionen

$$s_i = \left(s_i^1, s_i^2, ..., s_i^T\right),$$

wobei für alle $t = 1, ..., T$

$$s_i^t : H^t \to A_i$$

eine Funktion ist, die auf der Grundlage der jeweils bisherigen Geschichte eine Aktion auswählt. Ebenso wie bei Spielen in strategischer Form haben wir $s = (s_1, ..., s_n)$ und $\bigtimes_{i \in I} S_i = S$. Zur Vereinfachung der Notation setzen wir

$$s^t\left(h^t\right) := \left(s_i^t\left(h^t\right)\right)_{i \in I} \in A.$$

Für jeden Spieler $i$ aus $I$ hat die Auszahlungsfunktion $u_i$ in $\Gamma^T = (I, S, u)$ eine Funktion der Strategiekombination $s$ zu sein. Da jede Strategiekombination zu $T$ Aktionskombinationen führt, können wir für $2 \le t \le T$ induktiv

$$h^t(sd) = \left\langle s^1\left(h^1(s)\right), s^2\left(h^2(s)\right), ..., s^{t-1}\left(h^{t-1}(s)\right)\right\rangle$$

definieren und erhalten damit

$$\begin{aligned} u_i(s) &= u_i\left(s^1\left(h^1(s)\right), s^2\left(h^2(s)\right), ..., s^T\left(h^T(s)\right)\right) \\ &= \frac{\sum_{t=1}^T \delta^{t-1} g_i\left(s^t\left(h^t(s)\right)\right)}{\sum_{t=1}^T \delta^{t-1}}. \end{aligned}$$

Damit ist die strategische Form $\Gamma^T$ auf der Basis von $\Gamma$ definiert.

**Übung T.2.2.** Der Leser betrachte nochmals Abbildung T.1 und gebe die Aktionskombinationen an, die durch die Strategiekombination $(s_1, s_2)$ entstehen. Dabei gelte

$$\begin{aligned}
s_1(\emptyset) &= \text{k}, \\
s_1(\langle \text{k,k} \rangle) &= \text{k}, \\
s_1(\langle \text{k, nk} \rangle) &= \text{nk}, \\
s_1(\langle \text{nk, k} \rangle) &= \text{k}, \\
s_1(\langle \text{nk, nk} \rangle) &= \text{k}, \\
s_2(\emptyset) &= \text{nk}, \\
s_2(\langle \text{k,k} \rangle) &= \text{nk}, \\
s_2(\langle \text{k, nk} \rangle) &= \text{nk}, \\
s_2(\langle \text{nk, k} \rangle) &= \text{k}, \\
s_2(\langle \text{nk, nk} \rangle) &= \text{k}.
\end{aligned}$$

### T.2.2 Definition eines unendlich wiederholten Spieles

Unendliche Verlaufsmengen beziehungsweise unendliche Folgen von Aktionskombinationen bereiten keine grundsätzlichen Schwierigkeiten. Insofern ist die extensive Form des unendlich oft wiederholten Spiels auf der Basis eines Stufenspiels nicht schwer zu definieren. Es gibt lediglich bei der Definition der Auszahlungsfunktion ein Problem.

Im Falle von $\delta < 1$ definieren wir die Auszahlung für Spieler $i$ durch

$$\begin{aligned}
u_i\left(\left\langle \left(a^1\right)_{i\in I}, \left(a^2\right)_{i\in I}, \ldots \right\rangle\right) &= \frac{\sum_{t=1}^{\infty} \delta^{t-1} g_i\left(a^t\right)}{\sum_{t=1}^{\infty} \delta^{t-1}} \\
&= (1-\delta)\left(\sum_{t=1}^{\infty} \delta^{t-1} g_i\left(a^t\right)\right).
\end{aligned}$$

Aufgrund von $\delta < 1$ fallen die Auszahlungen späterer Stufen immer weniger ins Gewicht und die unendliche Summe konvergiert. Dagegen könnte sich bei $\delta = 1$ das Problem einstellen, dass die Auszahlungsdurchschnitte nicht konvergieren. Hier behilft man sich häufig mit dem Limes inferior (siehe z.B. EICHBERGER 1993, S. 211). Darauf wollen wir jedoch nicht eingehen und im Folgenden bei unendlich wiederholten Spielen $\delta < 1$ voraussetzen.

Die strategische Form des unendlich oft wiederholten Spiels auf der Basis von $\Gamma$ wird mit

$$\Gamma^{\infty}$$

bezeichnet. Analog zum endlich oft wiederholten Spiel gibt eine Strategie für Spieler $i$ an, welche Aktion er in Abhängigkeit von der bisherigen Geschichte des Spielverlaufs wählt. Eine Strategie $s_i \in S_i$ eines Spielers $i$ im Rahmen des unendlich oft wiederholten Spiels $\Gamma^\infty$ ist also ein unendliches Tupel von Funktionen

$$s_i = \left(s_i^1, s_i^2, ...\right),$$

wobei

$$s_i^t : H^t \to A_i$$

für alle $t = 1, 2, ...$ gilt.

Bei unendlicher Wiederholung führt jede Strategiekombination zu einer unendlichen Folge von Aktionskombinationen, so dass die Auszahlungen als Funktion der Strategiekombinationen geschrieben werden können. Für Spieler $i$ erhält man

$$\begin{aligned} u_i(s) &= \frac{\sum_{t=1}^{\infty} \delta^{t-1} g_i\left(s^t\left(h^t(s)\right)\right)}{\sum_{t=1}^{\infty} \delta^{t-1}} \\ &= (1-\delta)\left(\sum_{t=1}^{\infty} \delta^{t-1} g_i\left(s^t\left(h^t(s)\right)\right)\right). \end{aligned}$$

## T.3 Gleichgewichte aus Gleichgewichten des Stufenspiels

In diesem Abschnitt geht es darum, aus den Gleichgewichten eines Stufenspiels Gleichgewichte der wiederholten Spiele zu generieren. Das erste Theorem zeigt, dass dies immer möglich ist.

**Theorem T.3.1.** *In einem endlich wiederholten oder unendlich wiederholten Spiel, in dem $a^* = (a_1^*, a_2^*, ..., a_n^*)$ ein Gleichgewicht des Stufenspiels ist, erhält man durch $s^*$ ein teilspielperfektes Gleichgewicht, falls alle gewählten Aktionen konstant gleich der betreffenden Aktion des Stufenspiels sind, d.h. falls*

$$s_i^{*t} : H^t \to A_i, \quad h_t \mapsto s_i^{*t}\left(h^t\right) = a_i^*$$

*für alle $i$ aus $I$ und $t = 1, 2, ...T$ bzw. $t = 1, 2, ...$ gilt.*

*Beweis.* Für Spieler $i$ aus $I$ gilt in $\Gamma^T$ (und analog in $\Gamma^\infty$): Wählen die anderen Spieler die Strategien gemäß $s_{-i}^*$, ist $s_i^*$ aufgrund von

$$\begin{aligned}
u_i\left(s_i, s_{-i}^*\right) &= \frac{\sum_{t=1}^T \delta^{t-1} g_i\left(s_i^t\left(h^t\left(s_i, s_{-i}^*\right)\right), s_{-i}^{*t}\left(h^t\left(s_i, s_{-i}^*\right)\right)\right)}{\sum_{t=1}^T \delta^{t-1}} \\
&= \frac{\sum_{t=1}^T \delta^{t-1} g_i\left(s_i^t\left(h^t\left(s_i, s_{-i}^*\right)\right), a_{-i}^*\right)}{\sum_{t=1}^T \delta^{t-1}} \\
&\leq \frac{\sum_{t=1}^T \delta^{t-1} g_i\left(a_i^*, a_{-i}^*\right)}{\sum_{t=1}^T \delta^{t-1}} \\
&= \frac{\sum_{t=1}^T \delta^{t-1} g_i\left(s_i^{*t}\left(h^t\left(s_i^*, s_{-i}^*\right)\right), s_{-i}^{*t}\left(h^t\left(s_i^*, s_{-i}^*\right)\right)\right)}{\sum_{t=1}^T \delta^{t-1}} \\
&= u_i\left(s_i^*, s_{-i}^*\right)
\end{aligned}$$

eine beste Antwort. Die Strategien hängen nicht von den bisher gewählten Aktionen ab. Befindet man sich in einem Knoten außerhalb des Gleichgewichtspfades (d.h. mindestens ein Spieler $i$ hat eine Aktion ungleich $a_i^*$ gewählt), ist es für alle Spieler optimal, sich in Zukunft entsprechend den Strategien aus $s^*$ zu verhalten, falls dies auch die anderen tun. □

Man kann nun sogar mehr zeigen. Falls es in einem Stufenspiel mehrere Gleichgewichte gibt, können diese Gleichgewichte in beliebiger Reihenfolge auf den Stufen des wiederholten Spiels gewählt werden. Das nächste Theorem behauptet dies für den Fall zweier Gleichgewichte. Der Beweis, den wir nicht angeben, ist lediglich in der Notation etwas umständlicher als beim vorangehenden Theorem; schwierig ist er nicht.

**Theorem T.3.2.** *In einem endlich wiederholten oder unendlich wiederholten Spiel, in dem* $a^* = (a_1^*, a_2^*, ..., a_n^*)$ *und* $b^* = (b_1^*, b_2^*, ..., b_n^*)$ *Gleichgewichte des Stufenspiels sind, erhält man durch* $s^*$ *ein teilspielperfektes Gleichgewicht, falls auf jeder Stufe alle gewählten Aktionen gleich den Strategien eines der beiden Gleichgewichte des Stufenspiels sind, d.h. falls für alle* $t = 1, 2, ...T$ *bzw.* $t = 1, 2, ...$

$$s_i^{*t} : H^t \to A_i, \quad h^t \mapsto s_i^{*t}\left(h^t\right) = a_i^* \text{ für alle } i \text{ aus } I$$

*oder*

$$s_i^{*t} : H^t \to A_i, \quad h^t \mapsto s_i^{*t}\left(h^t\right) = b_i^* \textit{ für alle } i \textit{ aus } I$$

*gelten.*

**Übung T.3.1.** Wenden Sie das vorstehende Theorem auf den Kampf der Geschlechter an und begründen Sie, wie sich in einem endlich wiederholten Spiel mit $\delta = 1$ eine durchschnittliche Auszahlung von $3\frac{3}{4}$ für „Sie“ im Gleichgewicht herausbilden kann.

## T.4 Endlich oft wiederholte Spiele mit eindeutigem Gleichgewicht

Für die Aussagen des vorangehenden Abschnitts ist es unerheblich, ob wir es mit endlich oder unendlich wiederholten Spielen zu tun haben. Bei der Suche nach weiteren Gleichgewichten haben wir endliche und unendliche Spiele zu unterscheiden. Hauptsächlich geht es in beiden Abschnitten um die Theorie wiederholter Spiele für das Gefangenen-Dilemma als Stufenspiel. Wie in der Einführung erläutert, könnte man vermuten, dass die Wiederholung Kooperation ermöglicht. Denn die Strategien könnten vorsehen, dass die Spieler kooperativ spielen, solange die anderen kooperativ spielen, und dass sie nichtkooperativ spielen, sobald einer der Spieler auch nur einmal von der kooperativen Aktion abgewichen ist. Die vorherzusehende Bestrafung durch Nichtkooperation bringt die Spieler dann dazu, bei der Kooperation zu bleiben. Leider ist diese Überlegung im endlichen Fall nicht richtig. In etwas allgemeinerer, über das Gefangenen-Dilemma hinausgehender Form können wir das folgende Theorem beweisen:

**Theorem T.4.1.** *Sei ein endlich wiederholtes Spiel so gegeben, dass im Stufenspiel $a_i^*$ für alle Spieler $i = 1, ..., n$ eine streng dominante Aktion darstellt (z.B. im Gefangenen-Dilemma die Nichtkooperation) und dass $\delta > 0$ gilt. Dann verlangen alle (teilspielperfekten oder nicht teilspielperfekten) Nash-Gleichgewichte $s^*$ des wiederholten Spiels, dass die Spieler in jeder Periode die streng dominante Aktion wählen.*

*Beweis.* Nehmen wir beispielsweise 100 Wiederholungen. Eine Verallgemeinerung auf eine beliebige endliche Anzahl von Wiederholungen ist leicht. Unabhängig von der bisherigen Geschichte $h^{100}$ werden die Spieler im Gleichgewicht auf der Stufe 100 die streng dominante Aktion wählen, also sind im Gleichgewicht

$$s_i^{*100}\left(h^{100}\right) = a_i^* \text{ für alle } i = 1, ..., n$$

erfüllt.

Auf der 99. Stufe beeinflussen die Spieler mit ihrer Wahl nicht die Auszahlung der 100. Stufe. Sie können also keine bessere Aktion als $a_i^*$ wählen: Bei jeder bisherigen Geschichte $h^{99}$ erhalten wir

$$s_i^{*99}\left(h^{99}\right) = a_i^* \text{ für alle } i = 1, ..., n.$$

Auf diese Weise erhält man, dass die Spieler auf jeder Stufe die Aktion $a_i^*$ wählen. Dieses Ergebnis erhält man beispielsweise durch die Gleichgewichtsstrategiekombination $s^*$, die durch

$$s_i^{*t}\left(h^t\right) = s_i^{*t}\left(h^t\right) = a_i^*$$

definiert ist. □

Da das Theorem nur eine Aussage über die Aktionen entlang des Gleichgewichtspfads macht, sind eventuell weitere Gleichgewichte möglich. Dass dies tatsächlich der Fall ist, zeigt die nächste Aufgabe.

**Übung T.4.1.** Bei der 100-fachen Wiederholung des Gefangenendilemmas gibt es neben dem im Beweis des vorigen Theorems genannten Gleichgewicht weitere Gleichgewichte. Betrachten Sie beispielsweise das Strategiepaar $(s_1^*, s_2^*)$, das durch

$$s_1^{*t}\left(h^t\right) = \text{nichtkooperativ } (t = 1, 2, ..., 100)$$

und durch

$$s_2^{*1}\left(h^1\right) = \text{nichtkooperativ } (t = 1, 2, ..., 99)$$

und

$$s_2^{*100}\left(h^{100}\right) = \begin{cases} \text{kooperativ,} & \text{falls } a_1^t = \text{kooperativ für alle } t < 100 \\ \text{nichtkooperativ,} & \text{sonst} \end{cases}$$

definiert ist. Handelt es sich hier um ein Gleichgewicht? Wenn ja, ist es teilspielperfekt?

| | | Spieler 2 | | |
|---|---|---|---|---|
| | | $a_2^1$ | $a_2^2$ | $a_2^3$ |
| Spieler 1 | $a_1^1$ | $(3,0)$ | $(0,1)$ | $(0,1)$ |
| | $a_1^2$ | $(0,0)$ | $(2,2)$ | $(1,0)$ |
| | $a_1^3$ | $(0,0)$ | $(0,0)$ | $(0,0)$ |

**Abbildung T.2.** Ein Stufenspiel

Im vorangegangenen Theorem gibt es im Stufenspiel ein eindeutig bestimmtes Gleichgewicht, das sich aus streng dominanten Aktionen zusammensetzt. Das Stufenspiel der Abbildung T.2 zeigt, dass dies für beliebige eindeutig bestimmte Gleichgewichte des Stufenspiels nicht gilt: Dieses Stufenspiel hat genau ein Gleichgewicht, $\left(a_1^2, a_2^2\right)$. Wir gehen von $\delta = 1$ und von zweifacher Wiederholung aus. Die folgenden Strategien bilden ein Gleichgewicht $s$ dieses wiederholten Spiels. Die Strategie $s_1 = \left(s_1^1, s_1^2\right)$ von Spieler 1 ist durch

$$s_1^1\left(h^1\right) = a_1^1,$$
$$s_1^2\left(h^2\right) = \begin{cases} a_1^2, \text{ falls } h^1 = \left(\left(a_1^1, a_2^1\right)\right) \\ a_1^3, \text{ falls } h^1 \neq \left(\left(a_1^1, a_2^1\right)\right) \end{cases}$$

gegeben und die Strategie $s_2 = \left(s_2^1, s_2^2\right)$ von Spieler 2 durch

$$s_2^1\left(h^1\right) = a_2^1,$$
$$s_2^2\left(h^2\right) = a_2^2.$$

In Worten gefasst lautet die Strategie von Spieler 1: Ich beginne mit der Aktion $a_1^1$ und werde die Aktion $a_1^2$ in der zweiten Stufe ziehen, falls Spieler 2 so freundlich war, in der ersten Stufe $a_2^1$ zu wählen. Anderenfalls ziehe ich in der zweiten Stufe $a_1^3$. In Anbetracht dieser Strategie (dieser Drohung) ist es für Spieler 2 eine beste Antwort, sich in der ersten Stufe mit der Auszahlung Null zu begnügen, um in der zweiten Stufe die Auszahlung 2 anstelle von Null zu erhalten.

Umgekehrt kann Spieler 1 nichts Besseres tun, als bei den Aktionen $a_2^1$ bzw. $a_2^2$ durch Spieler 2 ebenfalls die erste bzw. die zweite Aktion in der ersten bzw. zweiten Stufe zu wählen.

Man sieht, dass bei diesem Gleichgewicht die Spieler in der ersten Stufe Aktionen wählen, die nicht dem eindeutig bestimmten Gleichgewicht des Stufenspiels entsprechen.

Das Beispiel beruht auf der Drohung durch Spieler 1, dem anderen Spieler und sich selbst in der letzten Stufe zu schaden. Bei Teilspielperfektheit kann es solche „leeren" Drohungen nicht geben. Tatsächlich gibt es (bei $\delta > 0$) nur ein einziges teilspielperfektes Gleichgewicht im endlich wiederholten Spiel, falls das Stufenspiel ein eindeutig bestimmtes Gleichgewicht aufweist. Dies bedeutet dann insbesondere, dass die Spieler immer die Aktionen des Gleichgewichts des Stufenspiels wählen.

**Theorem T.4.2.** *In einem endlich wiederholten Spiel, in dem $a^* = (a_1^*, a_2^*, ..., a_n^*)$ das eindeutig bestimmte Gleichgewicht des Stufenspiels ist, gibt es nur ein teilspielperfektes Gleichgewicht $s^*$, das nur konstante Aktionen vorsieht und deren Strategien $s_i^*$ durch*

$$s_i^{*t} : H^t \to A_i, \quad h^t \mapsto s_i^{*t}\left(h^t\right) = a_i^*$$

*für alle $i$ aus $I$ und $t = 1, 2, ...T$ bzw. $t = 1, 2, ...$ definiert sind.*

*Beweis.* Teilspielperfektheit verlangt, eine Strategiekombination zu spielen, die für jedes Teilspiel Strategien induziert, die wiederum ein Gleichgewicht des Teilspiels bilden. Die letzte Wiederholung des Stufenspiels definiert ein Teilspiel für jede vorherige Geschichte $h^T$. Demnach verlangt Teilspielperfektheit

$$s_i^T\left(h^T\right) = a_i^* \text{ für alle } i \text{ aus } I.$$

Bei den Teilspielen der vorletzten Stufe betragen die Auszahlungen für Spieler $i$

$$\begin{aligned} &g_i\left(s^{T-1}\left(h^{T-1}\right)\right) + \delta g_i\left(s^T\left(h^T\right)\right) \\ &\quad = g_i\left(s^{T-1}\left(h^{T-1}\right)\right) + \delta g_i\left(a^*\right), \end{aligned}$$

sie werden also gegenüber den Auszahlungen des Stufenspiels um $\delta g_i(a^*)$ erhöht. Die Strategien dieser zweistufigen Spiele müssen daher vorsehen, dass die Spieler sich auf Stufe $T-1$ entsprechend des Gleichgewichts des Stufenspiels verhalten, d.h.

$$s_i^{T-1}\left(h^{T-1}\right) = a_i^* \text{ für alle } i \text{ aus } I.$$

Durch Induktion bestätigt man schließlich

$$s_i^t\left(h^t\right) = a_i^* \text{ für alle } i \text{ aus } I \text{ und für alle } t = 1, ..., T. \quad \square$$

## T.5 Unendlich oft wiederholte Spiele

### T.5.1 Schlimmste Strafe

Interessanterweise macht es einen großen Unterschied, ob man sehr oft, aber endlich wiederholte Spiele oder aber unendlich wiederholte Spiele betrachtet. Wir kommen nun zu Sätzen, die besagen, dass es in einem unendlich oft wiederholten Spiel typischerweise sehr viele Gleichgewichte gibt und dass man fast alle „realistischen" Auszahlungskombinationen des Stufenspiels in einem Gleichgewicht des unendlich oft wiederholten Spiels erreichen kann, falls die Spieler hinreichend geduldig sind, d.h. falls $\delta$ hinreichend groß ist. Die Idee hinter diesem Ergebnis sind die Bestrafungen, die sich die Spieler zufügen können, um nichtoptimales Verhalten des Stufenspiels als Teil eines Gleichgewichts des wiederholten Spiels stützen zu können. In der Literatur sind diese Theoreme als Folktheoreme bekannt, weil ihre Urheberschaft unklar ist.

Diese Theoreme bedürfen einiger Vorbereitungen. Die schlimmste Strafe, die die Spieler aus $I \backslash \{i\}$ dem Spieler $i$ in jedem Stufenspiel mit Sicherheit zufügen können, beträgt

$$w_i = \min_{a_{-i}} \max_{a_i} g_i\left(a_i, a_{-i}\right).$$

Sie erreichen dies mit einer Aktionskombination

$$m_{-i}^i.$$

Wählt Spieler $i$ auf diese Bestrafungsaktion eine beste Antwort, erhält er

$$w_i = \max_{a_i} g_i\left(a_i, m^i_{-i}\right).$$

Natürlich kann es passieren, dass Spieler $i$ weniger als $w_i$ enthält. So ist der Maximin-Wert (siehe S. 18) für Spieler $i$,

$$v_i = \max_{a_i} \min_{a_{-1}} g_i\left(a_i, a_{-i}\right),$$

im Allgemeinen geringer als $w_i$. Bei $w_i$ ist die von Spieler $i$ gewählte Aktion $a_i$ eine beste Antwort auf $a_{-i}$; die anderen Spieler versuchen $a_{-i}$ so zu wählen, dass auch bei der bestmöglichen Antwort durch Spieler $i$ dessen Auszahlung minimal wird. Bei $v_i$ wählt dagegen Spieler $i$ zunächst eine Aktion. Er wählt sie so, dass ihm die anderen Spieler möglichst wenig schaden können.

**Übung T.5.1.** Bestimmen Sie für das folgende Spiel die höchste Strafe und den Maximin-Wert für Spieler 1.

| | | **Spieler 2** | |
|---|---|---|---|
| | | $a_2^1$ | $a_2^2$ |
| **Spieler 1** | $a_1^1$ | 2, 1 | 4, 0 |
| | $a_1^2$ | 3, 0 | 1, 1 |

**Theorem T.5.1.** *Im Gleichgewicht eines Stufenspiels oder eines wiederholten Spieles kann die Auszahlung von Spieler i nicht unter $w_i$ liegen.*

*Beweis.* Für jedes Aktionstupel $a_{-i} \in A_{-i}$ gilt

$$w_i = \min_{a_{-i}} \max_{a_i} g_i\left(a_i, a_{-i}\right) \leq \max_{a_i} g_i\left(a_i, a_{-i}\right).$$

Ist $a^* = \left(a_i^*, a_{-i}^*\right)$ ein Gleichgewicht des Stufenspiels, so ist insbesondere $a_i^*$ eine beste Antwort auf $a_{-i}^*$, und es folgt für $a_{-i} = a_{-i}^*$

$$w_i \leq \max_{a_i} g_i\left(a_i, a_{-i}^*\right) = g_i\left(a_i^*, a_{-i}^*\right).$$

Ist dagegen $s^* = \left(s_i^*, s_{-i}^*\right)$ ein Gleichgewicht des wiederholten Spiels $\Gamma^T$, so können wir ein Tupel $s_i = \left(s_i^1, ..., s_i^T\right)$ mit

$$s_i^t : H^t \to A_i, \quad s_i^t\left(h^t\right) \in B_i\left(s_{-i}^{*t}\left(h^t\right)\right)$$

finden, wobei $B_i$ die Beste-Antwort-Korrespondenz bezüglich des Stufenspiels $\Gamma$ ist. Nun folgt wegen des ersten Teils des Theorems

$$\begin{aligned}
u_i\left(s_i^*, s_{-i}^*\right) &\geq u_i\left(s_i, s_{-i}^*\right) \\
&= \frac{\sum_{t=1}^T \delta^{t-1} g_i\left(s_i^t\left(h^t\left(s_i, s_{-i}^*\right)\right), s_{-i}^{*t}\left(h^t\left(s_i, s_{-i}^*\right)\right)\right)}{\sum_{t=1}^T \delta^{t-1}} \\
&= \frac{\sum_{t=1}^T \delta^{t-1} \max_{a_i} g_i\left(a_i, s_{-i}^{*t}\left(h^t\left(s_i, s_{-i}^*\right)\right)\right)}{\sum_{t=1}^T \delta^{t-1}} \\
&\geq \frac{\sum_{t=1}^T \delta^{t-1} w_i}{\sum_{t=1}^T \delta^{t-1}} = w_i
\end{aligned}$$

und damit die Behauptung für endlich wiederholte Spiele. Der Beweis für unendlich oft wiederholte Spiele verläuft ganz analog. □

## T.5.2 Folktheorem für Gleichgewichte

Wir wollen nun zeigen, dass in einem unendlich oft wiederholten Spiel sehr viele Auszahlungstupel im Gleichgewicht erreicht werden können. Diese Auszahlungstupel $\pi \in \mathbb{R}^n$ müssen laut Theorem T.5.1 $\pi_i \geq w_i$ erfüllen. Zur weiteren Charakterisierung dieser vielen Auszahlungstupel führen wir die konvexe Hülle der Auszahlungstupel des Stufenspiels ein:

$$K(\Gamma) = \text{konvexe Hülle von } \left\{\pi \in \mathbb{R}^n : \pi_i = g_i(a) \text{ für } a \in A\right\}.$$

Sie besteht aus allen konvexen Kombinationen aller Auszahlungsvektoren $\left(g_i(a)\right)_{i \in I}$. Für $m$ Zahlen $\alpha_i \geq 0$ mit $\sum_{\ell=1}^m \alpha_\ell = 1$ und $m$ Aktionstupel $a^{(1)}, ..., a^{(m)}$ ist also

$$\alpha_1 \begin{pmatrix} g_1\left(a^{(1)}\right) \\ g_2\left(a^{(1)}\right) \\ ... \\ g_n\left(a^{(1)}\right) \end{pmatrix} + ... + \alpha_m \begin{pmatrix} g_1\left(a^{(m)}\right) \\ g_2\left(a^{(m)}\right) \\ ... \\ g_n\left(a^{(m)}\right) \end{pmatrix}$$

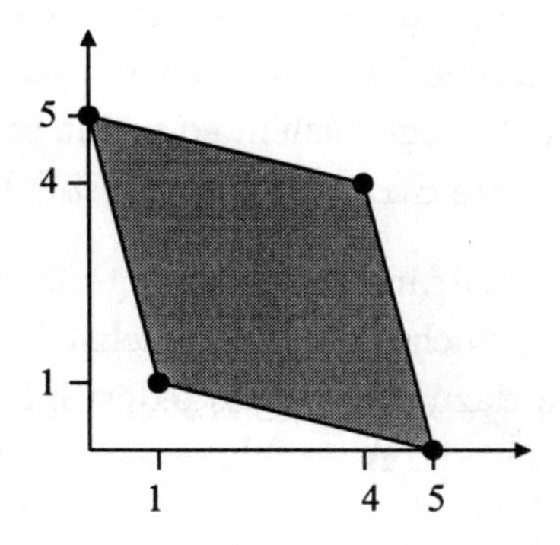


**Abbildung T.3.** Die konvexe Menge der möglichen Auszahlungskombinationen

ein Element von $K(\Gamma)$. Die konvexe Hülle für das Gefangenendilemma ist in Abbildung T.3 wiedergegeben.

**Übung T.5.2.** Bestimmen Sie für das Gefangenendilemma die Minmax-Werte beider Spieler.

Zur Vorbereitung des sogenannten „Folktheorems" schneiden wir die Menge der möglichen Auszahlungen mit der Menge derjenigen Auszahlungen, die jedem Spieler mehr als $w_i$ zubilligt:

$$\Pi(w) := \{\pi \in K(\Gamma) : \pi_i > w_i \text{ für alle } i = 1, ..., n\}.$$

**Theorem T.5.2.** *In einem unendlich oft wiederholten Spiel $\Gamma^\infty$ kann jeder Auszahlungsvektor $\pi$ aus $\Pi(w)$ durch ein Gleichgewicht gestützt werden, falls der Diskontsatz $\delta$ hinreichend groß ist. D.h. für $\pi \in \Pi(w)$ gibt es ein $\delta^0 \in (0,1)$ so, dass für jedes $\delta \in (\delta^0, 1)$ $\Gamma^\infty$ ein Nash-Gleichgewicht $s$ hat, das $u_i(s) = \pi_i$ für alle $i$ aus $I$ erfüllt.*

*Beweis.* Sei $\pi \in \Pi(w)$. Wir nehmen zunächst an, dass es eine Aktionskombination $a$ mit $g(a) = \pi$ gibt. Sei nun eine Strategiekombination $s^*$ dadurch beschrieben, dass jeder Spieler $i \in I$ die folgende Strategie wählt:

> Wähle $a_i$ in Stufe 1 und fahre fort mit $a_i$, solange entweder $a$ die Aktionskombination der vorherigen Stufe war oder aber eine Abweichung von $a$ in mehr als einer Komponente gegeben war. Ist in der vorherigen Stufe genau ein Spieler $j$ von

$a$ abgewichen, wählt Spieler $i \neq j$ für den Rest des Spieles die konstante Strategie $m_i^j$. Ist Spieler $i$ selbst als einziger in der vorherigen Stufe abgewichen, so wählt er für den Rest des Spieles eine konstante Strategie aus $B_i\left(m_{-i}^i\right)$.

Wir zeigen nun, dass für hinreichend großes $\delta$ die Strategiekombination $s$ ein Gleichgewicht bildet. Zunächst bemerken wir, dass die Strategiekombination dazu führt, dass jeder Spieler $i$ in jeder Periode die Aktion $a_i$ wählt und die Auszahlung

$$\begin{aligned} u_i\left(s^*\right) &= (1-\delta)\left(\sum_{t=1}^{\infty} \delta^{t-1} g_i\left(s^{*t}\left(h^t\left(s^*\right)\right)\right)\right) \\ &= (1-\delta)\left(\sum_{t=1}^{\infty} \delta^{t-1} g_i(a)\right) \\ &= (1-\delta)\left(\sum_{t=1}^{\infty} \delta^{t-1} \pi_i\right) = \pi_i > w_i \end{aligned}$$

erhält. Wir konstruieren jetzt eine Strategie $s_i$ für Spieler $i$, die vorsieht, dass er in Periode $t$ von $a_i$ abweicht. Dann kann er in Periode $t$ bestenfalls

$$\max_{b_i} g_i\left(b_i, a_{-i}\right) =: \pi_i^{abw}$$

erhalten und in allen weiteren Perioden aufgrund des Bestrafungsmechanismus $w_i$. Die Auszahlung für Spieler $i$ beträgt dann

$$\begin{aligned} u_i\left(s_i, s_{-i}^*\right) &= (1-\delta)\left(\sum_{\tau=1}^{\infty} \delta^{\tau-1} g_i\left(s_i\left(h^\tau\left(s_i, s_{-i}^*\right)\right), s_{-i}^{\tau *}\left(h^\tau\left(s_i, s_{-i}^*\right)\right)\right)\right) \\ &= (1-\delta)\left(\sum_{\tau=1}^{t-1} \delta^{\tau-1} g_i(a) + \delta^{t-1} \max_{b_i} g_i\left(b_i, a_{-i}\right) + \right. \\ &\qquad \left. + \sum_{\tau=t+1}^{\infty} \delta^{\tau-1} w_i\right) \\ &= (1-\delta)\left(\pi_i \frac{1-\delta^{t-1}}{1-\delta} + \delta^{t-1} \max_{b_i} g_i\left(b_i, a_{-i}\right) + \delta^t \frac{w_i}{1-\delta}\right) \\ &= \pi_i\left(1-\delta^{t-1}\right) + (1-\delta)\,\delta^{t-1} \pi_i^{abw} + \delta^t w_i . \end{aligned}$$

Abweichen lohnt sich nicht, falls

$$\pi_i > \pi_i \left(1 - \delta^{t-1}\right) + (1 - \delta)\, \delta^{t-1} \pi_i^{abw} + \delta^t w_i,$$

was äquivalent zu

$$\delta^{t-1} \pi_i = \pi_i \left(1 - \left(1 - \delta^{t-1}\right)\right) > (1 - \delta)\, \delta^{t-1} \pi_i^{abw} + \delta^t w_i$$

und zu

$$\pi_i > (1 - \delta)\, \pi_i^{abw} + \delta w_i \tag{T.1}$$

ist. Wählt man nun in dieser Ungleichung $\delta$ hinreichend nahe bei 1, so ist aufgrund von $\pi_i > w_i$ die Ungleichung erfüllt.

Nun bleibt zu zeigen, dass wir auch einen Auszahlungsvektor $\pi$ im Gleichgewicht stützen können, der nicht als $(g_i(a))_{i \in I}$ bei einer Aktionskombination $a$ dargestellt werden kann. Wir appellieren zunächst an die Intuition, dass tatsächlich jeder Vektor aus $\Pi(w)$ durch eine geeignet gewählte Folge von Aktionskombinationen „im langfristigen Durchschnitt“ erreicht werden kann. Dies zeigen wir nicht.

Ein einseitiges Abweichen von einer solchen Folge von Aktionskombinationen kann jedem Spieler $i$ höchstens $\max_{b_i} g_i(b_i, a_{-i})$ für diejenige Aktionskombination $a_{-i} \in A_{-i}$ der anderen Spieler einbringen, die gerade „dran“ war. Dass dies bei hinreichend groß gewähltem Diskontfaktor $\delta$ nicht lohnend ist, haben wir bereits gezeigt. □

### T.5.3 Folktheorem für teilspielperfekte Gleichgewichte

Die Durchführung von Bestrafungsaktionen ist in der Regel mit Kosten für die Bestrafenden selbst verbunden. Daher stellt sich die Frage, ob die Androhung einer Bestrafungsaktion glaubwürdig ist. In formaler Hinsicht übersetzen wir dies in die Frage, ob das Gleichgewicht teilspielperfekt ist und daher auch bei Abweichungen, die Bestrafung verlangen, für die entsprechenden Teilspiele Gleichgewichte induzieren.

**Übung T.5.3.** Nehmen Sie als Stufenspiel das Gefangenen-Dilemma und gehen Sie von $\delta = \frac{1}{2}$ aus. Beschreiben die folgenden Strategien ein teilspielperfektes Gleichgewicht? Beide Spieler agieren in der ersten Stufe kooperativ. Auf allen weiteren Stufen agieren sie kooperativ, falls in jeder vorangegangenen Stufe beide kooperiert oder beide nicht kooperiert haben. Sobald ein Spieler kooperiert, während der andere nicht kooperiert, wählen beide auf allen folgenden Stufen Nichtkooperation.

Nicht alle Gleichgewichte, die nach dem Muster des Beweises von Theorem T.5.2 gebildet werden, sind teilspielperfekt. Betrachten wir dazu das folgende Stufenspiel:

| | | **Spieler 2** | | |
|---|---|---|---|---|
| | | kooperativ | nichtkooperativ | strafend |
| **Spieler 1** | kooperativ | $(4,4)$ | $(0,5)$ | $(-1,-1)$ |
| | nichtkooperativ | $(5,0)$ | $(1,1)$ | $(0,-1)$ |
| | strafend | $(-1,-1)$ | $(-1,0)$ | $(-1,-1)$ |

Es besteht im Wesentlichen aus dem Gefangenendilemma. Eine dritte Aktion ist hinzugefügt, die eine Strafaktion ist. Wenn nun ein Spieler, sagen wir Spieler 2, einseitig von der kooperativen Aktion abweicht, garantiert die Bestrafungsaktion durch Spieler 1, dass die Auszahlungen in allen weiteren Perioden lediglich $w_2 = 2$ betragen. In dem Teilspiel, dass dann beginnt, würde Spieler 1 die konstante strafende Strategie wählen und Spieler 2 die konstante nichtkooperative Strategie. Dies beschreibt kein Gleichgewicht für das Teilspiel, weil der bestrafende Spieler 1 sich durch Abweichen auf die nichtkooperative konstante Strategie verbessern könnte.

Teilspielperfektheit kann man, wie beim Gefangenendilemma gezeigt, erreichen, wenn Bestrafung und beste Antwort auf die Bestrafung ein Gleichgewicht des Stufenspiels bilden. Damit sind jedoch nur Auszahlungen erreichbar, die jedem Spieler im Gleichgewicht mehr als die Auszahlungen im Bestrafungsgleichgewicht garantieren. Man beachte zudem, dass es für jeden Spieler ein unterschiedliches Bestrafungsgleichgewicht geben kann. Dies ist im folgenden Theorem formuliert.

**Theorem T.5.3.** *Seien $a^{(\ell)*}$, $\ell = 1, ..., m$ Gleichgewichte eines Stufenspiels $\Gamma$ mit Auszahlungen $u\left(a^{(\ell)*}\right)$. Durch*

$$\overline{u} := \left( \min_{\ell=1,\ldots,m} u_1 \left( a^{(\ell)*} \right), \ldots, \min_{\ell=1,\ldots,m} u_n \left( a^{(\ell)*} \right) \right)$$

*sei ein Auszahlungsvektor definiert. In dem unendlich oft wiederholten Spiel $\Gamma^{\infty}$ kann jeder Auszahlungsvektor in $\Pi(\overline{u})$ durch ein teilspielperfektes Gleichgewicht gestützt werden, falls der Diskontsatz $\delta$ hinreichend groß ist. D.h. für $\pi \in \Pi(\overline{u})$ gibt es ein $\delta^0 \in (0,1)$ so, dass für jedes $\delta \in (\delta^0, 1)$ $\Gamma^{\infty}$ ein Nash-Gleichgewicht s hat, das $u_i(s) = \pi_i$ für alle i aus I erfüllt.*

## T.6 Lösungen

**Übung T.1.1.** Das Auszahlungspaar $(4,9)$ kommt dadurch zustande, dass die Spieler bei einer Stufe beide kooperativ agiert haben (mit der Auszahlung 4 für beide) und dass sich bei der anderen Stufe Spieler 1 kooperativ und Spieler 2 nichtkooperativ verhalten hat, sodass hier Spieler 1 die Auszahlung 0 und Spieler 2 die Auszahlung 5 erhält. Diese Auszahlungen ergeben sich bei den Endpfaden ⟨k, k, k, nk⟩ und ⟨k, nk, k, k⟩. Das Auszahlungspaar $(10,0)$ ergibt sich nur beim Endpfad ⟨nk, k, nk, k⟩: Spieler 1 handelt auf beiden Stufen nichtkooperativ und Spieler 2 auf beiden Stufen kooperativ.

**Übung T.1.2.** Die tit-for-tat-Strategie für Spieler 1 ist im zweiperiodigen Gefangenendilemma das Tupel ⌊k, k, nk, k, nk⌋.

**Übung T.1.3.** Die Strategiekombination

$$(\lfloor \text{nk, nk, nk, nk, nk} \rfloor, \lfloor \text{nk, nk, nk, nk, nk} \rfloor)$$

ist das teilspielperfekte Gleichgewicht: In jedem der vier echten Teilspiele verhalten sich die Spieler so wie im Gleichgewicht des Stufenspiels. Im gesamten Spiel erhalten die Spieler die Auszahlung 2, eine Verbesserung durch Abweichung ist nicht möglich.

$$(\lfloor \text{nk, k, k, k, nk} \rfloor, \lfloor \text{nk, k, k, k, nk} \rfloor)$$

führt ebenfalls zur durchgängigen Nichtkooperation. Diese Strategiekombination ist allerdings kein Gleichgewicht. Spieler 1 könnte die

Strategien $\lfloor$k, k, k, k, nk$\rfloor$ oder $\lfloor$k, k, nk, k, nk$\rfloor$ wählen und so Auszahlungen von 4 bzw. 5 erreichen. Die dritte Strategiekombination,

$$(\lfloor \text{nk, k, k, nk, nk} \rfloor, \lfloor \text{nk, k, nk, k, nk} \rfloor),$$

ist ein Gleichgewicht mit durchgängiger Nichtkooperation. Beide Spieler beginnen mit der nichtkooperativen Aktion und wählen auch, unabhängig von der Aktion des anderen Spielers, auf der zweiten Stufe Nichtkooperation.

**Übung T.1.4.** Die erste und die vierte Strategiekombination sind teilspielperfekte Gleichgewichte, die zweite ist kein Gleichgewicht, die dritte ist ein Gleichgewicht, aber nicht teilspielperfekt.

**Übung T.2.1.** Die Verlaufsmenge ist durch

$$\begin{aligned} V := & \{o\} \cup \{\langle \text{k} \rangle, \langle \text{nk} \rangle\} \cup \{\langle \text{k, k} \rangle, \langle \text{k, nk} \rangle, \langle \text{nk, k} \rangle, \langle \text{nk, nk} \rangle\} \\ & \cup \{\langle \text{k, k, k} \rangle, ...\} \cup \{\langle \text{k, k, k,k} \rangle, ...\}, \end{aligned}$$

angedeutet. Die Spielermenge lautet $I := \{1, 2\}$. Die Funktion $\iota : D \rightarrow \{1, 2\}$ ist durch

$$\begin{aligned} o &\mapsto 1, \\ \langle \text{k} \rangle &\mapsto 2, \\ \langle \text{nk} \rangle &\mapsto 2, \\ \langle \text{k, k} \rangle &\mapsto 1, \\ &... \\ \langle \text{k, k, k} \rangle &\mapsto 2, \\ &... \end{aligned}$$

angedeutet. Die Auszahlungsfunktion $u$ lässt sich durch 16 Zuordnungen, beispielhaft also durch

$$\begin{aligned} u(\langle \text{k, k, k, k} \rangle) &= (8, 8), \\ u(\langle \text{k, nk, nk, k} \rangle) &= (5, 5), \end{aligned}$$

beschreiben. Für Spieler 1 sind alle Informationsmengen einelementig:

$$\mathcal{P}_1 = \{\{o\}, \{\langle \text{k, k} \rangle\}, \{\langle \text{k, nk} \rangle\}, \{\langle \text{nk, k} \rangle\}, \{\langle \text{nk, nk} \rangle\}\},$$

für Spieler 2 enthalten alle Informationsmengen zwei Verläufe:

$$\mathcal{P}_2 = \{\{\langle \text{k} \rangle, \langle \text{nk} \rangle\}, \{\langle \text{k, k, k} \rangle, \langle \text{k, k, nk} \rangle\}, \{\langle \text{k, nk, k} \rangle, \langle \text{k, nk, nk} \rangle\}, \\ \{\langle \text{nk, k, k} \rangle, \langle \text{nk, k, nk} \rangle\}, \{\langle \text{nk, nk, k} \rangle, \langle \text{nk, nk, nk} \rangle\}\}.$$

**Übung T.2.2.** Die Spieler wählen zunächst die Aktionskombination (k, nk) und anschließend die Aktionskombination (nk, nk).

**Übung T.3.1.** Wir betrachten für das Stufenspiel Kampf der Geschlechter das vierfach wiederholte Spiel $\Gamma^4$. Eines der möglichen Gleichgewichte $s^*$ sieht vor, dass beide die ersten drei Male Theater wählen und beim vierten Mal Fußball. Ihre Auszahlung beträgt dann

$$\begin{aligned} u_{Sie}(s^*) &= \frac{\sum_{t=1}^{4} \delta^{t-1} g_{Sie}\left(s^t\left(h^t(s^*)\right)\right)}{\sum_{t=1}^{4} \delta^{t-1}} \\ &= \frac{\sum_{t=1}^{4} g_{Sie}\left(s^t\left(h^t(s^*)\right)\right)}{4} \\ &= \frac{3 \cdot 4 + 3}{4} = \frac{15}{4}. \end{aligned}$$

**Übung T.4.1.** Die Strategie von Spieler 2 sieht vor, dass er in den Perioden 1 bis 99 nichtkooperativ spielt. In der letzten Periode spielt er ebenfalls nichtkooperativ, es sei denn, Spieler 1 hätte in den Perioden 1 bis 99 kooperativ gespielt. In Anbetracht der durchgängig nichtkooperativen Spielweise von Spieler 1 ist diese Strategie optimal; sie führt dazu, dass beide Spieler in allen Perioden nichtkooperativ spielen. Auch Spieler 1 gibt eine beste Antwort. Entweder spielt er mindestens einmal nicht kooperativ. Dann wird Spieler 2 immer nichtkooperativ spielen, und Spieler 1 sollte ebenfalls in keiner Periode kooperativ spielen. Oder Spieler 1 spielt in allen Perioden 1 bis 99 kooperativ. Dann kann er in der letzten Periode eine Auszahlung von 5 erhalten, müsste sich jedoch in 99 Perioden mit der Auszahlung 0 begnügen.

In der Aufgabe ist somit ein weiteres Gleichgewicht angegeben (Strategie 2 ist gegenüber der Strategie im Beweis anders gewählt.) Dieses ist jedoch nicht teilspielperfekt. Denn wenn Spieler 1 (abweichend von $s_1^*$ in den ersten 99 Perioden kooperativ spielt, müsste Spieler 2 in der letzten Periode kooperativ spielen. Die Strategien $s_1^*$ und $s_2^*$ des wiederholten Spieles schrieben dann Strategien für das Teilspiel vor, die kein Gleichgewicht des Teilspiels wären. Insbesondere könnte sich Spieler 2 verbessern, indem er nicht (wie „versprochen") die langwährende Kooperation von Spieler 1 belohnt.

**Übung T.5.1.** Spieler 1 kann für sich den Wert von 2 garantieren, indem er die erste Aktion wählt. Die schlimmste Strafe, die die anderen Spieler ihm auferlegen können, besteht darin, ihn auf die Auszahlung 3 zu drücken. Formal erhalten wir

$$\begin{aligned} v_1 &= \max_{a_1}\min_{a_2} g_1(a_1, a_2) = \max(2,1) = 2, \\ w_1 &= \min_{a_2}\max_{a_1} g_1(a_1, a_2) = \min(3,4) = 3. \end{aligned}$$

**Übung T.5.2.** Man erhält für Spieler 1 den Minimaxwert durch

$$w_1 = \min_{a_2}\max_{a_1} g_1(a_1, a_2) = \min(5,1) = 1,$$

analoges gilt für Spieler 2.

**Übung T.5.3.** Zunächst prüfen wir, ob überhaupt ein Gleichgewicht vorliegt. Bei Kooperation erhalten beide Spieler auf jeder Stufe die Auszahlung 4. Laut Ungleichung T.1 lohnt ein einseitiges Abweichen nicht, falls

$$4 > (1-\delta)\,5 + \delta 1$$

bzw.

$$\delta > \frac{1}{4}$$

ist. Die angegebenen Strategien sind also im Gleichgewicht.

Sind sie auch teilspielperfekt? Nach jeder nur denkbaren Geschichte beginnt ein Teilspiel, bei dem immer kooperativ oder immer nichtkooperativ agiert wird. Bei fortwährender Kooperation beschreiben die Strategien ein Gleichgewicht, wie wir soeben gezeigt haben. Bei fortwährender Nichtkooperation verhalten sich die Spieler entsprechend dem Gleichgewicht des Stufenspiels. Laut Theorem T.3.1 ist dies ein Gleichgewicht (des dann beginnenden Teilspiels). Tatsächlich bilden also die angegebenen Strategien ein teilspielperfektes Gleichgewicht.

# Literaturverzeichnis


ALIPRANTIS, Charalambos D./CHAKRABARTI, Subir K. (2000). *Games and Decision Making*, Oxford University Press, New York, Oxford.

ARROW, Kenneth J./HURWICZ, Leonid (1972). An optimality criterion for decision-making under ignorance, *in:* CARTER, C. F./FORD, J. L. (Hrsg.), *Uncertainty and Expectations in Economics*, Basil Blackwell, Oxford, S. 1–11.

AUMANN, Robert J. (1974). Subjectivity and correlation in randomized strategies, *Journal of Mathematical Economics* **1**, S. 67–96.

AUMANN, Robert J. (1987). Correlated equilibria as an expression of Bayesian rationality, *Econometrica* **55**, S. 1–18.

AUMANN, Robert/BRANDENBURGER, Adam (1995). Epistemic conditions for Nash equilibrium, *Econometrica* **63**, S. 1161–1180.

BASU, Kaushik (1994). The travelers's dilemma: Paradoxes of rationality in game theory, *American Economic Review, Papers and Proceedings* **84**, S. 391–395.

BERNHEIM, B. Douglas (1984). Rationalizable strategic behavior, *Econometrica* **52**, S. 1007–1028.

BINMORE, Ken (1992). *Fun and Games*, Heath, Lexington (MA), Toronto.

BRAMS, Steven J. (1983). *Superior Beings*, Springer, New York et al.

BRANDENBURGER, Adam (1992). Knowledge and equilibrium in games, *Journal of Economic Perspectives* **6**, S. 83–101.

COURNOT, Augustin (1838). *Recherches sur les principes mathematiques de la theorie des richesses*, Hachette, Paris.

EICHBERGER, Jürgen (1993). *Game Theory for Economists*, Academic Press, Inc, San Diego et al.

FUDENBERG, Drew/TIROLE, Jean (1991). *Game Theory*, MIT Press, Cambridge (MA)/London.

GIBBONS, Robert (1992). *A Primer in Game Theory*, Harvester Wheatsheaf, New York et al.

GINTIS, Herbert (2000). *Game Theory Evolving*, Princeton University Press, Princeton.

GUL, Faruk (1996). Rationality and coherent theories of strategic behavior, *Journal of Economic Theory* **70**, S. 1–31.

HARSANYI, John C. (1973). Games with randomly disturbed payoffs: A new rationale for mixed-strategy equilibrium points, *International Journal of Game Theory* **2**, S. 1–23.

HOLLER, Manfred J./ILLING, Gerhard (2000). *Einführung in die Spieltheorie*, 4. Aufl., Springer-Verlag, Berlin et al.

KREPS, David M. (1988). *Notes on the Theory of Choice*, Westview Press, Boulder/London.

MYERSON, Roger B. (1991). *Game Theory: Analysis of Conflict*, Harvard University Press, Cambridge (MA)/London.

NASH, John F. (1950). Equilibrium points in n-person games, *Proceedings of the National Academy of Sciences of the USA* **36**, S. 48–49.

NASH, John F. (1951). Non-cooperative games, *Annals of Mathematics* **54**, S. 286–295.

NOZICK, Robert (1969). Newcomb's problemand two principles of choise, *in:* RESCHER, Nicholas, DAVIDSON, Donald/HEMPEL, Carl G. (Hrsg.), *Essays in Honor of Carl G. Hempel*, Reidel, Dordrecht, S. 114–146.

OSBORNE, Martin J./RUBINSTEIN, Ariel (1994). *A Course in Game Theory*, MIT Press, Cambridge (MA)/London.

PEARCE, David G. (1984). Rationalizable strategic behavior and the problem of perfection, *Econometrica* **52**, S. 1029–1050.

PICCIONE, Michele/RUBINSTEIN, Ariel (1997). On the interpretation of decision problems with imperfect recall, *Games and Economic Behavior* **20**, S. 3–24.

RASMUSEN, Eric (2001). *Games and Information*, 3. Aufl., Blackwell, Cambridge (MA)/Oxford.

RUBINSTEIN, Ariel (1982). Perfect equilibrium in a bargaining model, *Econometrica* **50**, S. 97–109.

RUBINSTEIN, Ariel (1991). Comments on the interpretation of game theory, *Econometrica* **59**, S. 909–924.

SAMUELSON, Larry (1997). *Evolutionary Games and Equilibrium Selection*, MIT Press, Cambridge (MA)/London.

VEGA-REDONDO, Fernando (1996). *Evolution, Games, and Economic Behavior*, Oxford University Press, Oxford et al.

VON HAYEK, Friedrich August (1937). Economics and knowledge, *Economica* **4**, S. 33–54.

WEIBULL, Jörgen (1995). *Evolutionary Game Theory*, MIT Press, Cambridge (MA)/London.

WILSON, R. (1971). Computing equilibria of n-person games, *SIAM Journal of Applied Mathematics* **21**, S. 80–87.

# Index

Druck- und Bindearbeiten: Legoprint, Italien